高等学校计算机类国家级特色专业系列规划教材

网络编程技术

鲁斌 朵春红 宋亚奇 李莉 编著

清华大学出版社
北京

内 容 简 介

本书内容涵盖网络编程基础知识、Windows 套接字基础、Winsock 编程、高级 Socket 编程、WinInet 编程、安全套接层(SSL)协议编程,以及基于 ASP. NET 的 Web 编程等当前主流的网络编程技术。本书内容综合、全面、实用,能够使读者迅速掌握常用的网络应用程序开发技术。

本书可用作高等学校网络工程及相关专业高年级本科生和研究生的教材,也可供其他开发人员参考使用。

图书在版编目(CIP)数据

网络编程技术/鲁斌等编著. —北京:清华大学出版社,2019(2024.8重印)
高等学校计算机类国家级特色专业系列规划教材
ISBN 978-7-302-53353-5

Ⅰ. ①网… Ⅱ. ①鲁… Ⅲ. ①计算机网络—程序设计—高等学校—教材 Ⅳ. ①TP393

中国版本图书馆 CIP 数据核字(2019)第 168276 号

责任编辑:汪汉友
封面设计:傅瑞学
责任校对:李建庄
责任印制:杨 艳

出版发行:清华大学出版社
    网 址:https://www.tup.com.cn, https://www.wqxuetang.com
    地 址:北京清华大学学研大厦 A 座   邮 编:100084
    社 总 机:010-83470000   邮 购:010-62786544
    投稿与读者服务:010-62776969,c-service@tup.tsinghua.edu.cn
    质量反馈:010-62772015,zhiliang@tup.tsinghua.edu.cn
    课件下载:https://www.tup.com.cn,010-83470236
印 装 者:三河市龙大印装有限公司
经 销:全国新华书店
开 本:185mm×260mm   印 张:27.25   字 数:662 千字
版 次:2019 年 12 月第 1 版   印 次:2024 年 8 月第 3 次印刷
定 价:74.50 元

产品编号:070291-01

前　言

随着计算机技术的不断发展,各种网络编程技术日新月异。通过学习"网络应用程序设计"课程,能够很好地培养主动性、协作精神和创新能力,掌握最新的网络编程技术,具备在Windows 操作系统上开发网络应用程序的能力。因此,高校的许多专业都开设了相关的网络编程课程。

本书内容综合、实用、全面,反映了作者多年来的教学思路和经验,具有以下特点。

(1) 贴近教学,内容丰富。本书涵盖了 Windows 网络应用程序涉及的常用知识,对应用层网络应用程序设计进行了全面的介绍,给出了丰富的实例,从网络基础知识到 Winsock 介绍,从基于 Winsock 的主要网络编程技术到基于 ASP. NET 的 Web 编程技术,应有尽有。

(2) 循序渐进,由浅入深。为了方便读者学习,本书首先介绍网络编程基础知识,然后介绍基本的网络应用程序设计方法,最后通过编程实例,综合运用上述知识,让读者更深刻地了解网络应用程序设计。书中对每一部分的介绍都依据由浅入深的原则,先介绍基础知识与设计方法,再结合实例进行讲解。

(3) 层次分明,重点突出。本书是对作者长期教学与实践经验的良好总结,在符合知识点的逻辑结构的基础上提出"层次化"教学理念,按照由底向上的顺序全面地介绍了网络编程的理论、技术与方法。由于网络编程技术和工具种类繁多,不可能面面俱到,所以本书精心选取了目前主流的网络编程技术进行深入而透彻的分析,以使程序员可以胜任各种复杂程序设计的开发。

(4) 实例精讲,理解深刻。只有实际接触实例和代码,才能对知识点有更深入了解。本书在介绍 Windows 网络编程知识点的基础上,通过具有典型意义的案例,对各个知识点包括应用层的文件传输协议,以及高级 Socket 和 ASP. NET 编程案例进行了深入剖析,力图培养读者扎实的动手实践能力,使读者能够深入地运用所学技术编制各种网络应用程序。

本书的主要内容如下。

第 1 章:为了方便读者掌握网络编程相关的基础协议,本章主要介绍了 Internet 与网络通信模型、TCP/IP 协议族、IP 地址和子网规划等方面的内容。

第 2 章:介绍了进行网络应用程序开发所必须掌握的几个基础知识,包括网络应用程序的功能和地位、网络进程的标识、客户-服务器模型等。

第 3 章:比较详细地介绍了 Windows 套接字的工作原理和类型,介绍了面向连接的Winsock 编程模型、无连接的 Winsock 编程模型以及相关的函数,最后介绍了基于 Winsock 的 ping 程序实例。

第 4 章:介绍了 MFC 的相关知识,在第 3 章的基础上介绍 CAsyncSocket 类,最后详细介绍了基于 CAsyncSocket 类的聊天程序。

第 5 章:重点介绍了 CSocket 类和基于 CSocket 类的聊天程序。

第 6 章:介绍了高级 Socket 编程技术,包含阻塞模式与非阻塞模式、Win32 API 多线程编程及实例、阻塞模式的多线程网络编程方法,以及非阻塞模式的异步处理模型等内容。

第7章:重点介绍了 WinInet 类和基于 WinInet 类的 FTP 客户程序。

第8章:重点介绍了安全套接层协议编程,包括安全套接层协议、OpenSSL 编程基础和 OpenSSL 编程实例等内容。

第9章:介绍了 ASP. NET 基础知识,包括.NET 框架简介、Visual Studio 集成开发环境等内容。

第10章:重点介绍了 ASP. NET 常用控件与 Page 类,并附有相关的实例。

第11章:介绍了数据访问相关内容,包含 ADO. NET、存储过程、数据绑定以及 LINQ 数据获取等,并附有详细代码。

第12章:详细介绍了基于 ASP. NET 的网络购物商城实例。

第13章:介绍了如何使用 SingalR 进行 WebSocket 编程,详细介绍了使用 SingalR 构建一个 Web 聊天室的过程。

由于编者水平有限,错误之处在所难免,恳请广大读者批评指正。

作 者

2019 年 10 月

目　　录

第1章 基 础 协 议

随着 Internet 技术的应用和普及，人类社会已经进入信息化的网络时代。所有接入因特网（Internet）的计算机都必须支持传输控制协议/互联网协议（Transmission Control Protocol/Internet Protocol，TCP/IP），并且被分配 IP 地址，TCP/IP 的发展与 Internet 技术的普及是密不可分的。另外，为了便于对网络中的 IP 地址进行管理，网络管理员需要将网络按其 IP 地址划分成不同的子网。本章主要介绍 Internet 的发展历史和现状、OSI 参考模型、TCP/IP 协议族（包含常用网络协议）、IP 地址和子网规划。

1.1 Internet 与网络通信模型

1.1.1 Internet 概述

Internet 是世界上最大、最流行的计算机网络，它通过相同的协议把各个国家和地区的计算机连接在一起。Internet 的应用已经影响人们生活的方方面面，从浏览新闻、查阅资料到即时通信、网上购物、在线视频等。Internet 是由使用公用语言互相通信的计算机连接而成的全球网络，一旦计算机连上它的任何一个结点，就意味着已经接入 Internet 了。Internet 在产生之初并非出自民用目的。1957 年，苏联发射了人类第一颗人造地球卫星——斯普特尼克一号。作为回应，美国国防部成立了高级研究项目局（Advanced Research Projects Agency，ARPA），研究如何将科学技术更好地应用于军事领域，正是这个组织推动了 Internet 的发展。

1962 年，美国空军委托兰德公司的 Paul Baran 来研究如何在遭受核打击后保持对导弹和轰炸机的控制与指挥，建立一个能够在核打击下逃生的军事研究网络。这个网络必须是分散的，这样才能保证在任何一个地点被攻击后，军方都可以组织有效力量进行反击。

1968 年，ARPA 和 BBN 公司签订了研发阿帕网（ARPANET）的合同。1969 年，BBN 公司构建了一个物理网络，把美国加州大学洛杉矶分校和斯坦福大学等地的 4 台计算机连接起来，这也是最早的 Internet 的雏形了，当时的网络带宽仅为 50kbps。

1972 年，BBN 公司的 Ray Tomlinson 开发了第一个电子邮件程序。同年，美国高级研究项目局（ARPA）更名为美国国防高级研究项目局（DARPA）。此时，阿帕网通过网络控制协议（Network Control Protocol，NCP）来传输数据，可以实现在同一网络中运行的主机之间的通信。

1973 年，DARPA 开始研发 TCP/IP 协议族。这个新的协议族允许不同类型的计算机可以在网络中互联，并且互相通信。

1974 年，Internet 这一名词首次在传输控制协议的文档中使用。

1976 年，Robert M. Metcalfe 发明了使用同轴电缆高速传输数据的以太网。

1979 年，美国北卡罗来纳州立大学的一名研究生和其他程序员一起开发了 Usenet，它通常应用于电子邮件和讨论组。

1981年,美国国家基金会为无法访问 ARPANET 的机构创建了一个 56kbps 的骨干网络——CSNET,并计划在 CSNET 和 ARPANET 之间建立连接。

1983年,Internet 活动委员会(IAB)成立。从 1983 年 1 月 1 日起,每台连接到 ARPANET 的计算机都必须支持 TCP/IP。

1984年,阿帕网被拆分成两个网络,即阿帕网和军用网络(MILNET),美国国防部继续对这两个网络提供支持。

1985年,美国国家科学基金会开始部署新的 T1 线路,并于 1988 年完成。

1986年,互联网工程任务组(IETF)成立,这是松散、自律、自愿参与的民间学术组织,其主要任务是负责互联网相关技术规范的研发和制定。

1992年12月,清华大学校园网(TUNET)建成并投入使用,这是中国第一个采用 TCP/IP 体系结构的校园网。

1993年3月,中国科学院高能物理研究所接入美国斯坦福线性加速器中心(SLAC,2008年更名为 SLAC 国家加速器实验室)的 64kbps 专线正式开通。这条专线是中国部分接入 Internet 的第一根专线。

1993年11月,NCFC 主干网开通并投入运行,并于 1994 年 4 月与美国的 Internet 互联成功,成为我国最早的国际互联网络。

1995年1月,原邮电部电信总局分别在北京、上海开通 64kbps 专线,开始向社会提供 Internet 接入服务,中国互联网进入商用化阶段。

Internet 的应用范围由最早的美国军事、国防,扩展到美国国内的学术机构,进而迅速覆盖了全球的各个领域,运营性质也由科研、教育为主逐渐转向商业化。Internet 目前的用户已经遍及全球,有超过几亿人在使用 Internet,并且用户数还在继续上升。

2019年2月28日,中国互联网络信息中心(CNNIC)发布第 43 次《中国互联网络发展状况统计报告》。该报告显示,截至 2018 年 12 月,中国网民规模达 8.29 亿,相当于欧洲人口总量,互联网普及率达到 59.6%。中国互联网行业整体向规范化、价值化方向发展,同时,移动互联网推动消费模式共享化、设备智能化和场景多元化。

现在,Internet 的规模不断地发展和壮大,数以亿计的计算机连接到 Internet。Internet 上的应用越来越丰富,网络从根本上改变了人们的工作和生活方式,也为社会创造了无限的商机。

1.1.2 网络通信模型

1. OSI 参考模型

OSI(Open System Interconnection,开放系统互连)参考模型是国际标准化组织(International Organization for Standardization,ISO)和国际电报电话咨询委员会联合制定的开放系统互连参考模型,为开放式互连信息系统提供了一种功能结构的框架。该模型从低到高分别包括物理层、数据链路层、网络层、传输层、会话层、表示层和应用层,完整阐述了最基本的网络概念,如表 1-1 所示。在这个模型中,相邻层之间的关系称为接口,而不同网络实体在相同层之间的关系就是网络通信协议。物理层、数据链路层和网络层属于 OSI 参考模型中的低三层,负责创建网络通信连接的链路,其他 4 层负责端到端的数据通信。每一层都完成特定的功能,并为其上层提供服务。

表 1-1　OSI 参考模型

层	功能描述
应用层	为用户提供响应的界面,以便用户使用提供的联网功能
表示层	完成数据的格式化
会话层	控制两个主机间的通信链路建立、管理和终止
传输层	提供数据传输服务(可靠或不可靠)
网络层	在两个主机之间提供一套定址/寻址机制,同时负责数据包的路由选择
数据链路层	控制两个主机间的物理通信链路,同时还负责对数据信号进行调制整形,以便在物理媒体上传输
物理层	物理媒体负责以一系列电子信号的形式传输数据

在网络通信中,发送端自上而下地使用 OSI 参考模型,对应用程序要发送的信息进行逐层打包,直至在物理层将其发送到网络中;而接收端则自下而上地使用 OSI 参考模型,将收到的物理数据逐层解析,最后将得到的数据传送给应用程序,具体过程如图 1-1 所示。

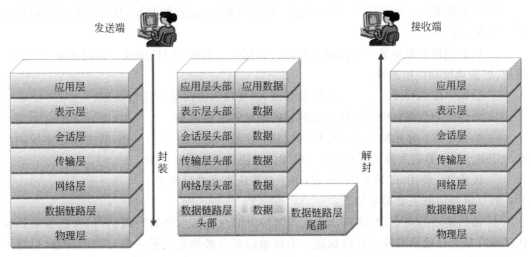

图 1-1　OSI 参考模型的通信过程

OSI 参考模型是为实现开放系统互连所建立的通信功能分层模型,其目的是为异种计算机互联提供一个共同的基础和标准框架,并为保持相关标准的一致性和兼容性提供共同的参考。下面对 OSI 参考模型中的七层结构进行详细介绍。

(1)物理层。物理层定义了网络通信中通信设备的机械、电气、功能和规程等特性,用于建立、维护和拆除物理链路的连接。物理层可以为数据端设备提供传输数据的物理通路,物理通路可以是一个物理媒体,也可以是由多个物理媒体连接而成。一个完整的物理层数据传输过程如图 1-2 所示。

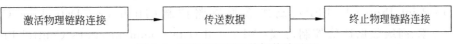

图 1-2　完整的物理层数据传输过程

在数据传输的过程中,一方面要保证数据可以在物理链路连接上正确地通过,另一方面还需要为传送数据提供足够的带宽,以减少信道上的拥塞。

(2) 数据链路层。数据链路层负责物理层和网络层之间的通信,它将从网络层接收到的数据分割成特定的可被物理层传输的帧。帧是用来传送数据的结构包,它不仅包含原始数据,还包含发送方和接收方的网络地址以及纠错和控制信息。其中,网络地址标明帧将发送到的主机,而纠错和控制信息则可以保证帧能够被准确无误地被传送到目的主机。帧的简要结构如图 1-3 所示。

前导码 (7B)	帧首定界符 (1B)	目的地址 (6B)	源地址 (6B)	数据字段的长度 (2B)	要传送的数据 (0~1500B)	填充字段 (0~46B)	校验和 (4B)

图 1-3　帧的简要结构

帧中每个字段的说明如下。

① 前导码：内容是十六进制数 0xAA,作用是使接收结点进行同步并做好接收数据帧的准备。

② 帧首定界符：内容是 10101011 的二进制序列,标识帧的开始,使接收器对实际帧的第一位进行定位。

③ 目的地址和源地址：接收数据和发送数据的主机的 MAC 地址。目的地址可以是单地址、组播地址和广播地址。

④ 数据字段的长度：要发送数据的长度,以便接收方对数据进行处理。

⑤ 要传送的数据：从源地址发送到目的地址的原始数据。

⑥ 填充字段：有效帧从目的地址到校验和字段的最短长度为 64B,其中固定字段的长度为 18B。如果数据字段的长度小于 46B 时,就使用本字段来填充。

⑦ 校验和：使用 32 位 CRC 校验,用于对传送数据进行校验。

数据链路层的主要功能如下：

① 通信链路的建立、拆除和分离。当网络中的两个结点要进行通信时,发送方必须确认接收方是否已处于准备接收的状态。为此通信双方必须先交换一些必要的信息,以建立一条基本的数据链路。传输数据时要维持数据链路,通信完毕时则要释放数据链路。

② 对要传送的帧进行定界和同步,并对帧的收发顺序进行控制。

③ 寻址,即在数据链路层根据目的地址找到对应主机,同时接收方也必须知道数据发送方的主机地址。

④ 对信道上的数据差错进行检测和恢复。

⑤ 流量控制。数据的发送和接收必须遵循一定的传输速率规则,使接收方能及时地接收发送方发送的数据,并且当接收方来不及接收时,必须及时控制发送方数据的发送速率,使收发的速率基本匹配。

数据链路层中常用的协议和技术包括局域网中的以太网(Ethernet)技术、点对点协议(Point-to-Point Protocol, PPP)、高级数据链路控制(High-level Data Link Control, HDLC)技术、高级数据通信控制协议(Advanced Data Communications Control Protocol, ADCCP)等。每台连接到网络中的计算机都必须安装网卡,每个网卡都唯一对应一个 MAC 地址,用来标识网卡的通信地址。在 Windows 命令窗口中执行命令 Ipconfig/all,可以查看到网卡和 MAC（物理）地址信息，如图 1-4 所示。

图 1-4　本地 MAC 地址信息

（3）网络层。网络层是 OSI 参考模型中的第三层，介于传输层和数据链路层之间。它在数据链路层提供的两个相邻端点之间的数据帧的传送功能的基础上，进一步管理网络中的数据通信，设法将数据从源端经过若干个中间结点传送到目的端，从而向运输层提供最基本的端到端的数据传送服务。网络层的主要功能如下。

① 为传输层提供服务。虚电路服务是网络层向传输层提供的一种使所有数据包按顺序到达目的结点的可靠的数据传输方式，进行数据交换的两个结点之间存在一条为它们服务的虚电路。而数据报服务是不可靠的数据传送方式，源结点发送的每个数据包都要附加地址、序号等信息，目的结点收到的数据包不一定按序到达，还可能出现数据包丢失的现象。

② 组包和拆包。在网络层，数据传输的基本单位是数据包。在发送方，传输层的报文到达网络层时被分为多个数据块，在这些数据块头部和尾部加上一些相关的控制信息后，即组成了数据包（组包），数据包的头部包含源结点和目的结点的网络地址。在接收方，数据从底层到达网络层时，要将各数据包原来加上的包头和包尾等控制信息去掉（拆包），然后组合成报文，送给传输层。

③ 路由选择。根据一定的原则和路由选择算法在多结点的通信子网中选择一条最佳路径，确定路由选择的策略称为路由算法。在数据报方式中，网络结点要为每个数据包做出路由选择；而在虚电路方式中，只需在建立连接时确定路由。

④ 流量控制。流量控制的作用是控制阻塞，避免死锁。

（4）传输层。传输层是 OSI 参考模型的核心，是唯一负责总体数据传输和控制的一层。在 OSI 七层模型中，传输层是负责数据通信的最高层，它下面的三层协议是面向网络通信的，而它上面的三层协议是面向信息处理的，因此传输层可以说是 OSI 参考模型中的中间层。因为网络层不一定保证服务的可靠性，而用户也不能直接对通信子网加以控制，所以在网络层之上加一层以改善传输质量。传输层的主要功能如下。

① 为对话或连接提供可靠的传输服务。

② 在通向网络的单一物理连接上实现该连接的复用。

③ 在单一连接上提供端到端的序号与流量控制、差错控制及恢复等服务。

（5）会话层。会话层负责在网络的两个结点之间建立和维持通信。它提供的服务可使应用程序建立和维持会话,并使会话获得同步。会话层的主要功能如下。

① 建立通信连接,保持会话过程中通信链接的畅通。

② 同步两个结点之间的对话,决定通信是否被中断以及通信中断时从何处重新发送。

③ 支持校验点功能,会话在通信失效时可以从校验点恢复通信,这种能力对于传输大文件极为重要。

(6) 表示层。不同的计算机体系结构中使用的数据表示法也不同,为了使不同类型的计算机之间能够实现相互通信,就需要提供一个公共的语言。

表示层如同应用程序和网络之间的翻译官,主要解决用户信息的语法表示问题,即提供数据格式化表示和转化服务,数据的压缩、解压、加密、解密都在该层完成。

(7) 应用层。应用层是 OSI 参考模型的最高层,它可以向应用程序提供服务,这些服务按其向应用程序提供服务的特性分成组,并称为服务元素。应用层并不是指运行在网络上的某个特定的应用程序,它可以为应用层程序提供文件传输、文件管理以及电子邮件的信息处理等服务。

2. TCP/IP 协议族

TCP/IP 协议族是目前世界上应用最为广泛的协议,它的流行与 Internet 的迅速发展密切相关。TCP/IP 协议族最初是为互联网的原型 ARPANET 所设计的,目的是提供一整套方便实用、能应用于多种网络上的协议,事实证明 TCP/IP 协议族做到了这一点,它使网络互联变得容易起来,并且使越来越多的网络加入其中,成为 Internet 的事实标准。

ISO 制定的 OSI 参考模型过于庞大、复杂,招致了许多批评。与此相比,由技术人员自己开发的 TCP/IP 协议族获得了更为广泛的应用。TCP/IP 协议族与 OSI 参考模型的对应关系,如图 1-5 所示。

OSI参考模型		TCP/IP协议族	
应用层		应用层	FTP、Telent SMTP、SNMP、NFS
表示层			
会话层			
传输层		传输层	TCP、UDP
网络层		网络层	IP、ICMP、ARP、RARP
数据链路层		网络接口层	Ethernet (802.3)、Token Ring (802.5)、x.25、 Frame Relay、HDLC、PPP
物理层			未定义

图 1-5　TCP/IP 协议族与 OSI 参考模型的对应关系

(1) 网络接口层。在 TCP/IP 协议族中,网络接口层位于最底层。它负责通过网络发送和接收 IP 数据报。网络接口层包括各种物理网络协议,例如局域网的以太网协议、令牌环(Token Ring)协议,分组交换网的 X.25 协议等。

(2) 网络层。在 TCP/IP 协议族中,网络层位于第二层。它负责将源主机的报文分组发送到目的主机,源主机与目的主机可以在一个网段中,也可以在不同的网段中。

网络层包括下面 4 个核心协议。

① 互联网协议(IP)：主要任务是对数据包进行寻址和路由,把数据包从一个网络转发到另一个网络。

② 互联网控制报文协议(Internet Control Message Protocol,ICMP)：用于在 IP 主机和路由器之间传递控制消息。控制消息是指网络是否连通、主机是否可达、路由是否可用等网络本身的消息,这些控制消息虽然并不传输用户数据,但是对于用户数据的传递起着重要的作用。

③ 地址解析协议(Address Resolution Protocol,ARP)：可以通过 IP 地址得知其物理地址的协议。在基于 TCP/IP 协议族的网络环境下,每个主机都被分配了一个 32 位的 IP 地址,这个地址是在网际范围内标识主机的一种逻辑地址。为了让报文在物理网络上传送,必须知道目的主机的物理地址,这样就存在 IP 地址向物理地址的转换问题。

④ 反向地址解析协议(Reverse Address Resolution Protocol,RARP)：用于完成物理地址向 IP 地址的转换。

(3) 传输层。在 TCP/IP 协议族中,传输层位于第三层。它负责在应用程序之间实现端到端的通信。传输层中定义了下面两种协议。

① 传输控制协议(Transmission Control Protocol,TCP)：一种可靠的面向连接的协议,它允许将一台主机的字节流无差错地传送到目的主机。TCP 在完成流量控制功能的同时,协调发送方和接收方的发送与接收速度,达到正确传输的目的。

② 用户数据报协议(User Datagram Protocol,UDP)：一种不可靠的无连接协议。与 TCP 相比,UDP 更加简单,数据传输速率也较高。当通信网络的可靠性较高时,UDP 方式具有更高的优越性。

(4) 应用层。在 TCP/IP 协议族中,应用层位于最高层,其中包括了所有与网络相关的高层协议。常用的应用层协议说明如下。

① 远程上机协议(Telnet Protocol)：用于实现网络中的远程登录功能。

② 文件传输协议(File Transfer Protocol,FTP)：用于实现网络中的交互式文件传输功能。

③ 简单邮件传送协议(Simple Mail Transfer Protocol,SMTP)：用于实现网络中的电子邮件传送功能。

④ 域名系统(Domain Name System,DNS)：用于实现网络设备名称到 IP 地址的映射。

⑤ 简单网络管理协议(Simple Network Management Protocol,SNMP)：用于管理与监视网络设备。

⑥ 路由信息协议(Routing Information Protocol,RIP)：用于在网络设备之间交换路由信息。

⑦ 网络文件系统(Network File System,NFS)：用于网络中不同主机之间的文件共享。

⑧ 超文本传送协议(Hyper Text Transfer Protocol,HTTP)：Internet 上应用最为广泛的一种网络协议。所有的 WWW 文件都必须遵守这个协议。设计 HTTP 的最初目的是提供一种发布和接收 HTML 页面的方法。

3. OSI 参考模型与 TCP/IP 协议族的比较

（1）分层结构。OSI 参考模型与 TCP/IP 协议族都采用了分层结构，都是基于独立的协议栈的概念。OSI 参考模型有 7 层，而 TCP/IP 协议族只有 4 层，即 TCP/IP 协议族没有了表示层和会话层，并且把数据链路层和物理层合并为网络接口层。不过，两者的分层之间有一定的对应关系。

（2）标准的特色。OSI 参考模型的标准最早是由 ISO 和 CCITT（ITU 的前身）制定的，有深厚的通信背景，因此有浓厚的通信系统特色，比如对服务质量（QoS）、差错率的保证只考虑了面向连接的服务。OSI 参考模型是先定义一套功能完整的构架，再根据该构架来发展相应的协议与系统。

TCP/IP 协议族产生于对 Internet 网络的研究与实践中，是应实际需求而产生的，再由 IAB、IETF 等组织进行标准化，并不是先定义一个严谨的框架。而且 TCP/IP 协议族最早是在 UNIX 系统中实现的，考虑了计算机网络的特点，比较适合计算机实现和使用。

（3）连接服务。OSI 的网络层基本与 TCP/IP 的网络层对应，两者的功能基本相似，但是寻址方式有较大的区别。

OSI 的地址空间不固定，长度由选定的地址命名方式决定，最长可达 160B，可以容纳非常多的主机，因而具有较大的扩展空间。根据 OSI 的规定，网络上的每个系统最多可以有 256 个通信地址。

TCP/IP 的地址空间为固定的 4B（在目前常用的 IPv4 中是这样，在 IPv6 中将扩展到 16B）。网络上的每一个系统至少有一个唯一的地址与之对应。

（4）传输服务。OSI 与 TCP/IP 协议族的传输层都对不同的业务采取不同的传输策略。OSI 定义了 5 个不同层次的服务：TP0～TP4。TCP/IP 协议族定义了 TCP 和 UDP 两种协议，分别具有面向连接和面向无连接的性质。其中 TCP 与 OSI 中的 TP4，UDP 与 OSI 中的 TP0 在构架和功能上大体相同，只是内部细节有一些差异。

（5）应用范围。由于 OSI 参考模型的体系比较复杂，而且设计先于实现，有许多设计过于理想，不太便于计算机软件实现，因而完全实现 OSI 参考模型的系统并不多，应用的范围有限。而 TCP/IP 协议族最早在计算机系统中实现，在 UNIX、Windows 平台中都有稳定的实现，并且提供了简单、方便的编程接口（API），可以在其上开发出丰富的应用程序，因此得到了广泛的应用。TCP/IP 协议族已成为目前网际互联事实上的国际标准和工业标准。

1.2 TCP/IP 协议族

网络协议是网络通信的基础，网络软件的开发离不开网络协议的支持。网络软件开发人员必须了解常用网络协议的基本特点，掌握网络协议在程序设计中的工作方式和流程。

1.2.1 一般特点

在网络分层体系结构中，各层之间是严格单向依赖的，各层次的分工和协作集中体现在相邻层之间的接口上。“服务”是描述相邻层之间关系的抽象概念，是指网络中各层向紧邻上层提供的一组服务。下层是服务的提供者，上层是服务的请求者和使用者。服务的表现形式是原语（Primitive）操作，一般以系统调用或库函数的形式提供。系统调用是操作系统内核向网络应用程序或高层协议提供的服务原语。网络中的 n 层总要向 $n+1$ 层提供比 $n-1$ 层更完备的服务,否则 n 层就没有存在的价值。

网络层及其以下各层称为通信子网,只提供点对点通信,没有程序或进程的概念。由物理层、数据链路层和网络层组成的通信子网为网络环境中的主机提供点对点的服务,直接相连的结点对等实体的通信称为点对点通信,并不能保证数据传输的可靠性,也不能说明源主机与目的主机之间是哪两个进程在通信,这些工作都是由传输层来完成的。

传输层实现的是端到端通信,端到端通信建立在点对点通信的基础之上,它是由一段段的点对点通信信道构成的,是比点对点通信更高一级的通信方式,完成应用程序(进程)之间的通信,同时也要解决差错控制、流量控制、报文排序和连接管理等问题。为此,传输层采用两种不同的协议向应用层提供不同的服务:一种是用户数据报协议 UDP,即面向消息、无连接的、不可靠但效率很高的协议;另一种是传输控制协议 TCP,即基于字节流的、面向连接的、可靠的协议。网络编程时,要根据应用的需求选择适当的协议,对于大量、可靠数据的传输,应当选择 TCP 协议,否则选择 UDP 协议。

1.2.2　互联网协议

互联网协议(Internet Protocol)是实现网络之间互联的基础协议。IP 包含两个最基本的功能,即寻址和分片。当发送或接收数据时,信息将被拆分成若干个小块,称为数据包。每个数据包都包含发送者和接收者的 IP 地址。数据包首先被发送到网关,网关读取数据包中的目的地址,然后将其转发到能够到达该目的地址的邻近的网关。每个网关都重复上面的过程,直到网关认定目的主机在其可以直接到达的网段或域中,则网关将数据包直接发送给目的计算机。

IP 是无连接的协议,即在通信的两个端点之间不存在持续的连接。Internet 上传输的每个数据包都被看作独立的数据单元,与其他的数据包没有任何关系。使用 IP 发送数据包的过程如图 1-6 所示。

IP 数据包的格式如图 1-7 所示。

各字段说明如下。

(1) 版本:目前使用的 IP 版本,分为 IPv4 和 IPv6,未特殊说明指 IPv4,大小为 4 位。

(2) 包头长度:用于指定数据包头的长度,大小为 4 位。

(3) 服务类型(Type Of Service,TOS):用于设置数据传输的优先权或者优先级,大小为 8 位。3 位为优先权子字段(现在已被忽略),4 位为 TOS 子字段,1 位为未用位但必须置"0"。4 位的 TOS 子字段分别代表最小时延、最大吞吐量、最高可靠性和最小费用,只能置其中 1 位,如果所有 4 位均为 0,那么就意味着是一般服务。

(4) 总长度:用于指定数据包的总长度,等于包头长度加上数据长度,以字节(B)为单位。利用首部长度字段和总长度字段,就可以知道 IP 数据报中数据内容的起始位置和长度。由于该字段为 16 位,所以 IP 数据报最长可达 65 535B。

(5) 标识:用于指定当前数据包的标识号,大小为 16 位。如果数据包需要分段,则每个分段的标识符都一样。当目的主机收到具有相同标识符的数据包分段时,认为它们来自同一个完整的数据包,并据此对其进行重组工作。

(6) 分段标志:确定一个数据包是否可以分段,同时也指出当前分段后面是否还有更

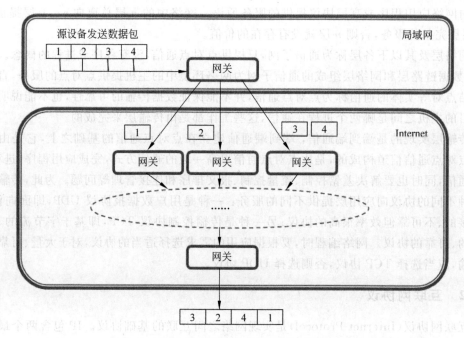

数据包到达目的计算机的顺序可能与发送时不一致

图 1-6　使用 IP 发送数据包的过程

版本	包头长度	服务类型(TOS)		总长度	
标识			分段标志	分段偏移量	
生存时间(TTL)		协议	包头校验和		
源地址					
目标地址					
选项			填充		
数据					

图 1-7　IP 数据包的格式

多分段。标志长度为 3 位,其中最高位未定义,设定为 0,其余两位分别是不可分段位(DF)和更多分段位(MF),用来控制 IP 数据包的分段情况,如表 1-2 所示。

表 1-2　标志位取值情况

未定义	DF 位	MF 位
设定为 0	0:可分段;1:不可分段	0:最后分段;1:更多分段

（7）分段偏移量:帮助目标主机查找分段在整个数据包中的位置,大小为 13 位。当数据包进行分段时,以 8 位为单位,指出该分段的第一个数据字在原始数据包中的偏移位置。

（8）生存时间(Time To Live,TTL):设置数据包可以经过的最多路由器数,每经过一个路由器,该值会减 1。该值等于 0 时,数据包被丢弃,并发送 ICMP 报文通知源主机。该字段的长度为 8 位。TTL 的初始值由源主机设置(通常为 32 或 64)。

(9) 协议:指定与该数据包相关联的上层协议,大小为 8 位。例如 1 表示 ICMP 报文,6 表示 TCP 报文,17 表示 UDP 报文。

(10) 包头校验和:检查传输数据的完整性,大小为 16 位。

(11) 源地址:发送数据包的计算机的 IP 地址,大小为 32 位。

(12) 目的地址:接收数据包的计算机的 IP 地址,大小为 32 位。

(13) 选项:指定 IP 数据包中的选项,是数据报中的一个可变长的可选信息。目前,这些可选项的定义如下。

① 安全和处理限制(用于军事领域,详细内容参见 RFC 1108)。

② 记录路径(让每个路由器都记下它的 IP 地址)。

③ 时间戳(让每个路由器都记下它的 IP 地址和时间)。

④ 宽松的源站选路(为数据报指定一系列必须经过的 IP 地址,但是允许在相继的两个地址之间跳过多个路由器)。

⑤ 严格的源站选路(与宽松的源站选路类似,但是要求只能经过指定的这些地址,不能经过其他的地址)。

填充:在选项后面,IP 协议会填充若干个 0,以确保 IP 头部的长度为 32 位的整数倍。

(14) 数据:数据包中传输的数据。

1.2.3 互联网控制报文协议

互联网控制报文协议(ICMP)用于在 IP 主机、路由器之间传递控件消息,通常可以使用它来探测主机或网络设备的在线状态。IP 并不是一个完全可靠的协议,发送控制消息的目的是对通信环境中出现的问题提供反馈功能。发送控制消息并不能使 IP 变得更加可靠,ICMP 并不保证数据包一定能发送成功,或者返回一个控制消息。在有些情况下,当数据包没有发送成功时,并不产生任何关于丢包的报告。

ICMP 通常用于在处理数据包的过程中出现错误信息,它可以让 TCP 等上层协议知道数据包并没有传送到目的地,从而帮助网络管理员发现和定位网络故障。ICMP 报文可以分为差错报文和询问报文两种类型。在 ICMP 数据包中,使用类型和代码两个字段来描述 ICMP 报文的具体类型,如表 1-3 所示。

表 1-3　ICMP 报文的具体含义

类型	代码	描　述	含　义	询问报文	差错报文
0	0	Echo reply	回显应答(ping 应答)	√	
3	0	Network unreachable	网络不可达		√
3	1	Host unreachable	主机不可达		√
3	2	Protocol unreachable	协议不可达		√
3	3	Port unreachable	端口不可达		√
3	4	Fragmentation needed but no frag. bit set	需要进行分片但设置不分片比特		√

类型	代码	描　述	含　义	询问报文	差错报文
3	5	Source routing failed	源站选路失败		√
3	6	Destination network unknown	目的网络未知		√
3	7	Destination host unknown	目的主机未知		√
3	8	Source host isolated (obsolete)	源主机被隔离(作废不用)		√
3	9	Destination network administratively prohibited	目的网络被强制禁止		√
3	10	Destination host administratively prohibited	目的主机被强制禁止		√
3	11	Network unreachable for TOS	由于服务类型 TOS,网络不可达		√
3	12	Host unreachable for TOS	由于服务类型 TOS,主机不可达		√
3	13	Communication administratively prohibited by filtering	由于过滤,通信被强制禁止		√
3	14	Host precedence violation	主机越权		√
3	15	Precedence cutoff in effect	优先中止生效		√
4	0	Source quench	源端被关闭(基本流控制)		√
5	0	Redirect for network	对网络重定向		√
5	1	Redirect for host	对主机重定向		√
5	2	Redirect for TOS and network	对服务类型和网络重定向		√
5	3	Redirect for TOS and host	对服务类型和主机重定向		√
8	0	Echo request	回显请求(ping 请求)	√	
9	0	Router advertisement	路由器通告	√	
10	0	Route solicitation	路由器请求	√	
11	0	TTL equals 0 during transit	传输期间生存时间为 0		√
11	1	TTL equals 0 during reassembly	在数据报组装期间生存时间为 0		√
12	0	IP header bad (catchall error)	坏的 IP 首部(包括各种差错)		√
12	1	Required options missing	缺少必需的选项		√
13	0	Timestamp request (obsolete)	时间戳请求(作废不用)	√	
14	0	Timestamp request (obsolete)	时间戳请求(作废不用)	√	
15	0	Information request (obsolete)	信息请求(作废不用)	√	
16	0	Information reply (obsolete)	信息应答(作废不用)	√	
17	0	Address mask request	地址掩码请求	√	
18	0	Address mask reply	地址掩码应答	√	

如图 1-8 所示,ICMP 包有一个 8B 的包头,其中前 4B 内容是固定的格式,包含 8 位类型字段、8 位代码字段和 16 位的校验和;后 4B 内容根据 ICMP 报文的类型而取不同的值。

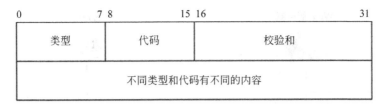

0	7 8	15 16	31
类型	代码	校验和	
不同类型和代码有不同的内容			

图 1-8 ICMP 包格式

ICMP 提供一致易懂的出错报告信息。发送的出错报文返回发送原数据的设备,因为只有发送设备才是出错报文的逻辑接受者。发送设备随后可根据 ICMP 报文确定发生错误的类型,并确定如何才能更好地重发失败的数据包。但是 ICMP 唯一的功能是报告问题而不是纠正错误,纠正错误的任务由发送方完成。

在网络中经常会使用到 ICMP 协议,比如人们经常使用的用于检查网络通不通的 ping 命令(Linux 和 Windows 中均有),ping 命令执行的过程实际上就是 ICMP 协议工作的过程。还有其他的网络命令如跟踪路由的 Tracert 命令也是基于 ICMP 协议的。

1.2.4 传输控制协议

1. TCP 协议介绍

传输控制协议(Transmission Control Protocol,TCP)是一种可靠的、面向连接的字节流服务。源主机在传送数据前需要先和目标主机建立连接,在此连接的基础上,被编号的数据段按序收发。同时,要求对每个数据段进行确认,保证了可靠性。如果在指定的时间内没有收到目标主机对所发数据段的确认,源主机将再次发送该数据段。IP 为 TCP 提供的是无连接的、尽力传送的、不可靠的传输服务,TCP 为了给应用进程提供可靠的传输服务,采取了一系列的保障机制。

TCP 是可靠的流传输服务,它可以保证从一个主机传送到另一个主机的数据流不会出现重复数据或丢失数据的情况。为了更高效地在网络中传输,消息被拆分成一个个消息单元,在网络上的计算机之间传递。消息单元被称为段(Segment)。例如,在浏览网页时,HTML 文件从 Web 服务器发送到客户端。Web 服务器的 TCP 层将文件的字节序拆分成段,然后将它们独立地传递到 Web 服务器的 IP 层。IP 层将 TCP 层拆分的段封装成 IP 数据包,并为每个数据包都添加一个包头,其中包含要到达的目的地址。尽管每个数据包都拥有相同的目的地址,但它们可以经过不同的网络路径到达目的地址。当目标计算机上的客户程序接收到这些数据包后,TCP 层将对各个段进行重组,以确保这些数据包的顺序和内容都是正确的,然后将它们以流的方式传递给应用程序,如图 1-9 所示。

TCP 层拆分的段由段头和数据块两部分组成,段头结构如图 1-10 所示。

段头中的字段说明如下。

(1)源端口:标识发送端的应用进程。

(2)目标端口:标识接收端的应用进程。

(3)序号:所发送的数据的首字节的序号,用于标识从 TCP 发送端向 TCP 接收端发送的数据字节流,序号计数达 $2^{32}-1$ 后再回到零重新开始。

(4)确认号:期望收到的下一条消息首字节的序号。只有标识位中的 ACK 设置为 1

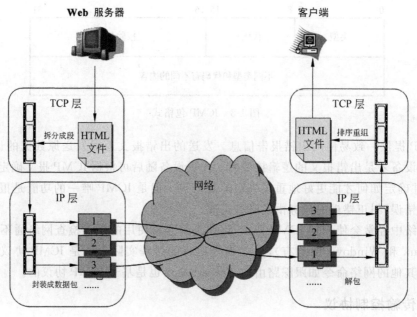

图 1-9　从 Web 服务器向客户端发送 HTML 文件的传输过程

源端口									目标端口	
序号										
确认号										
数据偏移	保留	U R G	A C K	P S H	R S T	S Y N	F I N		窗口	
校验和									紧急指针	
选项										填充

图 1-10　段头结构

时,此序号才有效。

(5) 数据偏移:指定 TCP 段头中 32 位的数量。

(6) 保留:为将来使用预留的位,目前使用时将这些位设置为 0。

(7) 标识位意义如下:(以下是设置为 1 时的意义,为 0 时相反)。

① 紧急位(URG):紧急指针有效,紧急指针是一个正的偏移量,与序号字段的值相加等于该数据的最后一个字节的序号。

② 确认位(ACK):表示确认序号字段有意义。

③ 急迫位(PSH):表示请求接收端的传输实体尽快交付应用层。

④ 重建位(RST):表示出现严重差错,必须释放连接重建。

⑤ 同步位(SYN):SYN=1,ACK=0 表示连接请求消息;SYN=1,ACK=1 表示同意建立连接消息。

⑥ 终止位(FIN):表示数据已发送完,要求释放连接。

· 14 ·

（8）窗口：滑动窗口协议中的窗口大小。

（9）校校和：对整个 TCP 层拆分段的段头和数据块的检校。这个字段在 TCP 中是强制性的，一定由发送端计算，并在接收端进行验证。

（10）紧急指针：紧急指针是一个正的偏移量，与序号字段的值相加等于该数据的最后一个字节的序号。

（11）选项和填充：最常用的选项是最大段大小（Maximum Segment Size，MSS），向对方通知本机可以接收的最大 TCP 层拆分段的长度。MSS 选项只在建立连接的请求中发送。

另外，TCP 是一种基于字节流的协议，不保护消息边界，将数据当作字节流连续地传输。发送端发送数据时，可以将原始消息分解成几条小消息分别发送，也可以把几条消息组装在一起，形成一个较大的数据包一次送出。究竟是分解还是组装，受到许多因素的影响，例如网络允许的最大传输单元和发送的算法等。只要数据一到达接收端，网络协议栈就开始读取它，并将它缓存下来等候进程处理。进程读取数据时，将尽量返回更多的数据，因此，接收端有可能在一次接收动作中接收两个或者更多的数据包。如图 1-11 所示，网络主机 A 发送了分别为 128B、64B 和 32B 的 3 个数据包，A 的网络协议栈可以把这些数据组装在一起，分两次发送出去。在接收端，B 的网络协议栈把所有收到的数据包一起放入协议栈的缓冲区，等待应用进程读取。进程发出读命令，并指定了进程的接收缓冲区，如果该缓冲区的容量是 256B，系统马上就会返回全部 224（128＋64＋32）B 内容。如果进程只要求读取 50B，系统就会只返回 50B 内容。

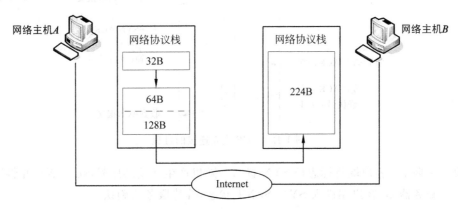

图 1-11 无消息边界的字节流传输服务

2. TCP 的工作流程

TCP 连接由操作系统通过 Socket 开发接口来管理。在 TCP 连接的生存期间，它会经历以下状态变化。

- LISTEN：服务器等待远程客户端连接请求的状态。
- SYN-SENT：当要访问其他计算机的服务时，首先要发送一个同步信号给该端口，此时状态变为 SYN_SENT。如果连接成功了，状态就会变为 ESTABLISHED，因此 SYN_SENT 状态是非常短暂的。
- SYN-RECEIVED：在收到和发送一个连接请求后等待对方对连接请求的确认。
- ESTABLISHED：代表一个打开的连接。

- FIN-WAIT-1：等待远程 TCP 的连接中断请求，或者等待对先前连接中断请求的确认。
- FIN-WAIT-2：从远程 TCP 等待连接中断请求。
- CLOSE-WAIT：等待从本地用户发来的连接中断请求。
- CLOSING：等待远程 TCP 对连接中断的确认。
- LAST-ACK：等待对上次发向远程 TCP 的连接中断请求的确认。
- TIME-WAIT：等待足够的时间以确保远程 TCP 接收到连接中断请求的确认。
- CLOSED：没有任何连接状态。

TCP 连接过程是状态的转换，用户可以通过调用 OPEN、SEND、RECEIVE、CLOSE、ABORT 和 STATUS 等操作引发状态转换。

两个主机使用 TCP 协议进行通信可以分为 3 个阶段，即建立连接阶段、数据传输阶段和断开连接释放资源阶段。

(1) 建立连接。为确保连接的建立是可靠的，TCP 使用三次握手的方式来建立连接。三次握手即建立 TCP 连接需要客户和服务器之间总共发送 3 个包以确认连接的建立，如图 1-12 所示。

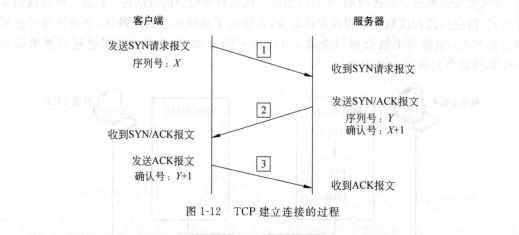

图 1-12　TCP 建立连接的过程

第一次握手：客户端将标志位 SYN 置"1"，随机产生初始顺序号（seq＝X），并将该数据包发送给服务器端，客户端进入 SYN_SENT 状态，等待服务器确认。

第二次握手：客户端收到数据包后由标志位 SYN＝1 得知客户请求建立连接，服务器将标志位 SYN 和 ACK 都置为"1"，ack＝X＋1，随机产生一个值 seq＝Y，并将该数据包发送给客户端以确认连接请求，服务器进入 SYN_RECEIVED 状态。

第三次握手：客户端收到确认后，检查 ack 是否为 X＋1，ACK 是否为"1"，如果正确则将标志位 ACK 置为"1"，ack＝Y＋1，并将该数据包发送给服务器，服务器检查 ack 是否为 Y＋1，ACK 是否为"1"，如果正确则连接建立成功，客户端和服务器进入 ESTABLISHED 状态，完成三次握手，随后客户端与服务器之间开始传输数据。

(2) 数据传输。TCP 是一种可靠的传输协议，它使用序列号来标识数据中的每个字节。序列号中包含每个主机中发送的字节的顺序，从而使目的主机可以按照顺序对数据进行重组。每个字节的序列号是递增的。在建立连接时三次握手的前两次中，两端的主机会交换初始序列号(seq)。初始序列号是随机的,不可预知。

TCP 主要采用累计确认的机制。接收方收到数据后,会发送一个确认包,指定需要接收的下一个字节的序列号。当收到接收方新的 ack,对于发送窗口中后续字节的确认是进行窗口滑动,滑动原理如图 1-13 所示。

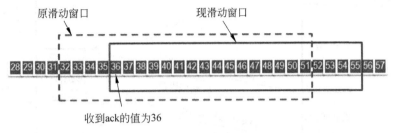

图 1-13   窗口滑动原理

除了累计确认外,接收方还可以发送选择确认包。通常在数据丢失或损坏时,接收方发送选择确认包来指定发送方重新发送指定的数据包。

TCP 使用序列号和确认机制可以丢弃重复数据,重新发送丢失的数据,并按正确的顺序来整理数据,从而确保收到数据的正确性。TCP 使用校验和来验证数据的正确性。

TCP 还提供流量控制的功能。如果发送方主机的网卡带宽高于接收方主机的网卡带宽,则要对发送数据的流量进行控制,否则接收方将无法稳定地接收和处理数据。TCP 使用滑动窗口来控制流量。在每个 TCP 段中,接收方都要在"接收窗口大小"字段中指定当前希望接收的数据大小,单位是字节。发送方主机最多只能发送"接收窗口大小"字段中指定数量的数据,等收到确认信息后再发送下一组数据。

(3)断开连接释放资源。TCP 是全双工的,两个方向的数据传输需要分别释放。当一方已无数据需要发送时,TCP 关闭此方向的连接,这时此方向只能接收对方的数据,而不能发送其他数据。然后发送一个 FIN 位被设置的消息通知接收方没有数据发送,接收方响应确认。同时,接收方通知应用程序释放连接,发送回连接释放的消息,最终释放整个连接。断开连接的过程如图 1-14 所示。

当 TCP 的一端发起主动关闭,在发出最后一个 ack 包后,即第三次握手完成后发送了第四次握手的 ack 包后就进入了 TIME_WAIT 状态,必须在此状态上停留两倍的 MSL(报文最大生存时间)。等待 2MSL 的主要目的是如果主动关闭端接到重发的 FIN 包后可以再发一个 ack 应答包。MSL 要大于等于 TTL。

TCP 连接的建立开销很大,再加上为保证投递无误,还要执行额外的计算来验证正确性,这又进一步增加了开销。因此,该协议适用于对可靠性要求较高、对执行效率要求不太苛刻的应用程序。例如,FTP、HTTP、Telnet 等都使用 TCP 所提供的通信服务。

1.2.5   用户数据报协议

用户数据报协议(User Datagram Protocol,UDP)可以提供一种基本的、低延时的数据报传输。UDP 的主要作用是将网络数据流量压缩成数据报的形式进行传输。每个数据报的前 8B 用来包含报头信息,剩余字节则是具体的传输数据。与 TCP 相比,UDP 更适合发

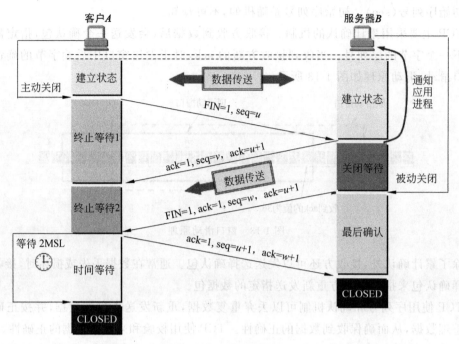

图 1-14　断开连接示意图

送数据量比较少,但对响应速度要求比较高的情况。UDP 报头的具体格式如图 1-15 所示。

源端口号 (2B)	目的端口号 (2B)	校验和 (2B)	信息长度 (2B)

图 1-15　UDP 报头的具体格式

UDP 报头各部分的具体说明如下。

(1) 源端口号:标识发送端的应用进程。

(2) 目的端口号:标识接收端的应用进程。

(3) 校验和:该字段设置为 0,则表示发送方没有为该 UDP 数据报提供校验和。

(4) 信息长度:包括 UDP 报头和数据在内的报文长度值,以字节为单位,最小为 8B。

用户数据报协议是一种不可靠的、无连接的数据报服务。源主机在传送数据前不需要和目标主机建立连接。数据被冠以源、目的端口号等 UDP 报头字段后直接发往目的主机,这时,每个数据段的可靠性依靠上层协议来保证。UDP 位于 IP 层之上,应用程序访问 UDP 层然后使用 IP 层传送数据报。IP 层的报头指明了源主机和目的主机地址,而 UDP 层的报头指明了主机上的源端口和目的端口。UDP 报文没有可靠性保证、顺序保证和流量控制字段等,可靠性较差。但是正因为 UDP 的控制选项较少,在数据传输过程中延迟小、数据传输效率高,适用于对可靠性要求不高的应用程序或者可以保障可靠性的应用程序,如 DNS、TFTP、SNMP 等。在传送数据较少、较小的情况下,UDP 比 TCP 更加高效。

常用的 TCP 和 UDP 端口如表 1-4 所示。

表 1-4 常用的 TCP 和 UDP 端口

端口号	协议	说　　明
21	TCP	FTP 服务器所开放的端口,用于上传、下载
22	TCP	PcAnywhere 建立的 TCP 连接的端口
23	TCP	Telnet 远程登录
25	TCP	SMTP 服务器所开放的端口,用于发送邮件
53	TCP	DNS 服务器所开放的端口
80	TCP	HTTP 端口,用于网页浏览
137	UDP	NetBIOS 命名服务
138	UDP	NetBIOS 数据报服务
139	TCP	NetBIOS 会话服务,当通过网上邻居传输文件时用 137、138 和 139 端口
161	UDP	简单网络管理协议 SNMP
443	TCP/UDP	HTTPS 网页浏览端口,能提供加密和通过安全端口传输的另一种 HTTP
1433	TCP	SQL Server 数据库服务器开放的端口

UDP 是一种面向消息的协议,以消息为单位在网上传送数据。消息在发送端一条一条地发送,在接收端也只能一条一条地接收,每一条消息都是独立的,消息之间存在边界。如图 1-16 所示,网络主机 A 向 B 发送了 3 条消息,分别是 128B、64B 和 32B;B 作为接收端,尽管缓冲区的容量是 256B,足以接收 A 的 3 条消息,而且这 3 条消息已经全部到达了 B 的缓冲区,B 仍然必须发出 3 条读取命令,分别返回 128B、64B 和 32B 的 3 条消息,而不能用一次读取调用来返回这 3 个数据包,这称为保护消息边界(Preserving Message Boundaries)。保护消息边界是指传输协议把数据当作一条独立的消息在网上传输,接收端只能接收独立的消息。面向消息的协议适用于交换结构化数据,如网络游戏的玩家们交换的就是一个个带有地图信息的数据包。

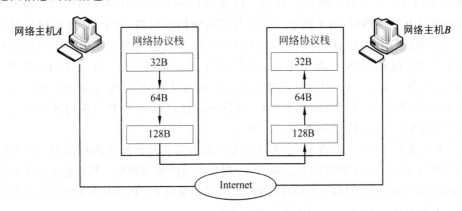

图 1-16 保护消息边界的数据报传输服务

UDP 提供无连接的数据报传输服务,是对邮政系统服务模式的抽象,每个分组都携带完整的目的地址,在系统中独立传送。这是一种尽力传送的传输服务,不能保证分组到达的先后顺序,不进行分组出错的恢复与重传,不保证传输的可靠性。UDP 在通信前不需要建立连接,也不管接收端是否正在准备接收,都会立即发出数据,类似于邮政服务:发信人把信放入邮箱即可,至于收信人是否想收到这封信,或者邮局是否因某种原因未能按时将信件投递到收信人处等,发信人都不得而知。

由于在传输之前不需要连接,因而也就省去了建立连接和撤销连接的过程,传输是高效的,适用于交易型的应用程序,交易过程只有一来一往两次数据报的交换。例如,TFTP、SNMP、DNS 等应用程序都使用 UDP 所提供的通信服务。基于 UDP 的应用程序能够在高可靠性、低延迟的网络中很好地工作,但是,要在低可靠性的网络中运行,应用程序必须自己解决可靠性的问题。

1.3　IP 地址和子网规划

使用过网络的读者对 IP 地址这个名词一定不陌生,它是为连接到网络上的计算机分配的一个地址,就像日常生活中写信时需要填写的通信地址一样,IP 地址标识了计算机在网络中的位置,只有配置了 IP 地址的计算机才能与网络中的其他计算机或网络设备相互通信。为了便于对网络中的 IP 地址进行管理,网络管理员需要将网络按其 IP 地址划分成不同的子网。按照网络的实际需要规划子网的划分,计算子网中包含的 IP 地址,这是网络管理员的日常工作之一。

1.3.1　IP 地址

Internet 中的每一个 IP 地址是唯一的,不存在两个相同 IP 地址的网络设备或计算机。局域网中也一样,如果两台计算机设置了相同的 IP 地址,则会出现 IP 地址冲突。目前应用最广泛的 IP 地址是基于 IPv4 的,每个 IP 地址的长度为 32b,即 4B。通常把 IP 地址中的每个字节使用一个十进制数字来表示,数字之间使用小数点(.)分隔,因此 IPv4 中 IP 地址的格式为×××.×××.×××.×××,这种 IP 地址表示法被称为点分十进制表示法。例如点分十进制 IP 地址 100.4.5.6,实际上是 32 位二进制 01100100.00000100.00000101.00000110。

最初设计互联网络时,为了便于寻址以及层次化构造网络,每个 IP 地址包括两个标识码(ID),即网络 ID 和主机 ID。同一个物理网络上的所有主机都使用同一个网络 ID,网络上的一个主机(包括网络上的工作站、服务器和路由器等)有一个主机 ID 与其对应。Internet 委员会定义了 5 种 IP 地址类型以适合不同容量的网络,即 A 类~E 类。

其中 A 类、B 类、C 类由 Internet NIC(因特网信息中心)在全球范围内统一分配,D 类、E 类为特殊地址。各类 IP 地址如图 1-17 所示。

根据应用范围不同,可以将 IP 地址划分为公有地址和私有地址两种情形。公有地址由 Internet NIC 负责分配给注册并向 Internet NIC 提出申请的组织机构。私有地址属于非注册地址,专门供组织机构内部使用,属于局域网范畴。目前预留的主要内部私有地址包括以下几类。

(1) A 类地址:10.0.0.0~10.255.255.255。

(2) B 类地址:172.16.0.0~172.31.255.255。

(3) C 类地址:192.168.0.0~192.168.255.255。

如果需要在使用私有地址的局域网中访问 Internet,则需要将私有地址转换为公有地址,这

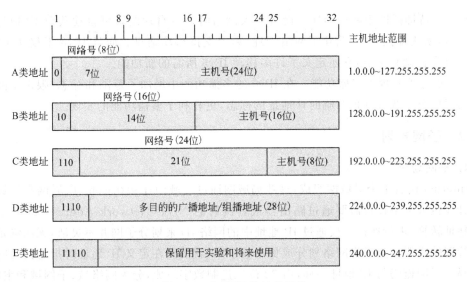

图 1-17　各类 IP 地址的结构

个转换过程称为网络地址转换(Network Address Translation,NAT),通常由路由器来执行。

除了用于局域网的私有地址外,还有一些特殊的 IP 地址,这些 IP 地址通常具有特殊含义,不应作为普通的 IP 地址分配给用户使用。例如:

(1)127.0.0.1 表示本地计算机的 IP 地址。

(2)0.0.0.0 并不是真正意义上的 IP 地址,它代表一个集合,包含所有在本地路由表中没有明确到达路径的主机和目的网络。

(3)255.255.255.255 是受限制的广播地址,对本机而言,该地址表示本网段内的所有主机,路由器在任何情况下都不会转发目的地址是 255.255.255.255 的数据包,这样的数据包仅会出现在本地网络中。

(4)169.254.*.*。如果计算机使用 DHCP 功能自动获取 IP 地址,则当 DHCP 服务器发生故障或响应时间过长时,Windows 系统会分配一个这样的 IP 地址。

由于互联网的蓬勃发展,IP 地址的需求量越来越大,使 IP 地址的发放越来越严格,各项资料显示全球 IPv4 地址已经在 2011 年 2 月 3 日分配完毕。

地址空间的不足必将妨碍互联网的进一步发展。为了扩大地址空间,IPv6 重新定义了地址空间。与 IPv4 相比,IPv6 主要有如下优势。

(1)明显地扩大了地址空间。IPv6 采用 128 位地址长度,几乎可以不受限制地提供 IP 地址,从而确保了端到端连接的可能性。

(2)提高了网络的整体吞吐量。由于 IPv6 的数据包可以远远超过 64KB,应用程序可以利用最大传输单元,获得更快、更可靠的数据传输,同时在设计上改进了选路结构,采用简化的报头定长结构和更合理的分段方法,使路由器加快数据包处理速度,提高了转发效率,从而提高网络的整体吞吐量。

(3)使整个服务质量得到很大改善。报头中的业务级别和流标记通过路由器的配置可以实现优先级控制和 QoS 保障,从而极大改善了 IPv6 的服务质量。

(4)安全性有了更好的保证。采用 IPSec 可以为上层协议和应用提供有效的端到端安全保证,能提高在路由器水平上的安全性。

（5）支持即插即用和移动性。设备接入网络时通过自动配置可自动获取 IP 地址和必要的参数，实现即插即用，简化了网络管理，易于支持移动结点。而且 IPv6 不仅从 IPv4 中借鉴了许多概念和术语，它还定义了许多移动 IPv6 所需的新功能。

（6）更好地实现了多播功能。在 IPv6 的多播功能中增加了范围和标志，限定了路由范围和可以区分永久性地址与临时性地址的标志，更有利于多播功能的实现。

1.3.2　子网规划

1. 子网划分

Internet 由若干个局域网组成，这些局域网通过广域网连接在一起，广域网和局域网之间的计算机或网络设备需要通过路由器或者网管的 NAT(Network Address Translation，网络地址转换)进行通信。仅通过 IP 地址中的网络 ID 来划分子网并不灵活，无法满足网络日常管理的需要。为了将网络划分成更小的子网，就需要在定义 IP 地址时指定其对应的子网掩码。子网掩码与 IP 地址一样，由 32 位二进制数字组成，分为网络域、子网域和主机域。网络域和子网域的二进制数字必须全部为 1，主机域为 0。例如，C 类网络中所有可能的子网掩码及其划分子网的数量如表 1-5 所示。

表 1-5　C 类网络中所有可能的子网掩码及其划分子网的数量

主机中子网位数量	子网掩码	所有可能的子网数量	可用子网数量	说　明
0	255.255.255.0	1	0	没有划分子网
1	255.255.255.128	2	0	保留，没有可用子网
2	255.255.255.192	4	2	有效。主机 ID 中最高的 2 位被占用作为网络 ID 的标识位，因此子网掩码中最后一位数字为 $2^7+2^6=128+64=192$
3	255.255.255.224	8	6	有效。主机 ID 中最高的 3b 被占用作为网络 ID 的标识位，因此子网掩码中最后一位数字为 $2^7+2^6+2^5=128+64+32=224$
4	255.255.255.240	16	14	有效。主机 ID 中最高的 4b 被占用作为网络 ID 的标识位，因此子网掩码中最后一位数字为 $2^7+2^6+2^5+2^4=128+64+32+16=240$
5	255.255.255.248	32	30	有效。主机 ID 中最高的 5b 被占用作为网络 ID 的标识位，因此子网掩码中最后一位数字为 $2^7+2^6+2^5+2^4+2^3=128+64+32+16+8=248$
6	255.255.255.252	64	62	有效。主机 ID 中最高的 6b 被占用作为网络 ID 的标识位，因此子网掩码中最后一位数字为 $2^7+2^6+2^5+2^4+2^3+2^2=128+64+32+16+8+4=252$
7	255.255.255.254	128	126	无效。在这种情况下，子网中不包含有效的 IP 地址，因此该子网掩码是无效的

每个子网中都有两个特殊的 IP 地址，即网络地址和广播地址。网络地址是子网中最小的 IP 地址，其 IP 地址中主机 ID 的部分(二进制)均为 0；广播地址是子网中最大的 IP 地址，其 IP 地址中主机 ID 的部分(二进制)均为 1。

子网掩码中主机 ID 的位数决定了它所划分的子网中包含的主机数量。以 C 类网络为例，如果不划分子网，则子网掩码的前 24b 都是 1，而后 8b 都是 0，以十进制数表示即 255.255.255.0。如果主机 ID 的位数为 n，则计算子网中所有主机数量的公式如下：

$$子网中所有主机数量 = 2^n$$

因为网络地址和广播地址不是有效的 IP 地址，所以计算子网中包含有效 IP 地址数量的公式如下：

$$子网中包含有效 IP 地址数量 = 2^n - 2$$

C 类网络中所有可能的子网掩码及每个子网中包含的主机数量如表 1-6 所示。

表 1-6 C 类网络中所有可能的子网掩码及每个子网中包含的主机数量

主机 ID 中子网位数量	子网掩码	所有主机数量	有效主机数量
0	255.255.255.0	256	254
1	255.255.255.128	128	126
2	255.255.255.192	64	62
3	255.255.255.224	32	30
4	255.255.255.240	16	14
5	255.255.255.248	8	6
6	255.255.255.252	4	2

网络管理员在组建一个网络时，首要的任务是根据实际情况将网络划分成若干个子网，并且确定每个子网的子网掩码。在划分子网之前，需要明确以下几点。

（1）网络中需要划分多少个子网，通常取决于物理位置分布情况和行政部门的划分情况。比如，可以为每个楼层划分一个子网，也可以为每个部门划分一个子网。

（2）每个子网中包含的主机数量，取决于实际环境中每个楼层或者每个部门中拥有的主机数量。

（3）划分的子网数和每个子网中包含的主机数量相乘应小于或等于要划分子网的网络中包含的主机数量。例如，对 C 类网络划分子网时，划分的子网数和每个子网中包含的主机数量相乘应小于或等于 254，否则就需要分配更多的 C 类网络用于划分子网。

2. 单播、组播和广播地址

在发送消息时，需要指定接收方的目的地址。发送方使用 IP 地址的不同形式可以进行一对一（单播）、一对多（组播）和一对所有（广播）的通信方式。

（1）单播。单播是指对特定的主机进行数据传送，因此在数据链路层的数据头中应该指定非常具体的目的地址，即网卡的 MAC 地址，在 IP 分组报头中必须指定接收方的 IP 地址。例如，主机 A 的 IP 地址为 192.168.5.205，主机 B 是 Web 服务器，它的 IP 地址为 192.168.5.168。由主机 A 向 Web 服务器 B 发送一个访问网页的请求，其数据帧的结构如图 1-18 所示。

单播主要具有如下优点。

① 服务器可以及时响应客户端的请求。

② 服务器可以针对每个客户的不同请求发送不同的数据，易于实现个性化的服务。

单播的主要不足之处如下。

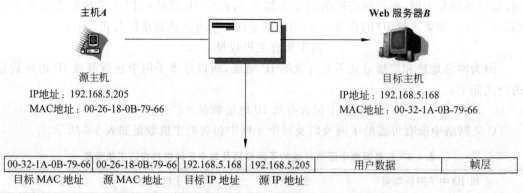

主机*A*   Web 服务器*B*

源主机   目标主机
IP地址：192.168.5.205   IP地址：192.168.5.168
MAC地址：00-26-18-0B-79-66   MAC地址：00-32-1A-0B-79-66

00-32-1A-0B-79-66	00-26-18-0B-79-66	192.168.5.168	192.168.5.205	用户数据	帧层
目标 MAC 地址	源 MAC 地址	目标 IP 地址	源 IP 地址		

图 1-18　单播数据帧的格式

① 服务器针对每个客户端发送数据流，如果需要向 10 个客户端发送相同的内容，则服务器需要逐一发送，重复 10 次相同的工作。

$$服务器流量＝客户端数据×客户端流量$$

在客户端数量或流量较大的情况下，服务器应用程序的负载压力过大。

② 现在的网络带宽是金字塔结构的，城际和省际主干带宽仅相当于所有用户带宽之和的 5％。如果全部使用单播协议，将造成主干网络的拥堵，不堪重负。

（2）组播。组播是主机之间"一对多"的通信模式，即加入了同一组的主机可以接收到该组内的所有数据。组播可以大大节省网络带宽，无论有多少目标地址，在整个网络的任何一条链路上只传送单一的数据包。组播 IP 地址的范围为 224.0.0.1～239.255.255.254，组播的 MAC 地址以十六进制值 01-00-5E 开头。例如，主机 A 的 IP 地址为 192.168.5.205，主机 A 向组播 MAC 地址 01-00-5E-0F-66-0B 发送一个消息，其数据帧的结构如图 1-19所示。

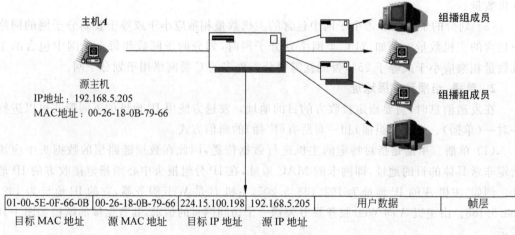

主机*A*   组播组成员

源主机
IP地址：192.168.5.205
MAC地址：00-26-18-0B-79-66   组播组成员

01-00-5E-0F-66-0B	00-26-18-0B-79-66	224.15.100.198	192.168.5.205	用户数据	帧层
目标 MAC 地址	源 MAC 地址	目标 IP 地址	源 IP 地址		

图 1-19　组播数据帧的结构

通常情况下，IP 组播使用 UDP 发送数据包。根据端到端传输的延迟和可靠性等因素，可以将组播应用程序分为以下三大类。

① 实时交互应用程序，如视频会议系统。这类应用程序对可靠性的要求相对较低，偶

尔的数据丢失导致视频不清楚是可以接受的,但它对传输延迟的要求很高。

② 实时非交互型应用程序,如数据广播。这类应用程序对传输延迟的要求相对较低,但在一定延迟范围内,却对可靠性提出更高要求。

③ 非实时应用程序,如硬盘映像应用程序,它可以用于同时恢复众多硬盘的内容。对这类应用程序来说可靠性是最基本的要求,在满足可靠性的前提下,必须保证传输延迟在可以接受的范围之内。

(3) 广播。广播分组的目标 IP 地址的主机部分全部为 1,本地网络中所有的主机都将接收并查看该分组消息。例如,C 类子网 192.168.1.0,子网掩码为 255.255.255.0,其广播地址为 192.168.1.255。在以太网帧中,与广播 IP 地址对应的广播 MAC 地址为 FF-FF-FF-FF-FF-FF。主机 A 的 IP 地址为 192.168.5.205,从主机 A 发送一个广播消息,其数据帧的结构如图 1-20 所示。

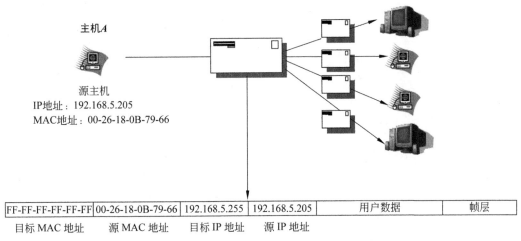

FF-FF-FF-FF-FF-FF	00-26-18-0B-79-66	192.168.5.255	192.168.5.205	用户数据	帧层
目标 MAC 地址	源 MAC 地址	目标 IP 地址	源 IP 地址		

图 1-20　广播数据帧的结构

1.4　本章小结

本章介绍了 Internet 的发展历史和现状,重点对 OSI 参考模型和 TCP/IP 协议族做了详细的阐述,介绍了 TCP/IP 协议族中包含的主要网络协议,使读者了解它们的基本功能和工作原理,为基于这些协议编写网络应用程序奠定基础。本章最后介绍了 IP 地址的基本工作原理、分类、使用情况和子网规划。

习　题　1

1. 按从低到高的顺序描述 OSI 参考模型的层次结构。
2. 按从低到高的顺序描述 TCP/IP 协议族的层次结构。
3. 比较 OSI 参考模型和 TCP/IP 协议族的异同。
4. 简述 TCP/IP 协议族的体系结构以及它与 OSI 参考模型的对应关系。
5. 简述 OSI 参考模型实现通信的工作原理。

6. 简述数据链路层中数据帧的结构。

7. 简述 IP 协议的基本工作原理。

8. 简述 ICMP 协议的基本工作原理。

9. 简述 TCP 和 UDP 协议的基本工作原理。

10. 简述 TCP 协议的三次握手机制。

11. 简述 TCP 协议的滑动窗口的概念。

12. 简述 TCP 和 UDP 的区别。

13. 简述 IPv4 地址的结构和表示方法。

14. 简述 IP 地址的分类。

15. 简述单播地址、组播地址、广播地址的定义和作用。

第2章 网络编程基础

本章首先介绍了网络编程基础知识,重点包括网络应用程序所处的地位、Internet 通信中网间进程的标识等;其次介绍了客户-服务器模型的重要性和工作过程;最后对目前主要的网络编程技术分类予以阐述。

2.1 网络应用程序

2.1.1 网络应用程序的功能和位置

网络硬件与协议软件相结合,形成了一个能使网络中任意一对计算机上的应用程序相互通信的基本通信结构。网络应用程序则为用户提供高层服务。例如,用户利用网络浏览网站信息、收发电子邮件、网络游戏、网络聊天等。Internet 实际仅提供一个通用的通信构架,它只负责传送信息,而信息传过去有什么作用,Internet 究竟提供什么服务,有哪些计算机来运行这些服务,如何确定服务的存在,如何使用这些服务等问题,都要由网络应用程序和用户决定。

从计算机网络体系结构的角度来看,网络应用程序处于网络层次结构的最上层,如图 2-1 所示。

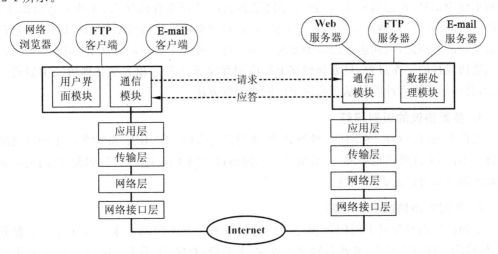

图 2-1 网络应用程序在网络体系结构中的位置

从功能上可以将网络应用程序分为两部分:一部分是专门负责网络通信的模块,它们与网络协议栈相连接,借助网络协议栈提供的服务完成网络上数据信息的交换;另一部分是面向用户或者进行其他处理的模块,它们接收用户的命令,或者对借助网络传输过来的数据进行加工。这两部分相互配合,关系密切,缺一不可。首先,通信模块是网络分布式应用的基础,其他模块则对网络交换的数据进行加工处理,从而满足用户的种种需求;其次,网络应用程序最终要实现网络资源的共享,共享的基础就是必须能够通过网络轻松地传递各种信息。

由此可见,网络编程首先要解决网间进程通信的问题,然后才能在通信的基础上开发各种应用功能。

2.1.2 网间进程通信面临的问题

网间进程通信不同于单机进程通信。就单机进程而言,每个进程都有自己独立的地址空间,同时,操作系统为单机进程通信提供了形式多样的手段,包括管道(Pipe)、软中断信号(Signal)、消息(Message)、共享存储区(Shared Memory)以及信号量(Semaphore)等,从而确保单机进程间的通信既不互相干扰,又能协调一致。然而,网间进程通信是指网络不同主机上的应用进程之间的相互通信,上述通信方式只适用于单机进程通信,无法应用到网间进程通信中。因此,网间进程通信面临新的问题和挑战,主要体现在以下方面。

1. 网间进程的标识问题

在同一主机中,不同的进程可以用进程号(Process ID)唯一标识,但在网络环境下,网间进程可能拥有相同的进程号。例如,主机 A 中某进程的进程号是 5,在 B 机中也可以存在 5 号进程,此时仅仅说"5 号进程"间的通信就没有意义了,显然,各主机独立分配的进程号已经不能唯一地标识一个进程。

2. 与网络协议栈连接的问题

网间进程的通信离不开网络协议栈的支持。应用进程把数据交给下层的传输层协议实体,调用传输层提供的传输服务,传输层及其下层协议将数据层层向下递交,最后由物理层将数据变为信号,发送到网上,经过各种网络设备的寻径和存储转发,才能到达目的主机。目的主机的网络协议栈再将数据层层上传,最终将数据送交接收端的应用进程,这个过程是非常复杂的。因此,网间进程通信的实现必须要有一种非常简单的方法,使用户不用考虑底层网络协议栈的工作过程,只要处理好上层应用程序所涉及的相关问题即可。类似的方法不少,其中最具代表性的是基于套接字的网络编程方法。

3. 多重协议的识别问题

操作系统所支持的网络协议种类繁多,常见的有 TCP/IP、IPX/SPX 等。不同协议的工作方式不同,地址格式也不同,一般情况下不同协议之间不能进行通信,因此,网间进程通信必须解决多重协议的识别问题。

4. 不同的通信服务的问题

不同的应用对象对于网间进程之间的通信服务会有不同的需求。以文件传输服务为例,传输的文件可能很大,要求传输非常可靠,无差错,有序,不丢失。试想一下,花费很长时间下载一个程序,结果因为丢失几个字节导致程序无法使用。但是,网上聊天这样的应用程序对可靠性的要求就不高。在 TCP/IP 协议族中,在传输层有 TCP 和 UDP 这两个协议,TCP 提供可靠的字节流传输服务,UDP 提供不可靠的数据报传输服务。因此,要求网络应用程序能够有选择地使用网络协议栈提供的网络通信服务功能。

2.2 网间进程的标识方法

2.2.1 传输层在网络通信中的地位

Internet 是基于 TCP/IP 协议族的,TCP/IP 协议族的特点是两头大、中间小。在应用层,有众多的应用程序,分别使用不同的应用层协议;在网络接口层,有多种数据链路层协议,可以和多种物理网相连;在网络层,只有一个 IP 实体。在发送端,所有上层的应用程序的信息都要汇集到网络层;在接收端,下层的信息又从网络层分流到不同的应用进程。

网络层的 IP 协议在 Internet 中起着非常重要的作用,它用 IP 地址统一了 Internet 中各种主机的物理地址,用 IP 数据包统一了各种物理网的帧,实现了异构网的互联。在 Internet 中,每一台主机都有一个唯一的 IP 地址,利用 IP 地址可以唯一地定位 Internet 中的一台计算机,实现计算机之间的通信。但是最终进行网络通信的不是计算机,而是计算机内的某个应用程序。每个主机中有许多应用程序,仅用 IP 地址是无法区别一台主机中的多个应用进程的。

传输层与网络层在功能上的最大区别是传输层提供进程通信的能力。传输层协议出现了端口(Port)的概念,是计算机网络中通信主机内部进行独立操作的第一层,是支持端到端的进程通信的关键一层。应用层的多个进程通过各自的端口复用 TCP 或 UDP,TCP 或 UDP 再复用网络层的 IP,经过通信子网的存储转发,将数据传送到目的端主机。而在目的端主机中,IP 将数据分发给 TCP 或 UDP,再由 TCP 或 UDP 通过特定的端口传送给相应的进程。对于网络协议栈来说,在发送端是自上而下地复用,在接收端是自下而上地分用,从而实现了网络中应用进程的通信。

2.2.2 网间进程的标识

1. 端口

端口是 TCP/IP 协议族中应用层进程与传输层协议实体间的通信接口,在 OSI 七层协议的描述中,将它称为应用层进程与传输层协议实体间的服务访问点 SAP(Service Accessing Point)。应用层进程通过系统调用与某个端口进行绑定,然后就可以通过该端口接收或发送数据,因为应用进程在通信时必须用到一个端口,它们之间有着一一对应的关系,所以可以用端口来标识通信的网络应用进程。

端口标识符是一个 16 位的整数,因此,TCP 和 UDP 都可以提供 65 535 个端口供应用层的进程使用。由于传输层拥有两个完全独立的协议,即 TCP 和 UDP,因此各自的端口号也相互独立。例如 TCP 有一个 255 号端口,UDP 也有一个 255 号端口,两者并不冲突。

端口是操作系统可分配的资源,是一种抽象的软件机制,包括一些数据结构和 I/O 缓冲区。应用程序通过系统调用与某端口建立绑定关系后,传输层传给该端口的数据都被相应进程接收,相应进程发给传输层的数据都通过该端口输出。在 TCP/IP 的实现中,端口操作类似于一般的 I/O 操作,进程获取一个端口相当于获取本地唯一的 I/O 文件,可以用一般的读写原语访问它。

端口号的分配是一个重要问题。当网间进程 A 要向 B 发送信息时,A 必须知道 B 的地址,包括 IP 地址和端口号。由于 IP 地址是全局分配的,能保证全网的唯一性,然而端口号是由每台主机自己分配的,只有本地意义,无法保证全网唯一,又该如何分配呢?实际上,进行端口分配时,TCP/IP 采用的是全局分配(静态分配)和本地分配(动态分配)相结合的方法,将 TCP 和 UDP 的所有端口分为保留端口和自由端口两部分。

保留端口又称周知端口(Well-known Port),范围是 0~1023,采用全局分配或集中控制的方式,由一个权威机构根据需要进行统一分配,静态地分配给 Internet 上著名的服务器进程。这样,每一个标准的服务器都拥有了一个全网公认的端口号,在不同的服务器主机上,使用相同应用层协议的服务器的端口号也相同,例如,所有的 WWW 服务器默认的端口号都是 80,FTP 服务器默认的端口号都是 21,其余的端口 1024~65 535 称为自由端口,采用本地分配或动态分配的方法,由本地操作系统动态、自由地分配给要进行网络通信的应用层进程。

具体来说,TCP 和 UDP 端口的分配规则如表 2-1 所示。

表 2-1 端口分配规则

端　　口	用　　途
0	不使用或者作为特殊的用途
1~255	保留给特定的服务,如众所周知的服务
256~1023	保留给其他的服务,如路由
1024~4999	可以用作任意客户的端口
5000~65 535	可以用作用户的服务器端口

2. 半相关

在 Internet 中,通信的两个进程分别在不同的计算机上,不同的计算机可能位于不同的网络中,这些网络通过网关、网桥和路由器等网络连接设备相互连接。因此,要在 Internet 中定位一个应用进程,需要以下三级寻址:

(1) 某一台主机总是与某个网络相连,必须指定主机所在的特定网络的地址,称为网络 ID;

(2) 网络中的每一台主机应有其唯一的地址,称为主机 ID;

(3) 每一台主机上的每一个应用进程应在该主机上的唯一标识符。

在 TCP/IP 中,主机 IP 地址就是由网络 ID 和主机 ID 组成的,IPv4 中用 32 位整数值表示,应用进程则是用 TCP 或 UDP 的 16 位端口号来标识的。

综上所述,在 Internet 中,用一个三元组可以全局唯一地标识一个网间进程:

$$网间进程=(传输层协议,主机 IP 地址,端口号)$$

这个三元组叫作一个半相关(Half-association),它标识了 Internet 中进程间通信的一个端点,也把它称为进程的网络地址。

3. 全相关

在 Internet 中,一个完整的网间通信需要由两个进程组成,这两个进程是通信的两个端点,只能使用同一种传输层协议。也就是说,不可能通信的一端用 TCP,而另一端用 UDP。因此,一个完整的网间通信需要一个五元组全局唯一地来标识:

（传输层协议,本地机 IP 地址,本地机端口,远端机 IP 地址,远端机端口）

这个五元组称为一个全相关（Association),即两个协议相同的半相关才能组合成一个合适的全相关,或完全指定一对网间通信的进程,以此来标识网络中进程间的通信。

2.3 客户-服务器模型

客户-服务器(Client/Server,C/S)模型是迄今为止最为典型的网络通信模型,该模型的提出有其必然性。这里将较为详细地对模型的重要性、常用术语、工作流程与特点以及交互方式逐一阐述,并就相关性能予以分析。

2.3.1 客户-服务器模型的重要性

Internet 如同信息的海洋,为广大联网用户提供了一个广阔的交流平台,这些联网计算机间的自由通信都离不开底层物理网络和各层通信协议的有力支持。然而,只有数据通信是远远不够的,用户所需要的各种功能都是由高层应用软件提供的。例如,用户日常使用的电子邮件收发、网上冲浪、资料下载等,都得依赖各种应用软件来实现。这些软件为用户提供了与 Internet 交互的界面,为人们提供了种种方便。例如,要想浏览一个网页,只需要在 IE 浏览器的地址栏中输入一个网址或单击一个超链接,仅此而已。离开了网络应用软件,人们就很难使用 Internet。

Internet 实际仅提供了一个通用的通信构架,它只负责传送信息,至于信息如何被处理、由谁进行处理,都要由应用软件和用户自己来解决。网络通信必须得有两个应用程序参与,其中一台计算机上的应用程序启动与另一台计算机上应用程序的通信,然后另一台计算机上的应用程序对到达的请求做出应答。首先,建立网络的起因是网络中软硬件资源、运算能力和信息不均等,需要共享,从而造成了拥有众多资源的主机提供服务,资源较少的客户请求服务这一非对等关系;其次,网间进程通信完全是异步的,相互通信的进程间既不存在父子关系又不共享内存缓冲区,因此,需要一种机制为希望通信的进程间建立联系,为两者的数据交换提供同步。由此可以看出,构建一个适合网络应用程序通信的模型是至关重要的。

网络应用程序通信时,普遍采用客户-服务器模型,这是 Internet 上应用程序常用的通信模型。选择该模型不是主观的,而是客观的,是由实际应用和网络资源本身的不平等决定的。

2.3.2 客户-服务器模型工作过程与特点

在客户-服务器模型中,服务器程序通常在一个众所周知的端口监听对服务的请求,期间一直处于休眠状态,直到一个客户的连接请求到达为止。此时,服务器被"唤醒",进而为客户提供服务,从而对客户的请求做出适当的响应。客户-服务器工作过程如图 2-2 所示。

客户-服务器模型中服务器处于被动服务的地位。服务器要先启动,并根据客户的请求提供相应的服务,工作过程如下。

(1) 打开一个通信通道,并告知服务器所在的主机,它愿意在某一个公认的端口（如 FTP 为 21)上接收客户请求。

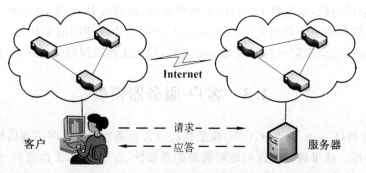

图 2-2 客户-服务器模型工作过程

（2）等待客户的请求到达该端口。

（3）服务器收到服务请求,处理该请求并返回应答信号。为了能并发地接收多个客户的服务请求,需要激活一个新进程或新线程来处理这个客户请求。服务完成后,关闭此新进程与客户的通信链路,并终止该进程或线程。

（4）返回第（2）步,等待并处理另一个客户请求。

（5）在特定的情况下,关闭服务器。

客户采用主动请求方式,其工作过程如下。

（1）打开一个通信通道,向服务器发送连接请求,进而完成连接,建立进程。

（2）遵循应用层协议的相关规定,向服务器发送数据,等待并接收服务器返回的应答数据,然后继续这一个进程。

（3）通信结束后,关闭连接通道并终止客户进程。

从上面的描述可以看出,客户和服务器都是运行于计算机中网络协议栈之上的应用程序。借助网络,服务器可以为成千上万的客户提供服务;客户则运行于用户的计算机上,界面友好,通过网络请求并得到服务器的服务,从而共享网络的信息和资源。例如,在典型的Web应用中,IE浏览器和IIS分别承担客户和服务器的任务。另外,客户-服务器模型描述的是进程之间服务与被服务的关系。一般而言,客户充当服务的请求方,服务器则是服务的提供方。然而,有时客户和服务器的角色可能不是固定的,一个应用进程可能既是客户,又是服务器。比如,当进程 A 需要进程 B 的服务时就主动联系进程 B,此时,A 是客户而 B 是服务器。然而,在下一次通信中,B 又可能需要 A 的服务,这时 B 是客户而 A 是服务器。

客户-服务器模型中,客户与服务器通常具有以下主要特点。

（1）通用性:客户和服务器都是软件进程,客户-服务器模型是网络上通过进程通信建立分布式应用的常用模型。

（2）非对称性:服务器通过网络提供服务,客户通过网络使用服务,这种不对称性体现在软件结构和工作过程上。

（3）对等性:客户和服务器必有一套共识的约定,必与某种应用层协议相联系,并且协议必须在通信的两端实现。例如,Web 浏览器和服务器都是基于超文本传输协议来实现的。

（4）服务器的被动性:服务器必须先行启动,时刻监听,日夜值守,及时服务,只要有客户请求,就立即处理并响应、回传信息,但不主动提供服务。

（5）客户的主动性：客户可以随时提出请求，通过网络得到服务，也可以关机离开，一次请求与服务的过程是由客户首先激发的。

（6）一对多：一个服务器可以为多个客户服务，一个客户也可以打开多个窗口，连接多个服务器。

（7）分布性与共享性：资源在服务器上组织与存储，通过网络供分散的多个客户使用。

2.3.3　客户-服务器模型交互方式

客户与服务器之间的交互是任意的，在实际的网络应用中，往往形成错综复杂的客户-服务器交互局面。这种任意性主要体现在以下两个方面。

首先，客户访问某一类服务时并不局限于一个服务器。在 Internet 的各种服务中，不同计算机上运行的服务器可能会提供不同的信息。例如，一个日期服务器可能给出它所运行的计算机的当前日期和时间，处于不同时区的计算机上的服务器会给出不同的应答。同一个客户即可以同时是两台服务器的客户。例如，用户使用 IE 浏览器先浏览雅虎网站，再浏览搜狐网站，就属于这种情况。

其次，客户-服务器模型的任意性还体现在应用的角色可以转变上，提供某种服务的服务器能够成为另一个服务的客户。例如，一个文件服务器在需要记录文件访问的时间时可能成为一个时间服务器的客户。也就是说，当文件服务器在处理一个文件请求时，向一个时间服务器发出请求，询问时间，并等待应答，然后再继续处理文件请求。

进一步分析可以看出，在客户-服务器模型中，存在 3 种一个与多个的关系。

（1）一个服务器同时为多个客户服务：Internet 上的各种服务器，如 Web 服务器、电子邮件服务器和文件传输服务器等，都能同时为多个客户服务。例如，每天都有很多人在浏览雅虎网站的页面，但每个人都感觉不到别人对自己的影响。其实，今天 Internet 上的服务器往往同时接待成千上万的客户，但服务器所在的计算机可能只有一个通往 Internet 的物理连接。

（2）一个用户的计算机上同时运行多个连接不同服务器的客户：有经验的用户都知道，在 Windows 系统的桌面上可以同时打开多个 IE 浏览器的窗口，每个窗口连接一个网站，这样可以提高上网的效率。当在一个窗口中浏览网页的时候，可能另一个窗口正在下载文件。这里，一个 IE 浏览器的窗口就是一个 IE 浏览器软件的运行实例，就是一个作为客户的应用进程，它与一个服务器建立一个连接关系，支持与该服务器的会话。这样，用户的计算机中就同时运行着多个客户，分别连接着不同的服务器。同样，用户的计算机也只有一个通往 Internet 的物理连接。

（3）一个服务器类的计算机同时运行多个服务器：一个足够强大的计算机系统能够同时运行多个服务器进程。在这样的系统上，提供的每种服务都有一个对应的服务器程序在运行，可以有效节约服务器硬件资源。例如，一台计算机可能同时运行文件服务器和 Web 服务器。虽然一台计算机上能运行多种服务，但它与 Internet 只需要有一个物理连接。

2.4 网络编程分类

1. 基于 TCP/IP 协议栈的网络编程

基于 TCP/IP 协议栈的网络编程是最基本的网络编程方式，主要使用各种编程语言，利用操作系统提供的套接字网络编程接口，直接开发各种网络应用程序。这是本书重点介绍的一种网络编程技术。

这种编程方式由于直接利用网络协议栈提供的服务来实现网络应用，所以层次比较低，编程者有较大的自由度，在利用套接字实现了网络进程通信以后，可以随心所欲地编写各种网络应用程序。采用这种编程方式首先要深入了解 TCP/IP 的相关知识，深入掌握套接字网络编程接口，更重要的是要深入了解网络应用层协议。例如，要想编写出电子邮件程序，就必须深入了解 SMTP 和 POP3 相关协议，有时甚至需要自己开发合适的应用层协议。

2. 基于 Web 应用的网络编程

Web 应用是 Internet 上最广泛、最重要的应用。它用 HTML 表达信息，用超链接将全世界的网站联成一个整体，人们可以通过浏览器这种统一的形式浏览全世界的网站，为人们提供了一个图文并茂的多媒体信息世界。Web 已经深入到各行各业，无论是电子商务、电子政务、数字企业、数字校园，还是各种基于 Web 的信息处理系统、信息发布系统和远程教育系统，都采用了网站的形式。这种巨大的需求催生了各种基于 Web 应用的网络编程技术，首先出现的是一大批所见即所得的网页制作工具，如 Frontpage、Dreamweaver、Flash 和 Firework 等，然后是一批动态服务器页面的制作技术，如 ASP、JSP 和 PHP 等。其中，ASP（Active Server Page）是一个基于 Web 服务器的开发环境，内嵌在微软公司的 Internet 信息服务器（IIS）中。通过 ASP 技术，可以结合 HTML 页面、脚本语言、ASP 对象和 ActiveX 组件，建立动态的、交互的、高性能的 Web 服务器应用程序，因而得到了广泛的应用。

ASP.NET 最初的名字为 ASP+，后来改为 ASP.NET。ASP.NET 是 Microsoft 公司开发的一种建立在 .NET 之上的 Web 运行环境，它不是 ASP 的简单升级，而是新一代的 Active Server Pages。ASP.NET 是 Microsoft 公司体系结构 Microsoft.NET 的一部分，其中的技术架构使编程变得更加简单。借助 ASP.NET，可以创造出内容丰富的、动态的、个性化的 Web 站点。ASP.NET 简单易学、功能强大、应用灵活、扩展性好，可以使用任何 .NET 兼容语言。

3. 基于 .NET 的 Web Services 网络编程

.NET 是 Microsoft 公司 XML Web Services 平台，面向整个 Internet 计算环境，为人们提供统一、有序、有结构的 Web 服务。不论操作系统或编程语言有何差别，Web 服务都能使应用程序在 Internet 上传输和共享数据。.NET 平台提供创建 Web 的服务并将这些服务集成在一起。.NET 平台包含广泛的产品系列，如 COM+组件服务、ASP Web 开发框架和 OOP 面向对象设计等，并且，.NET 支持多种重要的 Web 服务协议，如简单对象访问协议（Simple Object Access Protocol，SOAP）、Web 服务说明语言（Web Services Description Language，WSDL），以及统一说明、发现和集成规范（Universal Description Discovery and Integration，UDDI）等。上述种种协议或规范都基于 XML 和 Internet 行业标准构建，提供从开发、管理、使用到体验 Web 服务的每一个方面,从而在很大程度上满足了 21 世纪电子商务、电子政务、数字校园和数字企业等各种 Internet 应用对高效、可靠、安全的软件平台的迫切需求。

.NET 的核心是.NET Framework,由公共语言运行库和基础类库组成。这两个组件为构建.NET 应用程序提供了执行引擎和编程 API。操作系统之上的各种.NET 组件如图 2-3 所示。

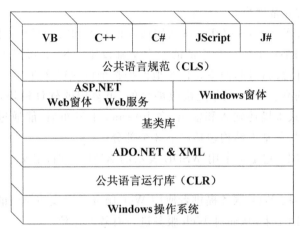

图 2-3 操作系统之上的各种.NET 组件

(1).NET 平台的 3 层结构。

① 顶层是语言层,包括两部分:一是以 Visual Studio.NET 为代表的开发工具,用于 Web 服务和其他程序的开发,提供多种语言支持,典型的有 C♯、Visual Basic.NET 等,当然也包括许多其他兼容.NET 的语言,如 Perl、Python、COBOL 等;二是公共语言规范(Common Language Specification CLS),用来帮助创建与.NET Framework 兼容的语言,只要这种语言提供 CLS 所描述的功能,就能够使用.NET Framework,并且与用其他语言编写的组件进行互操作。

② 中间层是框架层,是一个开发和运行期的基础环境,极大地改变了 Windows 平台上的商务程序的开发模式,包括公共语言运行库(Common Language Runtime,CLR)和一个所有.NET 语言都可以使用的基础类库,用于创建 Web 服务、Web 应用程序和 Windows 应用程序。

③ 底层是 Windows 操作系统。

(2).NET 的设计目标。.NET 可以简化组件的使用,开发组件时,只需编写一个.NET 的类,并且支持即插即用,不需要使用注册表进行组件的注册以及编写相关的底层代码。

① 实现语言的集成:支持语言无关性和语言集成,每个语言编译器都满足 CLS 所规定的最小规则集,使不同的.NET 语言可以混合使用。

② 支持 Internet 的互操作:.NET 使用简单对象访问协议(Simple Object Access Protocol,SOAP),这是一个分布计算的、开放的、简单的、轻量级的协议,其基础是 XML 和 HTTP 标准。

③ 简化软件的开发:以前开发软件时,每换一种语言都要重新学习各种 API 和类库,

费时费力。.NET 提供了一套框架类,允许任何语言使用,无须在每次更换语言时学习新的 API。

④ 简化组件的部署:安装软件时容易破坏共享 DLL,导致其他程序无法运行。.NET 引入了安装卸载零影响的概念,可以有效避免此问题。

⑤ 提高可靠性:.NET 的类支持运行期的类型的识别等功能,CLR 在类型装载和执行之前对其验证,减少低级编程错误和缓冲区溢出的机会,提供一致的错误处理机制,所有 .NET 兼容语言中的异常处理是一样的。

⑥ 提高安全性:Windows 操作系统使用访问控制表和安全身份来保护资源,但不提供对访问可执行代码的某一部分进行验证的安全基础设施。.NET 可以进一步保护对于可以执行的代码的某一部分的访问,而不是传统地保护整个可执行文件。

(3) Web 服务简介。Web 服务是松散耦合的、可复用的软件模块,是一个自包含的小程序,采用公认的方式来描述输入和输出,在 Internet 上发布后,能通过标准的 Internet 协议在程序中予以访问,其基本结构包括以下 3 个部分。

① Web 服务说明:它是一个用 WSDL 表示的 XML 文档,定义了 Web 服务可以理解的消息格式。

② Web 服务目录:Web 服务提供者使用 Web 服务目录发布自己能提供的 Web 服务,供客户查找,并且返回结果,从而对 Web 服务进行有效的定位。

③ Web 服务发现:这是定位或发现采用 WSDL 所描述的 Web 服务文档的过程,通过 UDDI 定义了一种发布和发现 Web 服务相关信息的标准方法。

Web 服务建立在服务的提供者、注册处和请求者 3 个角色的交互上,交互的内容包括发布、查找和绑定 3 个操作,这些角色和操作都围绕 Web 服务本身和服务说明展开。开发一个 Web 服务需要完成四个阶段的工作。

① 创建:开发测试 Web 服务的实现,包括服务接口说明的定义和服务实现说明的定义。

② 安装:把服务接口和服务实现的定义发送到服务请求者或服务注册处,把服务的可执行程序放到 Web 服务器的可执行环境中。

③ 运行:Web 服务等待调用请求,被不同的请求者通过网络访问或调用,服务请求者此时可以查找或绑定操作。

④ 管理:对 Web 服务应用程序进行监督、检查和控制,包括安全性、性能和服务质量管理等。

总而言之,.NET 平台和 Web 服务是当前流行的网络编程理念,极大地推动了网络应用向前发展。

4. .NET Remoting 技术

分布式计算技术发展迅速,起初开发人员采用 DCOM 技术来开发基于 Microsoft 平台上的分布式应用程序,然而这种方法理解和使用起来难度较大。现在,.NET Remoting 技术能够很好地用于分布式软件开发,具有诸多优点,成为 DCOM 的良好替代品。

.NET Remoting 技术是一个有助于使用美国微软公司的 .NET 技术进行分布式应用开发的面向对象体系,正如 .NET Framework 取代 COM 成为建立组件的首选方式一样,.NET Remoting 取代了 DCOM 成为使用 .NET Framework 建立分布式应用程序的首选方式。.NET Remoting 提供了一个功能强大、高效的处理远程对象的方法,从结构上而言,.
NET Remoting 对象非常适合通过网络访问资源,而又无须处理由基于 SOAP 的 Web 服务
所带来的难题。.NET Remoting 使用起来比 Java 的 RMI 简单,但要比创建 Web 服务难度
大一些。

在.NET Framework 下使用.NET Remoting 建立分布式应用是件非常容易的事情,这
与使用 DCOM 进行开发反差很大。而且,在扩展.NET Remoting 基础设施时,其真正威力
能够得以更好地体现。之所以如此,缘于.NET Remoting 具有一个富含逻辑性且非常连贯
的对象模型,从而使.NET Remoting 基础设施的配置修改十分简单,并且进行高级扩展更
加容易。此外,基于 Internet 标准的.NET Remoting 具有良好的开放性。

尽管.NET Remoting 对 DCOM 是个强有力的替代者,同时也是现今开放式 Internet
互联环境中支持分布式应用开发的强大工具,然而任何技术都不可能十全十美。.NET
Remoting 优点很多,但缺点同样不可避免。优点主要有:TCP 通道的 Remoting 速度非常
快;虽然是远程的,但是非常接近本地调用对象;可以做到保持对象的状态;没有应用程序限
制,可以是控制台、WinForm、IIS、Windows 服务承载远程对象。缺点主要有非标准的应用
因此有平台限制;脱离 IIS 的话需要有自己的安全机制。

.NET Remoting 与 Web 服务又有哪些区别呢? ASP.NET Web 服务的基础结构通过
将 SOAP 消息映射到方法调用,为 Web 服务提供了简单的 API。通过提供一种非常简单的
编程模型(基于将 SOAP 消息交换映射到方法调用),它实现了此机制。ASP.NET Web 服
务的客户端不需要了解用于创建它们的平台、对象模型或编程语言,并且服务也不需要了解
向它们发送消息的客户端。唯一的要求是双方都要认可正在创建和使用的 SOAP 消息的
格式,该格式是由使用 WSDL 和 XML 架构(XSD)表示的 Web 服务合约来定义的。.NET
Remoting 为分布式对象提供了一个基础结构。它使用既灵活又可扩展的管线向远程进程
提供.NET 的完全对象语义。ASP.NET Web 服务基于消息传递提供非常简单的编程模
型,而.NET Remoting 提供较为复杂的功能,包括支持通过值或引用传递对象、回调,以及
多对象激活和生命周期管理策略等。要使用.NET Remoting,客户端需要了解所有这些详
细信息,简而言之,需要使用.NET 建立客户端。.NET Remoting 管线还支持 SOAP 消息,
但必须注意这并没有改变其对客户端的要求。如果 Remoting 端点提供.NET 专用的对象
语义,不管是否通过 SOAP,客户端必须理解它们。

5. 电话应用编程接口

电话应用编程接口(Telephony Application Programming Interface,TAPI)是由
Microsoft 公司、Intel 公司以及一些电信公司合作开发的一套用来编写与电信业务相关的
应用程序的编程接口。目前的 Windows 操作系统都支持 TAPI,但不同版本的 Windows
操作系统提供的 TAPI 的版本有所不同。

TAPI 提供了处理语音和数据传输的功能,如果在一台计算机上安装了 TAPI 的应用
软件和硬件,用户就能够进行以下操作。

(1) 通过在计算机屏幕上单击就可以拨出电话。

(2) 利用图形用户接口来建立电话会议,并于既定时间参加会议。

(3) 看到正在进行单独交谈或在电话会议上进行讲话的人。

(4) 将一则声音短信附加到发送的 E-mail 中,或者收听所接收到的声音短信附件。

（5）对计算机进行设置，使它能够自动地接听某些号码的电话来电，或者拒听某些号码的来电。

（6）收发传真。

TAPI 标准不仅支持局域网连接，而且还支持单个计算机的连接。对于每一类的连接方式，TAPI 都为简单的电话控制和电话内容管理做了标准上的界定。除了向应用软件提供接口之外，还向硬件供应商提供服务供应商接口，以便编写驱动软件。TAPI 动态链接库将应用程序接口映射到服务供应商接口上，并协调好输入输出的信息传输。利用 TAPI，程序员能够为不同的电话系统轻松地开发出各种应用软件，如普通公共交换电话网络、ISDN 和专用分组交换机，而且不需要知道它们的全部细节。

6. 信报应用编程接口

众所周知，E-mail 软件是迄今为止最为常用的 Internet 软件之一，具有应用广泛、功能完备、使用简单等特点。然而，对于软件开发人员来说，由于 E-mail 协议比较复杂，需要掌握的知识很多，因此，编写一个 E-mail 软件具有较大的难度，尤其是要制作一个运行良好且能够处理多数邮件格式的 E-mail 处理程序更加困难。那么，有没有一种简单易行，无须了解 E-mail 核心内容就能设计一个符合自己应用或加在其他应用中的 E-mail 软件工具呢？信报应用编程接口（Message Application Programming Interface，MAPI）可以很好地做到这一点。

MAPI 可用于创建具有电子邮件功能的应用程序，不需要懂得 E-mail 协议。MAPI 是由 Microsoft 公司提供的开放而全面的邮件编程接口，可将任何用于电子邮件或工作组（如计划、日程表和文档管理）的应用程序，与适应 MAPI 的消息服务天衣无缝地连接起来。例如，通过使用 MAPI 驱动程序，Microsoft Exchange 消息系统可被连接到绝大多数私用或公用电子邮件系统中。在使用 MAPI 设计程序时，首先必须在程序和 MAPI 之间建立一条或数条 Session，当 Session 建立好之后，客户程序就可以使用 MAPI 所提供的功能。

在分布式客户-服务器环境中，MAPI 在 Windows 开放服务系统范围内提供企业邮件撰写服务，可使 Windows 应用程序接入从 Microsoft Mail 到 Novell MHS 的多种消息系统。

7. Internet 服务器应用编程接口

Internet 服务器应用编程接口（Internet Server Application Programming Interface，ISAPI）提供了一种简单有效的方法来扩展与其兼容的 Web 服务器。ISAPI 服务器扩展也称为 Internet 服务器应用程序（ISA），是一个动态链接库，可以被 HTTP 服务器调用和装载，用于增强符合 ISAPI 的服务器的功能。每个 ISA 可通过浏览器应用程序调用，并且将相似的功能提供给通用网关接口（CGI）应用程序。

ISA 的优点是：用户可以填写窗体，然后单击提交按钮将数据发送到 Web 服务器并调用 ISA，ISA 可以处理这些信息以提供自定义内容或将这些信息存储在数据库中。Web 服务器扩展可以使用数据库中的信息动态生成 Web 页，然后将其发送给客户进行显示。应用程序可以使用 HTTP 和 HTML 添加其他自定义功能并将数据提供给客户。

ISAPI 筛选器是在启用 ISAPI 的 HTTP 服务器上运行的动态链接库，用于筛选传给服务器或从服务器传出的数据。该筛选器注册事件的通知，例如登录或 URL 映射。当发生选定事件时，筛选器被调用，并且您可以监视及更改数据（在数据从服务器传输到客户端或相反的过程中)。可以使用 ISAPI 筛选器提供增强的 HTTP 请求记录(例如跟踪登录到服务器的用户)、自定义加密、自定义压缩或其他身份验证方法。服务器扩展和筛选器均在 Web 服务器的进程空间中运行,这样就为扩展服务器的功能提供了有效的手段。

ISAPI 与 CGI 的相同和不同之处在于以下几点。

(1) ISA 为使用 Internet 服务器的通用网关接口(CGI)应用程序提供了另一种选择。与 CGI 应用程序不同,ISA 在与 HTTP 服务器所在的同一地址空间运行,并且可以访问 HTTP 服务器使用的所有资源。ISA 的系统开销比 CGI 应用程序低,它们不要求创建其他进程,也不执行跨进程边界的通信,因为这种通信非常耗时。如果内存被其他进程所需要,服务器扩展和筛选器 DLL 都可能被卸载。

(2) Internet 上的客户端通过 HTTP 服务器调用 ISA 的方法与调用 CGI 应用程序的方法一样。例如,客户端可以这样调用一个 CGI 应用程序:

```
http://sample/example.exe?Param1&Param2
```

它可以这样调用一个执行相同功能的 ISA:

```
http://sample/example.dll?Param1&Param2
```

(3) ISAPI 允许在一个 DLL 中有多个命令,这些命令作为 DLL 中 CHttpServer 对象的成员函数来实现。CGI 要求每个任务有一个单独的名称和一个到单独的可执行文件的 URL 映射。每个新的 CGI 请求启动一个新进程,而每个不同的请求包含在各自的可执行文件中,这些文件根据每个请求加载和卸载,因此系统开销高于 ISA。

(4) 筛选器为客户端和服务器之间传送的所有数据提供预处理和后处理的能力,但 CGI 没有与 ISAPI 等效的筛选器。

另外,Web 站点的运行需要支持 HTTP 协议的 Internet 服务器来承载。若要创建小型、快速的 ISA,就必须选择符合 ISAPI 的 Web 服务器,如 Microsoft Internet 信息服务器等。

2.5 本 章 小 结

本章重点对网间进程、网络协议、客户-服务器模型做了详细的阐述,从而使读者能够深入理解网络编程的重要性、通信基础以及工作过程。并且,为了使读者对网络编程技术有整体、系统的认识,本章还就目前主要的网络编程技术分类进行了介绍。

习 题 2

1. 描述网络应用程序在网络层次结构中的地位及其功能。
2. 网间进程通信与单机进程通信的不同之处有哪些?
3. 实现网间进程通信必须解决哪些问题?
4. 简述端口的基本概念与分配机制。

5. 什么是网络应用进程的网络地址？什么是半相关和全相关？

6. 举例说明 UDP 与 TCP 的不同。

7. 为什么说客户-服务器模型的选择是客观的？

8. 简述服务器与服务器类计算机以及计算机用户与作为客户的计算机之间的区别。

9. 说明客户-服务器模型的工作过程和特点。

10. 为什么说客户与服务器之间的交互具有任意性？

11. 简要说明主要网络编程技术的分类情况。

第3章 Windows 套接字

在开发网络应用程序时,最重要的问题就是如何实现不同主机之间的通信。在 TCP/IP 网络环境中,可以使用套接字(Socket)接口来建立网络连接、实现主机之间的数据传输。Socket 编程接口是迄今为止最为常用、最为重要的一类网络编程接口,最早是由 BSD UNIX 提出的,目的是解决网间进程通信的问题。为了使原先在 UNIX 上才能实现的便捷的网络通信方式同样也能在 Windows 上得以实现,从而建立了 Windows Socket 编程接口,简称 Winsock。

3.1 Socket 的产生与规范

3.1.1 Socket 的产生

Socket 的英文原意是"孔"或"插座",当它作为进程通信机制时,它起的作用的确就像插座一样。当 Socket 接通时,用户可以通过它来接收对方发来的任何信息,也可以传输文件到网络中任何地方,只要对方在线,只要对方的 Socket 与自己的 Socket 有通信连接,这两者之间就可以任意通信。

20 世纪 70 年代中期,美国国防部高研署(DARPA)将 TCP/IP 的软件提供给加利福尼亚大学伯克利分校后,TCP/IP 很快被集成到 UNIX 中,同时出现了许多成熟的 TCP/IP 应用程序接口(API),这个 API 称为 Socket 接口。今天,Socket 接口是 TCP/IP 网络最为通用的 API,也是在 Internet 上进行应用开发最为通用的 API。20 世纪 90 年代初期,Microsoft 公司联合其他几家公司以 UNIX 操作系统的 Berkeley Socket 规范为范例,共同制定了一套 Windows 下的网络编程接口,即 Windows Socket 规范。它是 Berkeley Socket 的重要扩充,主要增加了一些异步函数,并增加了符合 Windows 消息驱动特性的网络事件异步选择机制。Windows Socket 规范是一套开放的、支持多种协议的 Windows 下的网络编程接口。目前,在实际应用中的 Windows Socket 规范主要有 1.1 版和 2.0 版。两者的最重要的区别是 1.1 版只支持 TCP/IP,而 2.0 版可以支持多协议,2.0 版有良好的向后兼容性。

套接字规范定义并记录了如何使用 API 与 Internet 协议族(IPS,通常指 TCP/IP)连接,尤其要指出的是,所有的 Winsock 实现都支持流式套接字和数据报套接字。它最早是以加利福尼亚大学伯克利分校 BSD UNIX 中流行的 Socket 接口为范例在 Windows 下定义的。它不仅包含了人们所熟悉的 Berkeley Socket 风格的库函数,也包含了一组针对 Windows 的扩展库函数,以使程序员能充分地利用 Windows 消息驱动机制进行编程。

3.1.2 Socket 规范

1. Berkeley Socket 规范

Berkeley Socket 规范是针对 UNIX 操作系统下的 TCP/IP 实现的,为 UNIX 操作系统下不同计算机之间使用 TCP/IP 进行网络通信编程提供了一套 API。由于加利福尼亚大学伯克利分校最先涉足 Socket 接口开发工作,因此这个套接字规范一般称为 Berkeley Socket。

2. Windows Socket 规范

随着个人计算机的日益普及,Windows 操作系统的用户数量增长迅猛。Microsoft 公司以 Berkeley Socket 规范为范例定义了一套 Windows 下的网络编程接口,它不仅包含了人们很熟悉的 Berkeley Socket 风格的库函数,也包含了一组针对 Windows 的扩展库函数,以使程序员能充分利用 Windows 消息驱动机制进行编程。

Winsock 规范的本意在于提供给应用程序开发者一套简单的 API,并让各家网络软件供应商共同遵守。此外,在某个特定版本的 Windows 中,Winsock 规范也可定义一个二进制接口,并通过此二进制接口来保证其兼容性。因此,这份规范定义了应用程序开发者能够使用,而且网络软件供应商也能够实现的一套函数调用和相关语义。遵守这套 Winsock 规范的网络软件称为 Winsock 兼容,而 Winsock 兼容实现的提供者称为 Winsock 提供者。一个网络软件供应商必须百分之百地实现 Winsock 规范才能做到 Winsock 兼容。

Winsock 规范定义并记录了如何使用 API 与 Internet 协议相连接,尤其要指出的是,所有的 Winsock 实现都支持流式套接字和数据报套接字。应用程序调用 Winsock API 实现相互之间的通信,Winsock 又利用下层的网络通信协议功能和操作系统调用实现实际的通信工作。

Windows Socket 几个标志性的版本是 Winsock 1.0、Winsock 1.1 和 Winsock 2.0。

(1) Winsock 1.0。Winsock 1.0 是网络软件供应商和用户协会细致周到的工作结晶。Winsock 1.0 规范的发布是为了让网络软件供应商和应用程序开发者都能够开始建立各自符合 Winsock 标准的实现和应用程序。

(2) Winsock 1.1。Winsock 1.1 除了继承 Winsock 1.0 的准则和结构外,还在一些必要的地方做了改动。这些改动除包含了一些更加清晰的说明和对 Winsock 1.0 的小改动外,还包含了以下重大的变更。

① 为了更加简单地得到主机名和地址,增加了 gethostname() 函数。

② Winsock 在 DLL 中保留了小于 1000 的序数,而对大于 1000 的序数则没有限制。这使 Winsock 供应商可以在 DLL 中加入自己的界面,而不用担心所选择的序数会和 Winsock 将来的版本冲突。

③ 增加了 WSAStartup() 函数和 WSACleanup() 函数之间的关联,要求这两个函数相互对应,从而使应用程序开发者和第三方 DLL 在使用 Winsock 实现时不需要考虑其他程序对这套 API 的调用。

④ 调整函数 in_addr() 的返回类型,将 in_addr 结构改为了无符号长整型,这个改变是为了适应不同的 C 编译器对返回类型为 4 字节结构的函数的不同处理方法。

⑤ 把 WSAAsyncSelect() 函数语义从边缘触发改为电平触发,大大地简化了应用程序对这个函数的调用。

⑥ 改变了 ioctlsocket() 函数中 FIONBIO 的语义。如果套接字还未完成 WSAAsyncSelect() 函数的调用,该函数将返回失败。

⑦ 为了符合 RFC1122,在套接字选项中增加了 TCP_NODELAY。

（3）Winsock 2.0。Winsock 2.0 是在 Winsock 1.1 基础上做了重大变革而得到的。为了能与 Winsock 1.1 实现很好的兼容,它在源码和二进制代码方面都做了向后兼容,这就实现了 Winsock 应用程序和任何版本的 Winsock 实现之间最大的互操作性,同时也减少了 Winsock 应用程序使用者、网络协议栈提供者和服务提供者的许多烦恼。

① 源码兼容性：Winsock 2.0 中的源码兼容性意味着所有的 Winsock 1.1 版的 API 在 Winsock 2.0 中都被保留了下来,也就是说现有的 Winsock 1.1 应用程序的源程序可以被简单地移植到 Winsock 2.0 系统上运行。程序员需要做的只是包含 Winsock2.h 这个新的头文件,并且与合适的 Winsock 2.0 函数库进行连接。应用程序开发者应该把这种工作看作完全转向 Winsock 2.0 的第一步,因为有许多方式可以使用 Winsock 2.0 中的新函数来提高原来的 Winsock 1.1 应用程序的运行性能。

② 二进制兼容性：设计 Winsock 2.0 的一个主要目标就是使现有的 Winsock 1.1 应用程序在二进制级别上能够不加修改地应用于 Winsock 2.0。鉴于 Winsock 1.1 是基于 TCP/IP 的,二进制兼容性就要求 Winsock 2.0 系统提供基于 TCP/IP 的 Winsock 2.0 的传输和名字解析服务。为了使 Winsock 1.1 应用程序能在这种意义上运行,Winsock 2.0 系统提供了 Winsock 1.1 的 DLL 作为附加组件。Winsock 2.0 安装时的提示保证了在终端机用户引进 Winsock 2.0 系统时不会对已有的 Winsock 2.0 软件环境有任何影响。

3. Windows Socket 和 Berkeley Socket 的对比

Windows Socket 规范是从 Berkeley Socket 规范发展而来的,它除增加了很多适应 Windows 操作系统的扩展库函数外,还继承了很多有着优良风格的 Berkeley Socket 库函数。因此,Windows Socket 规范可以说是 Berkeley Socket 规范的超集。了解两者之间的异同有助于用户对 Windows 套接字 API 的学习,也有助于在不同的操作系统之间移植程序。

下面介绍 Windows Socket 规范相对于 Berkeley Socket 规范的不同之处。

（1）头文件。在 UNIX 环境下,网络程序必须包含许多头文件。相比之下,在 Windows 环境下,编写网络程序只需要包含 Winsock.h 这一个头文件(Winsock 2 的头文件为 Winsock2.h)。尽管 Winsock.h 头文件的定义还依赖 Windows.h 头文件中的定义,但是由于在 Winsock.h 文件中已经包含了头文件 Windows.h,因此,对于大多数 Windows 应用程序来说,不需要再重复包含头文件 Windows.h。

（2）数据管理。在开发 Winsock 应用程序时,Winsock 要求用户保证数据缓冲区或变量这样的内存对象在所有的 Winsock 操作中,它的 DLL 都可以访问到。在多线程的 Windows 操作系统中,用户的应用程序还必须协调内存对象的访问。Winsock 规范没有在 Winsock 执行体中规定此责任。

（3）强制函数调用。UNIX 套接字是在操作系统的内核中实现的,而 Winsock 的服务是以动态链接库 Winsock.dll 的形式实现的。因此,Winsock 套接字规范要求所有的 Windows 套接字程序都必须使用 WSAStartup()和 WSACleanup()两个函数。在对任何 Windows 函数进行操作之前,必须先调用 WSAStartup()函数进行初始化工作,协商 WinSock 的版本支持,并分配必要的资源。在所有的 Winsock 操作完成后,必须调用 WSACleanup()函数进行一定的清理工作,终止对 Windows Sockets DLL 的使用,并释放资源,以备下一次使用。

（4）套接字数据类型和该类型的错误返回值。在 UNIX 操作系统中,包括套接字句柄在内的所有句柄都是非负的短整数,而在 Winsock 规范中则定义了一个新的数据类型,称作 SOCKET,用来代表套接字描述符。

```
typedef u_int SOCKET;
```

因为 SOCKET 类型实际是无符号的整数,所以 SOCKET 可以取从 0 到 INVALID SOCKET−1 之间的任意值。socket()函数和 accept()函数返回时,返回的就是 SOCKET 类型。要检查它们的执行是否有错误发生,应用程序应该将返回值与预定义常量 INVALID_SOCKET 做比较,该常量已在 Winsock.h 中定义,而不应该再使用把返回值和 −1 做比较的方法,或通过判断返回值是否为负来判断这两个函数是否出错。这两种方法在 BSD UNIX 套接字规范中都是很普通、很合法的途径,但在 Winsock 规范中不行。所以在编译 UNIX 版本的应用程序源代码时可能会出现 signed/unsigned 数据类型不匹配的警告。

SOCKET 类型的定义对于将来 Winsock 规范的升级是必要的。例如,在 Windows NT 中把套接字作为文件句柄来使用。这一类型的定义也保证了应用程序向 32 位 Windows 操作系统环境的可移植性,因为这一类型会自动地从 16 位升级到 32 位。

例如,在 UNIX 套接字规范中:

```
s =socket(…);
if (s ==-1) { 进行错误处理 }        // 看返回值是否小于零
```

在 Winsock 套接字规范中:

```
s =socket(…);
if (s ==INVALID_SOCKET) { 进行错误处理 }
```

（5）select()函数和 FD_ * 宏。由于一个套接字不再表示为 UNIX 风格的小的非负整数,select()函数在 Winsock 中的实现有一些变化,即每一组套接字仍然用 fd_set 类型来代表,但是它并不是一个位掩码。整个组的套接字是用了一个套接字的数组来实现的。为了避免潜在的危险,应用程序应该坚持用 FD_ * 宏来设置、初始化、清除和检查 fd_set 结构。

（6）错误代码的获得。在 UNIX 套接字规范中,如果函数执行时发生了错误,会把错误代码放到 errno 或 h_errno 变量中。但是,在 Winsock 实现中所设置的错误代码是无法通过 errno 变量得到的,对于 getXbyY()这一类的函数,错误代码也无法从 h_errno 变量中得到。错误代码可以通过使用 WSAGetLastError()函数得到。这样做是为了在多线程的进程中,为每一个线程得到自己的错误信息提供可靠的保障。

为了保持与 BSD 的兼容性,应用程序可以加入以下一行代码:

```
#define errno WSAGetLastError()
```

这就保证了用全程的 errno 变量所写的网络程序代码在单线程环境中可以正确使用。当然,这样做有许多明显的缺点:如果一个源程序包含了一段代码对套接字和非套接字函数都用 errno 变量来检查错误,那么这种机制将无法工作。此外,一个应用程序不可能为 errno 赋一个新的值,而在 Winsock 中,WSASetLastError()函数可以做到这一点。

例如,在 UNIX 套接字规范中:

```
r =recv(...);
if (r ==-1 && errno ==EWOULDBLOCK) { 进行错误处理 }
```

在 Winsock 套接字规范中:

```
r =recv(...);
if(r ==SOCKET_ERROR
&& WSAGetLastError() ==WSAEWOULDBLOCK)
{ 进行错误处理 }
```

一般套接字函数调用失败时的返回值用常量 SOCKET_ERROR 来表示,它的定义如下:

```
#define SOCKET_ERROR(-1)
```

(7)指针。所有应用程序与 Winsock 使用的指针都必须是 FAR 指针,为了方便应用程序开发者使用,Winsock 规范定义了数据类型 LPHOSTENT。

(8)重命名的函数。有以下两个 Berkeley 套接字中的函数改了名字,避免与其他的 API 冲突。

① close()改为 closesocket()。在 Berkeley 套接字中,套接字出现的形式与标准文件描述字是相同的,所以 close()函数既可以用来关闭正规文件,也可以用来关闭套接字。虽然在 Winsock 规范中,没有任何规定阻碍 Winsock 实现用文件句柄来标识套接字,但是也没有任何规定要求这么做。实际在 Winsock 实现中,并不认为套接字描述符和正常的文件句柄是完全对应的,同时也不能认为文件操作函数,例如 read()、write()和 close()在应用于套接字后能够保证正确工作。套接字必须使用 closesocket()函数来关闭,用 close()函数来关闭套接字是不正确的。对于 Winsock 实现来说,如果这样做,其效果是未知的。

② ioctl()改为 ioctlsocket()。许多 C 语言运行时,系统出于与 Winsock 无关的目的使用 ioctl()函数,为了避免冲突,Winsock 规范中定义 ioctlsocket()函数来取代它,用来实现 BSD 中 ioctl()函数和 fcntl()函数的功能。

(9)Winsock 支持的最大套接字数目。一个特定的 Winsock 提供者所支持的套接字的最大数目是由实现确定的,但一个应用程序可以真正使用的套接字的数目和某一特定的实现所支持的数目是完全无关的。一个 Winsock 应用程序可以使用的套接字的最大数目是在编译时由常量 FD_SETSIZE 决定的。这个常量在 select()函数中被用来组建 fd_set 结构,在 Winsock.h 中默认值是 64。如果一个应用程序希望能够使用超过 64 个套接字,则编程者必须在每一个源文件包含 Winsock.h 前定义确切的 FD_SETSIZE 值。

(10)原始套接字。Winsock 规范并没有规定 Winsock DLL 必须支持原始套接字类型(SOCK_RAW),然而 Winsock 规范鼓励 Winsock DLL 提供原始套接字支持。一个 Winsock 兼容的应用程序在希望使用原始套接字时,应该试图用 socket()函数来创建。如果这么做失败了,应用程序则应该使用其他类型的套接字或向用户报告错误。

（11）Winsock 规范对于消息驱动机制的支持。由于 Windows 操作系统基于消息的特点,Winsock 规范增加了对于消息驱动机制的支持。

① 异步选择机制。异步选择函数 WSAAsyncSelect()允许应用程序指定一个或多个感兴趣的网络事件,如 FD_READ、FD_WRITE、FD_CONNECT 和 FD_ACCEPT 等。当指定的网络事件发生时,Windows 应用程序的窗口函数将收到一个消息,这样就可以实现事件驱动了。

② 异步请求函数。异步请求函数允许应用程序用异步方式获得请求的信息,如 WSAAsyncGetXByY()类函数。这些函数是对 BSD 标准函数的扩充,函数 WSACancelAsyncRequest()允许用户中止一个正在执行的异步请求。

③ 阻塞处理方法。Winsock 规范提供了"钩子函数",负责处理 Windows 消息,使 Windows 的消息循环能够继续。Winsock 提供了两个函数:WSASetBlockingHook() 和 WSAUnhookBlockingHook(),让应用程序设置或取消自己的"钩子函数"。函数 WSAIsBlocking()可以检测进程是否被阻塞,函数 WSACancelBlockingCall()可以取消一个阻塞的调用。

3.2 Socket 的工作原理和类型

3.2.1 Socket 的工作原理

在网络应用程序中,实现基于 TCP 的网络通信与现实生活中打电话有很多相似之处。如果两个人希望通过电话进行沟通,则必须满足下面的条件。

（1）拨打电话的一方需要知道对方的电话号码。如果对方使用的是内部电话,则还需要知道分机号码。而被拨打的电话则不需要知道对方的号码。

（2）被拨打的电话号码必须已经启用,而且已经将电话线连接到电话机上。

（3）被拨打电话的主人有空闲时间可以接听电话,如果长期无人接听,则会自动挂断电话。

（4）双方必须使用相同的语言进行通话。如果一方说汉语,另一方却说英语,就无法正常沟通。

（5）在通话过程中,物理线路必须保持畅通,否则电话将会被挂断。

（6）在通话过程中,任何一方都可以主动挂断电话。

在网络应用程序中,Socket 通信是基于客户-服务器结构的。客户端是发送数据的一方,相当于拨打电话的一方,而服务器则时刻准备着接收来自客户端的数据,并对客户做出响应。下面是基于 TCP 的两个网络应用程序进行通信的基本过程。

（1）客户端需要了解服务器的地址,相当于电话号码。主机上可以同时有多个应用程序进行网络通信,使用不同的端口进行区分,起电话分机的作用。

（2）服务器应用程序必须早于客户程序启动,并在指定的 IP 地址和端口上执行监听操作。如果该端口被其他应用程序占用,则服务器应用程序无法正常启动。服务器处于监听状态类似于电话接通电话线,等待拨打的状态。

（3）客户端在申请发送数据时，服务器应用程序必须有足够的时间响应才能进行正常通信，否则就像电话已经响了却无人接听一样。在通常情况下，服务器应用程序都需要具备处理多个客户端请求的能力，如果服务器程序设计得不合理或者客户端的访问量过大，都有可能导致无法及时响应客户端的情况。

（4）使用 Socket 进行通信的双方还必须使用相同的通信协议，Socket 支持的底层通信协议包括 TCP 和 UDP 两种。在通信过程中，双方还必须采用相同的字符编码格式，而且按照双方约定的方式进行通信。这就好像在通电话的时候，双方都应该采用对方能理解的语言进行沟通。

（5）在通信过程中，物理网络必须保持畅通，否则通信将会中断。

（6）通信结束之前，服务器应用程序和客户机应用程序都可以中断它们之间的连接。

3.2.2　Socket 的类型

套接字是通信的基础，是支持网络协议数据通信的基本接口。从某种意义上讲，可以将套接字看作不同主机的进程进行网络通信的端点，它构成了应用程序与整个网络间的编程界面。套接字存在于通信域中，一般与同一个域中的套接字交换数据。Winsock 支持单一的通信域，各种进程都使用这个单一域即 Internet 域来进行通信。与 Winsock 不同，Winsock 2 范围要广一些，支持多种通信域。

套接字根据通信性质可以分为流式套接字、数据报套接字和原始套接字 3 种，如图 3-1 所示。

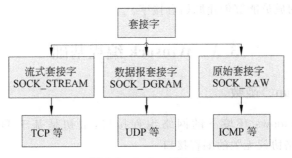

图 3-1　Socket 层次图

1．流式套接字

流式套接字提供了双向的、有序的、无重复以及无记录边界的数据流服务，非常适合处理大量数据。

流式套接字是面向连接的，即在进行数据交换之前，要先建立数据传输链路，这样就为后续数据的传输确定了可以确保有序到达的路径，同时为了确保数据的正确性，可能还会执行额外的计算来验证正确性，所以相对于数据报套接字，它的系统开销较大。

2．数据报套接字

数据报套接字支持双向的数据流，但在传输过程中并不保证数据的传输可靠性、有序性和无重复性。任何数据一旦被发出，都不能保证该数据能够完好无损、正确无误地被对方接收。除此之外，数据报套接字还有一个重要特点，就是它保留了记录边界。

由于数据报套接字是无连接的，所以在数据传输时，它并不能保证接收端是否正在侦听。因此数据报并不十分可靠,需要编码来实现数据的排序和传输的可靠性,但由于它的传输效率非常高,所以至今还得到较为广泛的应用。

流式套接字和数据报套接字的区别如表 3-1 所示。

表 3-1　流式套接字和数据报套接字的区别

比 较 项 目	流式套接字	数据报套接字
建立和释放连接	√	×
保证数据到达	√	×
按发送顺序接收数据	√	×
通信数据包含完整的目的地址信息	×	√

3. 原始套接字

原始套接字是公开的 Socket 编程接口,使用它可以在 IP 层上对 Socket 进行编程,发送和接收 IP 层上的原始数据包,如 ICMP 数据包。Winsock 规范并没有规定 Winsock DLL 必须支持这种套接字,但 Winsock 规范鼓励 Winsock DLL 提供对原始套接字的支持。

原始套接字是允许访问底层传输协议的一种套接字类型。使用原始套接字操作 IP 数据包可以进行路由跟踪、Ping 等。原始套接字有两种类型,第一种类型是在 IP 头中使用预定义的协议,如 ICMP;第二种类型是在 IP 头中使用自定义的协议。

创建原始套接字提供管理下层传输的能力,它们可能会被恶意利用,因此仅管理员(Administrator)组的成员能够创建原始套接字。

3.3　Winsock 编程基础

3.3.1　WSAStartup()函数

Winsock 是 Windows 环境下的网络编程接口,最初是基于 UNIX 环境下的 BSD Socket,是一个与网络协议无关的编程接口。

Winsock 主要包含两个版本,即 Winsock1 和 Winsock2。在使用 Winsock1.1 时,需要引用头文件 winsock. h 和库文件 wsock32. lib,代码如下:

```
#include <winsock.h>
#pragma comment(lib, "wsock32.lib")
```

如果使用 Winsock2.2 实现网络通信的功能,则需要引用头文件 winsock2. h 和库文件 ws2_32. lib,代码如下:

```
#include <winsock2.h>
#pragma comment(lib, "ws2_32.lib")
```

由于 Winsock 在被调用时是以动态链接库 DLL 的形式实现的,所以在它初始化时应首先调用 WSAStartup()函数,对 Winsock DLL 进行初始化,确定被调用的 Winsock 的版

本号,并为此分配必要的资源。现在来看以下程序代码:

```
WORD wVersionRequested;          // 应用程序所请求的 Winsock 版本号
WSADATA wsaData;                 // 用来返回 Winsock 实现的细节信息
Int err;                         // 出错代码
// 生成版本号 1.1
wVersionRequested=MAKEWORD(1,1);
// 调用初始化函数
err =WSAStartup(wVersionRequested, &wsaData);
// 通知用户找不到合适的 DLL 文件
if (err!=0) {return;}
// 确认返回的版本号是不是客户请求的 1.1
if ( LOBYTE(wsaData.wVersion)!=1 || HYBYTE(wsaData.wVersion)!=1){
    WSACleanup();
    return;
}
/* 至此,可以确认初始化成功,Winsock DLL 可用 */
```

1. WSAStartup()函数原型

WSAStartup()函数用于初始化 Windows Sockets,并返回 WSADATA 结构体。只有调用 WSAStartup()函数后,应用程序才能调用其他 Windows Sockets API 函数,实现网络通信。WSAStartup()函数原型如下:

```
int WSAStartup(WORD wVersionRequested, LPWSADATA lpWSAData);
```

其中参数说明如下:

(1) wVersionRequested [IN]:用于存储要加载的 Winsock 库的版本,一般高位字节用于存储 Winsock 库的副版本,低位字节用于存储主版本,而前面所用到的宏 MAKEWORD(X,Y)则用于构造一个完整的版本信息,其中[IN]表示输入参数。

(2) lpWSAData [OUT]:一个指向 LPWSADATA 结构的指针,该结构包含了加载库版本的相关信息,用来返回 Winsock API 实现的细节信息,其中[OUT]表示输出参数。

WSAStartup()函数中,结构体 WSADATA 用于存储调用 WSAStartup()函数后返回的 Windows Socket 数据,数据类型如下:

```
Typedef struct WSAData{
    WORD wVersion;
    WORD wHignVersion;
    Char szDescrition[WSADESCRIPTION_LEN+1];
    Char szSystemStatus[WSASYS_STATUS_LEN+1];
    Unsigned short iMaxSockets;
    Unsigned short iMaxUdpDg;
    Char FAR * lpVendorInfo;
}WSADATA, * LPWSADATA;
```

结构体 WSADATA 的各字段说明如表 3-2 所示。

表 3-2　WSADATA 的各字段说明

字　段	含　　义
wVersion	存储当前使用的版本信息,高位字节中存储副版本号,低位字节中存储主版本号
wHignVersion	Windows Sockets DLL 可以支持的 Windows Sockets 规范的最高版本
szDescrition	以 null 结尾的 ASCII 字符串。Windows Sockets DLL 将对 Windows Sockets 实现的描述复制到该字符串中,最多可以包含 256 个字符
szSystemStatus	以 null 结尾的 ASCII 字符串。Windows Sockets DLL 将有关状态或配置信息复制到该字符串中
iMaxSockets	单个进程可以打开的最大 Socket 数量。Windows Sockets 可以提供一个全局的 Socket,为每个进程分配 Socket 资源。程序员可以使用该数字作为 Windows Sockets 是否可以被应用程序使用的原始依据
iMaxUdpDg	Windows Sockets 应用程序能够发送或接收的最大 UDP 数据包大小,单位为字节。如果实现方式没有限制,则 iMaxUdpDg 等于 0
lpVendorInfo	指向销售商数据结构的指针

如果 WSAStartup()函数执行成功,则函数返回 0;否则,可以调用 WSAGetLastError()函数返回错误代码。

2. WSAStartup()函数的初始化

WSAStartup()函数的初始化过程可以用图 3-2 来表示。

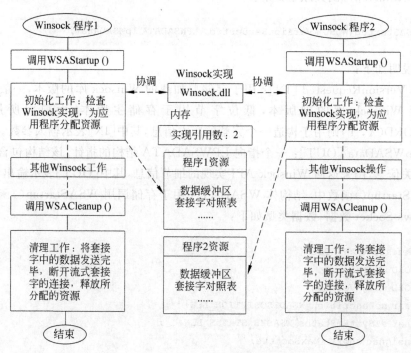

图 3-2　WSAStartup()函数的初始化过程

首先,检查系统中是否有一个或多个 Winsock 实现的实例。Winsock 实现体现在

Winsock. DLL 文件中,所以初始化首先要查找该文件。执行 WSAStartup()函数时,首先找到磁盘的系统目录,然后再按照 PATH 环境变量的设置去查找 Winsock. DLL 文件。如果有,就发出一个 LoadLibrary()函数,装入该库的相关信息,建立用于管理该库的内核数据结构,并得到这个实现的具体数据。这样做的理由是明显的,应用程序要调用 Winsock 实现中的库函数,如果系统没有这个文件,应到哪里调用? 如果找不到合适的 Winsock . DLL 文件,初始化失败,应根据情况,返回相应的错误代码。

其次,检查所找到的 Winsock 实现是否可用,主要是确认 Winsock 实现的版本号。Windows 操作系统有多个版本,相应的 Winsock 实现也有差别。为保证程序的可移植性,必须先判断系统所提供的 Winsock. DLL 的版本能否满足应用程序的要求。在找到 Winsock. DLL 文件后,函数与 Winsock. DLL 相互通知对方它们可以支持的最高版本,并相互确认对方可以接受的最高版本,如果应用程序所需的版本高于 Winsock. DLL 支持的最低版本,则调用成功,返回 0。

再次,建立 Winsock 实现与应用程序的联系。系统将找到的 Winsock. DLL 库绑定到该应用程序,把对于该 Winsock. DLL 的内置引用计数加 1,并为此应用程序分配资源,以后应用程序就可以调用 Socket 库中的其他函数了。由于 Windows 是多任务多线程的操作系统,一个 Winsock. DLL 库是可以同时为多个并发的网络应用程序服务的。

最后,函数成功返回时,会在 lpWSAData 所指向的 WSADATA 结构中返回许多信息。在 wHighVersion 成员变量中,返回 Winsock. DLL 支持的最高版本;在 wVersion 成员变量中返回它的高版本和应用程序所需版本中的较小者。此后 Winsock 实现就认为程序所使用的版本号是 wVersion。如果程序无法接受 wVersion 中的版本号,就应该进一步查找其他的 Windows Sockets DLL 或通知用户初始化失败。

3.3.2 WSACleanup()函数

当网络通信完成,套接字被关闭后,需要调用 WSACleanup()函数终止对 Winsock DLL 的使用,并释放资源。任何打开的并已建立连接的 SOCK_STREAM 类型套接字在调用 WSACleanup()时会重置,而已经由 closesocket()关闭,但仍有要发送的悬而未决数据的套接字则不会受影响,该数据仍然继续发送。它的函数原型如下:

```
int WSACleanup(void);
```

该函数没有任何参数,执行成功后返回 0,否则返回 SOCKET_ERROR。

一个任务中进行的每一次 WSAStartup()函数调用,必须有一个 WSACleanup()函数调用对应,就像括号一样,成对出现,但只有最后的 WSACleanup()函数做实际的清除工作,前面的调用仅仅将 Winsock DLL 中的内置引用计数减 1。在一个多线程的环境下,WSACleanup()函数中止 Winsock 在所有线程上的操作。一个简单的应用程序为确保 WSACleanup()函数被调用了足够的次数,可以在一个循环中不断调用 WSACleanup()函数,直至返回 WSANOTINITIALISED 为止。

大多数 Socket 函数在出现错误时都不会返回造成错误的原因。调用 WSAGetLastError()函数可以返回最后的错误编码。表 3-3 中列举了 Winsock2. h 和 Winerror 中定义的与 Winsock 编程相关的常见错误编码及其含义。

表 3-3　与 Winsock 编程相关的常见错误编码及其含义

错　误　编　码	取　值	说　　明
WSA_INVALID_HANDLE	6	指定的事件对象句柄无效
WSA_NOT_ENOUGH_MEMORY	8	没有足够的内存空间
WSA_INVALID_PARAMETER	87	参数无效
WSA_OPERATION_ABORTED	995	重叠操作被中止
WSA_IO_INCOMPLETE	996	重叠 I/O 事件对象不处于授信状态
WSA_IO_PENDING	997	重叠操作将在稍后完成
WSAEINTR	10004	中断的函数调用
WSAEBADF	10009	文件句柄无效
WSAEACCES	10013	拒绝访问
WSAEFAULT	10014	错误的地址
WSAEINVAL	10022	无效的参数
WSAEMFILE	10024	打开太多的文件
WSAEWOULDBLOCK	10035	资源临时无效
WSAEINPROGRESS	10036	一个阻塞的操作正在执行
WSAEALREADY	10037	操作已完成。通常在非阻塞套接字上尝试已处于进程中的操作时,会出现此错误
WSAENOTSOCK	10038	在无效套接字上执行套接字操作
WSAEDESTADDRREQ	10039	需要目标地址
WSAEMSGSIZE	10040	消息太长
WSAEPROTOTYPE	10041	套接字的协议类型错误
WSAENOPROTOOPT	10042	协议选项错误
WSAEPROTONOSUPPORT	10043	不支持的协议
WSAESOCKTNOSUPPORT	10044	不支持的套接字类型
WSAEOPNOTSUPP	10045	不支持的操作
WSAEPFNOSUPPORT	10046	不支持的协议家族
WSAEAFNOSUPPORT	10047	地址家族不支持请求的操作
WSAEADDRINUSE	10048	地址正在使用
WSAEADDRNOTAVAIL	10049	不能分配请求的地址
WSAENETDOWN	10050	网络断开
WSAENETUNREACH	10051	网络不可达
WSAENETRESET	10052	网络重设置时断开连接
WSAECONNABORTED	10053	软件造成连接中断

错误编码	取值	说明
WSAECONNRESET	10054	对端重置连接
WSAENOBUFS	10055	缓冲区空间不足
WSAEISCONN	10056	套接字已经连接
WSAENOTCONN	10057	套接字未连接
WSAESHUTDOWN	10058	套接字关闭后不能发送数据
WSAETOOMANYREFS	10059	对一些内核对象的引用太多
WSAETIMEDOUT	10060	连接超时
WSAECONNREFUSED	10061	连接被拒绝
WSAELOOP	10062	不能翻译名字
WSAENAMETOOLONG	10063	名字太长
WSAEHOSTDOWN	10064	主机已关闭
WSAEHOSTUNREACH	10065	没有到达主机的路由
WSAENOTEMPTY	10066	目录非空
WSAEPROCLIM	10067	过多的进程
WSAEUSERS	10068	超过用户配额
WSAEDQUOT	10069	超过磁盘配额
WSAESTALE	10070	引用无效的文件句柄
WSAEREMOTE	10071	项目在本地无效
WSASYSNOTREADY	10091	网络子系统无效
WSAVERNOTSUPPORTED	10092	不支持 Winsock.dll 的版本
WSANOTINITIALISED	10093	Winsock 尚未初始化
WSAEDISCON	10101	正在从容关闭套接字
WSAENOMORE	10102	没有更多的结果
WSAECANCELLED	10103	调用被取消
WSAEINVALIDPROCTABLE	10104	进程调用表无效
WSAEINVALIDPROVIDER	10105	无效的服务提供者
WSAEPROVIDERFAILEDINIT	10106	服务提供者初始化失败
WSASYSCALLFAILURE	10107	系统调用失败
WSASERVICE_NOT_FOUND	10108	找不到服务
WSATYPE_NOT_FOUND	10109	找不到类的类型
WSA_E_NO_MORE	10110	没有更多的结果

错误编码	取值	说　　　明
WSA_E_CANCELLED	10111	调用被取消
WSAEREFUSED	10112	数据库查询被拒绝
WSAHOST_NOT_FOUND	11001	没有找到主机
WSATRY_AGAIN	11002	非授权主机没有找到
WSANO_RECOVERY	11003	遇到一个不可恢复的错误
WSANO_DATA	11004	没有找到请求类型的数据记录

3.4　面向连接的 Winsock 编程

3.4.1　面向连接的 Winsock 编程模型

面向连接的 Socket 通信是基于 TCP 的。在这种编程模型下,当服务器程序的套接字创建并初始化结束时,它先进入休眠状态,直到有客户端向该服务器程序提出连接请求。这时,服务器程序被"唤醒"并开始响应客户端提出的连接请求,连接建立成功后双方相互发送并接收数据,数据传输完毕时,双方再分别关闭连接并释放因创建套接字而占用的资源。面向连接的 Winsock 编程模型如图 3-3 所示。

服务器程序要先于客户程序启动,每个步骤中调用的 Socket 函数如下。

(1) 调用 WSAStartup()函数加载 Windows Sockets 动态库,然后调用 socket()函数创建一个流式套接字,返回套接字号 s。

(2) 调用 bind()函数将套接字 s 绑定到一个已知的地址,通常为本地 IP 地址。

(3) 调用 listen()函数将套接字 s 设置为监听模式,准备好接受来自各个客户的连接请求。

(4) 调用 accept()函数等待接收客户端的连接请求。

(5) 如果接收到客户端的请求,则 accept()函数返回,得到新的套接字 as。

(6) 调用 recv()函数接收来自客户端的数据,调用 send()函数向客户端发送数据。

(7) 与客户端的通信结束后,服务器程序可以调用 shutdown()函数通知对方不再发送或接收数据,也可以由客户程序断开连接。断开连接后,服务器程序调用 closesocket()函数关闭套接字 as。此后服务器程序返回第(4)步,继续等待客户端进程的连接。

(8) 如果要退出服务器程序,则调用 closesocket()函数关闭最初的套接字 s。

客户端程序在每一个步骤中使用的函数如下。

(1) 调用 WSAStartup()函数加载 Windows Sockets 动态库,然后调用 socket()函数创建一个流式套接字,返回套接字号 s。

(2) 调用 connect()函数将套接字 s 连接到服务器。

(3) 调用 send()函数向服务器发送数据,调用 recv()函数接收来自服务器的数据。

(4) 与服务器的通信结束后,客户端程序可以调用 shutdown()函数通知对方不再发送或接收数据,也可以由服务器程序断开连接。断开连接后,客户端进程调用 closesocket()函

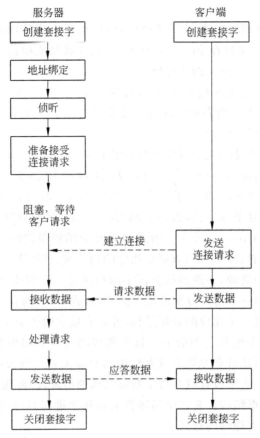

图 3-3 面向连接的 Winsock 编程模型

关闭套接字。

3.4.2 面向连接的 Winsock 编程函数

1. 创建

套接字的创建非常简单,只需调用 socket()函数即可,过程如下:

```
SOCKET sock;
sock=socket(AF_INET, SOCK_STREAM, IPPROTO_TCP);
// 如果创建失败,返回错误信息,关闭套接字
if(sock==INVALID_SOCKET)
{
    closesocket(sock);
    return -1;
}
```

(1) socket()函数原型如下:

```
SOCKET socket(int af, int type, int protocol);
```

其中参数说明如下：

① af［IN］：指定所创建的套接字的通信域，即指定应用程序使用的通信协议的协议簇。因为 Winsock1.1 只支持在 Internet 域通信，此参数只能取值为 AF_INET，这也就指定了此套接字必须使用 Internet 的地址格式。

② type［IN］：用于指定套接字的类型，若取 SOCK_STREAM 则表示创建的是流式套接字，若取 SOCK_DGRAM 则表示创建的是数据报套接字。在 Internet 域，这个参数实际指定了套接字使用的传输层协议。

③ protocol［IN］：用来指定套接字使用的协议，一般采用默认值 0，表示让系统根据地址格式和套接字类型，自动选择一个合适的协议，如 TCP/IP 协议。

返回值：如果调用成功，就创建了一个新的套接字，并返回它的描述符，在以后对该套接字的操作中都要借助这个描述符，否则返回 INVALID_SOCKET，表示创建套接字出错。应用程序可以调用 WSAGetLastError() 函数获取相应的错误代码。

（2）socket() 函数的功能。该函数根据指定的通信域、套接字类型和协议创建一个新的套接字，为它分配所需的资源，并返回该套接字的描述符。在创建套接字时，已经将它默认定位在本机的 IP 地址和一个自动分配的唯一的 TCP 或 UDP 的自由端口上，操作系统内核为套接字分配了内存，建立了相应的数据结构，并将套接字的各个选项设为默认值。

套接字描述符是一个整数类型的值。每个进程的进程空间里都有一个套接字描述符表，表中存放着套接字描述符和套接字数据结构的对应关系。该表的一个字段存放新创建的套接字的描述符，另一个字段存放套接字数据结构的地址，因此根据套接字描述符就可以找到其对应的套接字数据结构。套接字描述符表在每个进程自己的空间中，套接字数据结构都是在操作系统内核管理的内存区中。

SOCK_STREAM 类型的套接字提供有序的、可靠的、双向的和基于连接的字节流服务，使用 Internet 协议族中的 TCP 可保证数据不会丢失也不会重复，具有带外数据传送机制。对于流式套接字，在接收或发送数据前必须首先建立通信双方的连接，连接成功后，即可用 send() 函数和 recv() 函数传送数据。当会话结束后，调用 closesocket() 函数关闭套接字。

SOCK_DGRAM 类型的套接字支持无连接的、不可靠的和使用固定大小缓冲区的数据报服务，使用 Internet 协议族中的 UDP 允许使用 sendto() 和 recvfrom() 函数从任意端口发送或接收数据报。如果这样一个套接字用 connect() 函数与一个指定端口连接，则可用 send() 和 recv() 函数与该端口进行数据报的发送与接收。

（3）socket 函数可能返回的错误代码。

① WSAEAFNOSUPPORT：不支持所指定的通信域或地址族。

② WSAEMFILE：没有可用的套接字描述符，说明创建的套接字数目已超过限额。

③ WSAENOBUFS：没有可用的缓冲区，无法创建套接字。

④ WSAEPROTONOSUPPORT：不支持指定的协议。

⑤ WSAEPROTOTYPE：指定的协议类型不适用于本套接字。

⑥ WSAESOCKNOSUPPORT：本地址簇中不支持该类型的套接字。

2. 绑定

绑定是将本地地址附加到所创建的套接字上，以便有效地标识套接字的过程。

（1）关于套接字网络地址的概念。前面提到过，一个三元组可以在 Internet 中唯一地定位一个网间进程的通信端点，而套接字就是网间进程的通信端点，因此可以说，一个三元组可以在 Internet 中唯一地定位一个套接字及其相关的应用进程。在 Internet 通信域中，这个三元组包括主机的 IP 地址、传输层协议（TCP 或 UDP）和用来区分应用进程的传输层端口号。本书将这个用来定位一个套接字的三元组称为这个套接字的网络地址。在 Winsock API 中，也可以把它称为 Winsock 地址。

（2）bind() 函数的原型如下：

```
int bind(SOCKET s, const struct sockaddr * name, int namelen);
```

其中参数说明如下。

① s［IN］：未经绑定的套接字描述符，是由 socket() 函数返回的，要将它绑定到指定的网络地址上。

② name［IN］：一个指向 sockaddr 结构变量的指针，所指结构中保存着特定的网络地址，就是要把套接字 s 绑定到这个地址上。

③ namelen［IN］：sockaddr 结构的长度，等于 sizeof(struct sockaddr)。

返回值：如果返回 0，表示已经正确地实现了绑定；如果返回 SOCKET_ERROR，则表示有错。应用程序可以调用 WSAGetLastError() 函数获取相应的错误代码。

（3）bind() 函数的功能。本函数适用于流式套接字和数据报套接字，用来将套接字绑定到指定的网络地址上，一般在 connect() 函数或 listen() 函数调用前使用。其实当用 socket() 函数创建套接字后，系统已经自动为它分配了网络地址，已经将它默认定位在本机的 IP 地址和一个自动分配的 TCP 或 UDP 的自由端口上。但是，因为大多数服务器进程使用众所周知的特定分配的传输层端口，自动分配的端口往往与它不同。另外，有时服务器会安装多块网卡，这就会有多个 IP 地址，也需要指定。所以在服务器上，用作监听客户端连接请求的套接字一定要经过绑定。客户端使用的套接字一般不必绑定，除非要指定它使用特定的网络地址。

（4）bind() 函数可能返回的错误代码。

① WSAEAFNOSUPPORT：不支持所指定的通信域或地址簇。

② WSAEADDRINUSE：指定了已经在使用中的端口，造成冲突。

③ WSAEFAULT：入口参数错误，namelen 参数太小，小于 sockaddr 结构的大小。

④ WSAEINVAL：该套接字已经与一个网络地址绑定。

⑤ WSAENOBUFS：没有可用的缓冲区，连接过多。

⑥ WSAENOTSOCK：描述符不是一个套接字。

（5）相关的 3 种 Winsock 地址结构。有许多函数都需要套接字的地址信息，像 UNIX 套接字一样，Winsock 也定义了 3 种关于地址的结构，经常使用。

① 通用的 Winsock 地址结构，针对各种通信域的套接字，存储它们的地址信息。代码如下：

```
struct sockaddr {
    u_short sa_family;        // 地址簇
    char sa_data[14];         // 协议地址
}
```

② 专门针对 Internet 通信域的 Winsock 地址结构。代码如下：

```
struct sockaddr_in {
    short sin_family;           // 地址簇,这里只能是 AF_INET
    u_short sin_port;           // 指定将要分配给套接字的传输层端口号
    struct in_addr sin_addr;    // 指定套接字的主机 IP 地址
    char sin_zzero[8];          // 保留
}
```

这个结构的长度与 sockaddr 结构一样,专门针对 Internet 通信域的套接字,用来指定套接字的地址族、传输层端口号和 IP 地址等信息,称为 TCP/IP 的 Winsock 地址结构。其中,如果端口号置为 0,则 Winsock 实现自动为其分配一个值,这个值是 1024～5000 中尚未使用的唯一端口号。

③ 专用于存储 IP 地址的结构。代码如下：

```
struct in_addr {
    union {
        struct {u_char s_b1, s_b2, s_b3, s_b4;} S_un_b;
        struct {u_short s_w1, s_w2;} S_un_w;
        u_long S_addr;
    }
}
```

这个结构专门用来存储 IP 地址。它是一个 4B 的结构体,字节代表点分十进制 IP 地址中的一个数字,例如,IP 地址 5.6.7.8 表示为 0x08070605。S_addr 字段是一个整数,表示 IP 地址,一般用 inet_addr() 函数把字符串形式的 IP 地址转换成 unsigned long 型的整数值后,再赋给 S_addr,也可以将 S_addr 成员变量赋值为 htonl(INADDR_ANY)。如果计算机只有一个 IP 地址,这样赋值就相当于指定了这个地址;如果计算机有多个网卡和多个 IP 地址,这样赋值就表示允许套接字使用任何分配给这台计算机的 IP 地址来发送或接收数据。如果应用程序要在不同的计算机上运行,或者存在多种主机环境,这样赋值可以简化编程。

对于具有多个 IP 地址的计算机,如果只想让套接字使用其中一个 IP 地址,就必须将这个地址赋给 S_addr 成员变量进行绑定。

在使用 Internet 域的套接字时,这 3 个数据结构的一般用法是：首先,定义一个 sockaddr_in 的结构实例变量,并将它清零;其次,为这个结构的各成员变量赋值;最后,在调用 bind() 函数绑定时,将指向这个结构的指针强制转换为 sockaddr * 类型。

(6) 举例如下：

```
SOCKET sockserv;              // 定义一个 SOCKET 类型的变量
struct sockaddr_in my_addr;   // 定义一个 sockaddr_in 类型的结构实例变量
int err;                      // 返回的错误
int slen=sizeof(sockaddr);    // sockaddr 结构的长度
// 创建数据报套接字
sockserv=socket(AF_INET, SOCK_STREAM,0);
// 将 sockaddr_in 的结构实例变量清零
```

```
memset(my_addr,0);
// 指定通信域是 Internet 通信域
my_addr.sin_family=AF_INET;
// 指定端口,将端口号转换为网络字节顺序
my_addr.sin_port=htons(21);
// 指定 IP 地址,将 IP 地址转换为网络字节顺序
my_addr.sin_addr.s_addr=htonl(INADDR_ANY);
// 将套接字绑定到指定的网络地址,对 &my_addr 进行强制类型转换
if( bind(sockserv, (struct sockaddr * )&my_addr, slen)==SOCKET_ERROR){
    // 获取最近一个操作的错误码
    err=WSAGetLastError();
    // 出错处理
    ......
}
```

3. 侦听

侦听是用来将套接字置入监听模式并准备接受连接请求的。

(1) listen()函数原型如下:

```
int listen(SOCKET s, int backlog);
```

其中参数说明如下。

① s[IN]:服务器上的套接字描述符,一般已先行绑定到熟知的服务器端口,要通过它监听来自客户端的连接请求,通常将这个套接字称为侦听套接字。

② backlog [IN]:指定监听套接字的等待连接缓冲区队列的最大长度,一般设为 5,表示最多可以同时存储 5 个连接请求,如果此时有第 6 个客户端发出请求,则将被忽略。

返回值:正确执行返回 0,出错则返回 SOCKET_ERROR。

(2) listen()函数的功能。该函数仅适用于支持连接的套接字,在 Internet 通信域,仅用于流式套接字,并仅用于服务器。监听套接字必须绑定到特定的网络地址上。此函数启动监听套接字开始监听来自客户端的连接请求,并且规定了等待连接队列的最大长度。等待连接队列是一个先进先出的缓冲区队列,用来存放多个客户端的连接请求。

执行该函数时,Winsock 首先按照 backlog 为监听套接字建立等待连接缓冲区,并启动监听。如果缓冲区队列有空,就接收一个来自客户端的连接请求,把它放入这个队列排队并等待被接受,然后向客户端发送正确的确认;如果缓冲区队列已经满了,就拒绝客户端的连接请求,并向客户端发送出错信息。

对于在等待连接队列中排队的连接请求,是由 accept()函数来处理并接收的。accept()函数按照先进先出的原则,从队列首部取出一个连接请求,接收并处理。处理完毕,就将它从队列中移出,腾出空间,新的连接请求又可以进来,所以,监听套接字的等待连接队列是动态变化的。例如,假设 backlog=2,同时有三个连接请求,前两个进入队列排队,得到正确的确认,第三个会收到连接请求被拒绝的出错信息。

(3) listen()函数可能返回的错误代码。

① WSAEADDRINUSE:试图用 listen()函数去监听一个正在使用中的地址。

② WSAEINVAL:套接字未用 bind()函数进行捆绑,或已被连接。

③ WSAEISCONN：套接字已被连接。

④ WSAEMFILE：无可用文件描述符。

⑤ WSAENOBUFS：无可用缓冲区空间。

⑥ WSAENOTSOCK：描述符不是一个套接字。

⑦ WSAEOPNOTSUPP：套接字不支持 listen()调用。

4. 连接

当客户端要与网络中的服务器建立连接时，需要调用 connect()函数。

(1) connect()函数原型如下：

```
int connect(SOCKET s, struct sockaddr * name, int namelen);
```

其中参数说明如下。

① s［IN］：SOCKET 类型的描述符，标识一个客户端的未连接的套接字。

② name［IN］：指向 sockaddr 结构的指针，该结构指定服务器端监听套接字的网络地址，就是要向该套接字发送连接请求。

③ namelen［IN］：网络地址结构的长度。

返回值：若正确执行，则返回 0；否则，返回 SOCKET_ERROR 错误。

(2) connect()函数的功能。该函数用于客户端请求与服务器建立连接。参数 s 指定一个客户端的未连接的数据报或流式套接字。如果套接字未被绑定到指定的网络地址，则系统赋给它唯一的值，且设置套接字为已绑定。name 指定要与之建立连接的服务器端的监听套接字的地址。如果该结构中的地址域为全零的话，则 connect（）函数将返回 WSAEADDRNOTAVAIL 错误。

对于 SOCK_STREAM 类型的流式套接字，真正建立了一个与远程主机的连接，一旦此调用成功返回，就能利用连接收发数据了。对于 SOCK_DGRAM 类型的数据报套接字，仅仅设置了一个默认的目的地址，并用它来进行后续的 recv()与 send()数据收发操作。

(3) connect()函数可能返回的错误代码。

① WSAEADDRINUSE：所指的地址已在使用中。

② WSAEINTR：通过 WSACancelBlockingCall()函数来取消一个阻塞的调用。

③ WSAEADDRNOTAVAIL：找不到所指的网络地址。

④ WSAENOTSUPPORT：所指族中地址无法与本套接字一起使用。

⑤ WSAECONNREFUSED：连接尝试被强制拒绝。

⑥ WSAEDESTADDREQ：需要目的地址。

⑦ WSAEFAULT：namelen 参数不正确。

⑧ WSAEINVAL：套接字没有准备好与某地址捆绑。

⑨ WSAEISCONN：套接字早已连接。

⑩ WSAEMFILE：无多余的文件描述符。

⑪ SAENETUNREACH：当前无法从本主机访问网络。

⑫ SAENOBUFS：无可用缓冲区。

⑬ SAENOTSOCK：描述符不是一个套接字。

⑭ SAETIMEOUT：超时时间到。

⑮ WSAEWOULDBLOCK：套接字设置为非阻塞方式且连接不能立即建立。

（4）举例如下：

```
struct sockaddr_in daddr;
memset((void *)&daddr,0,sizeof(daddr));
daddr.sin_family=AF_INET;
daddr.sin_port=htons(8888);
daddr.sin_addr.s_addr=inet_addr("202.206.208.109");
connect(ClientSocket, (struct sockaddr *)&daddr, sizeof(daddr));
```

5. 接受连接请求

当客户端发来连接请求后，侦听方就会调用 accept()函数来响应对方的连接请求。

（1）accept()函数原型如下：

```
SOCKET accept(SOCKET s, struct sockaddr * addr, int * addrlen);
```

其中参数说明如下。

① s [IN]：服务器监听套接字描述符，调用 listen()函数后，该套接字一直处于监听状态。

② addr [IN]：可选参数，指向 sockaddr 结构的指针，该结构用来接收下层通信协议所通知的请求连接方的套接字网络地址。

③ addrlen [IN]：可选参数，指向整型数的指针，用来返回 addr 地址的长度。

返回值：如果正确执行，则返回一个 SOCKET 类型的描述符；否则，返回 INVALID_SOCKET 错误，应用程序可通过调用 WSAGetLastError()函数来获得特定的错误代码。

（2）accept()函数的功能。该函数从监听套接字 s 的等待连接队列中取出第一个连接请求，创建一个与 s 同类的新的套接字，来与请求连接的客户端套接字创建连接通道。如果连接成功，就返回新创建的套接字的描述符，以后就通过这个新创建的套接字来与客户端套接字交换数据。如果队列中没有等待的连接请求，并且监听套接字采用阻塞工作方式，则accept()函数阻塞调用它的进程，直至新的连接请求出现；如果套接字采用非阻塞工作方式，且队列中没有等待的连接，则 accept()函数返回一个错误代码。原监听套接字仍保持开放，继续监听随后的连接请求。该函数仅适用于 SOCK_STREAM 类型的面向连接的套接字。

参数 addr 是一个出口参数，用来返回下层通信协议所通知的对方连接实体的网络地址。参数 addr 的实际格式由套接字创建时所产生的地址族确定。addrlen 参数也是一个出口参数，在调用时初始化为 addr 所指的地址长度，在调用结束时它包含了实际返回的地址的字节长度。如果 addr 与 addrlen 中有一个为 NULL，将不返回所接受的远程套接字的任何地址信息。

（3）accept()函数可能返回的错误代码。

① WSAEFAULT：addrlen 参数小于 sockaddr 结构的大小。

② WSAEINTR：通过 WSACancelBlockingCall()函数来取消一个阻塞的调用。

③ WSAEINVAL：在调用 accept()函数前未调用 listen()函数。

④ WSAEMFILE：调用 accept()函数时队列为空,无可用的描述符。

⑤ WSAENOBUFS：无可用的缓冲区空间。

⑥ WSAENOTSOCK：描述符不是一个套接字。

⑦ WSAEOPNOTSUPP：该套接字类型不支持面向连接的服务。

⑧ WSAEWOULDBLOCK：该套接字为非阻塞方式且无连接可供接受。

6. 向一个已连接的套接字发送数据

(1) send()函数原型如下：

```
int send(SOCKET s, char * buf, int len, int flags);
```

其中参数说明如下。

① s [IN]：SOCKET 描述符,标识发送方已与对方建立连接的套接字,就是要借助连接从这个套接字向外发送数据。

② buf [IN]：指向用户进程的字符缓冲区的指针,该缓冲区包含要发送的数据。

③ len [IN]：用户缓冲区中数据的长度,以字节计算。

④ flags [IN]：执行此调用的方式,一般置 0,也可以使用 MSG_DONTR OUTE 和 MSG_OOB,具体语义取决于套接字的选项。MSG_DONTROUTE 用于指明数据不路由。MSG_OOB 用于发送带外数据。

返回值：如果执行正确,返回实际发送出去的数据的字节总数,要注意这个数字可能小于 len 中所规定的大小;否则,返回 SOCKET_ERROR 错误。

(2) send()函数的功能。send()函数用于向本地已建立连接的数据报或流式套接字发送数据。不论是客户程序还是服务器程序都用 send()函数来向 TCP 连接的另一端发送数据。客户程序一般用 send()函数向服务器发送请求,服务器则用 send()函数向客户程序返回应答。

具体来说,s 是发送端,即调用此函数的一方创建的套接字,可以是数据报套接字或流式套接字,它已经与接收端的套接字建立了连接,send()函数就是要将用户进程缓冲区中的数据发送到这个本地套接字的数据发送缓冲区中。注意,真正向对方发送数据的过程是由下层协议栈自动完成的。对于数据报类型的套接字,必须注意发送数据的长度不应超过通信子网的 IP 包最大长度。IP 包最大长度在 WSAStartup()函数调用返回的 WSAData 结构的 iMaxUdpDg 成员变量中。如果数据太长,就无法自动通过下层协议栈,会返回 WSAEMSGSIZE 错误,数据也不会被发送。还要注意,成功地完成 send()函数调用并不意味着数据到达对方。

如果下层传送系统的缓冲区空间不够保存需要发送的数据,send()函数将阻塞等待,除非套接字处于非阻塞 I/O 方式。对于非阻塞的流式套接字,实际发送的数据数目可能在 1 到所需大小之间,其值取决于本地和远端主机的缓冲区大小。可调用 select()函数来确定何时能够进一步发送数据。

关于同步套接字 send()函数的执行流程如图 3-4 所示。

设套接字 s 的发送缓冲区为 sysbuf,长度为 buflen;待发送数据在缓冲区 buf 中,长度为 len。当调用 send()函数时,先将两者做比较,如果 buflen<len,函数则返回 SOCKET_

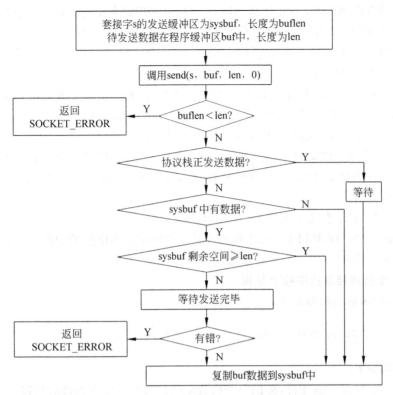

图 3-4　同步套接字 send() 函数的执行流程

ERROR；如果 buflen≥len，就检查协议是否正在发送 sysbuf 中的数据，如果是，就等待协议把数据发送完。如果协议还没有开始发送 sysbuf 中的数据，则接着判断 sysbuf 是否为空。若 sysbuf 为空，send() 函数就将 buf 中的数据直接复制到 sysbuf 里；若 sysbuf 中有数据，即非空，那么就比较 sysbuf 的剩余空间和 len。如果 len 大于剩余空间大小，send 就一直等待协议把 sysbuf 中的数据发送完；如果 len 小于剩余空间大小，send() 就会把 buf 中的数据复制到剩余空间里。需要说明的是，并不是 send() 函数把 s 的发送缓冲区中的数据传送到连接的另一端的，而是协议传送的，send() 函数仅仅是把 buf 中的数据复制到 s 的发送缓冲区的剩余空间里。如果 send() 函数复制数据成功，就返回实际复制的字节数；如果复制出现错误，则将返回 SOCKET_ERROR。如果 send() 函数在等待协议传送数据时网络断开的话，那么 send() 函数也返回 SOCKET_ERROR。应该注意到，send() 函数把 buf 中的数据成功复制到 s 的发送缓冲区的剩余空间里后它就返回了，但是此时这些数据并不一定马上被传送到连接的另一端。如果协议在后续的传送过程中出现网络错误的话，那么下一个 Socket 函数就会返回 SOCKET_ERROR。也就是说，每一个除 send() 函数外的 Socket 函数在执行的最开始总要先等待套接字的发送缓冲区中的数据被协议传送完毕才能继续，如果在等待时出现网络错误，那么该 Socket 函数就返回 SOCKET_ERROR。

（3）send() 函数可能返回的错误代码。

① WSAEACESS：要求地址为广播地址，但相关标志未能正确设置。

② WSAEINTR：通过 WSACancelBlockingCall() 函数来取消一个阻塞的调用。

③ WSAEFAULT：buf 参数不在用户地址空间中的有效位置。

④ WSAENETRESET：由于 Windows 套接字实现放弃了连接，故该连接必须被复位。

⑤ WSAENOBUFS：Windows 套接字实现报告一个缓冲区死锁。

⑥ WSAENOTCONN：套接字未被连接。

⑦ WSAENOTSOCK：描述符不是一个套接字。

⑧ WSAEOPNOTSUPP：已设置了 MSG_OOB，但套接字非 SOCK_STREAM 类型。

⑨ WSAESHUTDOWN：套接字已被关闭。一个套接字以 1 或 2 的 how 参数调用 shutdown()函数关闭后，无法再用 send()函数发送数据。

⑩ WSAEWOULDBLOCK：套接字标识为非阻塞模式，但发送操作会产生阻塞。

⑪ SAEMSGSIZE：套接字为 SOCK_DGRAM 类型，且数据报大于 Windows 套接字实现所支持的最大值。

⑫ SAEINVAL：套接字未用 bind()函数捆绑。

⑬ SAECONNABORTED：由于超时或其他原因引起虚电路的中断。

⑭ SAECONNRESET：虚电路被远端复位。

7. 从一个已连接套接字接收数据

(1) recv()函数的原型如下：

```
int recv(SOCKET s, char * buf, int len, int flags);
```

其中参数说明如下。

① s [IN]：套接字描述符，标识一个接收端已经与对方建立连接的套接字。

② buf [OUT]：用于接收数据的字符缓冲区指针，这个缓冲区是用户进程的接收缓冲区。

③ len [IN]：用户缓冲区长度，以字节大小计算。

④ flags [IN]：指定函数的调用方式，一般设置为 0，也可以使用 MSG_PEEK 和 MSG_OOB，具体语义取决于套接字的选项。MSG_PEEK 用于查看当前数据，数据将被复制到缓冲区中，但并不从输入队列中删除。MSG_OOB 用于处理带外数据。

返回值：如果正确执行，返回从套接字 s 实际读入到 buf 中的字节数。如果连接已中止，返回 0；否则，返回 SOCKET_ERROR 错误。应用程序可以通过 WSAGetLastError()函数获取相应的错误代码。

(2) recv()函数的功能。参数 s 是接收端，即调用本函数一方所创建的本地套接字，可以是数据报套接字或者流式套接字，它已经与对方建立了连接，该套接字的数据接收缓冲区中存有对方发送来的数据，调用 recv()函数就是要将本地套接字数据接收缓冲区中的数据接收到用户进程的缓冲区中。

对于 SOCK_STREAM 类型的套接字来说，本函数将接收所有可用的信息，最大可达缓冲区的大小。如果套接字被设置为线内接收带外数据(选项为 SO_OOBINLINE)，且有带外数据未读入，则返回带外数据。应用程序可通过调用 ioctlsocket() 函数的 SIOCATMARK 命令来确定是否有带外数据等待读入。

对于 SOCK_DGRAM 类型的套接字来说，将等候在套接字接收缓冲区队列中的第一个数据报搬入用户缓冲区 buf 中，但最多不超过 buf 的大小。如果数据报长度大于 len，那么用户缓冲区中只存放数据报的前面部分，后面的数据就都丢失了，并且 recv()函数返回

WSAEMSGSIZE 错误。

如果套接字 s 的接收缓冲区中没有数据可读,recv()函数的执行取决于套接字的工作方式。如果套接字采用阻塞的同步模式,recv()函数将一直等待数据的到来,并阻塞调用此函数的进程;如果套接字采用非阻塞的异步模式,recv()函数会立即返回,并返回 SOCKET _ERROR 错误,此时,若调用 WSAGetLastError()函数,则将获得 WSAEWOULDBLOCK 错误代码。用 select()函数或 WSAAsynSelect()函数可以获知数据何时到达。

如果套接字是 SOCK_STREAM 类型,并且远端"优雅"地中止了连接,那么 recv()函数一个数据也不读取,立即返回;如果套接字立即被强制中止,那么 recv()函数将返回 WSAECONNRESET 错误失败。

关于 send()函数和 recv()函数的作用、套接字缓冲区与应用进程缓冲区的关系以及协议栈所做的传送,如图 3-5 所示。不论是客户还是服务器应用程序都用 recv()函数通过 TCP 连接接收另一端的数据。由于异步 Socket 的 recv()函数执行流程与同步的类似,因此这里只描述同步 Socket 的 recv()函数的执行流程。

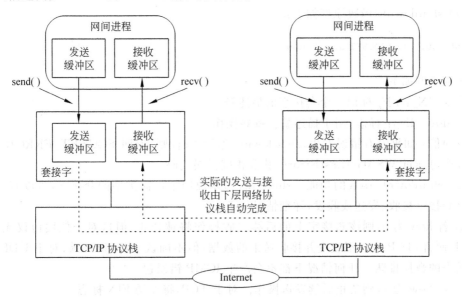

图 3-5　send()函数和 recv()函数之间的数据传输

当应用程序调用 recv()函数时,recv()函数先等待 s 的发送缓冲区中的数据被协议传送完毕。如果协议在传送 s 的发送缓冲区中的数据时出现网络错误,那么 recv()函数返回 SOCKET_ERROR;如果 s 的发送缓冲区中没有数据或者数据被协议成功发送完毕后,recv()函数先检查套接字 s 的接收缓冲区,如果 s 的接收缓冲区中没有数据或者协议正在接收数据,那么 recv()函数就一直等待,直到协议把数据接收完毕。协议把数据接收完毕后,recv()函数就把 s 的接收缓冲区中的数据复制到 buf 中,recv()函数返回其实际复制的字节数。应该注意的是,协议接收到的数据可能大于 buf 的长度,所以在这种情况下要调用几次 recv()函数才能把 s 的接收缓冲区中的数据复制完,并且,recv()函数仅仅是复制数据,真正的接收数据是协议来完成的。如果 recv()函数在复制时出错,那么它将返回 SOCKET_ ERROR 错误;如果 recv()函数在等待协议接收数据时网络中断了,那么它返回 0。

（3）recv()函数可能返回的错误代码。

① WSAENOTCONN：套接字未连接。

② WSAEINTR：进程阻塞状态被 WSACancelBlockingCall()函数取消。

③ WSAENOTSOCK：描述符不是一个套接字。

④ WSAEOPNOTSUPP：指定了 MSG_OOB，但套接字不是 SOCK_STREAM 类型的。

⑤ WSAESHUTDOWN：套接字已被关闭。一个套接字以 0 或 2 的 how 参数调用 shutdown()函数关闭后，无法再用 recv()函数接收数据。

⑥ WSAEWOULDBLOCK：套接字标识为非阻塞模式，但接收操作会产生阻塞。

⑦ WSAEMSGSIZE：数据报太大无法全部装入缓冲区，故被剪切。

⑧ WSAEINVAL：套接字未用 bind()函数进行捆绑。

⑨ WSAECONNABORTED：由于超时或其他原因引起虚电路的中断。

⑩ WSAECONNRESET：虚电路被远端复位。

8. 禁止在一个套接字上进行数据的接收与发送

（1）shutdown()函数原型如下：

```
int shutdown(SOCKET s, int how);
```

其中参数说明如下。

① s［IN］：用于标识一个套接字的描述符。

② how［IN］：标志，用于描述禁止哪些操作。

返回值：如果没有错误发生，shutdown()返回 0;否则，返回 SOCKET_ERROR 错误，应用程序可通过 WSAGetLastError()获取相应错误代码。

（2）shutdown()函数的功能。shutdown()函数用于任何类型的套接字，可以有选择地禁止该套接字接收、发送或收发，详细情况如下。

① 若 how 为 0，则该套接字上的后续接收操作将被禁止，但这对于低层协议无影响。就 TCP 而言，TCP 窗口不改变并接收送来的数据（但不确认）直至窗口满；对于 UDP，接收并将送来的数据排队。任何情况下都不会产生 ICMP 错误包。

② 若 how 为 1，则禁止后续发送操作。对于 TCP，将发送 FIN 标志。

③ 若 how 为 2，则同时禁止收和发。

注意：shutdown()函数并不关闭套接字，且套接字所占有的资源将被一直保持到调用 closesocket()函数为止。但是，应用程序不应再次使用一个已被 shutdown()函数禁止的套接字。

（3）shutdown()函数可能返回的错误代码。

① WSAEINVAL：how 参数非法。

② WSAENOTCONN：套接字未连接，仅适用于 SOCK_STREAM 型的类的套接字。

③ WSAENOTSOCK：描述符不是一个套接字。

9. 关闭套接字

（1）closesocket()函数原型如下：

```
int closesocket(SOCKET s);
```

其中,输入参数 s 表示一个套接字的描述符。

返回值:如果成功地关闭了套接字,则返回 0;否则,返回 SOCKET_ERROR 错误,应用程序可以通过 WSAGetLastError() 函数获取相应的错误代码。

(2) closesocket() 函数的功能。该函数关闭一个套接字。更确切地说,它释放套接字描述符 s,以后对 s 的访问均以 WSAENOTSOCK 错误返回。若本次为对套接字的最后一次访问,则相应的名字信息及数据队列都将被释放。具体地说,closesocket() 函数用来关闭一个描述符为 s 的套接字。由于每个进程中都有一个套接字描述符表,表中的每个套接字描述符都对应了一个位于操作系统缓冲区中的套接字数据结构,因此可能有几个套接字描述符指向同一个套接字数据结构。套接字数据结构中专门有一个字段存放该结构被引用的次数,即有多少个套接字描述符指向该结构。当调用 closesocket() 函数时,操作系统先检查套接字数据结构中该字段的值,如果为 1,则表明只有一个套接字描述符指向它,因此操作系统就先把 s 在套接字描述符表中对应的那条表项清除,并且释放 s 对应的套接字数据结构;如果该字段值大于 1,那么操作系统仅仅清除 s 在套接字描述符表中的对应表项,并且把 s 对应的套接字数据结构的引用次数减 1。

closesocket() 函数的语义受 SO_LINGER 与 SO_DONTLINGER 选项影响,对比如下。

① 若在一个流类套接字上设置了 SO_DONTLINGER,则 closesocket() 函数立即返回。在套接字中排队的数据将继续发送,数据发完时才关闭,这种关闭方式称为"优雅"关闭。在这种情况下,Windows 套接字实现将在一段不确定的时间内保留套接字以及其他资源。

② 若设置了 SO_LINGER 并设置了零超时间隔,不论套接字中是否有排队数据未发送或未被确认,closesocket() 函数都毫不延迟地立即执行,这种关闭方式称为"强制"关闭,因为套接字的虚电路立即被复位,且丢失了未发送的数据。在远端的 recv() 函数将以 WSAECONNRESET 出错返回。

③ 若设置了 SO_LINGER 并确定了非零的超时间隔,则 closesocket() 函数等待,并阻塞调用它的进程,直到所剩数据发送完毕或超过所设定的时间,这种关闭同样称为"优雅"关闭。如果套接字置为非阻塞模式且 SO_LINGER 设为非零超时值,则 closesocket() 函数调用将以 WSAEWOULDBLOCK 错误返回。

(3) closesocket() 函数可能返回的错误代码。

① WSAENOTSOCK:描述符不是一个套接字。

② WSAEINTR:通过 WSACancelBlockingCall() 函数来取消一个阻塞的调用。

③ WSAEWOULDBLOCK:该套接字设置为非阻塞方式且 SO_LINGER 设置为非零超时间隔。

3.5 无连接的 Winsock 编程

3.5.1 无连接的 Winsock 编程模型

使用无连接编程模型传输数据之前,无须事先建立连接,有数据就进行发送,但不对数据的顺序和正确性负责。相对于面向连接的 Winsock 编程模型,它的传输效率较高,因为它少了对数据的确认和确保数据有效的冗余字段。无连接的 Winsock 编程模型如图 3-6

所示。

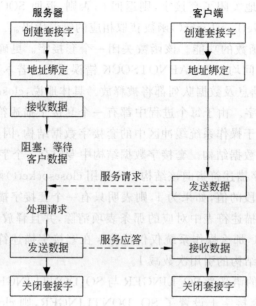

图 3-6　无连接的 Winsock 编程模型

3.5.2　无连接的 Winsock 编程函数

无连接的 Winsock 创建、绑定和关闭函数与面向连接的 Winsock 编程函数类似，此处不再赘述。下面重点介绍无连接的 Socket 数据传输。

1. 按照指定目的地向数据报套接字发送数据

（1）sendto()函数原型如下：

```
int sendto(SOCKET s, char * buf, int len, int flags,struct sockaddr * to, int
tolen);
```

其中参数说明如下。

① s [IN]：发送方的数据报套接字描述符，包含发送方的网络地址，数据报通过这个套接字向对方发送。

② buf [IN]：指向用户进程发送缓冲区的字符串指针，该缓冲区包含将要发送的数据。

③ len [IN]：用户发送缓冲区中要发送的数据的长度，是可以发送的最大字节数。

④ flags [IN]：指定函数的执行方式，一般置为 0，也可以设置为 MSG_DONTROUTE 和 MSG_OOB，但其语义取决于套接字的选项。MSG_DONTROUTE 用于指明数据不路由，MSG_OOB 用于发送带外数据。

⑤ to [IN]：指向 sockaddr 结构的指针，指定接收数据报的目的套接字的完整的网络地址。

⑥ tolen [IN]：to 地址的长度，等于 sizeof (struct sockaddr)。

返回值：如果发送成功，则返回实际发送的字节数，注意这个数字可能小于 len 中所规定的大小；如果出错，则返回 SOCKET_ERROR，应用程序可通过 WSAGetLastError()函数获取相应的错误代码。

（2）sendto（）函数的功能。该函数专用于数据报套接字，用来向发送端的本地套接字发送一个数据报。套接字会将数据交给传输层的 UDP 协议，由它向对方发送。容易看出，这个调用需要决定通信的两个端点，也就是说，需要一个全相关的五元组信息，即 UDP 协议、源 IP 地址、源端口号、目的 IP 地址和目的端口号。通信一端由发送方套接字 s 指定，通信的另一端由 to 结构决定。

实际发送出去的字节数可能与 len 中的数值不同，所发送数据报的大小还要受到 Winsock 实现所支持的最大数据报的限制，必须注意发送数据长度不应超过通信子网的 IP 包的最大长度。IP 包最大长度在 WSAStartup（）函数返回的 WSAData 的 iMaxUdpDg 元素中。如果数据太长就无法自动通过下层协议，会返回 WSAEMSGSIZE 错误，数据也不会被发送。

需要说明的是，成功地完成 sendto（）函数调用，仅表示用户缓冲区中的数据已经复制到本地套接字的发送缓冲区中，并不意味着数据传送到达对方。真正将数据发送到对方的过程是由下层协议栈完成的，下层协议栈根据 sendto（）函数中提供的目的端地址来完成发送。

如果套接字 s 的缓冲区空间不够保存需传送的数据，sendto（）函数的执行则取决于套接字 s 的工作模式，如果套接字处于阻塞的同步模式，sendto（）函数将等待，并阻塞调用它的进程。

（3）sendto（）函数可能返回的错误代码。

① WSAEACESS：要求地址为广播地址，但相关标志未能正确设置。

② WSAEINTR：通过 WSACancelBlockingCall（）函数来取消一个阻塞的调用。

③ WSAEFAULT：buf 或 to 参数不是用户地址空间的一部分，或 to 参数小于 sockaddr 结构的大小。

④ WSAENETRESET：由于 Windows 套接字实现放弃了连接，故该连接必须被复位。

⑤ WSAENOBUFS：Windows 套接字实现报告一个缓冲区死锁。

⑥ WSAENOTCONN：套接字未被连接。

⑦ WSAENOTSOCK：描述符不是一个套接字。

⑧ WSAEOPNOTSUPP：已设置了 MSG＿OOB，但套接字并非 SOCK＿STREAM 类型。

⑨ WSAESHUTDOWN：套接字已被关闭。一个套接字以 1 或 2 的 how 参数调用 shutdown（）函数关闭后，无法再用 sendto（）函数发送数据。

⑩ WSAEWOULDBLOCK：套接字被标志为非阻塞，但发送操作会产生阻塞。

⑪ WSAEMSGSIZE：套接字为 SOCK＿DGRAM 类型，且数据报大于 Windows 套接字实现所支持的最大值。

⑫ WSAECONNABORTED：由于超时或其他原因引起虚电路的中断。

⑬ WSAECONNRESET：虚电路被远端复位。

⑭ WSAEADDRNOTAVAIL：所指地址无法从本地主机获得。

⑮ WSAEAFNOSUPPORT：所指定地址簇中的地址无法与本套接字一起使用。

⑯ WSAEDESADDRREQ：需要目的地址。

⑰ WSAENETUNREACH：当前无法从本主机连接网络。

2. 从数据报套接字接收数据

（1）recvfrom()函数原型如下：

```
int recvfrom(SOCKET s, char * buf, int len, int flags,struct sockaddr * from, int
* fromlen);
```

其中参数说明如下。

① s[IN]：接收端的数据报套接字描述符，包含接收方的网络地址，从这个套接字接收数据报。

② buf[OUT]：字符串指针，指向用户进程的接收缓冲区，用来接收从套接字接收到的数据报。

③ len[IN]：用户接收缓冲区的长度，指定了所能接收的最大字节数。

④ flags[IN]：接收的方式，一般置为 0，也可以使用 MSG_PEEK 和 MSG_OOB，具体语义取决于套接字的选项。MSG_PEEK 用于查看当前数据，数据将被复制到缓冲区中，但并不从输入队列中删除。MSG_OOB 用于处理带外数据。

⑤ from[OUT]：指向 sockaddr 结构的指针，实际是一个出口参数，当函数成功执行后，在这个结构中返回了发送方的网络地址，包括对方的 IP 地址和端口号。

⑥ fromlen[IN，OUT]：整数型指针，也是一个出口参数，当函数成功执行后，返回存在于 from 中的网络地址长度。

返回值：如果正确地接收，则返回实际收到的字节数；如果出错，返回 SOCKET_ERROR，应用程序可通过 WSAGetLastError()函数获取相应的错误代码。

（2）recvfrom()函数的功能。该函数从 s 套接字的接收缓冲区队列中取出第一个数据报，把它放到用户进程的缓冲区 buf 中，但最多不超过用户缓冲区的大小。如果数据报大于用户缓冲区的长度，那么用户缓冲区中只有数据报的前面部分，后面的数据都会丢失，并且 recvfrom()函数返回 WSAEMSGSIZE 错误。

如果 from 不是空指针，函数将下层协议栈所知道的该数据报的发送方网络地址放到相应的 sockaddr 结构中，把这个结构的大小放到 fromlen 中。这两个参数对于接收数据不起作用，仅用来返回数据报源端的地址。

如果套接字中没有数据待读，并且套接字工作在阻塞模式，函数将一直等待数据的到来；如果套接字工作在非阻塞模式，函数将立即返回 SOCKET_ERROR 错误，调用 WSAGetLastError()函数将获取 WSAEWOULDBLOCK 错误代码。用 select()函数或 WSAAsynSelect()函数可以获知何时数据到达。

（3）recvfrom()函数的错误代码。

① WSAEFAULT：fromlen 参数非法，from 缓冲区大小无法装入源端地址。

② WSAEINTR：进程阻塞状态被 WSACancelBlockingCall()函数取消。

③ WSAEINVAL：套接字未用 bind()函数进行捆绑。

④ WSAENOTSOCK：描述符不是一个套接字。

⑤ WSAESHUTDOWN：套接字已被关闭。当一个套接字以 0 或 2 的 how 参数调用 shutdown()函数关闭后，无法再用 recvfrom()函数接收数据。

⑥ WSAEWOULDBLOCK：套接字标识为非阻塞模式，但接收操作会产生阻塞。

⑦ WSAEMSGSIZE：数据报太大无法全部装入缓冲区，故被剪切。

⑧ WSAECONNABORTED：由于超时或其他原因引起虚电路的中断。

⑨ WSAECONNRESET：虚电路被远端复位。

3.6 Winsock 的信息查询函数及其他主要函数

3.6.1 基本概念

1. 带外数据

带外数据即 TCP 紧急数据，是指相连的每一对流式套接字间的一个逻辑上独立的传输通道。带外数据是独立于普通数据传送给用户的，这就要求带外数据设备必须支持每一时刻至少有一个带外数据消息被可靠地传送。这一个消息至少包含一个字节，并且在任何时刻仅有一个带外数据信息等候发送。对于仅支持带内数据的通信协议来说（例如紧急数据是与普通数据在同一序列中发送的），系统通常把紧急数据从普通数据中分离出来单独存放，这就允许用户在顺序接收紧急数据和非顺序接收紧急数据之间做出选择（非顺序接收时可以省去缓存重叠数据的麻烦）。

在特殊情况下，某一个应用程序也可能喜欢处理紧急数据，即把其作为普通数据流的一部分，这可以通过设置套接字选项中的 SO_OOBINLINE 来实现。在这种情况下，应用程序可能希望确定未读数据中哪些是"紧急"的（"紧急"这一术语通常应用于线内带外数据）。为了达到这个目的，在 Winsock 的实现中就要在数据流中保留一个逻辑记号来指出带外数据从哪一点开始发送，一个应用程序可以使用 ioctrlsocket( ) 函数访问 SIOCATMARK 标志来确定在记号之前是否还有未读入的数据。应用程序可以使用这一记号与对方重新进行同步。

2. 广播

数据报套接字可以用来向许多系统支持的网络发送广播数据包。要实现这种功能，网络本身必须支持广播功能，因为系统软件本身并不提供对广播功能的任何模拟。广播信息将会给网络造成极重的负担，因为它们要求网络上的每台主机都为它们服务，所以发送广播数据包的能力被限制在那些显式标记了允许广播的套接字中。广播的使用通常是为了以下两个原因。

（1）一个应用程序希望在本地网络中找到一个资源，而应用程序先前并不知道该资源的地址。

（2）一些重要的功能，例如路由要求把它们的信息发送给所有可以找到的邻机。

被广播信息的目的地址取决于这一信息将在何种网络上广播。Internet 域支持一个速记地址（INADDR_BROADCAST）用于广播。因为使用广播以前必须捆绑一个数据报套接字，所以所有收到的广播消息都带有发送者的地址和端口。

某些类型的网络支持多种广播的概念，例如 IEEE 802.5 令牌环结构便支持链接层广播指示，它用来控制广播数据是否通过桥接器发送。Winsock 规范没有提供任何机制用来判断某个应用程序是基于何种网络之上的，而且也没有任何办法来控制广播的语义。

3. 字节顺序

不同的计算机可能会用不同的字节顺序存储数据。例如，Intel 处理器的字节顺序与 DEC VAX 处理器的字节顺序是一致的，但它与 6800 型处理器以及 Internet 的字节顺序却是不同的，所以用户在使用时要特别小心以保证正确的顺序。

任何 Winsock 函数对 IP 地址和端口号的引用以及传送给 Winsock 函数的 IP 地址和端口号均是按照网络顺序组织的，这也包括了 sockaddr_in 这一数据结构中的 IP 地址域和端口域。

如果用户输入一个数，而且指定使用这一端口号，则应用程序必须在使用它建立地址以前把它从主机顺序转换成网络顺序，这种转换可以通过使用 htons() 函数来完成。相应地，如果应用程序希望显示包含于某一地址中的端口号（例如从 getpeername() 函数中返回的），这一端口号就必须在被显示前从网络顺序转换到主机顺序，该操作可以通过使用 ntohs() 函数来完成。同样，关于 IP 地址可以进行类似处理。

由于 Intel 处理器和 Internet 的字节顺序是不同的，因而上述的转换是无法避免的，应用程序的编写者应该使用作为 Winsock API 一部分的标准的转换函数，而不要使用自己的转换函数代码。因为将来的 Winsock 实现有可能在主机字节顺序与网络字节顺序相同的机器上运行，因此只有使用标准的转换函数的应用程序才是可移植的。

4. 阻塞和非阻塞

在 Socket 网络编程中，套接字可根据需要被设为阻塞模式和非阻塞模式。当处于阻塞模式时，Socket 会一直等待下去，直到操作完成。例如，当调用 Receive 功能函数时，Socket 会被阻塞直到有新的数据到达；而当 Socket 处于非阻塞模式时，调用会立即返回，通常这些调用都会返回"失败"。Winsock 的 I/O 模型可以帮助应用程序判断一个套接字何时可供读写。

套接字通常都会和线程搭配使用。如果采用阻塞套接字则通常会和多线程相搭配，在不同的线程中使用不同的套接字，这样即使某个线程中的套接字被阻塞，也不会影响其他线程套接字的使用；而当采用非阻塞模式时，则没有这方面的限制。

3.6.2 Winsock 的信息查询函数

Winsock API 提供了一组信息查询函数，使用户能方便地获取套接字所需要的网络地址信息以及其他信息。这些函数可以分为两类，下面分别予以介绍。

1. getXbyY 型函数

(1) 返回本地计算机的标准主机名称的函数原型如下：

```
int gethostname(char * name,int namelen);
```

其中参数说明如下。

① name[OUT]：一个指向将要存放主机名的缓冲区指针。

② namelen[IN]：表示缓冲区的长度。

该函数把本地主机名存放到由 name 参数指定的缓冲区中。返回的主机名是一个以 NULL 结束的字符串。主机名的形式取决于 Winsock 实现，可能是一个简单的主机名，如 computer，也可能是一个完整的主机域名，如 computer.163.com。然而，返回的名字必定可以在 gethostbyname() 函数和 WSAAsyncGetHostByName() 函数中使用。

如果函数成功执行,则返回 0;否则,返回 SOCKET_ERROR。应用程序可以调用 WSAGetLastError()函数来得到一个特定的错误代码。

(2)返回对应于给定主机名的主机信息的函数原型如下:

```
struct hostent * FAR gethostbyname(const char * name);
```

其中,输入参数 name 是指向主机名字符串的指针。函数返回的指针指向一个 hostent 结构,该结构包含对应于给定主机名的地址信息,以及有关主机名的类型和主机别名的信息。

hostent 结构的定义如下:

```
struct hostent{  .
    char FAR * h_name;                    // 正规的主机名字
    char FAR FAR * * h_aliases;           // 一个以空指针结尾的可选主机名队列
    short h_addrtype;                 // 返回地址的类型,对于 Winsock 来说是 AF_INET 类型
    short h_length;               // 每个地址的字节长度,AF_INET 类型地址的字节长度为 4
    char FAR FAR * * h_addr_list;         // 以空指针结尾的主机地址列表
};
```

(3)根据一个 IP 地址取回相应的主机信息的函数原型如下:

```
struct hostent * gethostbyaddr(const char * addr,int len, int type);
```

其中参数说明如下。

① addr[IN]:指向网络字节顺序的 IP 地址的指针。

② len[IN]:地址的长度,在 AF_INET 类型地址中为 4。

③ type[IN]:地址类型,应为 AF_INET。

返回的指针指向一个 hostent 结构,其中包含主机名字和地址信息。

(4)返回对应于给定服务名和协议名的相关服务信息的函数原型如下:

```
struct servent * FAR getservbyname(const char * name,const char * proto);
```

其中参数说明如下。

① name[IN]:一个指向服务名的指针。

② proto[IN]:指向协议名的指针,此参数可选,可设置为空。如果这个指针为空,函数只根据 name 的信息进行匹配查找。

函数返回的指针指向一个 servent 结构,该结构包含所需的信息。

servent 结构的定义如下:

```
struct servent{
    char FAR * s_name;                // 正规的服务名
    char FAR FAR * * s_aliases;       // 一个以空指针结尾的可选服务名队列
    short s_port;                     // 连接该服务时需要用到的端口号,以网络字节顺序排列
    char FAR * s_proto;               // 连接该服务时用到的协议名
};
```

（5）返回对应于给定端口号和协议名的相关服务信息的函数原型如下：

```
struct servent * FAR getservbyport(int port,const char * proto);
```

其中参数说明如下。

① port[IN]：给定的端口号，以网络字节顺序排列。

② proto[IN]：指向协议名的指针，是可选的，如果此指针为空，函数只按照 port 进行匹配。

返回的指针指向一个 servent 结构，该结构包含所需的信息。

（6）返回对应于给定协议名的相关协议信息的函数原型如下：

```
struct protoent * FAR getprotobyname(const char * name);
```

其中，输入参数 name 是一个指向协议名的指针。

函数返回的指针指向一个 protoent 结构，该结构包含相关协议信息。

protoent 结构的定义如下：

```
struct protoent{
    char FAR * p_name;              // 正规的协议名
    char FAR FAR * * p_aliases;     // 一个以空指针结尾的可选协议名队列
    short p_proto;                  // 以主机字节顺序排列的协议号
};
```

（7）返回对应于给定协议号的相关协议信息的函数原型如下：

```
struct protoent * FAR getprotobynumber(int number);
```

其中，number 是输入参数，表示一个以主机顺序排列的协议号。函数返回的指针指向一个 protoent 结构，其中包含相关协议信息。

除了返回本地计算机的标准主机名称 gethostname() 函数以外，其他 6 个函数具有以下共同的特点。

① 函数名都采用 getXbyY 的形式。

② 如果函数成功地执行，就返回一个指向某种结构的指针，该结构包含所需要的信息。应该注意的是，hostent、protoent 和 servent 结构都是由 Winsock 实现分配的，是由系统管理的，应用程序不应该试图修改这个结构，也不必释放它的任何部分。此外，对于这 3 种结构，每个线程仅有该结构的一份实例副本，如果使用了 getXbyY 型函数后，又调用了其他 Winsock 函数，这些结构的内容就可能发生变化。所以应用程序应该及时把自己所需的信息复制下来。

③ 如果函数执行发生错误，就返回一个空指针。应用程序可以立即调用 WSAGetLastError() 函数来得到一个特定的错误代码。

④ 函数执行时，可能在本地计算机上查询或通过网络向域名服务器发送请求，来获得所需要的信息，这取决于用户网络的配置方式。由于这些函数往往要借助网络服务，通过查

找数据库而获得信息,所以又将它们称为 Winsock 的数据库函数。如果网络很忙或有其他原因,所要的数据就不能及时返回,这些函数在得到响应之前,就要等待一段时间,在这段时间内,会使调用它们的进程处于阻塞的状态。或者说,getXbyY 型函数是以同步的方式工作的。

⑤ 为了让程序在等待响应时能做其他的事情,Winsock API 扩充了一组作用相同的异步查询函数,不会引起进程的阻塞。这组异步查询函数可以使用 Windows 的消息驱动机制,也是 6 个函数,与 getXbyY 型各函数对应,在每个函数名前面加上了 WSAAsync 前缀,名字采用 WSAAsyncGetXByY() 的形式。

2. WSAAsyncGetXByY 型函数

WSAAsyncGetXByY 型函数是 getXbyY 型函数的异步扩展版本,可以很好地利用 Windows 的消息驱动机制。这些函数在调用格式、参数、功能、返回值和错误码方面非常相似,下面在第一个函数中将详细叙述,其他函数与之相同的内容不再赘述。

(1) WSAAsyncGetHostByName() 函数。

① 函数原型如下:

```
HANDLE WSAAsyncGetHostByName(HWND hWnd,unsigned int wMsg,
const char * name,char * buf,int buflen);
```

其中参数说明如下。

- hWnd[IN]:当异步请求完成时,应该接收消息的窗口句柄,其他函数与之相同。
- wMsg[IN]:当异步请求完成时,将要接收的消息,其他函数与之相同。
- name[IN]:指向主机名的指针。
- buf[OUT]:接收 hostent 数据的数据区指针,注意该数据区必须大于 hostent 结构的大小。这是因为不仅 Winsock 实现要用该数据区域容纳 hostent 结构,而且 hostent 结构的成员引用的所有数据也要在该区域内,因此建议用户提供一个 MAXGETHOSTSTRUCT 字节大小的缓冲区。MAXGETHOSTSTRUCT 常量定义如下:

```
#define  MAXGETHOSTSTRUCT  1024
```

- buflen[IN]:上述数据区的大小。

② 函数的功能。WSAAsyncGetHostByName() 函数是 gethostbyname() 函数的异步版本,用来获取一个主机名的主机名称和地址信息。

Winsock 的实现启动 WSAAsyncGetXByY() 操作后立刻返回调用方,并传回一个异步任务句柄,应用程序可以用它来标识该操作。当操作完成时,如果有结果的话,将把结果复制到调用方提供的缓冲区 buf 中,同时向应用程序的窗口发一条消息。

当异步操作完成时,应用程序的窗口 hWnd 接收到消息 wMsg,该消息结构的 wParam 参数包含了初次函数调用时返回的异步任务句柄,lParam 参数的高 16 位包含着错误代码,该代码可以是 winsock.h 中定义的任何错误。错误代码为 0 说明异步操作成功,在成功完成的情况下,提供给初始函数调用的缓冲区中包含了一个结构,与相应的函数对应,可能是 hostent、servent 或 protoent 结构。为存取该结构中的元素,应将初始的缓冲区指针转换为相应结构的指针,并一如平常地存取。

注意:如果错误代码是 WSAENOBUFS,说明在函数初始调用时由 buflen 指出的缓冲区太小,不足以容纳所有的结果信息。在这种情况下,lParam 参数的低 16 位含有提供所有信息所需的缓冲区大小数值。如果应用程序认为获取的数据不够,它就可以在设置了足够容纳所需信息的缓冲区后,重新调用 WSAAsyncGetXByY() 函数。

错误代码和缓冲区大小应使用 WSAGETASYNCERROR 和 WSAGETASYNCBUFLEN 宏从 lParam 中取出,两个宏定义如下:

```
#define WSAGETASYNCERROR(lParam)    HIWORD(lParam)
#define WSAGETASYNCBUFLEN(lParam)   LOWORD(lParam)
```

使用这些宏可以最大限度地提高应用程序源代码的可移植性。

③ 返回值。返回值指出异步操作是否成功地初次启动,但它并不说明操作本身的成功或失败。

若操作成功地启动,WSAAsyncGetXByY() 函数则返回一个 HANDLE 类型的非 0 值,作为请求需要的异步任务句柄。该值可在两种方式下使用:一是用在 WSACancelAsyncRequest() 函数中,来取消相应 WSAAsyncGetXByY() 函数所启动的异步操作;二是通过检查 wParam 消息参数,以匹配异步操作和完成消息。如果异步操作不能成功地启动,则 WSAAsyncGetXByY() 函数返回一个 0 值,并且可使用 WSAGetLastError() 函数来获取错误号。

Winsock 实现使用提供给该函数的缓冲区来构造相应的结构(hostent 结构、servent 结构或 protoent 结构),以及该结构成员引用的数据区内容。为避免上述 WSAENOBUFS 错误,应用程序应提供一个足够大小的缓冲区。

④ 错误代码。在应用程序的窗口收到消息时,可能会设置表 3-4 所示的错误代码。如上所述,可以使用 WSAGETASYNCERROR 宏,从应答消息的 lParam 参数中取出错误代码。

表 3-4 WSAAsyncGetXByY() 函数的主要错误代码

字　段	含　义
WSAENETDOWN	Winsock 实现已检测到网络子系统故障
WSAENOBUFS	没有可用的缓冲区空间或空间不足
WSAHOST_NOT_FOUND	未找到授权的应答主机
WSATRY_AGAIN	未找到非授权应答主机或服务器故障
WSANO_RECOVERY	不可恢复性错误
WSANO_DATA	无请求类型的数据记录

表 3-5 所示的错误可能在函数调用时发生,指出异步操作不能启动。

表 3-5　WSAAsyncGetXByY() 函数调用时的主要错误代码

字　　段	含　　义
WSANOTINITIALISED	在使用该 API 前必须进行一次成功的 WSAStartup() 调用
WSAENETDOWN	Winsock 实现已检测到网络子系统故障
WSAEINPROGRESS	一个阻塞的 Winsock 操作正在进行,系统无法执行该函数
WSAEWOULDBLOCK	由于 Winsock 实现的资源或其他限制的制约,此时无法调用本异步操作

以上关于函数功能、返回值和错误代码的叙述,对于 6 个 WSAAsyncGetXByY() 型的函数都是一样的,仅仅是使用的数据结构有所区别,所以在对其他函数的描述中,相同的部分不再赘述。

(2) WSAAsyncGetHostByAddr() 函数。

① 函数原型如下:

```
HANDLE WSAAsyncGetHostByAddr (HWND hWnd,unsigned int wMsg,const char * addr,int
len,int type,char * buf,int buflen);
```

其中参数说明如下。

- addr[IN]:主机网络地址的指针,主机地址以网络字节顺序存储。
- len[IN]:地址长度,对于 AF_INET 类型的地址来说必须为 4。
- type[IN]:地址类型,必须是 AF_INET 类型。
- buf[OUT]:接收 hostent 数据的数据区指针,注意该数据区必须大于 hostent 结构的大小。这是因为不仅 Winsock 实现要用该数据区域容纳 hostent 结构,而且 hostent 结构的成员引用的所有数据也要在该区域内,因此建议用户提供一个 MAXGETHOSTSTRUCT 字节大小的缓冲区。
- buflen[IN]:上述数据区的大小。

② 函数的功能。WSAAsyncGetHostByAddr() 函数是 gethostbyaddr() 函数的异步版本,用来获取一个网络地址的主机名和地址信息。

(3) WSAAsyncGetServByName() 函数。

① 函数原型如下:

```
HANDLE WSAAsyncGetServByName (HWND hWnd, unsigned int wMsg,
const char * name, const char * proto,char * buf, int buflen );
```

其中参数说明如下。

- name[IN]:指向服务名的指针。
- proto [IN]:指向协议名称的指针,可以为 NULL,在这种情况下,WSAAsyncGetServByName() 函数将搜索第一个服务入口,即满足 s_name 或 s_aliases 之一和所给的名字匹配;否则,WSAAsyncGetServByName() 函数将与服务名称及协议名称同时匹配。
- buf[OUT]:接收 servent 数据的数据区指针,注意该数据区必须大于 servent 结构的大小。这是因为不仅 Winsock 实现要用该数据区域容纳 servent 结构，而且 servent 结构的成员引用的所有数据也要在该区域内，因此建议用户提供一个 MAXGETHOSTSTRUCT 字节大小的缓冲区。

- buflen[IN]：上述数据区的大小。

② 函数的功能。WSAAsyncGetServByName()函数是 getservbyname()函数的异步版本，用来获取一个服务名的服务信息。

（4）WSAAsyncGetServByPort()函数。

① 函数原型如下：

```
HANDLE WSAAsyncGetServByPort(HWND hWnd, unsigned int wMsg,
int port, const char * proto,char * buf, int buflen);
```

其中参数说明如下。

- port[IN]：具有网络字节顺序的服务端口。
- proto[IN]：指向协议名称的指针，可以为 NULL，此时，WSAAsyncGetServByName() 函数只搜索满足 s_port 和所给的服务端口匹配的服务信息。
- buf[OUT]：接收 servent 数据的数据区指针，注意该数据区必须大于 servent 结构 的大小。这是因为不仅 Winsock 实现要用该数据区域容纳 servent 结构，而且 servent 结构的成员引用的所有数据也要在该区域内，因此建议用户提供一个 MAXGETHOSTSTRUCT 字节大小的缓冲区。
- buflen[IN]：上述数据区的大小。

② 函数的功能。WSAAsyncGetServByPort()函数是 getservbyport()函数的异步版本，用来获取一个端口号的服务信息。

（5）WSAAsyncGetProtoByName()函数。

① 函数原型如下：

```
HANDLE WSAAsyncGetProtoByName(HWND hWnd, unsigned int wMsg,
const char * name, char * buf, int buflen);
```

其中参数说明如下。

- name[IN]：指向要获得的协议名的指针。
- buf[OUT]：接收 protoent 数据的数据区指针，注意该数据区必须大于 protoent 结 构的大小。这是因为不仅 Winsock 实现要用该数据区域容纳 protoent 结构，而且 protoent 结构的成员引用的所有数据也要在该区域内，因此建议用户提供一个 MAXGETHOSTSTRUCT 字节大小的缓冲区。
- buflen[OUT]：上述数据区的大小。

② 函数的功能。WSAAsyncGetProtoByName()函数是 getprotobyname()函数的异步 版本，用来获取一个协议名的协议名称和代号。

（6）WSAAsyncGetProtoByNumber()函数。

① 函数原型如下：

```
HANDLE WSAAsyncGetProtoByNumber(HWND hWnd, unsigned int wMsg,
int number, char * buf, int buflen);
```

其中参数说明如下。

- number[IN]：要获得的协议号,使用主机字节顺序。
- buf[OUT]：接收 protoent 数据的数据区指针,注意该数据区必须大于 protoent 结构的大小。这是因为不仅 Winsock 实现要用该数据区域容纳 protoent 结构,而且 protoent 结构的成员引用的所有数据也要在该区域内,因此建议用户提供一个 MAXGETHOSTSTRUCT 字节大小的缓冲区。
- buflen[IN]：上述数据区的大小。

② 函数的功能。WSAAsyncGetProtoByNumber()函数是 getprotobynumber()函数的异步版本,用来获取一个协议号的协议名称和代号。

3.6.3 其他主要函数

1. Winsock 的错误处理函数

Winsock 函数在执行时,都有一个返回值,但它只能简单地说明函数的执行是否成功,如果出了错,并不能从返回值中了解出错的原因,而出现的原因在程序调试的时候是非常需要的。Winsock 专门提供了两个函数：WSAGetLastError()函数和 WSASetLastError()函数,用来解决这个问题。

(1) WSAGetLastError()函数。WSAGetLastError()函数返回上次操作失败的错误状态,对于程序的调试非常有用。当我们调用 Socket 函数时,一定要检测函数的返回值,一般情况下,返回值为 0 表示函数调用成功；否则,就要调用 WSAGetLastError()函数取得错误代码,给用户以明确的错误提示信息。这么做既有助于程序的调试,也方便用户使用,这也是当今软件用户界面友好的标志之一,尤其是在 Windows 2000 这样的多线程开发环境中,使用 WSAGetLastError()函数是获取详细错误信息的可靠方法。函数原型如下：

```
int WSAGetLastError(void);
```

该函数返回本线程中最近一次 Winsock 函数调用时的错误代码。

需要说明的是,为了与将来的多线程环境相兼容,Winsock 使用 WSAGetLastError()函数来获得最近一次的错误代码,而不是像 UNIX 套接字那样依靠全局错误变量。在非抢先的 Windows 环境下,WSAGetLastError()函数只用来获得 Winsock 错误；在抢先环境下,WSAGetLastError()将调用 GetLastError()函数来获得基于每个线程的所有 Win32 API 函数的错误状态。为了提高可移植性,应用程序应在调用失败后立即使用 WSAGetLastError()函数。

(2) Winsock 规范预定义的错误代码。在 winsock.h 文件中,定义了所有的 Winsock 规范错误代码,它们的基数是 10 000。所有错误常量都以 WSAE 作为前缀,大概分成几类,下面列举一些予以说明。

① 基本值的定义：

```
# define WSABASEERR 10000
```

② 常规 Microsoft C 常量的 Winsock 定义：

```
# define WSAEINTR (WSABASEERR+ 4)
# define WSAEBADF (WSABASEERR+ 9)
# define WSAEACCES (WSABASEERR+ 13)
# define WSAEFAULT (WSABASEERR+ 14)
# define WSAEINVAL (WSABASEERR+ 22)
# define WSAEMFILE (WSABASEERR+ 24)
```

③ 常规 Berkeley 错误的 Winsock 定义：

```
# define WSAEWOULDBLOCK (WSABASEERR+ 35)
# define WSAEINPROGRESS (WSABASEERR+ 36)
# define WSAEALREADY (WSABASEERR+ 37)
# define WSAENOTSOCK (WSABASEERR+ 38)
# define WSAEDESTADDRREQ (WSABASEERR+ 39)
# define WSAEMSGSIZE (WSABASEERR+ 40)
# define WSAEPROTOTYPE (WSABASEERR+ 41)
# define WSAENOPROTOOPT (WSABASEERR+ 42)
# define WSAEPROTONOSUPPORT (WSABASEERR+ 43)
# define WSAESOCKTNOSUPPORT (WSABASEERR+ 44)
# define WSAEOPNOTSUPP (WSABASEERR+ 45)
# define WSAEPFNOSUPPORT (WSABASEERR+ 46)
# define WSAEAFNOSUPPORT (WSABASEERR+ 47)
# define WSAEADDRINUSE (WSABASEERR+ 48)
# define WSAEADDRNOTAVAIL (WSABASEERR+ 49)
# define WSAENETDOWN (WSABASEERR+ 50)
# define WSAENETUNREACH (WSABASEERR+ 51)
# define WSAENETRESET (WSABASEERR+ 52)
# define WSAECONNABORTED (WSABASEERR+ 53)
# define WSAECONNRESET (WSABASEERR+ 54)
# define WSAENOBUFS (WSABASEERR+ 55)
# define WSAEISCONN (WSABASEERR+ 56)
# define WSAENOTCONN (WSABASEERR+ 57)
# define WSAESHUTDOWN (WSABASEERR+ 58)
# define WSAETOOMANYREFS (WSABASEERR+ 59)
# define WSAETIMEDOUT (WSABASEERR+ 60)
# define WSAECONNREFUSED (WSABASEERR+ 61)
# define WSAELOOP (WSABASEERR+ 62)
# define WSAENAMETOOLONG (WSABASEERR+ 63)
# define WSAEHOSTDOWN (WSABASEERR+ 64)
# define WSAEHOSTUNREACH (WSABASEERR+ 65)
# define WSAENOTEMPTY (WSABASEERR+ 66)
# define WSAEPROCLIM (WSABASEERR+ 67)
# define WSAEUSERS (WSABASEERR+ 68)
# define WSAEDQUOT (WSABASEERR+ 69)
```

```
#define WSAESTALE (WSABASEERR+70)
#define WSAEREMOTE (WSABASEERR+71)
#define WSAEDISCON (WSABASEERR+101)
```

④ 扩展的 Winsock 错误常量定义:

```
#define WSASYSNOTREADY (WSABASEERR+91)
#define WSAVERNOTSUPPORTED (WSABASEERR+92)
#define WSANOTINITIALISED (WSABASEERR+93)
```

⑤ 用于数据库查询类函数的定义:

```
#define h_errno WSAGetLastError()
```

⑥ 授权的回答:主机找不到。

```
#define WSAHOST_NOT_FOUND (WSABASEERR+1001)
#define HOST_NOT_FOUND WSAHOST_NOT_FOUND
```

⑦ 非授权的回答:主机找不到或 SERVERFAIL。

```
#define WSATRY_AGAIN (WSABASEERR+1002)
#define TRY_AGAIN WSATRY_AGAIN
```

⑧ 不可恢复错,FORMERR、REFUSED、NOTIMP:

```
#define WSANO_RECOVERY (WSABASEERR+1003)
#define NO_RECOVERY WSANO_RECOVERY
```

⑨ 名字是有效的,但没有所要求类型的数据记录:

```
#define WSANO_DATA (WSABASEERR+1004)
#define NO_DATA WSANO_DATA
```

(3) WSASetLastError() 函数。WSASetLastError() 函数用于设置可以被 WSAGetLastError() 函数接收的错误代码,原型如下:

```
void WSASetLastError(int iError);
```

其中,输入参数 iError 指明将被后续的 WSAGetLastError() 函数调用返回的错误代码。此函数没有返回值。

WSASetLastError() 函数允许应用程序为当前线程设置错误代码,并可由后来的 WSAGetLastError() 函数调用返回。应该注意的是,任何由应用程序调用的后续 Winsock 函数都将覆盖本函数设置的错误代码。在 Win32 环境中,此函数将调用 SetLastError() 函数。

2. Winsock 的字节顺序转化函数

先前已经介绍过主机字节顺序和网络字节顺序的问题，在 Winsock 网络编程中也有同样的问题。前面的例子中，已看到了类似的 htonl() 函数和 htons() 函数。

在不同的计算机中，存放多字节数据的顺序是不同的，通常有两种。内存的地址由小到大排列，当存储一个多字节数据的时候，系统先决定一个起始地址。有的计算机将数据的低位字节首先存放在起始地址，把数据的高位字节排在后面，即先低后高，如图 3-7(a)所示；有的机器则相反，即先高后低，如图 3-7(b)所示。这种针对具体计算机的多字节数据的存储顺序称为主机字节顺序。

数值：X1 X2 X3 X4

(a) 低字节优先   (b) 高字节优先

图 3-7　两种主机字节顺序

在网络协议中，对多字节数据的存储有自己的规定，多字节数据在网络协议报头中的存储顺序称为网络字节顺序。例如，IP 地址有 4B，端口号有 2B，它们在 TCP/IP 报头中都有特定的存储顺序。

在套接字中，凡是将来要封装在网络协议报头中的数据必须使用网络字节顺序。在 sockaddr_in 结构中，sin_addr 是 IP 地址，要发送到下层协议，封装在 IP 报头中；sin_port 是端口号，要封装在 UDP 或 TCP 报头中。这两项必须转换成网络字节顺序。sin_family 域只是被主机内核使用来决定地址结构中包含的地址族类型，并没有被发送到网上，应该是主机字节顺序。

网络应用程序要在不同的计算机中运行，不同计算机的主机字节顺序是不同的，但网络字节顺序是一定的。为了保证应用程序的可移植性，在编程中指定套接字的网络地址时，应把 IP 地址和端口号从主机字节顺序转换为网络字节顺序；相反，如果从网络上接收到对方的网络地址，在本机处理或输出时，应将 IP 地址和端口号从网络字节顺序转换为主机字节顺序，Winsock API 特为此设置了以下 4 个函数。

(1) htonl() 函数：将主机的无符号长整型数从主机字节顺序转换为网络字节顺序，用于 IP 地址。函数原型如下：

```
u_long WSAAPI htonl(u_long hostlong);
```

其中，输入参数 hostlong 是主机字节顺序表示的 32 位的数。该函数返回一个网络字节顺序的值。

(2) htons() 函数：将主机的无符号短整型数从主机字节顺序转换成网络字节顺序，用于端口号。函数原型如下：

```
u_short WSAAPI htons(u_short hostshort);
```

其中，输入参数 hostshort 是主机字节顺序表示的 16 位的数。该函数返回一个网络字节顺序的值。

（3）ntohl()函数：将一个无符号长整型数从网络字节顺序转换为主机字节顺序,用于 IP 地址。函数原型如下：

```
u_long WSAAPI ntohl(u_long netlong);
```

其中,输入参数 netlong 是一个以网络字节顺序表示的 32 位的数。该函数返回一个以主机字节顺序表示的数。

（4）ntohs()函数：将一个无符号短整型数从网络字节顺序转换为主机字节顺序,用于端口号。函数原型如下：

```
u_short WSAAPI ntohs(u_short netshort);
```

其中,输入参数 netshort 是一个以网络字节顺序表示的 16 位的数。该函数返回一个以主机字节顺序表示的数。

3. Winsock 的获取名称函数

（1）获取与套接字相连的对端套接字的名称。

① getpeername()函数原型如下：

```
int getpeername(SOCKET s, struct sockaddr * name, int * namelen);
```

其中参数说明如下。

- s［IN］：标识一个已连接套接字的描述符。
- name［OUT］：接收对端地址的名字结构。
- namelen［IN, OUT］：一个指向名字结构长度的指针。

返回值：若无错误发生,getpeername()函数返回 0;否则,返回 SOCKET_ERROR,应用程序可通过 WSAGetLastError()函数来获取相应的错误代码。

② getpeername()函数的功能。getpeername()函数用于返回已连接到套接字 s 的对端套接字的名称,并把它存放在 sockaddr 类型的 name 结构中,适用于数据报或流式套接字。

（2）获取一个套接字的本地名称。

① getsockname()函数原型如下：

```
int getsockname(SOCKET s, struct sockaddr * name, int * namelen);
```

其中参数说明如下。

- s［IN］：标识一个已捆绑套接字的描述符。
- name［OUT］：接收套接字地址的名字结构。
- namelen［IN, OUT］：一个指向名字结构长度的指针。

返回值：若无错误发生,getsockname()函数返回 0;否则,返回 SOCKET_ERROR 错误,应用程序可通过 WSAGetLastError()函数获取相应错误代码。

② getsockname()函数的功能。getsockname()函数用于获取一个套接字的名字。它用于一个已捆绑或已连接的套接字 s,本地地址将被返回。该函数特别适用于未调用 bind()函数就调用了 connect()函数的情况,这时唯有 getsockname()函数可以获知系统内定的本地

地址。在返回时,namelen 参数包含了名字的实际字节数。

　　若一个套接字与 INADDR_ANY 捆绑,也就是说该套接字可以用任意主机的地址,此时除非调用 connect()函数或 accept()函数来连接,否则 getsockname()函数将不会返回主机 IP 地址的任何信息。除非套接字被连接,Windows 套接字应用程序不应假设 IP 地址会从 INADDR_ANY 变成其他地址。这是因为对于具有多个 IP 地址的主机环境,除非套接字被连接,否则该套接字所用的 IP 地址是不可知的。

　　4. Winsock 的 IP 地址转化函数

　　(1) 将一个点分十进制形式的 IP 地址转换成一个长整型数。

　　① inet_addr()函数原型如下:

```
unsigned long inet_addr(const char * cp);
```

其中,输入参数 cp 表示字符串,是一个点分十进制形式的 IP 地址。

　　返回值:如果正确执行,inet_addr()函数返回一个无符号长整型数。如果传入的字符串不是一个合法的 IP 地址,例如 a. b. c. d 地址中 a、b、c、d 任一项超过 255,那么函数返回 INADDR_NONE。

　　② inet_addr()函数的功能。该函数将点分十进制形式的 IP 地址转换为无符号长整型数。返回值符合网络字节顺序。

　　Internet 地址用“.”间隔的地址可有 a. b. c. d、a. b. c、a. b、a 等表达方式。

　　(2) 将网络地址转换成点分十进制的字符串格式。

　　① inet_ntoa()函数原型如下:

```
char * inet_ntoa(struct in_addr in);
```

其中,输入参数 in 是一个 in_addr 结构变量,包含长整数型的 IP 地址。

　　返回值:如果正确执行,inet_ntoa()函数返回一个字符指针,其中的数据应在下一个套接字调用前复制出来;如果发生错误,返回 NULL。

　　② inet_ntoa()函数的功能。该函数将一个包含在 in_addr 结构变量中的长整型 IP 地址转换成点分十进制的字符串形式,如 a. b. c. d。需要说明的是,inet_ntoa()函数返回的字符串存放在套接字实现所分配的内存中,由系统管理。在同一个线程的下一个 Winsock 调用前,数据将保证是有效的。

　　5. Winsock 选项

　　(1) 设置套接字的选项。

　　① setsockopt()函数原型如下:

```
int setsockopt(SOCKET s, int level, int optname,
const char * optval, int optlen);
```

其中参数说明如下。

　　• s[IN]:一个标识套接字的描述符。

　　• level[IN]:选项定义的层次,目前仅支持 SOL_SOCKET 和 IPPROTO_TCP 层次。

- optname[IN]：需设置的选项。
- optval[IN]：指针，指向存放选项值的缓冲区。
- optlen[IN]：optval 缓冲区的长度。

返回值：若无错误发生，setsockopt()函数返回 0；否则，返回 SOCKET_ERROR 错误。应用程序可通过 WSAGetLastError()函数获取相应的错误代码。

② setsockopt()函数的功能。该函数用于任意类型、任意状态套接字设置选项值。尽管在不同协议层上存在不同选项，但此函数仅定义了最高的套接字层次上的选项。选项会影响套接字的操作，例如加急数据是否在普通数据流中接收，广播数据是否可以从套接字发送等。

有两种套接字选项：一种是布尔型选项，允许或禁止一种特性；另一种是整型或结构选项。允许一个布尔型选项，则将 optval 指向非零整型数；禁止一个布尔型选项，optval 指向一个等于零的整型数。对于布尔型选项，optlen 应等于 sizeof(int)；对其他选项，optval 指向包含所需选项的整型数或结构，而 optlen 则为整型数或结构的长度。

setsockopt()函数对于选项的支持情况如表 3-6 所示，其中，类型表明 optval 所指数据的类型。所支持的选项中，仅有 TCP_NODELAY 选项使用了 IPPROTO_TCP 层，其余选项均使用 SOL_SOCKET 层。

表 3-6　setsockopt()函数对于选项的支持情况

选　项　名	类　　型	意　　义	是否支持
SO_BROADCAST	BOOL	允许套接字传送广播信息	√
SO_DEBUG	BOOL	允许调试	√
SO_DONTLINGER	BOOL	不要因为数据未发送就阻塞关闭操作。设置本选项相当于将 SO_LINGER 的 l_onoff 元素置零	√
SO_DONTROUTE	BOOL	禁止选径，直接传送	√
SO_KEEPALIVE	BOOL	发送"保持活动"信息	√
SO_LINGER	LINGER structure	如关闭时有未发送数据，则等待	√
SO_OOBINLINE	BOOL	在普通数据流中接收带外数据	√
SO_RCVBUF	int	确定接收缓冲区的大小	√
SO_REUSEADDR	BOOL	允许套接字和一个已在使用中的地址捆绑	√
SO_SNDBUF	int	指定发送缓冲区的大小	√
TCP_NODELAY	BOOL	禁止发送合并的 Nagle 算法	√
SO_ACCEPTCONN	BOOL	套接字正在监听	×
SO_ERROR	int	获取错误状态并清除	×
SO_RCVLOWAT	int	接收低级水印	×
SO_RCVTIMEO	int	接收超时	×

选 项 名	类 型	意 义	是否支持
SO_SNDLOWAT	int	发送低级水印	×
SO_SNDTIMEO	int	发送超时	×
SO_TYPE	int	套接字类型	×

（2）获取一个套接字选项。

① getsockopt()函数原型：

```
int getsockopt(SOCKET s,int level,int optname, char * optval,int * optlen);
```

其中参数说明如下。

* s[IN]：一个标识套接字的描述符。
* level[IN]：选项定义的层次，目前仅支持 SOL_SOCKET 和 IPPROTO_TCP 层次。
* optname[IN]：需获取的套接字选项。
* optval[OUT]：指针，指向存放所获得选项值的缓冲区。
* optlen[IN，OUT]：指针，指向 optval 缓冲区的长度值。

返回值：若无错误发生,getsockopt()函数返回 0；否则，返回 SOCKET_ERROR 错误。应用程序可通过 WSAGetLastError()函数获取相应的错误代码。

② getsockopt()函数的功能。该函数用于获取任意类型、任意状态套接字的当前选项值，并把结果存入 optval。尽管在不同协议层上存在不同的套接字选项，但往往是在最高的套接字层次上设置的选项才能影响套接字的操作，如操作是否阻塞、包的选径方式、带外数据的传送等。

被选中选项的值放在 optval 缓冲区中。optlen 所指向的整型数在初始时包含缓冲区的长度，在调用返回时被置为实际值的长度。

如果未进行 setsockopt()函数调用，则 getsockopt()函数返回系统默认值。

getsockopt()函数对于选项的支持情况如表 3-7 所示，其中，类型表明 optval 所指数据的类型。所支持的选项中，仅有 TCP_NODELAY 选项使用了 IPPROTO_TCP 层，其余选项均使用 SOL_SOCKET 层。

表 3-7　getsockopt()函数对于选项的支持情况

选 项 名	类 型	意 义	是否支持
SO_BROADCAST	BOOL	允许套接字传送广播信息	√
SO_DEBUG	BOOL	允许调试	√
SO_DONTLINGER	BOOL	若为真，则 SO_LINGER 选项被禁止	√
SO_DONTROUTE	BOOL	禁止选择路径，直接传送	√
SO_KEEPALIVE	BOOL	发送"保持活动"信息	√

选 项 名	类 型	意 义	是否支持
SO_LINGER	LINGER structure	返回当前各 linger 选项	√
SO_OOBINLINE	BOOL	在普通数据流中接收带外数据	√
SO_RCVBUF	int	接收缓冲区的大小	√
SO_REUSEADDR	BOOL	允许套接字和一个已在使用中的地址捆绑	√
SO_SNDBUF	int	发送缓冲区的大小	√
TCP_NODELAY	BOOL	禁止发送合并的 Nagle 算法	√
SO_ACCEPTCONN	BOOL	套接字正在监听	√
SO_ERROR	int	获取错误状态并清除	√
SO_RCVLOWAT	int	接收低级水印	×
SO_RCVTIMEO	int	接收超时	×
SO_SNDLOWAT	int	发送低级水印	×
SO_SNDTIMEO	int	发送超时	×
SO_TYPE	int	套接字类型	√
TCP_MAXSEG	int	获取 TCP 最大段的长度	×

6. Winsock 的控制套接字模式函数

(1) ioctlsocket()函数原型如下：

```
int ioctlsocket(SOCKET s, long cmd, u_long * argp);
```

其中参数说明如下。

① s[IN]：一个标识套接字的描述符。

② cmd[IN]：对套接字 s 的操作命令。

③ argp[IN, OUT]：指向 cmd 所带参数的指针。

返回值：成功后，ioctlsocket()函数返回 0；否则，返回 SOCKET_ERROR 错误。应用程序可通过 WSAGetLastError()函数获取相应的错误代码。

(2) ioctlsocket()函数的功能。该函数可用于任一状态的任一套接字，用来获取与套接字相关的操作参数，而与具体协议或通信子系统无关。它所支持的命令如表 3-8 所示。

表 3-8　ioctlsocket()函数支持的命令

命 令	含 义
FIONBIO	允许或禁止套接字 s 的非阻塞模式。参数 argp 指向一个无符号长整型数。如果允许非阻塞模式则非零，如果禁止非阻塞模式则为零。当创建一个套接字时，它就处于阻塞模式。WSAAsyncSelect()函数将套接字自动设置为非阻塞模式。如果已对一个套接字进行了 WSAAsyncSelect()函数操作，则任何用 ioctlsocket()函数来把套接字重新设置成阻塞模式的企图将以 WSAEINVAL 失败告终。为了把套接字重新设置成阻塞模式，应用程序必须首先用 WSAAsyncSelect()函数调用(IEvent 参数置为 0)来禁止 WSAAsyncSelect()函数

命　　令	含　　义
FIONREAD	确定套接字 s 自动读入的数据量。参数 argp 指向一个无符号长整型数,其中存有 ioctlsocket() 函数的返回值。如果 s 是 SOCK_STREAM 类型,则 FIONREAD 返回在一次 recv() 函数调用中所接收的所有数据量,这通常与套接字中排队的数据总量相同。如果 s 是 SOCK_DGRAM 型,则 FIONREAD 返回套接字上排队的第一个数据报的大小
SIOCATMARK	确定是否所有的带外数据都已被读入。这个命令仅适用于 SOCK_STREAM 类型的套接字,且该套接字已被设置为可以在线接收带外数据(SO_OOBINLINE)。如无带外数据等待读入,则试操作返回 TRUE;否则,返回 FALSE,下一个 recv() 函数或 recvfrom() 函数操作将检索"标记"前的一些或所有数据。应用程序可用 SIOCATMARK 操作来确定是否有数据剩下。如果在带外数据前有常规数据,则按序接收这些数据。参数 argp 指向一个 BOOL 型数,ioctlsocket() 函数在其中存入返回值

ioctlsocket() 函数为 Berkeley 套接字函数 ioctl() 的一个子集,其中没有与 FIOASYNC 等价的命令,SIOCATMARK 是套接字层次支持的唯一命令。

3.7　Winsock 2 的扩展特性及新增函数

针对 Winsock 在早期开发中的一些局限性,如仅支持 TCP/IP 协议,对所有的数据都采用相同的处理方式而造成无谓网络资源消耗太多等,Winsock 2 提供了许多方面的扩展特性以支持功能更加强大的应用。

Winsock 2 与 Winsock 1.1 具有很好的向后兼容性,所有的 Winsock 1.1 版的 API 在 Winsock 2 中都被保留了下来,Winsock 1.1 应用程序的源程序可以被简单地移植到 Winsock 2 系统上运行。程序员需要做的只是包含新的头文件 Winsock2.h 和连接 Wsock32.lib 库。此外,Winsock 2 还提供了许多新函数用于提高原来的 Winsock 1.1 应用程序的运行性能。

下面针对 Winsock 2 的扩展进行简单介绍。

3.7.1　Winsock 2 的扩展特性

1. 原始套接字

与 Winsock 1.1 仅支持 TCP/IP 协议栈不同,Winsock 2 通过声明了一个 Winsock DLL 和底层协议栈间的标准服务提供接口(SPI),使一个 Winsock DLL 能够同时访问不同软件开发商的多个底层协议栈,从而使用户能够同时使用多个传输协议。

2. 对多协议的支持

在早期的 Winsock 1.x 中,软件开发商提供的 DLL 仅仅实现了 Winsock 的 API 和 TCP/IP 协议栈。Winsock DLL 和底层协议栈的接口是唯一而且独占的,也就是说, Winsock 1.x 仅支持 TCP/IP 协议栈。因此,用户只能通过单一的传输协议来进行数据的传输,这样做虽然简化了整个数据传输结构,但却让协议栈开发商们大伤脑筋。因为要使用户使用开发商提供的协议,开发商就不得不自己编写 Winsock 接口,这使协议软件的编程效率大为降低,同时,用户要想通过 Socket 来访问一些底层的协议或其他协议几乎是不可能的。为了改变这种局面,使用户能够同时使用多个传输协议,Winsock 2 对其结构做了改变,定义了一个 Winsock DLL 和底层协议栈间的标准服务提供接口(SPI),从而使一个 Winsock DLL 能够同时访问不同软件开发商的多个底层协议栈。

应用程序可以通过调用 WSAEnumProtocols()函数得到目前可以使用的传输协议数目,并且得到与每个传输协议相关的信息,这些信息都包含在 PROTOCOL_INFO 结构中。

Winsock 2 除了继续支持 Winsock 1.x 仅有的 AF_INET 外,还新加入了许多新的协议地址簇。通过 Winsock 2 的原始套接字,用户可以访问许多新加入的协议并对网络传输机制进行控制。

3. 对 I/O 与事件对象的重叠支持

Winsock 2 引入了重叠 I/O 的概念,并且要求所有传输协议提供者都必须支持这一功能。重叠 I/O 模型与早先 Winsock 1.x 所提供的其他模型相比,可以使应用程序达到更佳的性能。它的设计原理是让应用程序使用一个重叠的数据结构,一次投递一个或多个 Winsock I/O 请求。提交的请求完成以后,应用程序可以为它们提供服务。由于模型的总体设计是以 Win32 重叠 I/O 机制为基础的,所以可以通过 ReadFile()和 WriteFile()两个函数执行 I/O 操作。重叠 I/O 仅能在由 WSASocket()函数打开的套接字上使用(使用 WSA_FLAG_OVERLAPPED 标记)。

对于接收的一方,应用程序使用 WSARecv()函数或 WSARecvFrom()函数来提供存放接收数据的缓冲区。如果数据在网络接收以前,应用程序已经提供了一个或多个数据缓冲区,那么接收的数据就可以立即被存放进用户缓冲区。这样可以省去使用 recv()函数和 recvfrom()函数时需要进行的复制工作。如果应用程序提供数据缓冲区后有数据到来,那么接收的数据将被立即复制到用户缓冲区。如果数据到来时,应用程序没有提供接收缓冲区,那么网络将回到同步操作方式,传送来的数据将被存放进内部缓冲区,直到应用程序发出了接收调用命令并且提供了接收缓冲区,这时接收的数据就被复制到接收缓冲区。这种做法有一个例外,就是当应用程序使用 setsockopt()函数时将把接收缓冲区长度置为 0。在这种情况下,对于可靠传输协议,只有在应用程序提供了接收数据缓冲区后,数据才会被接收;而对于不可靠传输协议,数据将会丢失。

对于发送的一方,应用程序会使用 WSASend()函数或 WSASendTo()函数提供一个指向已填充的数据缓冲区的指针。应用程序不应在网络使用完该缓冲区的数据以前以任何方式破坏该缓冲区的数据。

当用户调用了重叠发送和接收函数后,该函数会立即返回。如果返回值是 0,表明 I/O 操作已经完成,对应的完成指示也已经可以得到。如果返回值是 SOCKET_ERROR,并且错误代码是 WSA_IO_PENDING,那么表明重叠操作已经被成功地初始化,今后发送缓冲区被用完或者接收缓冲区被填满时,将会有完成指示。任何其他的错误代码都表明初始化没有成功,今后也不会有完成指示。

发送操作和接收操作都可以被重叠使用。接收函数可以被多次调用,以便接收到来的数据。发送函数也可以被多次调用,组成一个发送缓冲区队列。要注意的是,应用程序可以通过按顺序提供发送缓冲区来确保一系列重叠发送操作的顺序,但是对应的完成指示有可能是按照另外的顺序排列的。同样的,在接收数据的一方,缓冲区是按照被提供的顺序填充的,但是完成指示也可能按照另外的顺序排列。

WSAIoctl()函数(ioctlsocket()函数的增强版本)还可以使用重叠I/O操作的延迟完成特性。

4. 套接字组

Winsock 2引入了所谓套接字组的概念。它允许应用程序(或者一组共同工作的应用程序)通知底层的服务提供者有一组特定的套接字是相关的,它们享有一些特定的性质。组的特性包括了组内单个套接字之间的相关特性和整个组的服务规范特性。

需要在网络上传输多媒体数据的应用程序会因为在所使用的一组套接字上建立联系而得到好处,至少这可以告诉服务提供者正在传输的数据流的一些相关性质。例如,一个会议应用程序希望传送音频数据的套接字比传送视频数据的套接字有更高的优先级。此外,一些传输服务提供者(例如数字电话和ATM)可以利用服务规范的组特性来决定底层调用或者线路连接的性质。通过应用程序指明套接字组及其特性,服务提供者可以以最大效率应用这些套接字。

WSASocket()函数和WSAAccept()函数可以在创建一个新的套接字的同时以显示的方式创建或者加入一个套接字组。getsockopt()函数用来得到套接字所属套接字组的标志。

5. 服务质量

随着计算机应用的发展,特别是互联网的深入人心,网络应用越发成为计算机技术发展的重要方向之一。以前只是用来传输单一数据的网络已显得越来越不堪重负,使网络带宽成为制约网络应用,特别是网络多媒体应用快速发展的主要方面。但是,由于地理、人为等诸多因素的影响,不可能在很短时间内更新所有的网络媒体,同时由于网络应用数据类型的不同,没有必要使所有的数据都采用相同的处理方式。为此,服务质量(Quality of Service,QoS)应运而生。QoS实际是一系列的组件,它允许对网上的数据进行不同的处理,并可为其分配不同的优先级。若一个网络具备QoS功能,便可根据实际需要进行设置,以便为程序员提供如下功能。

(1) 禁止对非适应性协议(如UDP)滥用网络资源。

(2) 针对"最大努力"通信和高优先级或低优先级的通信,对资源进行明确划分。

(3) 为冠名用户分派资源访问的优先级。

Winsock 2中的QoS机制是从RFC 1363中描述的流规格引入的。这一概念可以大致描述如下:流规格描述了一个网络上单向数据流的性质的集合。应用程序可以在调用WSAConnect()函数发出连接请求或者使用WSAIoctl()函数等其他QoS命令时,把一对流规格和一个套接字连接(一个规范对应一个方向)起来。流规格以参数方式声明了应用程序所要求的服务级别,并且为应用程序适应不同的网络条件提供了一套反馈机制——如果应用程序要求的服务级别不能达到,应用程序是不会进行数据传输的。

Winsock 2中QoS的使用模型如下。

(1) 对于基于连接的传输服务,应用程序可以很方便地在使用WSAConnect()函数提出连接请求时规定它所要求的服务质量。要注意的是,如果应用程序在调用WSAConnect()时QoS参数不为空,那么对于基于连接的套接字,任何预先设置的QoS都会被覆盖。如果WSAConnect()函数成功返回,应用程序就会知道它所要求的QoS已经被网络接受,那么应用程序就可以随意使用这个套接字进行数据交换。如果连接操作由于资源有限而失败，应用程序应该适当地降低它所要求的服务质量或者干脆放弃操作。在每次企图连接之后（不论成功与否），传输服务提供者都会更新 flow_spec 结构，以便尽可能地指明目前的网络条件。如果应用程序所要求的服务质量仅仅包含了一些传输服务提供者必须满足的默认值，那么这种更新会很有用处。应用程序可以利用这些关于当前网络条件的信息来指导自己使用网络。然而应用程序应该注意的是，传输服务提供者在不断更新的 flow_spce 结构中提供的信息仅仅是一个参考，它们只不过是粗略的估计，应用程序应该很小心地解释这些数据。

（2）无连接的套接字也可以使用 WSAConnect() 函数为一个指定的通信规定特定的 QoS 级别。WSAIoctl() 函数也可以用来规定初始的 QoS 要求，或者用来进行今后的 QoS 协商。即使一个流规格已经建立，网络的情况也有可能改变，或者通信的一方可能提出了重新协商 QoS 的要求，这将导致可以得到的服务级别的降低或者提高。Winsock 2 引入了通知机制，它使用一般的 WS 通知方式（FD_QoS 和 FD_GROUP_QoS 事件）来告诉应用程序 QoS 级别已经改变。一般服务提供者只在当前的服务级别和上一次报告有很大区别（通常是逆向的），并且有可能影响到应用程序时才发出 FD_QoS/FD_GROUP_QoS 通知。应用程序应该使用 WSAIoctl() 函数来得到当前的网络状态并且检查服务等级的哪些方面有了变化。如果当前的 QoS 级别是不可接受的，应用程序应该调整自己以适应当前的网络状态，试图重新协商或者关闭套接字。

Winsock 2 推荐的流规格把 QoS 特性划分为以下几个方面。

① 源通信描述：应用程序的通信事件以什么方式被送入网络。

② 延时性：最大延时和可接受的延时变化。

③ 需要保证的服务级别：应用程序是否要求对服务质量的绝对保证。

④ 费用：这一项是为将来可以决定有意义的费用时保留的。

⑤ 服务提供者特定的参数可以根据具体的提供者扩展。

3.7.2 Winsock 2 新增函数

Winsock 2 的函数与 Winsock 1.x 的函数相比，命名上有了很大的差别，除了多了一个 WSA 的头标外，在引用时还需要用到"♯include <winsock2.h>"，表 3-9 为 Winsock 2 的函数列表，有关详细说明可以参考 MSDN。

表 3-9 Winsock 2 新增函数一览

函数名称	功　能
WSAAccept()	有条件地接受连接
WSACloseEvent()	关闭一个开放的事件对象句柄
WSAConnect()	创建一个与远端的连接
WSACreateEvent()	创建一个新的事件对象
WSADuplicateSocket()	为一个共享套接字创建一个新的描述符
WSAEnumNetworkEvents()	检测所指定套接字上的网络事件是否发生

函 数 名 称	功　　能
WSAEnumProtocols()	获取现有传送协议的相关信息
WSAEventSelect()	确定与所提供的 FD_XXX 网络事件集合相关的一个事件对象
WSAGetOverlappedResult()	返回指定套接字上一个重叠操作的结果
WSAGetQOSByName()	根据一个模板初始化 QoS
WSAHtonl()	将一个以主机字节顺序表示的无符号长整型数转换为网络字节顺序
WSAHtons()	将一个以主机字节顺序表示的无符号短整型数转换为网络字节顺序
WSAIOCtl()	控制一个套接字的模式
WSAJoinLeaf()	将一个叶结点加入一个多点会晤,交换连接数据,根据提供的流描述确定所需的服务质量
WSANtohl()	将一个以网络字节顺序表示的无符号长整型数转换为主机字节顺序
WSANtohs()	将一个以网络字节顺序表示的无符号短整型数转换为主机字节顺序
WSARecv()	从一个套接字接收数据
WSARecvDisconnect()	终止一个套接字上的接收操作。若套接字为面向连接的,则取回终止连接数据
WSARecvFrom()	接收一个数据报并保存源地址
WSAResetEvent()	将指定的事件对象状态清除为未置信号
WSASend()	在一个已连接的套接字上发送数据
WSASendDisconnect()	启动套接字连接的终止操作
WSASendTo()	向指定地址发送数据,可使用重叠 I/O 操作
WSASetEvent()	将指定的事件对象状态设置为有信号
WSASocket()	创建一个与指定传送服务提供者捆绑的套接字,并且在创建时也可创建或加入一个套接字组
WSAWaitForMultipleEvents()	只要指定的事件对象中的一个或全部处于有信号状态,或者超时间隔到达,则返回

3.8　基于 Winsock 的 ping 程序实例

　　Winsock 是网络编程接口,而非协议,它从 UNIX 平台的 Berkeley(BSD)套接字方案借鉴了许多东西,能够访问多种网络协议。在 Win32 环境中,尤其是在 Winsock 2 发布之后,Winsock 接口最终成为一个真正的"与协议无关"接口。

1. 进行 Winsock 通信程序开发的基本步骤

　　Winsock 支持两种类型的套接字,即流式套接字(SOCK_STREAM)和数据报套接字(SOCK_DGRAM)。对于要求精确传输数据的 Winsock 通信程序,一般采用流式套接字。流式套接字提供了一个面向连接的、可靠的、数据无差错的、无重复发送的,以及按发送顺序接收数据的服务。其内设流量控制,避免数据流超限,同时,数据被看作字节流,无长度限制。如前所述,采用不同套接字的应用程序的开发都有相应的基本步骤。

使用 Visual C++ 6.0 进行 Winsock 程序开发的其他技术要点如下。

(1) 与常规编程一样,无论服务器程序还是客户程序都要进行所谓的初始化处理,如 Addr、port 默认值的设定等,这部分工作仍可采用消息驱动机制来先期完成。

(2) 一般情况下,网络通信程序是某应用程序中的一个独立模块。在单独调试网络通信程序时,要尽量与采用该通信模块的其他应用程序开发者约定好,统一采用一种界面形式,即单文档界面(SDI)、多文档界面(MDI)或基于对话框界面中的一种,可使通信模块在移植到所需的应用程序时省时省力,因为 Visual C++ 6.0 这种可视化语言在给用户提供方便的同时,也带来了某些不便,例如所形成的项目文件中的许多相关文件与所采用的界面形式密切联系,许多消息驱动功能随所采用的界面形式不同而各异。当然,也可将通信模块函数化,并形成一个动态链接库文件(DLL 文件),供主程序调用。

(3) 以通信程序作为其中一个模块的应用程序往往不是在等待数据发送或接收完之后再做其他工作,因而在主程序中要采用多线程技术,即将数据的发或收放在一个具有一定优先级(一般宜取较高优先级)的辅助线程中,在数据发或收期间,主程序仍可进行其他工作,如利用上一个周期收到的数据绘制曲线等。Visual C++ 6.0 中的 MFC 提供了许多有关启动线程、管理线程、同步化线程和终止线程等的功能函数。

(4) 在许多情况下,要求通信模块应实时地收、发数据。例如,调用通信模块的主程序以 0.5s 为一个周期,在这段时间内,要进行如下工作:接收数据,利用收到的数据进行运算,将运算结果发送到其他计算机结点,周而复始。人们在充分利用 Winsock 的基于消息的网络事件异步选择机制,用消息来驱动数据的发送和接收的基础上,结合使用其他措施(如将数据的收和发放在高优先级线程,在软件设计上安排好时序,尽量避免在同一时间内,双方都向对方发送大量数据的情况发生,保证网络有足够的带宽等)成功地实现数据传输的实时性。

2. ping 程序实例

ping 程序用来确定特定的主机是否存在,是否可以到达。通过产生一个 ICMP 回显请求,并驱使它到感兴趣的主机,便可以确定是否可以成功地到达该主机。ping 程序使用的是 ICMP 回显请求和回显应答消息,我们将通过这个程序详细讲述使用原始套接字的方法。

ping 命令利用 ICMP 的回射请求和回射应答报文来测试指定的目标主机是否可达。源主机首先向目标主机发送一个 ICMP 回射请求数据包,然后等待目标主机的应答。如果目标主机收到该回射请求包,则将包中的源地址和目的地址交换位置,并且将 ICMP 回射请求包中的数据保持不变地封装到新的 ICMP 回射应答包中,然后发回源地址。如果校验正确,则源主机会认为目标主机是可达的,即物理连接畅通。如果在指定的时间内没有收到回射应答包,则源主机会认为 ICMP 报文超时。

ICMP 报文被封装在 IP 数据包内部,回射请求和回射应答报文的格式如图 3-8 所示。

IP 数据包头部		
类型(0或8)	代码(0)	校验和
标识符		序列号
选项		

图 3-8 ICMP 回射请求和回射应答报文的格式

发送 ICMP 报文时，必须由程序自己计算校验和，并将它填入 ICMP 头部对应的域中。校验和的计算方法是，将数据以字为单位累加到一个双字中，如果数据长度为奇数，最后一个字节将被扩展到字，累加的结果是一个双字，最后将这个双字的高 16 位和低 16 位相加后取反，便得到了校验和。

checksum 计算校验和的代码如下：

```
USHORT checksum(USHORT * buff, int size)
{
    unsigned long cksum = 0;
    while(size>1)
    {
        cksum += * buff++;
        size -= sizeof(USHORT);
    }
    // 是奇数
    if(size)
    {
        cksum += * (UCHAR * )buff;
    }
    // 将 32 位的 chsum 高 16 位和低 16 位相加，然后取反
    cksum = (cksum >>16) + (cksum & 0xffff);
    cksum += (cksum >>16);
    return (USHORT)(~cksum);
}
```

ping 的执行步骤如下：

（1）创建协议类型为 IPPROTO_ICMP 的原始套接字，设置套接字的属性；

（2）创建并初始化 ICMP 封包；

（3）调用 sendto 函数向远程主机发送 ICMP 请求；

（4）调用 recvfrom 函数接收 ICMP 响应。

初始化 ICMP 头时先初始化消息类型和代码域，之后是回显请求头。ping 程序完整代码如下：

```
// ping.cpp 文件
#include "../common/initsock.h"
#include "../common/protoinfo.h"
#include <stdio.h>
#include <winsock2.h>
#include <windows.h>
#include "Ws2tcpip.h"
CInitSock theSock;

typedef struct icmp_hdr
{
    unsigned char icmp_type;              // 消息类型
    unsigned char icmp_code;              // 代码
    unsigned short icmp_checksum;         // 校验和
```

```cpp
    // 下面是回显头
    unsigned short icmp_id;              // 用来唯一标识此请求的 ID 号,通常设置为进程 ID
    unsigned short icmp_sequence;    // 序列号
    unsigned long icmp_timestamp;    // 时间戳
} ICMP_HDR, * PICMP_HDR;

USHORT checksum(USHORT * buff, int size);
BOOL SetTTL(SOCKET s, int nValue);
BOOL SetTimeout(SOCKET s, int nTime, BOOL bRecv = TRUE);

USHORT checksum(USHORT * buff, int size)
{
    unsigned long cksum = 0;
    while(size>1)
    {
        cksum += * buff++;
        size -= sizeof(USHORT);
    }
    // 是奇数
    if(size)
    {
        cksum += * (UCHAR * )buff;
    }
    // 将 32 位的 chsum 高 16 位和低 16 位相加,然后取反
    cksum = (cksum >>16) + (cksum & 0xffff);
    cksum += (cksum >>16);
    return (USHORT)(~ cksum);
}

BOOL SetTTL(SOCKET s, int nValue)
{
    int ret = ::setsockopt(s, IPPROTO_IP, IP_TTL, (char * )&nValue,
    sizeof(nValue));
    return ret != SOCKET_ERROR;
}

BOOL SetTimeout(SOCKET s, int nTime, BOOL bRecv)
{
    int ret = ::setsockopt(s, SOL_SOCKET,
        bRecv ? SO_RCVTIMEO : SO_SNDTIMEO, (char * )&nTime, sizeof(nTime));
    return ret != SOCKET_ERROR;
}

int main()
{
    // 目的 IP 地址,即 ping 命令中的 IP 地址
    char szDestIp[] = "127.0.0.1";   // 127.0.0.1

    // 创建原始套节字
    SOCKET sRaw = ::socket(AF_INET, SOCK_RAW, IPPROTO_ICMP);
```

```
// 设置接收超时
SetTimeout(sRaw, 1000, TRUE);

// 设置目的地址   SOCKADDR_IN dest;
dest.sin_family=AF_INET;
dest.sin_port=htons(0);
dest.sin_addr.S_un.S_addr=inet_addr(szDestIp);

// 创建 ICMP 封包
char buff[sizeof(ICMP_HDR)+32];
ICMP_HDR * pIcmp=(ICMP_HDR *)buff;
// 填写 ICMP 封包数据
pIcmp->icmp_type=8; // 请求一个 ICMP 回显
pIcmp->icmp_code=0;
pIcmp->icmp_id=(USHORT)::GetCurrentProcessId();
pIcmp->icmp_checksum=0;
pIcmp->icmp_sequence=0;
// 填充数据部分,可以为任意
memset(&buff[sizeof(ICMP_HDR)], 'E', 32);

// 开始发送和接收 ICMP 封包
USHORT nSeq=0;
char recvBuf[1024];
SOCKADDR_IN from;
int nLen=sizeof(from);
while(TRUE)
{
    static int nCount=0;
    int nRet;
    if(nCount++==4)
        break;
    pIcmp->icmp_checksum=0;
    pIcmp->icmp_timestamp=::GetTickCount();
    pIcmp->icmp_sequence=nSeq++;
    pIcmp->icmp_checksum=checksum((USHORT *)buff, sizeof(ICMP_HDR)+32);
    nRet=::sendto(sRaw, buff, sizeof(ICMP_HDR)+32, 0, (SOCKADDR *)&dest,
    sizeof(dest));
    if(nRet==SOCKET_ERROR)
    {
        printf(" sendto() failed: %d \n", ::WSAGetLastError());
        return -1;
    }
    nRet=::recvfrom(sRaw, recvBuf, 1024, 0, (sockaddr *)&from, &nLen);
    if(nRet==SOCKET_ERROR)
    {
        if(::WSAGetLastError()==WSAETIMEDOUT)
        {
            printf(" timed out\n");
            continue;
        }
```

```
            printf(" recvfrom() failed: %d\n", ::WSAGetLastError());
            return -1;
        }

        // 下面开始解析接收到的 ICMP 封包
        int nTick=::GetTickCount();
        if(nRet <sizeof(IPHeader) +sizeof(ICMP_HDR))
        {
            printf(" Too few bytes from %s \n", ::inet_ntoa(from.sin_addr));
        }
        // 接收到的数据中包含 IP 头, IP 头大小为 20 个字节, 所以加 20 得到 ICMP 头
        ICMP_HDR * pRecvIcmp=(ICMP_HDR * )(recvBuf +20);
                              // (ICMP_HDR * )(recvBuf +sizeof(IPHeader));
        if (pRecvIcmp->icmp_type !=0)// 回显        {
            printf(" nonecho type %d recvd \n", pRecvIcmp->icmp_type);
            return -1;
        }

        if (pRecvIcmp->icmp_id !=::GetCurrentProcessId())
        {
            printf(" someone else's packet! \n");
            return -1;
        }

        printf(" %d bytes from %s:", nRet, inet_ntoa(from.sin_addr));
        printf(" icmp_seq =%d. ", pRecvIcmp->icmp_sequence);
        printf(" time: %d ms", nTick -pRecvIcmp->icmp_timestamp);
        printf(" \n");

        ::Sleep(1000);
    }

    return 0;
}
```

szDestIp 是要用 ping 命令测试的 IP 地址, 在运行程序前应该先设置它。ping 程序的结果如图 3-9 所示。

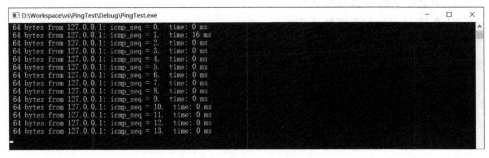

图 3-9　ping 程序的结果

3.9 本章小结

本章先讲述了 Windows 套接字的一些基本知识,内容涵盖了套接字的来源、类型、规范以及一般编程模式等;然后,介绍了 Winsock 编程接口涉及的基本操作函数和 Winsock 2 的新特性等;最后,对网络应用程序的运行环境做了简要说明。由于套接字是数据通信的基础,同时,Winsock API 又是网络编程最为基础也最为重要的编程接口,因此单独用一章来对其进行介绍。本书后续章节将以此为基础,逐步介绍各种典型的网络编程高级接口。

习 题 3

1. 套接字的类型主要有哪几种?
2. Windows 套接字规范与 Berkeley 套接字规范的区别是什么?
3. 简述面向连接的编程模型和无连接编程模型的区别。
4. 什么是带外数据?
5. 什么是广播? 为什么要使用广播?
6. 字节顺序问题是如何产生的?
7. 套接字阻塞模式和非阻塞模式有什么不同?
8. 简述 WSAStartup() 函数的初始化过程。
9. 简述 Winsock 启动与终止的过程。
10. 画图说明同步套接字 send() 函数的执行流程。
11. 描述同步 Socket 的 recv() 函数的执行流程。
12. Winsock 的错误处理函数有什么特点?
13. 什么是主机字节顺序和网络字节顺序?
14. getXbyY 型函数具有哪些共同的特点?
15. 简述 WSAAsyncGetXByY 型函数的执行过程。
16. Winsock 2 有哪些新特性?
17. Winsock 2 是如何支持多协议的?
18. 简述重叠 I/O 的设计原理。
19. 使用套接字组有哪些好处?
20. 什么是 QoS? 它有哪些作用?
21. 简述 Winsock 2 中 QoS 的使用模型。
22. 简述 ping 的基本原理。

第 4 章　基于 CAsyncSocket 类的聊天程序

对于普通用户来说,直接使用 Winsock API 进行编程具有较大的难度,这是因为有太多的细节需要掌握,包括编程框架、消息驱动机制、数据收发事件函数的设计等。对此,MFC 提供了两种编程模式,分别基于 CAsyncSocket 类和 CSocket 类予以实现,两者在不同的层次上对 Winsock API 函数进行了封装,能够方便地利用 Windows 系统的消息驱动机制,只需重载事件处理函数,就可方便地处理套接字发送数据、接收数据等事件,并且很容易与 MFC 的其他类结合使用,再辅以各种可视化向导,从而大大简化网络程序的开发过程。

4.1　MFC 简介

MFC(Microsoft Foundation Class)框架以 MFC 类库为基础。这些类分别对 Win32 应用程序编程接口、应用程序的概念、OLE 特性以及 ODBC、DAO 数据访问等进行了封装,具有继承性,可重载虚函数。MFC 对象和 Windows 对象区别很大,但联系紧密。Windows 对象是 Win32 下用句柄表示的 Windows 操作系统对象,而 MFC 对象是 C++ 对象,是一个 C++ 类的实例。

4.1.1　MFC 框架

MFC 框架是由 MFC 中的各种类结合起来构成的。MFC 框架从总体上定义了应用程序的轮廓,并提供了用户接口的标准实现方法,编程者只需通过预定义的接口把具体应用程序特有的东西填入这个轮廓,就能建立 Windows 操作系统下的应用程序。Microsoft Visual C++ 提供了相应的工具来完成这个工作:用应用程序向导(AppWizard)可以生成应用程序的骨架文件(代码和资源等);用资源编辑器可以直观地设计用户接口;用类向导(ClassWizard)可以将代码添加到骨架文件;用编译器可以通过类库实现应用程序特定的逻辑。

MFC 为编程者提供了一套开发模板,罗列在应用程序向导 AppWizard 中。针对不同的应用和目的,编程者可以采用不同的模板,如 SDI 单文档应用程序模板、MDI 多文档应用程序模板、规则 DLL 应用程序模板、扩展 DLL 应用程序模板和 OLE/ActiveX 应用程序模板等。这些模板都采用以文档/视图为中心的思想,每个模板都包含一组特定的类。

MFC 通过封装机制为程序开发人员提供了高级接口,简化了 Windows 编程,并依然支持对底层 API 的直接调用。这种简化体现在 MFC 提供了一个 Windows 应用程序开发模式:MFC 框架完成对程序的控制,通过预定义或实现了许多事件和消息处理,来完成大部分编程任务。MFC 框架处理大部分事件,不依赖编程者的代码,编程者的代码用来集中处理应用程序特定的事件。

4.1.2 MFC 对象与 Windows 对象的关系

MFC 中最重要的封装是对 Win32 API 的封装,因此,理解 Windows 对象与 MFC 对象之间的关系是理解 MFC 的一个关键。Windows 对象是指 Win32 下用句柄表示的 Windows 操作系统对象;MFC 对象则是指 C++ 对象,是一个 C++ 类的实例。两者有很大的区别,但联系紧密。以窗口对象为例:一个 MFC 窗口对象是一个 C++ CWnd 类或其派生类的实例,是程序直接创建的,在程序执行中它随着窗口类构造函数的调用而生成,随着析构函数的调用而消失。而 Windows 的窗口对象则是 Windows 操作系统内部的一个数据结构的实例,由一个窗口句柄标识,Windows 操作系统创建它并给它分配系统资源。在创建 MFC 窗口对象之后,必须调用 CWnd 类的 Create 成员函数来创建底层的 Windows 窗口句柄,并将窗口句柄保存在 MFC 窗口对象的 m_hWnd 成员变量中。Windows 窗口可以被一个程序销毁,也可以被用户的动作销毁。其他 Windows 对象与对应的 MFC 对象也有类似的关系。

可以从多个方面对 MFC 对象和 Windows 对象进行比较。

1. 对应的数据结构不同

MFC 对象是相应 C++ 类的实例,这些类是由 MFC 或者编程者定义的;Windows 对象是 Windows 操作系统内部结构的实例,通过一个句柄来引用。MFC 给这些类定义了一个成员变量来保存 MFC 对象对应的 Windows 对象的句柄。

2. 所处的层次不同

MFC 对象是高层的,Windows 对象是低层的。MFC 对象不仅把指向相应 Windows 对象的句柄封装成自己的成员变量(句柄实例变量),还把借助该句柄(HANDLE)来操作 Windows 对象的 Win32 API 函数封装为 MFC 对象的成员函数。站在高层,通过 MFC 对象去操作低层的 Windows 对象,只要直接引用成员函数即可。

3. 创建的机制不同

MFC 对象是由程序通过调用类的构造函数直接创建的;Windows 对象是由相应的 SDK 函数创建的,创建的过程也不同。

创建 MFC 对象一般分两步。首先,创建一个 MFC 对象,可以在栈(STACK)中创建,也可以在堆(HEAP)中创建,这时,MFC 对象的句柄实例变量为空,不是一个有效的句柄;然后,调用 MFC 对象的成员函数创建相应的底层 Windows 对象,并将其句柄存到 MFC 对象的句柄实例变量中,这时,句柄变量才存储了一个有效句柄。

当然,可以在 MFC 对象的构造函数中创建相应的 Windows 对象,MFC 的 GDI 类就是如此实现的,但从实质上讲,MFC 对象的创建和 Windows 对象的创建是两回事。

4. 两者转换的方式不同

使用 MFC 对象的成员函数 GetSafeHandle,可以从一个 MFC 对象得到对应的 Windows 对象的句柄。使用 MFC 对象的成员函数 Attach 或者 FromHandle,可以从一个已存在的 Windows 对象创建一个对应的 MFC 对象,前者得到一个永久性对象,后者得到的可能是一个临时对象。

5. 使用的范围不同

MFC 对象只服务于创建它的进程,对系统的其他进程来说是不可见、不可用的。而一旦创建了 Windows 对象,其句柄在整个 Windows 操作系统中是全局可见的,一些句柄可以被其他进程使用。典型的例了是,一个·进程可以获得另一个进程的窗口句柄,并给该窗口发送消息。

对同一个进程的线程来说,只可以使用本线程创建的 MFC 对象,不能使用其他线程的MFC 对象。

6. 销毁的方法不同

MFC 对象随着析构函数的调用而消失,但是 Windows 对象必须由相应的 Windows 操作系统函数销毁。在 MFC 对象的析构函数中可以完成 Windows 对象的销毁,MFC 对象的GDI 类等就是如此实现的。两者的销毁是不同的。

每一种 Windows 对象都有对应的 MFC 对象,表 4-1 列出了它们之间的对应关系。

表 4-1　MFC 对象和 Windows 对象的对应关系

描　　述	Windows 对象	MFC 对象
窗口	HWND	CWnd 类及其派生类
设备上下文	HDC	CDC 类及其派生类
菜单	HMENU	CMenu 类
笔	HPEN	CGdiObject 类,CPen 类及其派生类
刷子	HBRUSH	CGdiObject 类,CBush 类及其派生类
字体	HFONT	CGdiObjec 类,CFont 类及其派生类
位图	HBITMAP	CGdiObject 类,CBitmap 类及其派生类
调色板	HPALETTE	CGdiObject 类,CPalette 类及其派生类
区域	HRGN	CGdiObject 类,CRgn 类及其派生类
图像列表	HimageLIST	CimageList 类及其派生类
套接字	SOCKET	CSocket 类、CAsynSocket 类及其派生类

从广义上来看,文档对象和文件可以看作一对 MFC 对象和 Windows 对象,分别用CDocument 类和文件句柄描述。

4.1.3　消息映射的实现

Windows 操作系统将 Windows 应用程序的输入事件转换为消息,并将消息发送给应用程序的窗口。这些窗口通过窗口过程来接收和处理消息,然后把控制返还给 Windows。

1. 消息的分类

可以从消息的发送途径和消息的来源两方面对消息进行分类。

(1) 队列消息和非队列消息。根据消息的发送途径不同可将消息分为队列消息和非队列消息。队列消息送到系统消息队列,然后送到线程消息队列;非队列消息直接送给目的窗口的窗口过程。Windows 操作系统维护着一个系统消息队列(system message queue),每个 GUI 线程有一个线程消息队列(thread message queue)。

WM_MOUSEMOVE、WM_LBUTTONUP、WM_KEYDOWN 和 WM_CHAR 等鼠标

或键盘输入消息是典型的队列消息。鼠标或键盘驱动程序将鼠标、键盘事件转换成输入消息,并把它们放进系统消息队列。Windows 操作系统每次从系统消息队列移走一个消息,确定应当把它送给哪个窗口,并确认创建该窗口的线程,然后把这条消息放进该线程的线程消息队列,即线程消息队列接收送给该线程所创建窗口的消息。线程从它的消息队列取出消息,通过 Windows 操作系统把它送给适当的窗口过程来处理。

除了键盘、鼠标消息以外,队列消息还有 WM_PAINT、WM_TIMER 和 WM_QUIT。其他的绝大多数消息是非队列消息。

(2) 系统消息和应用程序消息。根据消息的来源不同可将消息分为系统定义的消息和应用程序定义的消息。

系统消息 ID 的范围是 0~WM_USER−1 或 0x80000~0xBFFFF;应用程序消息 ID 的范围是 WM_USER(0x0400)~0x7FFF 或从 0xC000~0xFFFF。WM_USER~0x7FFF 范围的消息由应用程序自己使用;0xC000~0xFFFF 范围的消息用来与其他应用程序通信,为了保证 ID 的唯一性,可使用 RegisterWindowMessage() 函数来得到该范围的消息 ID。

2. MSG 消息结构和消息处理

(1) MSG 消息结构。为了从消息队列获取消息信息,可以调用一些函数,例如,使用 GetMessage() 函数可从消息队列得到并从队列中移走消息,使用 PeekMessage() 函数可从消息队列得到消息但不移走。这些函数都需要使用 MSG 消息结构来保存获得的消息信息。MSG 结构包括了 6 个成员,用来描述消息的有关属性,定义如下:

```
typedef struct tagMSG {
    HWND hwnd;              // 接收消息的窗口句柄
    UINT message;          // 消息标识(ID)
    WPARAM wParam;         // 第一个消息参数
    LPARAM lParam;         // 第二个消息参数
    DWORD time;            // 消息产生的时间
    POINT pt;              // 消息产生时鼠标的位置
} MSG;
```

(2) 应用程序通过窗口过程来处理消息。直接使用 Win32 API 编程时,每个窗口类都要登记一个如下形式的窗口过程:

```
LRESULT CALLBACK MainWndProc (
    HWND hwnd,             // 窗口句柄
    UINT msg,             // 消息标识
    WPARAM wParam,        // 32 位的消息参数 1
    LPARAM lParam         // 32 位的消息参数 2
)
```

应用程序通过窗口过程来处理消息:非队列消息由 Windows 操作系统直接送给目的窗口的窗口过程,队列消息由 Windows 操作系统调用 DispatchMessage() 函数派发给目的窗口的窗口过程。窗口过程被调用时,接受上述 4 个参数。如果需要,窗口过程可以调用 GetMessageTime() 函数获取消息产生的时间,调用 GetMessagePos() 获取消息产生时鼠标

光标所在的位置。

在窗口过程里，一般用 switch case 分支处理语句来识别和处理消息。

（3）应用程序通过消息循环来获得对消息的处理。直接使用 Win32 API 编程时，每个 GDI 应用程序在主窗口创建之后，都应进入消息循环，接受用户输入，解释和处理消息。

消息循环的结构如下：

```
while (GetMessage(&msg, (HWND) NULL, 0, 0)) {
    if (hwndDlgModeless == (HWND) NULL ||
    !IsDialogMessage(hwndDlgModeless,&msg) &&
    !TranslateAccelerator(hwndMain,haccel,&msg)) {
        TranslateMessage(&msg);
        DispatchMessage(&msg);
    }
}
```

消息循环从消息队列中得到消息，如果不是快捷键消息或者对话框消息，就进行消息转换和派发，让目的窗口的窗口过程来处理。

当得到消息 WM_QUIT 或者 GetMessage() 函数出错时，退出消息循环。

3. MFC 消息处理

使用 MFC 框架编程时，消息发送和处理的本质与 MSG 是一样的。但需要强调的是，所有 MFC 窗口都使用同一个窗口过程，编程者不必去设计和实现自己的窗口过程，而是通过 MFC 提供的消息映射机制来处理消息。因此，MFC 简化了编程者编程时处理消息的复杂性。

所谓消息映射，就是让编程者指定用来处理某个消息的某个 MFC 类。使用 MFC 提供的类向导 ClassWizard，可以在处理消息的类中添加处理消息的成员函数，方便地实现消息映射。在此基础上，编程者可将自己的代码添加到这些消息处理函数中，实现所希望的消息处理。如果派生类要覆盖基类的消息处理函数，就用 ClassWizard 在派生类中添加一个消息映射条目，用同样的原型定义一个函数，然后实现该函数。这个函数覆盖派生类的任何基类的同名处理函数。

4. MFC 消息映射的定义和实现

MFC 消息机制的实现原理如下。

（1）MFC 处理的 3 类消息。MFC 主要处理 3 类消息，它们对应的处理函数和处理过程有所不同。

① Windows 消息：消息名以前缀 WM_开头的消息，但 WM_COMMAND 消息除外。Windows 消息直接被送给 MFC 的窗口过程处理，窗口过程再调用对应的消息处理函数。这类消息一般由窗口对象来处理，也就是说，这类消息处理函数一般是 MFC 窗口类的成员函数。

② 控制通知消息：控制子窗口送给父窗口的 WM_COMMAND 通知消息。这类消息一般也由窗口对象来处理，由窗口过程调用对应的消息处理函数，对应的消息处理函数一般也是 MFC 窗口类的成员函数。

③ 命令消息：来自菜单、工具条按钮和加速键等用户接口对象的 WM_COMMAND 通

知消息,属于应用程序自己定义的消息。通过消息映射机制,MFC框架把命令按一定的路径分发给多种类型的具备消息处理能力的对象来处理,如文档、窗口、应用程序和文档模板等对象。能处理消息映射的类必须从 CCmdTarget 类派生。

(2) MFC 消息映射的实现方法。编程者可以使用 MFC 的类向导 ClassWizard 来实现消息映射。类向导在源代码中添加一些消息映射的内容,并声明和实现消息处理函数。一般情况下,这些声明和实现都是由 MFC 的 ClassWizard 自动维护的。这样,在进入 WinMain 函数之前,每个可以响应消息的 MFC 类都生成了一个消息映射表,程序运行时通过查询该表判断是否需要响应某条消息。

4.1.4   MFC 应用程序的执行过程

MFC 应用程序的执行分为 3 个阶段:程序启动和初始化阶段、与用户交互阶段、程序退出和清理阶段。其中,与用户交互阶段是各个程序自己的事情,一般都不一样,涉及较多编程者编写的代码。加入自编代码时主要有两种方法:一种是使用消息映射,消息映射给应用程序的各种对象处理各种消息的机会;另一种是使用虚拟函数,MFC 在实现许多功能或者处理消息、事件的过程中,调用了虚拟函数来完成一些任务,这样就给了派生类覆盖这些虚拟函数实现特定处理的机会。

MFC 程序启动和初始化阶段就是创建 MFC 对象与 Windows 对象、建立各种对象之间的关系和把窗口显示在屏幕上的过程,程序退出和清理阶段就是关闭窗口、销毁所创建的 Windows 对象和 MFC 对象的过程。这两个阶段是 MFC 框架所实现的,是 MFC 框架的一部分,各个程序都遵循同样的步骤和规则。弄清 MFC 框架对这两个阶段的处理,有助于深入理解 MFC 框架,更好地使用 MFC 框架,更有效地实现应用程序特定的处理。

1. MFC 程序的启动

WinMain() 函数是 MFC 提供的应用程序入口。进入 WinMain() 函数前,全局应用程序对象已经生成。WinMain() 函数的执行流程如下。

(1) AFX 内部初始化,包括应用程序对象状态初始化和主线程初始化。

(2) 执行由 MFC 框架提供的标准函数 WinMain() 函数。

(3) 调用 CWinApp 类的虚函数 InitInstance(),初始化应用程序的当前实例。应用程序可重载该函数,加入自己的初始化代码,如创建文档模板、主边框窗口等。

(4) 调用 CWinApp 的 Run() 函数,运行消息循环和空闲处理。

(5) 当收到 WM_QUIT 消息时,调用 ExitInstance() 函数,退出消息循环,并做应用程序退出时的清理工作。

需要补充说明以下几点。

(1) 对编程者来说,InitInstance() 函数是程序的入口点,尽管真正的入口点是 WinMain() 函数,但 MFC 隐藏了 WinMain() 函数的存在。由于 MFC 没有提供 InitInstance 的默认实现,用户必须自己实现它。

(2) Run() 函数主要处理消息循环,通过调用 PumpMessage() 函数来实现消息循环,如果没消息,则进行空闲(Idle)处理;如果是 WM_QUIT 消息,则调用 ExitInstance() 函数后退出消息循环。

(3) MFC 空闲处理采用的是 Idle 处理机制,即在没有消息可以处理时进行 Idle 处理,同时更新用户接口对象的状态。

2. MFC 程序的退出

一般 Windows 应用程序启动后就进入消息循环，等待或处理用户的输入，如果用户单击主窗口的关闭按钮或者选择系统菜单的"关闭"命令，或者选中"文件"|"退出"菜单选项，都会导致应用程序主窗口被关闭。主窗口关闭了，应用程序也随之退出。下面以用户单击主窗口的"关闭"按钮为例，来说明应用程序退出的过程。

(1) 用户单击主窗口的关闭按钮，导致发送 MFC 标准命令消息 ID_APP_EXIT。MFC 调用 CWinApp::OnAppExit() 函数来完成对该命令消息的默认处理，主要是向主窗口发送 WM_CLOSE 消息。

(2) 主窗口处理 WM_CLOSE 消息。MFC 提供了 CFrameWnd::OnClose 函数来处理各类边框窗口的关闭，包括从 CFrameWnd 派生的 SDI 的边框窗口、从 CMDIFrameWnd 派生的 MDI 的主边框窗口和从 CMDIChildWnd 派生的文档边框窗口。主窗口接到 WM_CLOSE 消息后，自动调用 OnClose() 函数来处理窗口的关闭。关闭时，首先判断是否可以关闭窗口，然后根据具体情况进行处理。如果要关闭的是主窗口，则关闭程序的所有文档，销毁所有窗口，退出程序。如果要关闭的不是主窗口而是文档边框窗口，那就再看该窗口所显示的文档，若该文档仅被该窗口显示，则关闭文档和文档窗口并销毁窗口；若该文档还被其他文档边框窗口所显示，则仅仅关闭和销毁这个文档窗口。在处理 WM_CLOSE 消息的过程中，还要处理文档的存储问题。关闭窗口后，发送 WM_QUIT 消息。

(3) 收到 WM_QUIT 消息后，退出消息循环，进而退出整个应用程序。

4.2 CAsyncSocket 类

MFC CAsyncSocket 类在很低的层次上对 Winsock API 进行了封装，它的成员函数和 Winsock API 的函数调用直接对应。一个 CAsyncSocket 对象代表了一个 Windows 套接字，它是网络通信的端点。除了把套接字封装成 C++ 面向对象的形式供程序员使用以外，这个类唯一增加的抽象就是将那些与套接字相关的 Windows 消息变为 CAsyncSocket 类的回调函数。

使用 CAsyncSocket 类进行网络编程，可以充分利用 Windows 操作系统提供的消息驱动机制，通过应用程序框架来传递消息，方便地处理各种网络事件。如果对网络通信的细节很熟悉，仍希望充分利用 Winsock API 编程的灵活性并能完全地控制程序，同时还希望利用 Windows 系统对于网络事件通知的回调函数的便利，就应当使用 CAsyncSocket 类进行网络编程。但是，必须自己处理阻塞问题、字节顺序问题和字符串转换问题。

4.2.1 基本编程模型

网络应用程序一般采用客户-服务器模式，它们使用 CAsyncSocket 类编程的步骤如表 4-2 所示。

步骤说明如下。

(1) 客户端与服务器首先都要构造一个 CAsyncSocket 对象，然后使用该对象的 Create 成员函数来创建底层的 SOCKET 句柄。服务器要绑定到特定的端口。

表 4-2　使用 CAsyncSocket 类编程的一般步骤

序　号	服　务　器	客　户　端
1	CAsyncSocket　sockSrvr; //构造一个套接字	CAsyncSocket　sockClient; //构造一个套接字
2	sockSrvr. Create(nPort); //创建 SOCKET 句柄,绑定到指定的端口	sockClient. Create(); //创建 SOCKET 句柄,使用默认参数
3	sockSrvr. Listen(); //启动监听,时刻准备接受连接请求	
4		sockClient. Connect(strAddr,nport); //请求连接到服务器

5	CAsyncSocket sockRecv;
	sockSrvr. Accept(sockRecv);
	//构造一个新的空的套接字来接受连接	

6	sockRecv. Receive(pBuf,nLen); //接收数据	sockClient. Send(pBuf,nLen); //发送数据
7	sockRecv. Send(pBuf,nLen); //发送数据	sockClient. Receive(pBuf,nLen); //接收数据
8	sockRecv. Close(); //关闭套接字对象	sockClient. Close(); //关闭套接字对象

(2) 对于服务器上的套接字对象,应使用 CAsyncSocket∷Listen()成员函数将它设置到开始监听状态,一旦收到来自客户的连接请求,就调用 CAsyncSocket∷Accept()成员函数来接收它。对于客户端的套接字对象,应使用 CAsyncSocket∷Connect()成员函数将它连接到一个服务器上的套接字对象。建立连接以后,双方就可以按照应用层协议交换数据了,例如执行诸如检验口令之类的任务。

应该注意的是,Accept()成员函数将一个新的空的 CAsyncSocket 对象作为它的参数,在调用 Accept()成员函数之前必须构造这个对象。与客户端套接字的连接是通过它建立的,如果这个套接字对象退出,连接也就关闭。对于这个新的套接字对象,不要调用 Create()成员函数来创建它的底层套接字。

(3) 调用 CAsyncSocket 对象的其他成员函数,如 Send()和 Receive(),执行与其他套接字对象的通信。这些成员函数与 Winsock API 函数在形式和用法上基本是一致的。

(4) 关闭并销毁 CAsyncSocket 对象。如果在堆栈上创建了套接字对象,当包含此对象的函数退出时,会调用该类的析构函数,销毁此对象。在销毁该对象之前,析构函数会调用该对象的 Close()成员函数。如果在堆上使用 new 操作符创建了套接字对象,可先调用 Close()成员函数关闭它,再使用 delete 操作符来销毁这个对象。

在使用 CAsyncSocket 类对象进行网络通信时,编程者还必须处理好以下问题。

(1) 阻塞问题。CAsyncSocket 类对象专用于异步操作,不支持阻塞工作模式,如果应用程序需要支持阻塞操作,必须自己解决。

(2) 字节顺序的转换。在不同结构类型的计算机之间进行数据传输时,可能会有计算机之间字节存储顺序不一致的情况,用户程序需要自己对不同的字节顺序进行转换。

(3) 字符串转换。同样,不同结构类型的计算机的字符串存储顺序也可能不同,需要自行转换,如 Unicode 和 MBCS(multibyte character set)字符串之间的转换。

4.2.2 创建 CAsyncSocket 类对象

CAsyncSocket 类对象又称异步套接字对象,创建时首先构造一个 CAsyncSocket 类对象,接着再创建该对象的底层 SOCKET 句柄。常用的创建 CAsyncSocket 类对象的方法有以下两种。

(1) 直接定义 CAsyncSocket 类的变量。在编译时,会隐式地调用该类的构造函数,在堆栈上创建该类对象实例。使用这样的对象实例变量调用该类的成员变量或成员函数时,要用“.”操作符。例如:

```
CAsyncSocket  pSocket;
pSocket.Create(…);
```

(2) 先定义异步套接字类型的指针变量,再显式地调用该类的构造函数,在堆上生成该类对象实例,并将指向该对象实例的指针返回给套接字指针变量,使用这样的对象实例指针变量调用该类的成员时,要用“->”操作符。例如:

```
CAsyncSocket * pSocket=new CAsyncSocket;
pSocket ->Create(…);
```

上述两种方法可归纳为两个步骤:第一,通过调用 CAsyncSocket 类的构造函数,创建一个新的空 CAsyncSocket 类对象,构造函数不带参数;第二,通过调用 CAsyncSocket 类的Create()成员函数,创建该对象的底层套接字句柄。Create()成员函数原型如下:

```
BOOL Create(UINT nSocketPort=0, int nSocketType=SOCK_STREAM,
long lEvent=FD_READ | FD_WRITE | FD_OOB | FD_ACCEPT | FD_CONNECT | FD_CLOSE, LPCTSTR
lpszSocketAddress=NULL);
```

其中参数说明如下。

① nSocketPort:无符号整数型,指定一个分配给套接字的传输层端口号。默认值为 0,表示让系统为这个套接字分配一个自由端口号。对于服务器应用程序,一般都使用事先分配的众所周知的公认端口号,所以服务器应用程序调用此成员函数时,一般都指定端口号。

② nSocketType:整数型,指定套接字的类型。若使用 SOCK_STREAM 符号常量,就生成流式套接字;若使用 SOCK_DGRAM 符号常量,则生成数据报套接字。SOCK_STREAM 是默认值。

③ lEvent:长整数型,指定将为此 CAsyncSocket 对象生成通知消息的套接字事件,默认对所有的套接字事件都生成通知消息。

④ lpszSocketAddress:字符串指针,指定套接字的网络地址,对 Internet 通信域来说,就是主机域名或 IP 地址,如 ftp. microsoft. com 或 202. 206. 212. 109。如果使用默认值NULL,表示使用本机默认的 IP 地址。

例如,创建一个使用 3030 端口的流式异步套接字对象:

```
CAsyncSocket * pSocket=new CAsyncSocket;
int nPort=3030;
pSocket->Create(nPort, SOCK_STREAM);
```

4.2.3　CAsyncSocket 类可以接收并处理的消息事件

在 CAsyncSocket 类的 Create()成员函数中,参数 lEvent 指定将为此 CAsyncSocket 对象生成通知消息的套接字事件,最能体现 CasyncSocket 类对于 Windows 消息驱动机制的支持。

1. 网络事件

参数 lEvent 可以选用的 6 个符号常量是在 Winsock2.h 头文件中定义的:

```
#define FD_READ 0x01
#define FD_WRITE 0x02
#define FD_OOB 0x04
#define FD_ACCEPT 0x08
#define FD_CONNECT 0x10
#define FD_CLOSE 0x20
```

它们代表 MFC 套接字对象可以接受并处理的 6 种网络事件。当事件发生时,套接字对象会收到相应的通知消息,并自动执行套接字对象响应的事件处理函数。

(1) FD_READ 事件:通知有数据可读。当一个套接字对象的数据输入缓冲区收到了其他套接对象发送来的数据时,发生此事件,并通知该套接字对象,告诉它可以调用 Receive()成员函数来接收数据。

(2) FD_WRITE 事件:通知可以写数据。当一个套接字对象的数据输出缓冲区中的数据已经发送出去,输出缓冲区已腾空时,发生此事件,并通知该套接字对象,告诉它可以调用 Send()成员函数向外发送数据。

(3) FD_OOB 事件:通知将有带外数据到达。当对方的流式套接字发送带外数据时,发生此事件,并通知接收套接字,正在发送的套接字有带外数据要发送。MFC 支持带外数据,使用 CAsyncSocket 类的高级用户可能需要使用带外数据通道,但不鼓励使用 CSocket 类的用户使用它。更容易的方法是创建第二个套接字来传送这样的数据。

(4) FD_ACCEPT 事件:通知监听套接字有连接请求可以接受。当客户端的连接请求到达服务器时,进一步说,是当客户端的连接请求已经进入服务器监听套接字的接收缓冲区队列时,发生此事件,并通知监听套接字对象,告诉它可以调用 Accept()成员函数来接收待决的连接请求。这个事件仅对流式套接字有效,并且发生在服务器。

(5) FD_CONNECT 事件:通知请求连接的套接字,连接的要求已被处理。当客户端的连接请求已被处理时,发生此事件。存在两种情况:一种情况是服务器端已接受了连接请求,双方的连接已经建立,通知客户端套接字可以使用连接来传输数据了;另一种情况是连接请求被拒绝,通知客户端套接字,它所请求的连接失败。这个事件仅对流式套接字有效,并且发生在客户端。

(6) FD_CLOSE 事件:通知套接字已关闭。当所连接的套接字关闭时发生。

2. 回调函数

当某个网络事件发生时,按照 Windows 系统的消息驱动机制,MFC 框架会自动调用套接字对象对应的事件处理函数。这就相当于给了套接字对象一个通知,告诉它某个重要的事件已经发生,所以也称之为套接字类的通知函数或回调函数。如表 4-3 所示,网络事件与回调函数是一一对应的,在 afxSock.h 头文件的 CAsyncSocket 类的声明中,定义了与这 6 个网络事件对应的事件处理函数。

表 4-3　网络事件与回调函数的对应关系

网 络 事 件	回 调 函 数
FD_READ	virtual void OnReceive(int nErrorCode)
FD_WRITE	virtual void OnSend(int nErrorCode)
FD_ACCEPT	virtual void OnAccept(int nErrorCode)
FD_CONNECT	virtual void OnConnect(int nErrorCode)
FD_CLOSE	virtual void OnClose(int nErrorCode)
FD_OOB	virtual void OnOutOfBandData(int nErrorCode)

(1) 参数 nErrorCode 的值是在函数被调用时,由 MFC 框架提供的,表明套接字最新的状况。如果值为 0,说明没错,函数能成功执行;如果为非零值,说明套接字对象有某种错误。

(2) 套接字对象的回调函数定义的前面都有 virtual 关键字,这表明它们是可重载的。在编程时,一般并不直接使用 CAsyncSocket 类,而是派生出自己的套接字类。然后在派生出的类中对这些虚拟函数进行重载,加入应用程序对于网络事件处理的特定代码。

(3) MFC 框架自动调用通知函数,使用户可以在套接字被通知的时候来优化套接字的行为。例如,用户可以从自己的 OnReceive() 通知函数中调用套接字对象的成员函数 Receive(),也就是说,如果在被通知的时候已经有数据可读了,才调用 Receive() 成员函数来读它。这个方法不是必需的,但它是有效的。

4.2.4　连接的请求与接受

使用流式套接字需要事先建立客户端和服务器之间的连接,然后才能进行数据传输。

1. 客户端请求连接

服务器套接字对象已经进入监听状态之后,客户程序可以调用 CAsyncSocket 类的 Connect() 成员函数,向服务器发出一个连接请求。如果服务器接受了这个连接请求,两端的连接请求就建立了起来;否则,该成员函数返回 FALSE。

CAsyncSocket::Connect() 成员函数有两种重载的调用形式,区别在于入口参数不同。

形式 1:

```
BOOL Connect(LPCTSTR lpszHostAddress, UINT nHostPort);
```

其中参数说明如下。

（1）lpszHostAddress：一个表示主机名的 ASCII 格式的字符串，指定所要连接的服务器套接字的网络地址，可以是主机域名，如 ftp. microsoft. com；也可以是点分十进制的 IP 地址，如 202. 206. 212. 109。

（2）nHostPort：指定所要连接的服务器套接字的端口号。

形式 2：

```
BOOL Connect(const SOCKADDR * lpSockAddr, int nSockAddrLen);
```

其中参数说明如下。

（1）lpSockAddr：一个指向 SOCKADDR 结构变量的指针，该结构中包含了所要连接的服务器套接字的地址，包括主机名和端口号等信息。

（2）nSockAddrLen：给出 lpSockAddr 结构变量中地址的长度，以字节为单位。

返回值：两种调用形式的返回值都是布尔型。如果返回 TRUE（非零值），说明当客户程序调用此成员函数发出连接请求后，服务器接收了请求，函数调用成功，连接已经建立；否则，返回 FALSE，即 0，说明调用发生了错误，或者服务器不能立即响应，函数就返回。这时，可以调用 GetLastError() 函数获得具体的错误代码。

如果调用成功或者发生了 WSAEWOULDBLOCK 错误，当调用结束返回时，都会发生 FD_CONNECT 事件，MFC 框架会自动调用客户端套接字的 OnConnect() 事件处理函数，并将错误代码作为参数传送给它。OnConnect() 函数原型如下：

```
virtual void OnConnect(int nErrorCode);
```

其中，参数 nErrorCode 是调用 Connect() 成员函数获得的返回错误代码，如果其值为 0，表明连接成功建立了，套接字对象可以进行数据传输了；如果连接发生错误，参数将包含一个特定的错误码。

可调用 Connect() 这个成员函数来连接到一个流式的或数据报套接字对象。参数结构中的地址字段不能全为零，否则本函数将返回 0。当该函数成功完成的时候，对于流式套接字，初始化了与服务器的连接，套接字已准备好发送或接收数据；对于数据报套接字，仅设置了一个默认的目标，它将供随后的 Send() 和 Receive() 成员函数调用。

2. 服务器接受连接

在服务器上使用 CAsyncSocket 流式套接字对象时，一般按照以下步骤来接受客户端套接字对象的连接请求。

（1）服务器应用程序必须首先创建一个 CAsyncSocket 流式套接字对象，并调用它的 Create() 成员函数创建底层套接字句柄。这个套接字对象专门用来监听来自客户端的连接请求，所以称它为监听套接字对象。

（2）调用监听套接字对象的 Listen() 成员函数，使监听套接字对象开始监听来自客户的连接请求。此函数的调用格式如下：

```
BOOL Listen(int nConnectionBacklog=5);
```

其中，参数 nConnectionBacklog 指定了监听套接字对象等待队列中连接请求的最大个数，取值范围为 1~5,默认值是 5。

调用这个成员函数来启动对于到来的连接请求的监听,启动后,监听套接字处于被动状态。如果有连接请求到来,就被确认,并将它接纳到监听套接字对象的等待队列中,排队等待处理。如果参数 nConnectionBacklog 的值大于 1,等待队列缓冲区就有多个位置,监听套接字就可以同时确认接纳多个连接请求;如果连接请求到来时等待队列已满,这个连接请求将被拒绝,客户端套接字对象将收到一个 WSAECONNREFUSED 错误码。已排在等待队列中的待决连接请求,由随后调用的 Accept()成员函数接受。接受一个,等待队列就腾空一个位置,又可以确认接纳新到来的连接请求。因此,监听套接字的等待队列是不断地动态变化的。Listen()函数仅对面向连接的流式套接字对象有效,一般用在服务器上。

当 Listen()函数确认并接纳了一个来自客户端的连接请求后,会触发 FD_ACCEPT 事件,监听套接字会收到通知,表示监听套接字已经接纳了一个客户端的连接请求,MFC 框架会自动调用监听套接字的 OnAccept()事件处理函数,其函数原型如下:

```
virtual void OnAccept(int nErrorCode);
```

编程者一般应重载此函数,在其中调用监听套接字对象的 Accept()函数,来接受客户的连接请求。

(3) 创建一个新的空套接字对象,不需要使用它的 Create()函数来创建底层套接字句柄。这个套接字专门用来与客户端连接,并进行数据的传输。一般称它为连接套接字,并作为参数传递给下一步的 Accept()成员函数。

(4) 调用监听套接字对象的 Accept()成员函数,调用格式如下:

```
virtual BOOL Accept(CAsyncSocket & rConnectedSocket,
SOCKADDR * lpSockAddr =NULL, int * lpSockAddrLen =NULL);
```

其中参数说明如下。

① rConnectedSocket:一个服务器上新的空 CAsyncSocket 对象,专门与客户端套接字建立连接并交换数据,即上一步骤创建的连接套接字对象,必须在调用 Accept()函数之前创建,但不需要调用它的 Create()成员函数来构建该对象的底层套接字句柄。在 Accept()成员函数的执行过程中,会自动创建底层套接字句柄并绑定到此对象。

② lpSockAddr:一个指向 SOCKADDR 结构的指针,用来返回所连接的客户端套接字的网络地址。如果 lpSockAddr 和 lpSockAddrLen 中有一个取默认值 NULL,则不返回任何信息。

③ lpSockAddrLen:整型数指针,用来返回客户端套接字网络地址的长度。调用时,是 SOCKADDR 结构的长度;返回时,是 lpSockAddr 所指地址的实际长度,以字节为单位。

调用服务器监听套接字对象的 Accept()成员函数,来接受一个客户端套接字对象的连接请求,其执行过程是,首先从监听套接字的待决连接队列中取出第一个连接请求,然后使用与监听套接字相同的属性创建一个新的底层套接字,将它绑定到 rConnectedSocket 参数的套接字对象上,并用它与客户端建立连接。如果调用此函数时队列中没有待决的连接请求,Accept()函数就立即返回,返回值为 0。调用 GetLastError()函数可以返回一个错误码。

rConnectedSocket 的套接字对象不能用来接收更多的连接,仅用来与连接的客户端套接字对象交换数据,而原来的监听套接字仍然保持打开和监听的状态。lpSockAddr 参数是一个返回结果的参数,它被填以请求连接的套接字的地址。Accept()函数仅用于面向连接的流式套接字。

4.2.5　数据的发送与接收

当服务器和客户端建立了连接以后,就可以在服务器的连接套接字对象和客户端的套接字对象之间传输数据了。对于流式套接字对象,使用 CAsyncSocket 类的 Send()成员函数向流式套接字发送数据,使用 Receive()成员函数从流式套接字接收数据。

1. 发送数据

对于流式套接字对象,使用 CAsyncSocket 类的 Send()成员函数向流式套接字发送数据。函数原型如下:

```
virtual int Send(const void * lpBuf, int nBufLen, int nFlags=0);
```

其中参数说明如下。

① lpBuf:一个指向发送缓冲区的指针,该缓冲区中存放了要发送的数据。

② nBufLen:给出发送缓冲区 lpBuf 中数据的长度,以字节为单位。

③ nFlags:指定发送的方式,可以使用预定义的符号常量,指定执行此调用的方法。这个函数的执行方式由套接字选项和参数共同决定,参数可以使用 MSG_DONTROUTE 和 MSG_OOB 符号常量。MSG_DONTROUTE 表示采用非循环的数据发送方式,说明数据不应该是路由的对象,Winsock 的提供者可以选择忽略这个参数。MSG_OOB 表示要发送的数据是带外数据,仅对流式套接字有效。

如果没有错误发生,Send()函数返回实际发送的字节总数,这个数可以小于参数 nBufLen 所指示的数量;否则,返回值为 SOCKET_ERROR,紧接着调用 GetLastError()函数可以获得一个错误码。

调用 Send()成员函数向一个已建立连接的套接字发送数据,这个 CAsyncSocket 套接字既可以是流式套接字,也可以是数据报套接字。

对于 CAsyncSocket 流式套接字对象,实际发送的字节数可以在 1 和所要求的长度之间,这取决于通信双方的缓冲区。

对于数据报套接字,发送的字节数不应超出底层子网的最大 IP 包的长度,这个参数在执行 AfxSocketInit()函数时,由返回的 WSADATA 结构中的 iMaxUdpDg 成员指出。如果数据太长,以至于不能自动地通过底层协议,就会通过 GetLastError()函数返回一个 WSAEMSGSIZE 错误,并且不发送任何数据。当然,Send()函数成功地执行并不表示数据已成功地到达对方。

对于一个 CAsyncSocket 套接字对象,当它的发送缓冲区腾空时,会激发 FD_WRITE 事件,套接字会得到通知,MFC 框架会自动调用这个套接字对象的 OnSend()事件处理函数。一般编程者会重载这个函数,在其中调用 Send()成员函数来发送数据。

2. 接收数据

对于流式套接字对象,使用 CAsyncSocket 类的 Receive() 成员函数从流式套接字接收数据。函数原型如下:

```
Virtual int Receive(Void* lpBuf, Int nBufLen, Int nFlags=0);
```

其中参数说明如下。

(1) lpBuf:指向接收缓冲区的指针,该缓冲区用来接收到达的数据。

(2) nBuf Len:给出缓冲区的字节长度。

(3) nFlags:设置数据的接收方式,可以使用的预定义的符号常量包括 MSG_PEEK 和 MSG_OOB。MSG_PEEK 表示将数据从等待队列读入缓冲区,并且不将数据从缓冲区清除。MSG_OOB 表示接收带外数据。

如果没有错误发生,Receive() 函数返回接收到的字节数,如果连接已经关闭,它返回 0;否则,返回值 SOCKET_ERROR。调用 GetLastError() 函数可以得到一个错误码。

调用 Receive() 成员函数可从一个套接字接收数据。这个函数用于已建立连接的流式套接字或数据报套接字,用来将已经到达套接字输入队列中的数据读取到指定的接收缓冲区中。

对于流式套接字,在所提供的接收缓冲区容量允许的情况下,接收尽可能多的数据。如果对方已经关闭了连接,Receive() 函数将立即返回,返回值为 0;如果连接已经复位,此函数将失败,返回值 SOCKET_ERROR,错误码为 WSAECONNRESET。

对于数据包套接字,如果所提供的接收缓冲区足够大,就接收一个完整的数据包;如果数据包比所提供的缓冲区大,那么按照缓冲区的容量,接收数据包的前半部分,超出的部分被丢掉,并且 Receive() 函数返回 SOCKET_ERROR,错误码是 WSAEWOULDBLOCK。

对于一个 CAsyncSocket 套接字对象,当有数据到达它的接收队列时,会激发 FD_READ 事件,套接字会得到已经有数据到达的通知,MFC 框架会自动调用这个套接字对象的 OnReceive() 事件处理函数。一般编程者会重载这个函数,在其中调用 Receive() 成员函数来接收数据。在应用程序将数据取走之前,套接字接收的数据将一直保留在套接字的缓冲区中。

4.2.6 关闭套接字

套接字的关闭通常有两种方式:调用 CAsyncSocket 类的 Close() 成员函数和调用 CAsyncSocket 类的 ShutDown() 成员函数。它们之间的区别是 ShutDown() 函数只能决定是否关闭通信的读写通道,并不释放套接字占用的资源,而 Close() 函数能做到真正释放套接字占用的资源。

1. Close() 函数

使用 Close() 函数可以关闭套接字并且释放其所占资源。函数原型如下:

```
virtual void Close();
```

当数据交换结束后,应用程序应调用 CAsyncSocket 类的 Close() 成员函数来释放套接字占用的系统资源,也可以在 CAsyncSocket 对象被删除时,由该类的析构函数自动调用

Close()函数。Close()函数运行的行为取决于套接字选项的设置,如果设置了 SO_
LINGER,调用 Close()函数时如果缓冲区中还有尚未发送出去的数据,那就要等到这些数据发
送出去之后才关闭套接字;如果设置了 SO_DONTLINGER 选项,则不等待而立即关闭。

2. ShutDown()函数

使用 ShutDown()函数时,可以选择关闭套接字的方式,可将套接字置为不能发送数据
或不能接收数据,或者两者均不能的状态。函数原型如下:

```
BOOL ShutDown(int nHow=sends);
```

其中,参数 nHow 是一个标志,用来描述该函数所要禁止的套接字对象的功能,可取的值有
以下 3 种。

(1) receives = 0,禁止套接字对象接收数据。

(2) sends = 1,禁止套接字对象发送数据,这是默认值。

(3) both = 2,禁止套接字对象发送和接收数据。

如果函数执行成功,返回非零值;否则,返回 0,调用 GetLastError()函数可以得到一个
特定的错误码。

4.2.7 其他成员函数

1. 数据包套接字数据的发送与接收函数

发送和接收数据与创建 CAsyncSocket 对象时选择的套接字类型有关。如果创建的是数
据包类型的套接字,用 SendTo()成员函数来向指定的地址发送数据,事先不需要建立发送端
和接收端之间的连接;用 ReceiveFrom()成员函数可以从某个指定的网络地址接收数据。

发送数据 SendTo()函数的调用有两种重载的形式,区别在于参数不同。

形式 1:

```
int SendTo(const void * lpBuf, int nBufLen, UINT nHostPort,
LPCTSTR lpszHostAddress=NULL, int nFlags=0);
```

形式 2:

```
int SendTo(const void * lpBuf, int nBufLen, const SOCKADDR * lpSockAddr,
int nSockAddrLen, int nFlags=0);
```

SendTo()函数的返回值功能与 Send()成员函数相同,参数多了两个,用来指定发送数
据的目的套接字对象,增加的参数说明如下。

(1) nHostPort:发送目的方的端口号。

(2) lpszHostAddress:发送目的方的主机地址。

(3) lpSockAddr:是 SockAddr 结构指针,包含发送目的方的网络地址。

(4) nSockAddrLen:给出 SockAddr 结构的长度。

接收数据 ReceiveFrom()函数的调用也有两种重载的形式,区别同样在于参数的不同。

形式 1:

```
int ReceiveFrom(void * lpBuf, int nBufLen, CString & rSocketAddress,
UINT & rSocketPort, int nFlags=0);
```

形式 2：

```
int ReceiveFrom(void * lpBuf, int nBufLen, SOCKADDR * lpSockAddr,
int * lpSockAddrLen, int nFlags=0);
```

ReceiveFrom()函数的返回值功能与 Receive()成员函数相同,参数多了两个,用来指定接收数据的来源套接字对象,增加的参数说明如下。

(1) rSocketAddress：一个 Cstring 对象,包含一个点分十进制的 IP 地址。

(2) rSocketPort：一个 UINT,包含一个端口号。

(3) lpSockAddr：一个指向 SOCKADDR 结构的指针,用来返回源地址。

(4) lpSockAddrLen：整型指针。

调用 ReceiveFrom()函数可从套接字接收一个数据报,并将该数据报的源地址存在 SOCKADDR 结构或 rSocketAddress 中。该函数用来读取一个套接字上的到达数据,并获取该数据包的发送端地址,这个套接字可能也建立了连接。对于流式套接字,ReceiveFrom() 函数与 Receive()函数一样,参数 lpSockAddr 和 lpSockAddrLen 被忽略。

2. 关于套接字属性的函数

要设置底层套接字对象的属性,可以调用 SetSocketOpt()成员函数;要获取套接字的设置信息,可调用 GetSocketOpt()成员函数;要控制套接字的工作模式,可调用 IOCtl()成员函数,选择合适的参数,可以将套接字设置在阻塞模式下工作。

3. 错误处理函数

一般来说,调用 CAsyncSocket 对象的成员函数后会返回一个逻辑型的值,如果成员函数执行成功,返回 TRUE;如果成员函数执行失败,返回 FALSE。究竟是什么原因造成成员函数执行失败呢? 这时,可以进一步调用 CAsyncSocket 对象的 GetLastError()成员函数来获取更详细的错误代码,并进行相应的处理。函数原型如下：

```
static int GetLastError();
```

该函数的返回值是一个错误码,针对刚刚执行的 CAsyncSocket 成员函数。

调用 GetLastError()成员函数可得到一个关于刚刚失败的操作的错误状态码。当一个特定的成员函数指示已出现了一个错误的时候,就应当调用它来获取相应的错误码。每一个成员函数可能的错误码及其含义可参见 MSDN。

4.3 基于 CAsyncSocket 类的聊天程序实例

4.3.1 程序的功能

基于 CAsyncSocket 类的聊天程序实例是一个简单的聊天室程序,采用客户-服务器模型,分为客户程序和服务器程序。服务器只能支持一个客户端。客户程序和服务器程序通

过网络交换聊天的字符串内容,并在窗口的列表框中显示。基于 CAsyncSocket 类的聊天程序实例的技术要点如下:

(1) 如何从 CAsyncSocket 类派生出自己的 Winsock 类;

(2) 理解 Winsock 类与应用程序框架的关系;

(3) 重点学习流式套接字对象的使用方法和处理网络事件的方法。

这个实例虽然比较简单,但能说明网络编程的许多问题,作为本书的第一个 MFC 编程实例,将结合它详细说明使用 MFC 编程环境的细节,而在其他的例子中,只做简单叙述。

4.3.2 创建客户程序

使用 Visual C++ 6.0 编程语言,利用可视化语言的集成开发环境(IDE)来创建客户程序框架。为简化编程,采用基于对话框的架构,具体步骤如下。

1. 使用 MFC AppWizard 创建客户程序框架

在 New 对话框中选择 Projects 选项卡,如图 4-1 所示。在左边的列表框中选择 MFC AppWizard[exe]选项,在右边的 Project name 文本框中输入工程名 ChatClient,在 Location 文本框中选择存放此工程的目录,单击 OK 按钮。

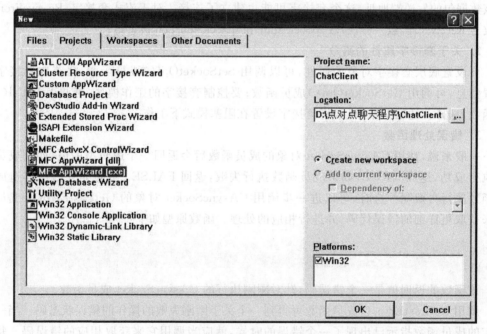

图 4-1 利用 AppWizard 创建程序

(1) 打开 MFC AppWizard 设置的第 1 步(MFC AppWizard-Step 1)对话框,如图 4-2 所示。程序类型选择 Dialog based,语言支持选择中文,使此工程能够正确地进行中文的输入、输出、显示及处理,然后单击 Next 按钮。

(2) 打开 MFC AppWizard 设置的第 2 步(MFC AppWizards-Step 2 of 4)对话框,如图 4-3 所示,选择 Windows Sockets 复选框,表示应用程序将支持 Winsock 套接字。接受其他的默认设置,然后单击 Next 按钮。

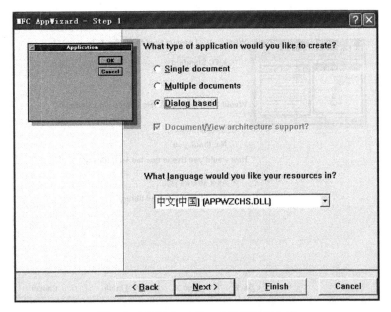

图 4-2　MFC AppWizard 设置的第 1 步

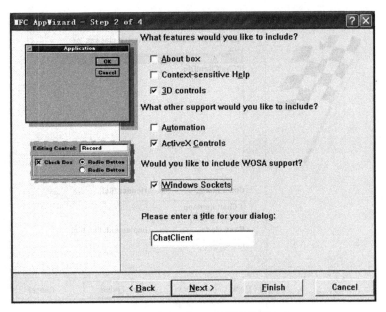

图 4-3　MFC AppWizard 设置的第 2 步

（3）打开 MFC AppWizard 设置的第 3 步（MFC AppWizards-Step 3 of 4）对话框，如图 4-4 所示。接受默认的参数设置即可，然后单击 Next 按钮。

（4）打开 MFC AppWizard 设置的第 4 步（MFC AppWizards-Step 4 of 4）对话框，如图 4-5 所示。这里显示两种基本类的信息，不需做任何改动，直接单击 Finish 按钮即可。

（5）打开 New Project Information 对话框，说明所创建的应用程序的有关信息，如图 4-6

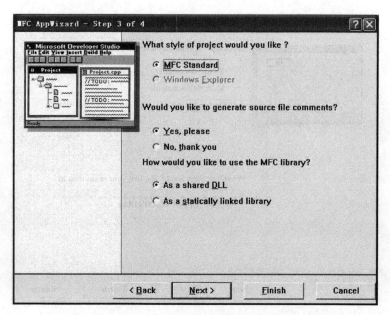

图 4-4　MFC AppWizard 设置的第 3 步

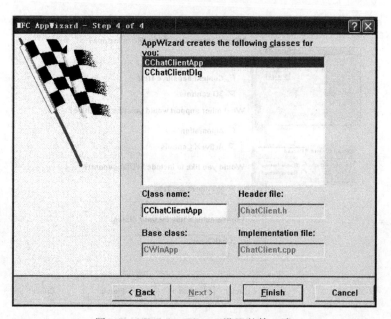

图 4-5　MFC AppWizard 设置的第 4 步

所示。

由图 4-6 可以看出,所创建的程序是一个基于对话框的 Win32 应用程序,将自动创建两个类:一个是应用程序类 CChatClientApp,对应的文件是 ChatClient. h 和 ChatClient. cpp;另一个是对话框类 CChatClientDlg,对应的文件是 ChatClientDlg. h 和 ChatClientDlg. cpp,支持 Windows Socket,使用共享的 DLL 实现 MFC42. DLL。

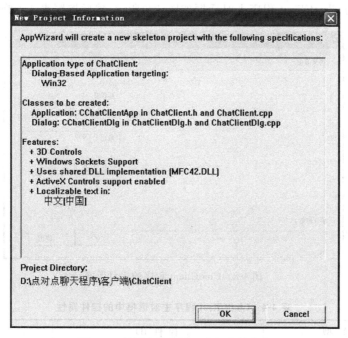

图 4-6 所创建的应用程序的有关信息

2. 为对话框添加控件对象

创建了应用程序框架之后,可以设置程序的主对话框。在 MFC 界面左方的工作区中
选择 ResourceView 选项卡,打开 Dialog 文件夹,双击 IDD_CHATCLIENT_DIALOG,界面
中会出现对话框和控件面板,利用控件面板可以方便地在程序的主对话框中添加相应的可
视控件对象,如图 4-7 所示。

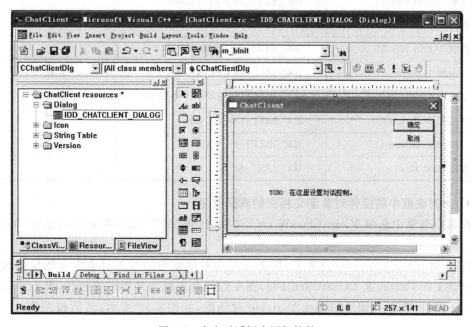

图 4-7 在主对话框中添加控件

设置完成的 ChatClient 程序主对话框如图 4-8 所示,然后按照表 4-4 修改控件的属性。

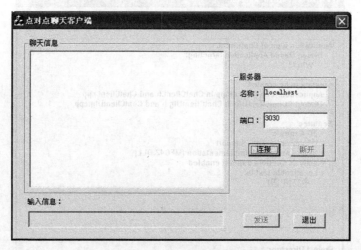

图 4-8 ChatClient 程序的主对话框

表 4-4 ChatClient 程序主对话框中的控件属性

控 件 类 型	控 件 ID	Caption
静态文本 1(Static Text 1)	IDC_STATIC_SERVERNAME	名称
静态文本 2(Static Text 2)	IDC_STATIC_SERVERPORT	端口
静态文本 3(Static Text 3)	IDC_STATIC_SENDMSG	输入信息
组合框 1(Group Box 1)	IDC_STATIC_MSG	聊天信息
组合框 2(Group Box 2)	IDC_STATIC_SERVER	服务器
编辑框 1(Edit Box 1)	IDC_EDIT_SERVERNAME	
编辑框 2(Edit Box 2)	IDC_EDIT_SERVERPORT	
编辑框 3(Edit Box 3)	IDC_EDIT_SENDMSG	
命令按钮 1(Button 1)	IDC_BUTTON_CONNECT	连接
命令按钮 2(Button 2)	IDC_BUTTON_DISCONNECT	断开
命令按钮 3(Button 3)	IDC_BUTTON_SEND	发送
命令按钮 4(Button 4)	IDC_BUTTON_EXIT	退出
列表框(List Box)	IDC_LIST_MSG	

3. 为对话框中的控件对象定义相应的成员变量

在窗口菜单中选中 View|ClassWizard 选项,打开 MFC ClassWizard 对话框,如图 4-9 所示。

选择 Member Variables 选项卡,用类向导为对话框中的控件对象定义相应的成员变量。确认 Class name 是 CChatClientDlg,在左边的列表框中选择一个控件,然后单击 Add Variable 按钮,弹出 Add Member Variable 对话框,如图 4-10 所示,然后按照表 4-5 输入即可。

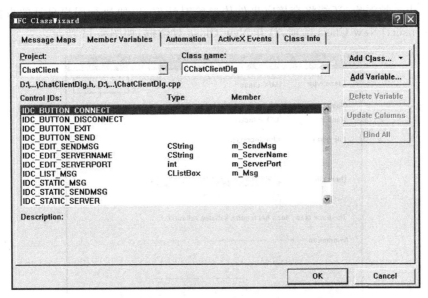

图 4-9　MFC ClassWizard 对话框

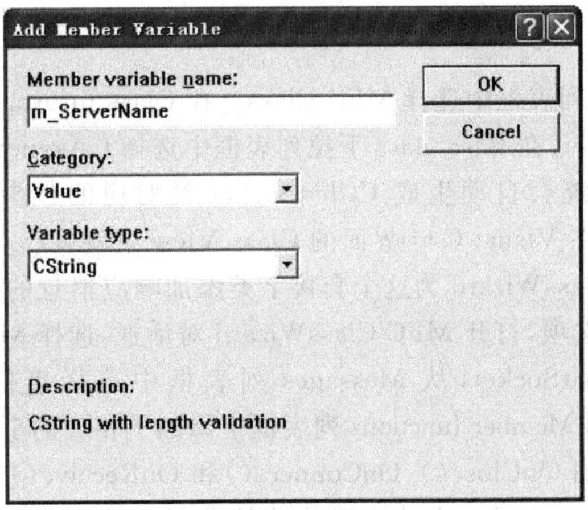

图 4-10　增加控件成员变量的对话框

表 4-5　客户程序对话框中的控件对象对应的成员变量

Control IDs （控件 ID）	Member variable name （变量名称）	Category （变量类别）	Variable type （变量类型）
IDC_EDIT_SERVERNAME	m_ServerName	Value	CString
IDC_EDIT_SERVERPORT	m_ServerPort	Value	int
IDC_EDIT_SENDMSG	m_SendMsg	Value	CString
IDC_LIST_MSG	m_Msg	Control	CListBox

4. 创建从 CAsyncSocket 类继承的派生类

（1）为了能够捕获并响应 Socket 事件，应创建用户自己的套接字类，它应当从

CAsyncSocket 类派生,还能将套接字事件传递给对话框,以便执行用户自己的事件处理函数。选中 Insert|New Class 选项,打开 New Class 对话框,如图 4-11 所示。

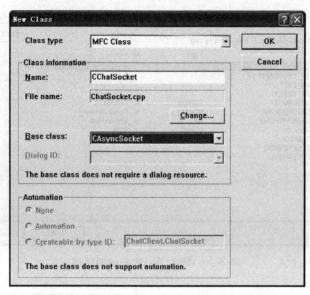

图 4-11　添加自己的套接字类

在 Class type 下拉列表框中选择 MFC Class。在 Class information 选项区的 Name 文本框中输入 CChatSocket,在 Base class 下拉列表框中选择 CAsyncSocket。

单击 OK 按钮,系统会自动生成 CChatSocket 类对应的包含文件 ChatSocket. h 和 ChatSocket. cpp 文件,在 Visual C++ 界面的 Class View 中就可以看到这个类。

(2) 利用类向导 ClassWizard 为这个套接字类添加响应消息的事件处理成员函数。选中 View|ClassWizard 选项,打开 MFC ClassWizard 对话框,选择 Message Maps 选项卡,确认 Class name 是 CChatSocket,从 Messages 列表框中选择事件消息,然后单击 Add Function 按钮,就会看到 Member functions 列表框中添加了相应的事件处理函数。如图 4-12 所示,此程序中需要添加 OnClose()、OnConnect()和 OnReceive()这 3 个函数。这一步会在 CChatSocket 类的 ChatSocket. h 中自动生成这些函数的声明,在 ChatSocket. cpp 中生成这些函数的框架,以及消息映射的相关代码。

(3) 为套接字类添加一般的成员函数和成员变量。在 Visual C++ 的界面中,在工作区窗口选择 ClassView 选项卡,右击 CChatSocket 类,从弹出的快捷菜单中选中 Add Member Function 选项,可以打开图 4-13 所示对话框,为该类添加成员函数;选中 Add Member Variable 选项,可以打开图 4-14 所示对话框,为该类添加成员变量。

对这个套接字类添加一个私有的成员变量,是一个对话框类的指针:

```
private:
  CChatClientDlg * m_pDlg;
```

再添加一个成员函数:

```
void SetParent(CChatClientDlg * pDlg);
```

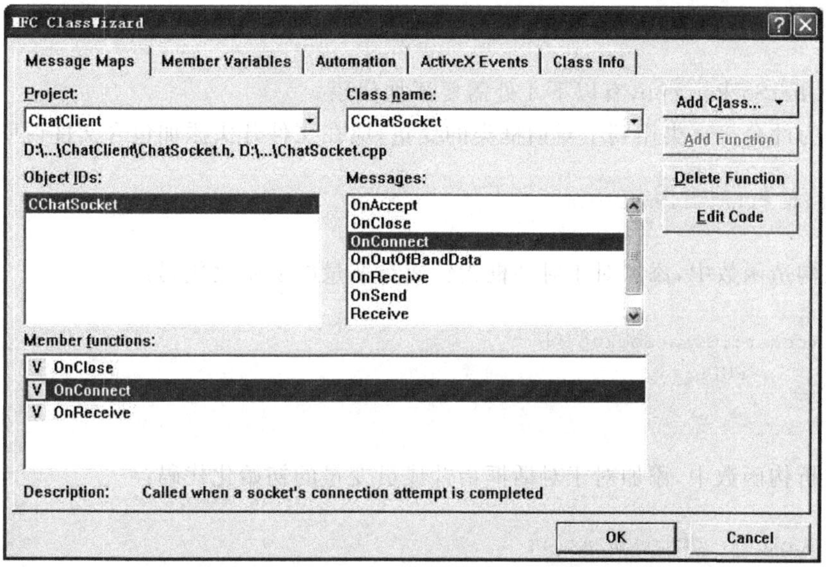

图 4-12　为套接字类添加响应消息的事件处理成员函数

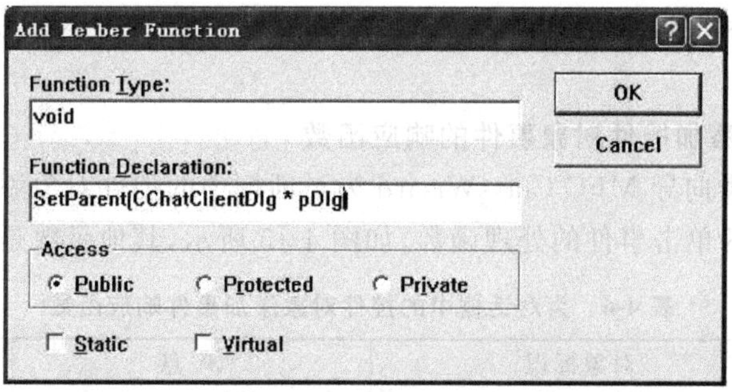

图 4-13　为套接字类添加一般的成员函数

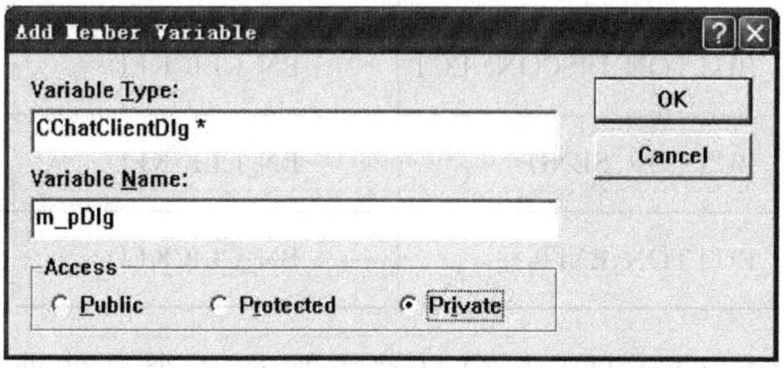

图 4-14　为套接字类添加一般的成员变量

　　这一步同样会在 ChatSocket.h 中生成变量或函数的声明,在 ChatSocket.cpp 中生成函数的框架代码。如果熟悉的话,这一步的代码也可以直接手工添加。

　　(4) 手工添加其他代码。在 Visual C++ 的界面中,在工作区窗口选择 FileView 选项卡,双击要编辑的文件,右面的窗口中就会显示该文件的代码,可以编辑添加。

　　对于 ChatSocket.h,应在文件开头添加对于此应用程序对话框类的声明:

```
class  CChatClientDlg;
```

对于 ChatSocket. cpp,有以下 4 处需要添加代码。

① 因为此套接字类用到了对话框类的变量,应在文件开头添加包含文件说明。

```
#include <ChatClientDlg.h>
```

② 在构造函数中,添加对于对话框指针成员变量的初始化代码:

```
CChatSocket::CChatSocket(){
    m_pDlg=NULL;
}
```

③ 在析构函数中,添加对于对话框指针成员变量的初始化代码:

```
CChatSocket::~CChatSocket(){
    m_pDlg=NULL;
}
```

④ 为成员函数 SetParent()以及事件处理函数 OnConnect()、OnClose()和 OnReceive()添加代码。

5. 为对话框类添加控件对象事件的响应函数

按照表 4-6,用类向导 MFC ClassWizard 为对话框中的控件对象添加事件响应函数,主要是对于 3 个按钮的单击事件的处理函数,如图 4-15 所示,其他函数是原有的。

表 4-6 为对话框中的控件对象添加事件响应函数

控件类型	对象标识 (Object IDs)	消 息 (Messages)	成员函数 (Member functions)
命令按钮	IDC_BUTTON_CONNECT	BN_CLICKED	OnButtonConnect
命令按钮	IDC_BUTTON_DISCONNECT	BN_CLICKED	OnButtonDisconnect
命令按钮	IDC_BUTTON_SEND	BN_CLICKED	OnButtonSend
命令按钮	IDC_BUTTON_EXIT	BN_CLICKED	OnButtonExit

这一步会在 ChatClientDlg. h 中自动添加这 3 个事件处理函数的声明,在 ChatClientDlg. cpp 中生成消息映射的代码和这 3 个函数的框架代码。

6. 为 CChatClientDlg 对话框类添加其他成员变量和成员函数

添加一个成员变量,作为与服务器端连接的套接字:

```
CChatSocket  m_sConnectSocket;
```

添加 3 个成员函数,用来处理与服务器的通信:

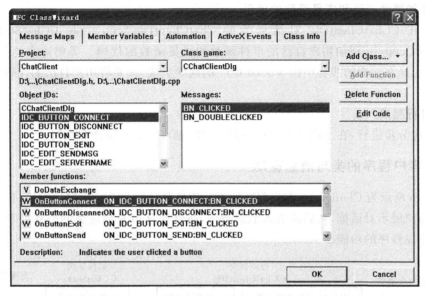

图 4-15　为对话框类添加控件事件的处理函数

```
void  OnClose();
void  OnConnect();
void  OnReceive();
```

7. 手工添加的代码

在 CChatClientDlg 对话框类的 ChatClientDlg.h 中添加对于 ChatSocket.h 的包含命令,来获得对套接字的支持:

```
#include <ChatSocket.h>
```

在 CChatClientDlg 对话框类的 ChatClientDlg.cpp 中添加对服务器名称和端口进行初始化的代码:

```
BOOL CTalkcDlg::OnInitDialog()
{
    ......
    // 初始化服务器名称为 localhost
    m_strServName="localhost";
    // 初始化服务器端口为 3030
    m_nServPort=3030;
    // 刷新程序主界面上控件显示的数据
    UpdateData(FALSE);
    // 在套接字类与对话框之间建立关联
    m_sConnectSocket.SetParent(this);
    ......
}
```

8. 添加事件函数和成员函数的代码

主要在 CChatClientDlg 对话框类的 ChatClientDlg.cpp 中和 CChatSocket 类的 ChatSocket.cpp 中,添加用户自己的事件函数和成员函数的代码。需要注意的是,这些函数的框架已经在前面的步骤中由 Visual C++ 的向导生成,只要将用户自己的代码填入其中即可。

9. 进行测试

测试应分步进行,在上面的步骤中,每做一步,都可以试着编译和执行。

4.3.3 客户程序的类与消息驱动

图 4-16 所示为 ChatClient 客户程序的类与消息驱动的关系。程序运行后,经过初始化处理,向用户展示对话框,然后就进入消息循环,通过消息引发相应类的事件处理函数的执行,从而完成程序的功能。

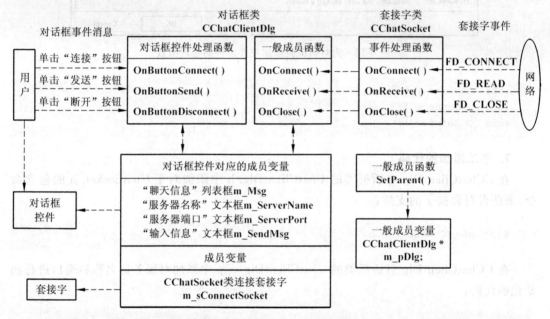

图 4-16 ChatClient 客户程序的类与消息驱动的关系

客户程序主要有两类消息,一类是套接字收到的来自网络的消息;另一类是对话框类收到的来自用户操作对话框产生的消息。

CChatSocket 套接字类对象,具体地说是 m_sConnectSocket 变量所代表的套接字对象,接收来自网络的套接字事件消息,执行相应的事件处理函数,这些函数并不真正做什么事,而是转而调用对话框类的相应成员函数,由相应的成员函数真正完成发送连接请求、接收数据和关闭的任务。套接字类的事件处理函数就像传令兵,有了情况就向对话框类报告。之所以这样做,是因为操作涉及对话框的许多成员变量和控件变量,由对话框类的成员函数来处理比较方便和直接。套接字类的成员变量 m_pDlg 是指向对话框类的指针,在消息转接中起了关键的作用。

用户直接面对对话框,可以直接操作对话框中的控件,如输入服务器的名字、输入端口号等,当用户单击按钮时,会产生事件消息,引发相应处理函数的执行。

从用户操作的流程来看,应首先启动服务器程序,并单击"监听"按钮,使之进入监听状态,然后启动客户程序。用户单击"连接"按钮,与服务器建立连接,然后就可以在"输入信息"文本框中输入聊天的消息,单击"发送"按钮,向服务器发送消息。如果服务器向客户端发了消息,客户端就会在接收后将它显示在"聊天信息"列表框中。

4.3.4 客户程序主要功能的代码和分析

本节主要介绍点对点聊天的客户程序 ChatClient 工程主要功能的代码,Visual C++ 自动生成的框架代码大多以省略号代之,详细列出了 4.3.2 节各步骤涉及的代码并做出了说明。

1. 应用程序类 CChatClientApp 对应的文件

应用程序类 CChatClientApp 对应的文件是 ChatClient. h 和 ChatClient. cpp; ChatClient. h 定义了 CChatClientApp 类,ChatClient. cpp 是该类的实现代码,完全由 Visual C++ 自动创建,用户不必做任何改动。

2. 派生的套接字类 CChatSocket 对应的文件

CChatSocket 类对应 ChatSocket. h 头文件和 ChatSocket. cpp 文件。

(1) ChatSocket. h 头文件如下:

```
......
class CChatClientDlg;                          // 关于对话框类的声明
/////////////////////////////////////////////////////////////////
// CChatSocket command target
// 定义 CChatSocket 类
class CChatSocket : public CAsyncSocket
{
// Attributes
public:
// Operations
public:
    // 构造函数
    CChatSocket();
    // 析构函数
    virtual ~CChatSocket();
// Overrides
public:
    // 自定义成员函数
    void SetParent(CChatClientDlg * pDlg);
    // ClassWizard generated virtual function overrides
    //{{AFX_VIRTUAL(CChatSocket)
    public:
    // 从类向导中添加的事件响应函数
    virtual void OnClose(int nErrorCode);      // 响应 FD_CLOSE 事件
    virtual void OnConnect(int nErrorCode);    // 响应 FD_CONNECT 事件
    virtual void OnReceive(int nErrorCode);    // 响应 FD_READ 事件
    //}}AFX_VIRTUAL
```

```
    // Generated message map functions
    //{{AFX_MSG(CChatSocket)
    // NOTE - the ClassWizard will add and remove member functions here.
    //}}AFX_MSG
// Implementation
protected:
private:
    CChatClientDlg * m_pDlg;                    // 自定义私有成员变量
};
……
```

(2) ChatSocket.cpp 文件如下：

```
……
CChatSocket::CChatSocket()
{
    // 初始化对话框类指针成员变量
    m_pDlg=NULL;
}
CChatSocket::~CChatSocket()
{
    // 程序结束时释放对话框类指针成员变量
    m_pDlg=NULL;
}
// Do not edit the following lines, which are needed by ClassWizard.
#if 0
BEGIN_MESSAGE_MAP(CChatSocket, CAsyncSocket)
    //{{AFX_MSG_MAP(CChatSocket)
    //}}AFX_MSG_MAP
END_MESSAGE_MAP()
#endif                    // 0
//////////////////////////////////////////////////////////////////////
// CChatSocket member functions
// FD_CLOSE 事件处理函数
void CChatSocket::OnClose(int nErrorCode)
{
    // 无错误发生时调用对话框类的 OnClose 函数
    if (nErrorCode==0) m_pDlg->OnClose();
}
// FD_CONNECT 事件处理函数
void CChatSocket::OnConnect(int nErrorCode)
{
    // 无错误发生时调用对话框类的 OnConnect 函数
    if (nErrorCode==0) m_pDlg->OnConnect();
}
// FD_READ 事件处理函数
void CChatSocket::OnReceive(int nErrorCode)
```

```
{
    // 无错误发生时调用对话框类的 OnReceive 函数
    if (nErrorCode==0) m_pDlg->OnReceive();
}
// 在套接字类与对话框之间建立关联
void CChatSocket::SetParent(CChatClientDlg * pDlg)
{
    m_pDlg=pDlg;
}
……
```

3. 对话框类 CChatClientDlg 对应的文件

对话框类 CChatClientDlg 对应的文件是 ChatClientDlg. h 和 ChatClientDlg. cpp。

（1）ChatClientDlg. h 文件如下：

```
……
class CChatClientDlg : public CDialog
{
// Construction
public:
    // 自定义成员函数
    void OnDisconnect();
    void OnReceive();
    void OnClose();
    void OnConnect();
    // 自定义成员变量
    CChatSocket m_sConnectSocket;
    CChatClientDlg(CWnd * pParent=NULL);                // standard constructor
// Dialog Data
    //{{AFX_DATA(CChatClientDlg)
    enum { IDD=IDD_CHATCLIENT_DIALOG };
    // 由类向导生成的控件变量
    CListBox    m_Msg;                                  // 用于操作列表框
    CString     m_ServerName;                           // 用于访问服务器名称
    CString     m_SendMsg;                              // 用于访问输入的信息
    int         m_ServerPort;                           // 用于访问服务器端口
    //}}AFX_DATA
    // ClassWizard generated virtual function overrides
    //{{AFX_VIRTUAL(CChatClientDlg)
    protected:
    virtual void DoDataExchange(CDataExchange * pDX);   //DDX/DDV support
    //}}AFX_VIRTUAL
// Implementation
protected:
    HICON m_hIcon;
    // Generated message map functions
    //{{AFX_MSG(CChatClientDlg)
```

```
    virtual BOOL OnInitDialog();
    afx_msg void OnPaint();
    afx_msg HCURSOR OnQueryDragIcon();
    // 由类向导生成的处理按钮单击事件的消息映射函数
    afx_msg void OnButtonConnect();        // 当"连接"按钮按下时调用
    afx_msg void OnButtonDisconnect();     // 当"断开"按钮按下时调用
    afx_msg void OnButtonExit();           // 当"退出"按钮按下时调用
    afx_msg void OnButtonSend();           // 当"发送"按钮按下时调用
    //}}AFX_MSG
    DECLARE_MESSAGE_MAP()
};
......
```

（2）ChatClientDlg.cpp 文件如下：

```
......
CChatClientDlg::CChatClientDlg(CWnd* pParent /* =NULL */)
    : CDialog(CChatClientDlg::IDD, pParent)
{
    //{{AFX_DATA_INIT(CChatClientDlg)
    // 类向导对控件变量初始化
    m_ServerName=_T("");
    m_SendMsg=_T("");
    m_ServerPort=0;
    //}}AFX_DATA_INIT
    // Note that LoadIcon does not require a subsequent DestroyIcon in Win32
    m_hIcon=AfxGetApp()->LoadIcon(IDR_MAINFRAME);
}
void CChatClientDlg::DoDataExchange(CDataExchange* pDX)
{
    CDialog::DoDataExchange(pDX);
    //{{AFX_DATA_MAP(CChatClientDlg)
    // 类向导在控件与相应变量之间建立映射
    DDX_Control(pDX, IDC_LIST_MSG, m_Msg);
    DDX_Text(pDX, IDC_EDIT_SERVERNAME, m_ServerName);
    DDX_Text(pDX, IDC_EDIT_SENDMSG, m_SendMsg);
    DDX_Text(pDX, IDC_EDIT_SERVERPORT, m_ServerPort);
    //}}AFX_DATA_MAP
}
BEGIN_MESSAGE_MAP(CChatClientDlg, CDialog)
    //{{AFX_MSG_MAP(CChatClientDlg)
    ON_WM_PAINT()
    ON_WM_QUERYDRAGICON()
    // 类向导在控件消息与相应的事件处理函数之间建立映射
    ON_BN_CLICKED(IDC_BUTTON_CONNECT, OnButtonConnect)
    ON_BN_CLICKED(IDC_BUTTON_DISCONNECT, OnButtonDisconnect)
    ON_BN_CLICKED(IDC_BUTTON_EXIT, OnButtonExit)
    ON_BN_CLICKED(IDC_BUTTON_SEND, OnButtonSend)
    //}}AFX_MSG_MAP
```

```
END_MESSAGE_MAP()
//////////////////////////////////////////////////////////////////////////////////
// CChatClientDlg message handlers
// 初始化服务器名称和端口
BOOL CChatClientDlg::OnInitDialog()
{
    CDialog::OnInitDialog();
    // Set the icon for this dialog. The framework does this automatically
    // when the application's main window is not a dialog
    SetIcon(m_hIcon, TRUE);          // Set big icon
    SetIcon(m_hIcon, FALSE);         // Set small icon
    // TODO: Add extra initialization here
    // 初始化服务器名称为 localhost
    m_ServerName="localhost";
    // 初始化服务器端口为 3030
    m_ServerPort=3030;
    // 刷新程序主界面上控件显示的数据
    UpdateData(FALSE);
    // 在套接字类与对话框之间建立关联
    m_sConnectSocket.SetParent(this);
    // 禁用输入信息栏
    GetDlgItem(IDC_EDIT_SENDMSG)->EnableWindow(FALSE);
    // 禁用"发送"按钮
    GetDlgItem(IDC_BUTTON_SEND)->EnableWindow(FALSE);
    // 禁用"终止"按钮
    GetDlgItem(IDC_BUTTON_DISCONNECT)->EnableWindow(FALSE);
    return TRUE;                 // return TRUE unless you set the focus to a control
}
// If you add a minimize button to your dialog, you will need the code below
// to draw the icon. For MFC applications using the document/view model,
// this is automatically done for you by the framework.
void CChatClientDlg::OnPaint()
{
    if (IsIconic())
    {
        CPaintDC dc(this);            // device context for painting
        SendMessage(WM_ICONERASEBKGND, (WPARAM) dc.GetSafeHdc(), 0);
        // Center icon in client rectangle
        int cxIcon=GetSystemMetrics(SM_CXICON);
        int cyIcon=GetSystemMetrics(SM_CYICON);
        CRect rect;
        GetClientRect(&rect);
        int x=(rect.Width() -cxIcon +1) / 2;
        int y=(rect.Height() -cyIcon +1) / 2;
        // Draw the icon
        dc.DrawIcon(x, y, m_hIcon);
    }
    else
    {
        CDialog::OnPaint();
```

```
    }
}
// The system calls this to obtain the cursor to display while the user drags
// the minimized window.
HCURSOR CChatClientDlg::OnQueryDragIcon()
{
    return (HCURSOR) m_hIcon;
}
// 用来处理"连接"按钮的单击事件
void CChatClientDlg::OnButtonConnect()
{
    // 从对话框获取数据
    UpdateData(TRUE);
    // 禁用"连接"按钮
    GetDlgItem(IDC_BUTTON_CONNECT)->EnableWindow(FALSE);
    // 禁用服务器名称输入控件
    GetDlgItem(IDC_EDIT_SERVERNAME)->EnableWindow(FALSE);
    // 禁用服务器端口输入控件
    GetDlgItem(IDC_EDIT_SERVERPORT)->EnableWindow(FALSE);
    // 激活"断开"按钮
    GetDlgItem(IDC_BUTTON_DISCONNECT)->EnableWindow(TRUE);
    // 创建客户端套接字对象的底层套接字
    m_sConnectSocket.Create();
    // 向服务器发送连接请求
    m_sConnectSocket.Connect(m_ServerName,m_ServerPort);
}
// 用来处理"断开"按钮的单击事件
void CChatClientDlg::OnButtonDisconnect()
{
    OnClose();
}
// 用来处理"退出"按钮的单击事件
void CChatClientDlg::OnButtonExit()
{
    CDialog::OnOK();
}
// 用来处理"发送"按钮的单击事件
void CChatClientDlg::OnButtonSend()
{
    int nLen;          // 表示输入信息的长度
    int nSent;         // 表示实际被发送信息的长度
    //从对话框获取数据
    UpdateData(TRUE);
    // 判断输入信息栏是否为空
    if (!m_SendMsg.IsEmpty())
    {
        // 获得输入信息的长度
        nLen=m_SendMsg.GetLength();
        // 发送信息,返回实际被发送信息的长度
        nSent=m_sConnectSocket.Send(LPCTSTR(m_SendMsg),nLen);
```

```
        // 判断发送是否成功
        if (nSent!=SOCKET_ERROR)
        {
            // 若成功,则在聊天信息栏显示信息
            m_Msg.AddString(m_SendMsg);
            // 刷新对话框
            UpdateData(FALSE);
        } else {
                AfxMessageBox("发送失败!",MB_OK|MB_ICONSTOP);
        }
        // 清空输入信息栏
        m_SendMsg.Empty();
        // 刷新对话框
        UpdateData(FALSE);
    }
}
// 当连接请求成功时,套接字类的 OnConnect()函数将调用此函数
void CChatClientDlg::OnConnect()
{
    // 激活输入信息栏
    GetDlgItem(IDC_EDIT_SENDMSG)->EnableWindow(TRUE);
    // 激活"发送"按钮
    GetDlgItem(IDC_BUTTON_SEND)->EnableWindow(TRUE);
m_Msg.AddString("与服务器的通信连接已经建立");
}
// 当连接被关闭时,套接字类的 OnClose()函数将调用此函数
void CChatClientDlg::OnClose()
{
    // 关闭客户端套接字
    m_sConnectSocket.Close();
    // 禁用输入信息栏
    GetDlgItem(IDC_EDIT_SENDMSG)->EnableWindow(FALSE);
    // 禁用"发送"按钮
    GetDlgItem(IDC_BUTTON_SEND)->EnableWindow(FALSE);
    // 禁用"断开"按钮
    GetDlgItem(IDC_BUTTON_DISCONNECT)->EnableWindow(FALSE);
    // 清空聊天信息栏
    while (m_Msg.GetCount()!=0) m_Msg.DeleteString(0);
    // 激活"连接"按钮
    GetDlgItem(IDC_BUTTON_CONNECT)->EnableWindow(TRUE);
    // 激活服务器名称输入控件
    GetDlgItem(IDC_EDIT_SERVERNAME)->EnableWindow(TRUE);
    // 激活服务器端口输入控件
    GetDlgItem(IDC_EDIT_SERVERPORT)->EnableWindow(TRUE);
}
// 当收到数据时,套接字类的 OnReceive()函数将调用此函数
void CChatClientDlg::OnReceive()
{
    char * pBuf=new char[1025];          // 定义数据接收缓冲区
    int nBufSize=1024;                    // 定义可接收的最大长度
```

```
        int nReceived;                       // 表示实际收到数据的长度
        CString strReceived;                 // 存放收到的信息
        // 接收数据,返回实际收到数据的长度
        nReceived=m_sConnectSocket.Receive(pBuf,nBufSize);
        // 判断接收是否成功
        if (nReceived!=SOCKET_ERROR)
        {
            // 若成功,给字符串的结尾加上空
            pBuf[nReceived]=NULL;
            // 把信息复制到串变量中
            strReceived=pBuf;
            // 在聊天信息栏显示信息
            m_Msg.AddString(strReceived);
            // 刷新对话框
            UpdateData(FALSE);
        } else {
                AfxMessageBox("接收失败!",MB_OK|MB_ICONSTOP);
        }
    }
```

4. 其他文件

对于 Visual C++ 为 ChatClient 工程创建的其他文件,如 stdafx.h、stdafx.cpp、Resource.h 和 ChatClient.rc,都不需要做任何处理。

4.3.5 创建服务器程序

利用可视化语言的集成开发环境来创建服务器程序框架的步骤如下。

1. 使用 MFC AppWizard 创建服务器程序框架

使用 MFC AppWizard 创建服务器程序框架的操作可参考创建客户机端应用程序框架的操作。在 Project name 文本框中输入工程名 ChatServer,应用程序类型选择 Dialog based,语言支持选择中文,选择 Windows Sockets 支持,其他接受系统的默认值。所创建的程序将自动创建两个类:一个是应用程序类 CChatServer. App,对应的文件是 ChatServer. h 和 ChatServer. cpp;另一个是对话框类 CChatServerDlg,对应的文件是 ChatServerDlg. h 和 ChatServerDlg. cpp。

2. 为对话框添加控件对象

设置完成的 ChatServer 程序主对话框如图 4-17 所示,然后按照表 4-7 修改控件的属性。

表 4-7　ChatServer 程序主对话框中的控件属性

控 件 类 型	控 件 ID	Caption
静态文本 1(Static Text 1)	IDC_STATIC_SERVERNAME	名称:
静态文本 2(Static Text 2)	IDC_STATIC_SERVERPORT	端口:
静态文本 3(Static Text 3)	IDC_STATIC_SENDMSG	输入信息:

控件类型	控件 ID	Caption
组合框 1(Group Box 1)	IDC_STATIC_MSG	聊天信息
组合框 2(Group Box 2)	IDC_STATIC_SERVER	服务器
编辑框 1(Edit Box 1)	IDC_EDIT_SERVERNAME	
编辑框 2(Edit Box 2)	IDC_EDIT_SERVERPORT	
编辑框 3(Edit Box 3)	IDC_EDIT_SENDMSG	
命令按钮 1(Button 1)	IDC_BUTTON_START	启动
命令按钮 2(Button 2)	IDC_BUTTON_STOP	终止
命令按钮 3(Button 3)	IDC_BUTTON_SEND	发送
命令按钮 4(Button 4)	IDC_BUTTON_EXIT	退出
列表框(List Box)	IDC_LIST_MSG	

图 4-17 ChatServer 程序的主对话框

3. 为对话框中的控件对象定义相应的成员变量

用类向导为对话框中的控件对象定义相应的成员变量,按照表 4-8 输入即可。

表 4-8 服务器端程序对话框中控件对象对应的成员变量

控件 ID (Control IDs)	变量名称 (Member variable name)	变量类别(Category)	变量类型 (Variable type)
IDC_EDIT_SERVERNAME	m_ServerName	Value	CString
IDC_EDIT_SERVERPORT	m_ServerPort	Value	int
IDC_EDIT_SENDMSG	m_SendMsg	Value	CString
IDC_LIST_MSG	m_Msg	Control	CListBox

4. 创建从 CAsyncSocket 类继承的派生类

从 CAsyncSocket 类派生自己的套接字类,类名为 CChatSocket,创建方法与客户程序基本相同。不同的是,事件处理函数是 OnAccept()、OnClose()和 OnReceive(),这是服务器可能发生的事件。同样也要添加一个私有的成员变量,是一个对话框类的指针:

```
private:
CChatServerDlg * m_pDlg;
```

还要添加一个成员函数:

```
void SetParent(CChatServerDlg * pDlg);
```

手工添加其他代码与客户程序基本相同。但要注意的是,服务器的对话框类是 CChatServerDlg。

5. 为对话框类添加控件对象事件的响应函数

按照表 4-9,用类向导为服务器端程序对话框中的控件对象添加事件响应函数,主要是对于 3 个按钮的单击事件的处理函数。

表 4-9　服务器端程序控件对象对应的事件响应函数

控件类型	对象标识(Object IDs)	消息(Messages)	成员函数(Member functions)
命令按钮	IDC_BUTTON_SART	BN_CLICKED	OnButtonStart
命令按钮	IDC_BUTTON_STOP	BN_CLICKED	OnButtonStop
命令按钮	IDC_BUTTON_SEND	BN_CLICKED	OnButtonSend
命令按钮	IDC_BUTTON_EXIT	BN_CLICKED	OnButtonExit

6. 为 CChatServerDlg 对话框类添加其他成员变量和成员函数

成员变量:

```
CChatSocket m_sListenSocket;        // 用来监听客户端连接请求的套接字
CChatSocket m_sConnectSocket;       // 用来与客户端连接的套接字
```

成员函数:

```
void OnClose();
void OnAccept();
void OnReceive();
```

7. 手工添加的代码

与客户程序类似,这里不再赘述。

8. 添加事件函数和成员函数的代码

主要在 CChatServerDlg 对话框类的 ChatServerDlg.cpp 中和 CChatSocket 类的 ChatSocket.cpp 中,添加用户自己的事件函数和成员函数的代码。

9. 进行测试

采用分步进行的方式进行测试,在上面的步骤中,每做一步,都可以试着编译和执行。

4.3.6 服务器程序的类与消息驱动

图 4-18 所示为 ChatServer 服务器程序的类与消息驱动的关系,不难看出,与客户程序的情况是非常类似的,区别是套接字要接受 FD_ACCEPT 事件,不再处理 FD_CONNECT 事件。

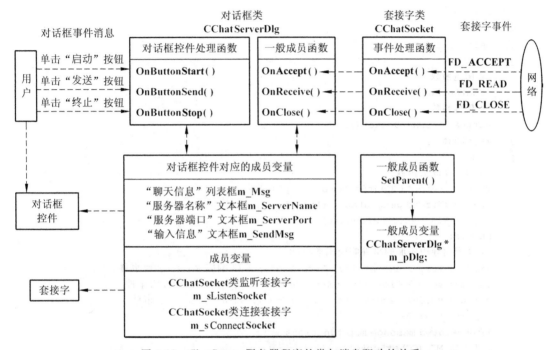

图 4-18　ChatServer 服务器程序的类与消息驱动的关系

从用户操作的过程来看,服务器程序启动后,应该立即单击"启动"按钮,等候客户端的连接请求。一旦客户端的连接请求到来,服务器就会接受它,并在列表框中显示响应信息,然后就可以与客户端聊天了。

4.3.7 服务器程序主要功能的代码和分析

本节主要介绍点对点聊天的服务器程序主要功能的代码,省略了 MFC 自动生成并且用户不必再改动的部分,保留了需要添加的部分,用户将这些代码直接添加到 MFC 生成的工程框架中即可。有些代码,如控件变量声明、消息映射等,只要按照 4.3.5 节的步骤去做就能自动生成,不用手工添加。

1. CChatServerApp 类对应的文件

CChatServerApp 类对应 ChatServer. h 和 ChatServer. cpp 文件,不需要做任何改动。

2. CChatSocket 类对应的文件

CChatSocket 类对应的文件是 ChatSocket. h 和 ChatSocket. cpp。

(1) ChatSocket. h 文件。与客户程序 ChatServer 的 ChatSocket. h 文件基本相同,下面

仅列出不同的部分。

```
……
class CChatServerDlg;                          // 关于对话框类的声明
////////////////////////////////////////////////////////////////////////
// CChatSocket command target
// 定义 CChatSocket 类
class CChatSocket : public CAsyncSocket
{
// Attributes
public:
// Operations
public:
     // 构造函数
     CChatSocket();
     // 析构函数
     virtual ~ CChatSocket();
// Overrides
public:
     // 自定义成员函数
     void SetParent(CChatServerDlg * pDlg);
     // ClassWizard generated virtual function overrides
     //{{AFX_VIRTUAL(CChatSocket)
     public:
     // 从类向导中添加的事件响应函数
     virtual void OnAccept(int nErrorCode);    // 响应 FD_ACCEPT 事件
     virtual void OnClose(int nErrorCode);     // 响应 FD_CLOSE 事件
     virtual void OnReceive(int nErrorCode);   // 响应 FD_READ 事件
     //}}AFX_VIRTUAL
     // Generated message map functions
     //{{AFX_MSG(CChatSocket)
     // NOTE -the ClassWizard will add and remove member functions here.
     //}}AFX_MSG
// Implementation
protected:
private:
     CChatServerDlg * m_pDlg;                  // 自定义私有成员变量
};
……
```

（2）ChatSocket. cpp 文件。与客户程序 ChatClient 的 ChatSocket. cpp 基本相同,下面仅列出不同的部分。

```
……
CChatSocket::CChatSocket()
{
     // 初始化对话框类指针成员变量
     m_pDlg=NULL;
}
```

```
CChatSocket::~CChatSocket()
{
    // 程序结束时释放对话框类指针成员变量
    m_pDlg=NULL;
}

// Do not edit the following lines, which are needed by ClassWizard.
#if 0
BEGIN_MESSAGE_MAP(CChatSocket, CAsyncSocket)
    //{{AFX_MSG_MAP(CChatSocket)
    //}}AFX_MSG_MAP
END_MESSAGE_MAP()
#endif                    // 0

/////////////////////////////////////////////////////////////////////////
// CChatSocket member functions
// FD_ACCEPT 事件处理函数
void CChatSocket::OnAccept(int nErrorCode)
{
    // 无错误发生时调用对话框类的 OnAccept 函数
    if (nErrorCode==0) m_pDlg->OnAccept();
}
// FD_CLOSE 事件处理函数
void CChatSocket::OnClose(int nErrorCode)
{
    // 无错误发生时调用对话框类的 OnClose 函数
    if (nErrorCode==0) m_pDlg->OnClose();
}
// FD_READ 事件处理函数
void CChatSocket::OnReceive(int nErrorCode)
{
    // 无错误发生时调用对话框类的 OnReceive 函数
    if (nErrorCode==0) m_pDlg->OnReceive();
}
// 在套接字类与对话框之间建立关联
void CChatSocket::SetParent(CChatServerDlg * pDlg)
{
    m_pDlg=pDlg;
}
......
```

3. CChatServerDlg 类对应的文件

CChatServerDlg 类对应的文件是 ChatServerDlg.h 和 ChatServerDlg.cpp。

（1）ChatServerDlg.h 文件如下：

```
......
class CChatServerDlg : public CDialog
{
// Construction
public:
```

```
    // 自定义成员函数
    void OnClose();
    void OnReceive();
    void OnAccept();
    // 自定义成员变量
    CChatSocket m_sConnectSocket;          // 定义连接套接字
    CChatSocket m_sListenSocket;           // 定义侦听套接字
    CChatServerDlg(CWnd * pParent=NULL);   // standard constructor

// Dialog Data
    //{{AFX_DATA(CChatServerDlg)
    enum { IDD=IDD_CHATSERVER_DIALOG };
    // 由类向导生成的控件变量
    CListBox    m_Msg;                     // 用于操作列表框
    CString     m_SendMsg;                 // 用于访问输入的信息
    CString     m_ServerName;              // 用于访问服务器名称
    int         m_ServerPort;              // 用于访问服务器端口
    //}}AFX_DATA

    // ClassWizard generated virtual function overrides
    //{{AFX_VIRTUAL(CChatServerDlg)
    protected:
    virtual void DoDataExchange(CDataExchange * pDX);   // DDX/DDV support
    //}}AFX_VIRTUAL

// Implementation
protected:
    HICON m_hIcon;
    // Generated message map functions
    //{{AFX_MSG(CChatServerDlg)
    virtual BOOL OnInitDialog();
    afx_msg void OnPaint();
    afx_msg HCURSOR OnQueryDragIcon();
    // 由类向导生成的处理按钮单击事件的消息映射函数
    afx_msg void OnButtonExit();           // 当单击"退出"按钮时调用
    afx_msg void OnButtonSend();           // 当单击"发送"按钮时调用
    afx_msg void OnButtonStart();          // 当单击"启动"按钮时调用
    afx_msg void OnButtonStop();           // 当单击"终止"按钮时调用
    //}}AFX_MSG
    DECLARE_MESSAGE_MAP()
};
......
```

（2）ChatServerDlg.cpp 文件如下：

```
......
CChatServerDlg::CChatServerDlg(CWnd * pParent / * =NULL * /)
    : CDialog(CChatServerDlg::IDD, pParent)
```

```cpp
{
    //{{AFX_DATA_INIT(CChatServerDlg)
    // 类向导对控件变量初始化
    m_SendMsg=_T("");
    m_ServerName=_T("");
    m_ServerPort=0;
    //}}AFX_DATA_INIT
    // Note that LoadIcon does not require a subsequent DestroyIcon in Win32
    m_hIcon=AfxGetApp()->LoadIcon(IDR_MAINFRAME);
}

void CChatServerDlg::DoDataExchange(CDataExchange* pDX)
{
    CDialog::DoDataExchange(pDX);
    //{{AFX_DATA_MAP(CChatServerDlg)
    // 类向导在控件与相应变量之间建立映射
    DDX_Control(pDX, IDC_LIST_MSG, m_Msg);
    DDX_Text(pDX, IDC_EDIT_SENDMSG, m_SendMsg);
    DDX_Text(pDX, IDC_EDIT_SERVERNAME, m_ServerName);
    DDX_Text(pDX, IDC_EDIT_SERVERPORT, m_ServerPort);
    //}}AFX_DATA_MAP
}

BEGIN_MESSAGE_MAP(CChatServerDlg, CDialog)
    //{{AFX_MSG_MAP(CChatServerDlg)
    ON_WM_PAINT()
    ON_WM_QUERYDRAGICON()
    // 类向导在控件消息与相应的事件处理函数之间建立映射
    ON_BN_CLICKED(IDC_BUTTON_EXIT, OnButtonExit)
    ON_BN_CLICKED(IDC_BUTTON_SEND, OnButtonSend)
    ON_BN_CLICKED(IDC_BUTTON_START, OnButtonStart)
    ON_BN_CLICKED(IDC_BUTTON_STOP, OnButtonStop)
    //}}AFX_MSG_MAP
END_MESSAGE_MAP()

/////////////////////////////////////////////////////////////////////////
// CChatServerDlg message handlers
// 初始化服务器名称和端口
BOOL CChatServerDlg::OnInitDialog()
{
    CDialog::OnInitDialog();

    // Set the icon for this dialog. The framework does this automatically
    // when the application's main window is not a dialog
    SetIcon(m_hIcon, TRUE);              // Set big icon
    SetIcon(m_hIcon, FALSE);             // Set small icon

    // TODO: Add extra initialization here
    // 初始化服务器名称为 localhost
    m_ServerName="localhost";
```

```
            // 初始化服务器端口为 3030
            m_ServerPort=3030;
            // 刷新程序主界面上控件显示的数据
            UpdateData(FALSE);
            // 在套接字类与对话框之间建立关联
            m_sListenSocket.SetParent(this);
            m_sConnectSocket.SetParent(this);
            // 禁用服务器名称输入控件
            GetDlgItem(IDC_EDIT_SERVERNAME)->EnableWindow(FALSE);
            // 禁用输入信息栏
            GetDlgItem(IDC_EDIT_SENDMSG)->EnableWindow(FALSE);
            // 禁用"发送"按钮
            GetDlgItem(IDC_BUTTON_SEND)->EnableWindow(FALSE);
            // 禁用"终止"按钮
            GetDlgItem(IDC_BUTTON_STOP)->EnableWindow(FALSE);

        return TRUE;                    // return TRUE unless you set the focus to a control
}


// If you add a minimize button to your dialog, you will need the code below
// to draw the icon. For MFC applications using the document/view model,
// this is automatically done for you by the framework.

void CChatServerDlg::OnPaint()
{
    if (IsIconic())
    {
        CPaintDC dc(this);          // device context for painting

        SendMessage(WM_ICONERASEBKGND, (WPARAM) dc.GetSafeHdc(), 0);

        // Center icon in client rectangle
        int cxIcon=GetSystemMetrics(SM_CXICON);
        int cyIcon=GetSystemMetrics(SM_CYICON);
        CRect rect;
        GetClientRect(&rect);
        int x = (rect.Width() - cxIcon +1) / 2;
        int y = (rect.Height() - cyIcon +1) / 2;

        // Draw the icon
        dc.DrawIcon(x, y, m_hIcon);
    }
    else
    {
        CDialog::OnPaint();
    }
}

// The system calls this to obtain the cursor to display while the user drags
// the minimized window.
```

```
HCURSOR CChatServerDlg::OnQueryDragIcon()
{
    return (HCURSOR) m_hIcon;
}
// 用来处理"退出"按钮的单击事件
void CChatServerDlg::OnButtonExit()
{
    CDialog::OnOK();
}
// 用来处理"发送"按钮的单击事件
void CChatServerDlg::OnButtonSend()
{
    int nLen;              // 表示输入信息的长度
    int nSent;             // 表示实际被发送信息的长度
    //从对话框获取数据
    UpdateData(TRUE);
    // 判断输入信息栏是否为空
    if (!m_SendMsg.IsEmpty())
    {
        // 获得输入信息的长度
        nLen=m_SendMsg.GetLength();
        // 发送信息,返回实际被发送信息的长度
        nSent=m_sConnectSocket.Send(LPCTSTR(m_SendMsg),nLen);
        // 判断发送是否成功
        if (nSent!=SOCKET_ERROR)
        {
            // 若成功,则在聊天信息栏显示信息
            m_Msg.AddString(m_SendMsg);
            // 刷新对话框
            UpdateData(FALSE);
        } else {
            AfxMessageBox("发送失败!",MB_OK|MB_ICONSTOP);
        }
        // 清空输入信息栏
        m_SendMsg.Empty();
        // 刷新对话框
        UpdateData(FALSE);
    }
}
// 用来处理"启动"按钮的单击事件
void CChatServerDlg::OnButtonStart()
{
    // 获取对话框数据
    UpdateData(TRUE);
    // 禁用"启动"按钮
    GetDlgItem(IDC_BUTTON_START)->EnableWindow(FALSE);
    // 禁用服务器端口输入控件
    GetDlgItem(IDC_EDIT_SERVERPORT)->EnableWindow(FALSE);
    // 激活"终止"按钮
    GetDlgItem(IDC_BUTTON_STOP)->EnableWindow(TRUE);
```

```cpp
    // 创建服务器侦听套接字对象的底层套接字
    m_sListenSocket.Create(m_ServerPort);
    // 进行侦听
    m_sListenSocket.Listen();
}
// 用来处理"终止"按钮的单击事件
void CChatServerDlg::OnButtonStop()
{
    // 关闭服务器侦听套接字
    m_sListenSocket.Close();
    // 关闭服务器连接套接字
    m_sConnectSocket.Close();
    // 禁用输入信息栏
    GetDlgItem(IDC_EDIT_SENDMSG)->EnableWindow(FALSE);
    // 禁用"发送"按钮
    GetDlgItem(IDC_BUTTON_SEND)->EnableWindow(FALSE);
    // 禁用"终止"按钮
    GetDlgItem(IDC_BUTTON_STOP)->EnableWindow(FALSE);
    // 清空聊天信息栏
    while (m_Msg.GetCount()!=0) m_Msg.DeleteString(0);
    // 激活"启动"按钮
    GetDlgItem(IDC_BUTTON_START)->EnableWindow(TRUE);
    // 激活服务器端口输入控件
    GetDlgItem(IDC_EDIT_SERVERPORT)->EnableWindow(TRUE);
}
// 当收到连接请求时,套接字类的 OnAccept()函数将调用此函数
void CChatServerDlg::OnAccept()
{
    // 接受连接请求
    m_sListenSocket.Accept(m_sConnectSocket);
    m_Msg.AddString("客户端与服务器的通信连接已经建立");
    // 激活输入信息栏
    GetDlgItem(IDC_EDIT_SENDMSG)->EnableWindow(TRUE);
    // 激活"发送"按钮
    GetDlgItem(IDC_BUTTON_SEND)->EnableWindow(TRUE);
}
// 当收到数据时,套接字类的 OnReceive()函数将调用此函数
void CChatServerDlg::OnReceive()
{
    char * pBuf=new char[1025];            // 定义数据接收缓冲区
    int nBufSize=1024;                     // 定义可接收的最大长度
    int nReceived;                         // 表示实际收到数据的长度
    CString strReceived;                   // 存放收到的信息
    // 接收数据,返回实际收到数据的长度
    nReceived=m_sConnectSocket.Receive(pBuf,nBufSize);
    // 判断接收是否成功
    if (nReceived!=SOCKET_ERROR)
    {
        // 若成功,给字符串的结尾加上空
```

```
        pBuf[nReceived]=NULL;
        // 把信息复制到串变量中
        strReceived=pBuf;
        // 在聊天信息栏显示信息
        m_Msg.AddString(strReceived);
        // 刷新对话框
        UpdateData(FALSE);
    } else {
        AfxMessageBox("接收失败!",MB_OK|MB_ICONSTOP);
    }
}
// 当连接被关闭时,套接字类的 OnClose()函数将调用此函数
void CChatServerDlg::OnClose()
{
    // 关闭服务器连接套接字
    m_sConnectSocket.Close();
    // 禁用输入信息栏
    GetDlgItem(IDC_EDIT_SENDMSG)->EnableWindow(FALSE);
    // 禁用"发送"按钮
    GetDlgItem(IDC_BUTTON_SEND)->EnableWindow(FALSE);
    // 清空聊天信息栏
    while (m_Msg.GetCount()!=0) m_Msg.DeleteString(0);
}
......
```

4. 其他文件

对于 Visual C++ 为 ChatServer 工程创建的其他文件,如 stdafx. h、stdafx. cpp、Resource. h 和 ChatServer. rc,都不需要做任何处理。

4.4 本章小结

本章主要讲述了基于 CAsyncSocket 类的编程模式,以属性、方法、事件等形式使程序设计人员能够方便地利用 MFC 开发网络应用程序。通过点对点聊天程序的具体实现过程详细介绍了基于 CAsyncSocket 类编程模式的使用方法与技巧。

习 题 4

1. MFC 对象和 Windows 对象具有何种关系?
2. MFC 对象和 Windows 对象有哪些不同?
3. 消息是如何分类的?
4. MFC 程序是如何启动和退出的?
5. 为什么说 CAsyncSocket 类是在很低的层次上对 Winsock API 进行了封装?

6. 简述使用 CAsyncSocket 类编程的一般步骤。

7. 创建 CAsyncSocket 类对象常见的方法有哪些？

8. CAsyncSocket 类可以接受并处理的消息事件有哪些？分别表示什么含义？

9. 使用 CAsyncSocket 流式套接字对象的服务器是如何接受客户端的连接请求的？

10. 说明点对点聊天程序的客户程序中类与消息驱动的关系。

第5章 基于 CSocket 类的聊天程序

MFC CSocket 类是从 CAsyncSocket 类派生出来的,是对 Winsock API 的高级封装。CSocket 类继承了 CAsyncSocket 类的许多成员函数,这些函数封装了 Windows 套接字应用程序编程接口。在 CSocket 和 CAsyncSocket 两个套接字类中,这些成员函数的用法是一致的。与 CAsyncSocket 类相比,CSocket 类提供了一个更高级别的 Winsock 编程接口,简化了编程工作,表现在以下 3 个方面。

(1) CSocket 类结合 CSocketFile 类和 CArchive 类来处理数据的发送和接收,就像使用 MFC 的序列化协议一样。

(2) CSocket 类管理了通信的许多方面,如字节顺序问题和字符串转换问题。而使用原始 API 或者 CAsyncSocket 类时,都必须由用户自己来做,这就使 CSocket 类比 CAsyncSocket 类更容易使用。

(3) 最重要的是,CSocket 类为 Windows 消息的后台处理提供了阻塞的工作模式,一些成员函数,如 Receive()、Send()、ReceiveFrom()、SendTO() 和 Accept() 等,在不能立即发送或接收数据时,不会立即返回一个 WSAEWOULDBLOCK 错误,它们会等待,直到操作结束。这对于使用 CArchive 类来进行同步数据传输是必需的。

5.1 CSocket 类

5.1.1 基本编程模型

CSocket 类、CSocketFile 类和 CArchive 类相结合使用套接字,就像使用 MFC 的序列化协议一样,简单方便。使用 CSocket 类来编程,可以充分利用应用程序框架的优势,使用可视化编程语言的控件方便地构造图形化的用户界面。同时,可以充分利用应用程序框架的消息驱动的处理机制,方便地对各种不同的网络事件做出响应,从而简化了程序的编写。

在服务器和客户端中,针对流式套接字使用 CSocket 类编程的一般步骤如表 5-1 所示。

表 5-1 使用 CSocket 类编程的一般步骤

序号	服 务 器	客 户 端
1	CSocket sockServ; // 创建空的服务器监听套接字对象	CSocket sockClient; // 创建空的客户端的套接字对象
2	sockServ.Create(nPort); //用众所周知的端口,创建监听套接字对象的底层套接字句柄	sockClient.Create(); //创建套接字对象的底层套接字
3	sockServ.Listen(); //启动对客户端连接请求的监听	

序号	服 务 器	客 户 端
4		sockClient. Connect(strAddr, nPort); //请求连接到服务器

5	CSocket sockRecv;
	// 创建空的服务器连接套接字对象
	sockServ. Accept(sockRecv);
	//接受客户的连接请求,并将其他任务转交给连接套接字对象	

6	CSockFile * file;
	file = new CSockFile(&sockRecv);
	//创建文件对象并关联到连接套接字对象
		CSockFile * file;
		file = new CSockFile(&sockClent);
		//创建文件对象,并关联到套接字对象

7	CArchive * arIn, arOut;
	//归档对象必须关联到文件对象
	arIn = CArchive(&file, CArchive::load);
	//创建用于输入的归档对象
	arOut = CArchive(&file, CArchive::store);
	//创建用于输出的归档对象
		CArchive * arIn, arOut;
		//归档对象必须关联到文件对象
		arIn = CArchive(&file, CArchive::load);
		//创建用于输入的归档对象
		arOut = CArchive(&file, CArchive::store);
		//创建用于输出的归档对象

8	arIn >> dwValue;
	//数据输入
	arOut << dwValue;
	//数据输出,输入或输出可以反复进行
		arIn >> dwValue;
		//数据输入
		arOut << dwValue;
		//数据输出

9	sockRecv. Close();
	sockServ. Close();
	//传输完毕,关闭套接字对象
		sockClient. Close();
		//传输完毕,关闭套接字对象

还要强调以下几点。

(1) 服务器程序在创建专用于监听的套接字对象时,要指定为这种服务分配的众所周知的保留端口号,这样才能使客户程序正确地连接到服务器。

(2) 服务器接收到连接请求后,必须创建一个专门用于连接的套接字对象,并将以后的连接和数据传输工作移交给它。

(3) 通常,一个服务器应用程序应能处理多个客户端的连接请求,对于每个客户端的套接字对象,服务器应用程序都应该创建一个与它们进行连接和数据交换的相应的套接字对象。因此,服务器应该采用动态的方式来创建这些连接套接字对象。

(4) 使用 CSocket 类的最大优点在于,应用程序可以在连接的两端通过 CArchive 对象来进行数据传输。通过 CArchive 对象来进行数据传输时,应用程序不需要直接调用 CSocket 类的数据传输成员函数,而是利用由 CArchive 对象、CSocketFile 对象和 CSocket 对象级联而形成的数据传输管道,如图 5-1 所示。

在发送端,将需要传输的数据插入用于发送的 CArchive 对象,CArchive 对象会将数据传输到 CSocketFile 对象中,再交给 CSocket 对象,由套接字来发送数据;在接收端,按照相反的顺序传递数据,最终应用程序从用于接收数据的 CArchive 对象中获取传输过来的数据。向 CArchive 对象插入数据的操作符是"<<",从 CArchive 对象获取数据的操作符是">>"。

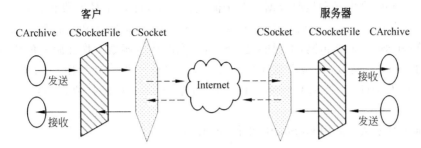

图 5-1　CSocket 类、CArchive 类和 CSocketFile 类在传输数据时的作用

（5）一个特定的 CArchive 对象只能进行单方向的数据传递，要么用于输入，要么用于输出。因此，如果应用程序既要发送数据又要接收数据，那么就必须在每一端创建两个独立的 CArchive 对象：一个用 CArchive::load 属性创建，用来接收数据；另一个用 CArchive::store 属性创建，用来发送数据。这两个 CArchive 对象可以共享同一个 CSocketFile 对象和 CSocket 套接字对象。

（6）当把需要发送的数据都写入 CArchive 对象以后，还必须调用 CArchive::Flush() 函数刷新 CArchive 对象的缓冲区，这时数据才真正从网络上发送出去，否则接收端就收不到数据。

5.1.2　创建 CSocket 类对象

创建 CSocket 类对象可分为两个步骤。

（1）调用 CSocket 类的构造函数，创建一个空的 CSocket 类对象。

（2）调用此 CSocket 类对象的 Create() 成员函数，创建对象的底层套接字。

函数原型如下：

```
BOOL Create(UINT nSocketPort=0, int nSocketType=SOCK_STREAM,
LPCTSTR lpszSocketAddress=NULL);
```

如果打算使用 CArchive 对象和套接字一起进行数据传输工作，则必须使用流式套接字。

5.1.3　连接的建立

CSocket 类使用基类 CAsyncSocket 的同名成员函数 Connect()、Listen() 和 Accept() 来建立服务器和客户端套接字之间的连接，使用方法相同，不同的是 CSocket 类的 Connect() 函数和 Accept() 函数支持阻塞调用。例如，在调用 Connect() 函数时会发生阻塞，直到成功地建立了连接或者有错误发生才返回。在多线程的应用程序中，一个线程发生阻塞，其他线程仍能处理 Windows 事件。

CSocket 对象从不调用 OnConnect() 事件处理函数。

5.1.4　数据的收发

创建 CSocket 类对象后，对于数据报套接字，直接使用 CSocket 类的成员函数 SendTo()

和 ReceiveFrom()来发送和接收数据。对于流式套接字,首先在服务器和客户端之间建立连接,然后使用 CSocket 类的成员函数 Send()和 Receive()来发送和接收数据,它们的调用方式与 CAsyncSocket 类相同,不同的是 CSocket 类的成员函数工作在阻塞的模式。例如,一旦调用了 Send()函数,在所有数据发送之前,程序或线程将处于阻塞的状态。一般将 CSocket 类与 CArchive 类和 CSocketFile 类相结合来发送和接收数据,这将使编程更为简单。

CSocket 对象从不调用 OnSend()事件处理函数。

5.1.5　关闭套接字和清除相关对象

使用完 CSocket 对象以后,应用程序应当调用它的 Close()成员函数来释放套接字占用的系统资源,也可以调用它的 ShutDown()成员函数来禁止套接字的读写操作。而对于相应的 CArchive 对象、CSocketFile 对象和 CSocket 对象,可以将它们销毁,也可以不做处理,因为当应用程序终止时,会自动调用这些对象的析构函数,从而释放这些对象占用的资源。

5.2　基于 CSocket 类的聊天程序实例

5.2.1　程序的功能

基于 CSocket 类的聊天程序实例采用客户-服务器模式,服务器可以同时与多个客户端建立连接,为多个客户端提供服务。服务器接收客户端发来的信息,然后将它转发给聊天室的其他客户端,从而实现多个客户端之间的信息交换。服务器动态地统计进入聊天室的客户端数目并显示出来;及时显示新的客户端进入聊天室和客户端退出聊天室的信息,也转发给其他的客户端。进入服务器程序后,用户应首先输入监听端口号,单击"启动"按钮启动监听,等待客户端的连接请求,当客户端的连接请求到来时,服务器接收它,然后进入与客户机的会话期。服务器程序动态地为新的客户端创建相应的套接字对象,并采用链表来管理客户端的套接字对象,从而实现一个服务器为多个客户端服务的目标。

用户可以同时启动多个客户程序。进入客户程序后,用户首先输入要连接的服务器名称、服务器的监听端口和客户机的名称,单击"连接"按钮,就能与服务器建立连接。然后输入信息,单击"发送"按钮向服务器发送聊天信息。在客户程序的列表框中,能实时显示聊天室的所有客户端发送的信息,以及客户端进出聊天室的信息。

基于 CSocket 类的聊天程序实例的技术要点如下:

(1) 如何从 CSocket 类派生出自己所需的 Winsock 类;

(2) 如何利用 CSocketFile 类、CArchive 类和 CSocket 类的合作来实现网络进程之间的数据传输;

(3) 如何用链表管理多个动态客户端的套接字,实现服务器和所有参与聊天的客户端所显示信息的同步更新。

聊天室服务器程序和客户程序的用户界面分别如图 5-2 和图 5-3 所示。

5.2.2　创建服务器程序

利用可视化语言的集成开发环境创建服务器应用程序的步骤如下。

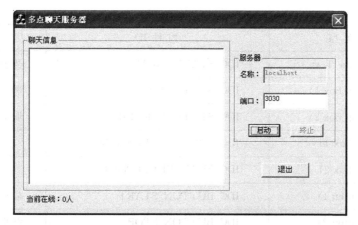

图 5-2 聊天室服务器程序的用户界面

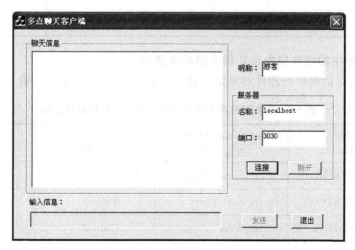

图 5-3 聊天室客户程序的用户界面

1. 利用 MFC AppWizard 创建服务器应用程序框架

工程名为 ChatRServer,应用程序类型选择 Dialog based,语言支持选择中文,选择 Windows Sockets 支持,其他为系统的默认值。所创建的程序将自动创建两个类:一个是应用程序类 CChatRServerApp,对应的文件是 ChatRServer.h 和 ChatRServer.cpp;另一个是对话框类 CChatRServerDlg,对应的文件是 ChatRServerDlg.h 和 ChatRServerDlg.cpp。

2. 为对话框添加控件对象

设置完成的 ChatRServer 程序主对话框如图 5-2 所示,然后按照表 5-2 修改对话框中各个控件的属性。

表 5-2　ChatRServer 程序主对话框中的控件属性

控 件 类 型	控 件 ID	Caption
静态文本 1(Static Text 1)	IDC_STATIC_SERVERNAME	名称
静态文本 2(Static Text 2)	IDC_STATIC_SERVERPORT	端口

控 件 类 型	控 件 ID	Caption
静态文本 3（Static Text 3）	IDC_STATIC_NUM	当前在线：0 人
组合框 1（Group Box 1）	IDC_STATIC_MSG	聊天信息
组合框 2（Group Box 2）	IDC_STATIC_SERVER	服务器
编辑框 1（Edit Box 1）	IDC_EDIT_SERVERNAME	
编辑框 2（Edit Box 2）	IDC_EDIT_SERVERPORT	
命令按钮 1（Button 1）	IDC_BUTTON_START	启动
命令按钮 2（Button 2）	IDC_BUTTON_STOP	终止
命令按钮 3（Button 3）	IDC_BUTTON_EXIT	退出
列表框（List Box）	IDC_LIST_MSG	

3. 为对话框中的控件对象定义相应的成员变量

用类向导为对话框中的控件对象定义相应的成员变量，按照表 5-3 输入即可。

表 5-3 服务器程序对话框中控件对象对应的成员变量

Control IDs （控件 ID）	Member variable name （变量名称）	Category （变量类别）	Variable type （变量类型）
IDC_EDIT_SERVERNAME	m_ServerName	Value	Cstring
IDC_EDIT_SERVERPORT	m_ServerPort	Value	int
IDC_STATIC_NUM	m_Num	Control	CStatic
IDC_LIST_MSG	m_Msg	Control	CListBox

4. 创建从 CSocket 类继承的派生类

从 CSocket 类派生两个套接字类：一个类名为 CChatLSocket，专用于监听客户端的连接请求，为它添加 OnAccept 事件处理函数；另一个类名为 CChatCSocket，专用于与客户端建立连接并交换数据，为它添加 OnReceive 事件处理函数。这两个类都要添加一个指向对话框类的指针变量：

```
CChatRServerDlg * m_pDlg;
```

为 CChatCSocket 添加以下成员变量：

```
CSocketFile * m_pFile;          // 定义 CSocketFile 对象指针变量
CArchive * m_pArchiveIn;        // 定义输入型 CArchive 对象指针变量
CArchive * m_pArchiveOut;       // 定义输出型 CArchive 对象指针变量
```

为 CChatCSocket 添加以下成员函数：

```
void Initialize();              // 初始化
void SendMsg(CMsg* pMsg),        // 发送消息
void ReceiveMsg(CMsg* pMsg);     // 接收消息
```

5. 为对话框类添加控件对象事件的响应函数

按照表 5-4,用类向导为服务器程序对话框中的控件对象添加事件响应函数,主要是对于"启动"按钮和"终止"按钮的单击事件的处理函数。

表 5-4 服务器程序控件对象对应的事件响应函数

控件类型	Object IDs (对象标识)	Messages (消息)	Member functions (成员函数)
命令按钮	IDC_BUTTON_START	BN_CLICKED	OnButtonStart
命令按钮	IDC_BUTTON_STOP	BN_CLICKED	OnButtonStop
命令按钮	IDC_BUTTON_EXIT	BN_CLICKED	OnButtonExit

6. 为 CChatRServerDlg 对话框类添加其他成员变量和成员函数

成员变量:

```
CChatLSocket * m_sListenSocket;   // 定义侦听套接字指针变量
CPtrList m_cList;                 // 定义连接列表变量
```

成员函数:

```
void OnAccept();                            // 接受连接请求
void OnReceive(CCSocket * pSocket);         // 获取客户端的发送消息
void ForwardMsg(CChatCSocket * pSocket, CMsg * pMsg);
                                            //向聊天室的所有客户端转发消息
```

7. 创建专用于数据传输序列化处理的类 CMsg

为了利用 CSocket 类及其派生类,可以和 CSocketFile 对象、CArchive 对象合作进行数据发送和接收。这里构造一个专用于消息传输的类,该类必须从 CObject 类派生。

选中"插入"|"新建类"菜单选项,弹出 New Class 对话框,在 Class type 下拉列表框中选择 Generic Class,在 Name 文本框中输入类名 CMsg,在基类的 Derived From 文本框中输入 CObject,单击 OK 按钮即可。

为 CMsg 类添加以下成员变量和成员函数:

```
CString m_strText;                    // 字符串成员
BOOL m_bClose;                        // 是否关闭状态
virtual void Serialize(CArchive& ar); // 序列化函数
```

8. 添加事件函数和成员函数的代码

主要在 CChatRServerDlg 对话框类的 ChatRServerDlg.cpp 文件中和两个套接字类的实现文件中,添加用户自己的事件函数和成员函数的代码。

5.2.3 服务器程序主要功能的代码和分析

1. CChatLSocket 类对应的文件

(1) ChatLSocket.h 头文件如下：

```
……
class CChatRServerDlg;                      // 关于对话框类的声明
//////////////////////////////////////////////////////////////////
// CChatLSocket command target
// 定义侦听套接字类
class CChatLSocket : public CSocket
{
    // 动态类声明
DECLARE_DYNAMIC(CChatLSocket);

// Attributes
public:

// Operations
public:
    // 构造函数,并且加入了入口参数
    CChatLSocket(CChatRServerDlg * pDlg);
    // 析构函数
    virtual ~CChatLSocket();

// Overrides
public:
    CChatRServerDlg * m_pDlg;               // 定义对话框类指针变量
    // ClassWizard generated virtual function overrides
    //{{AFX_VIRTUAL(CChatLSocket)
    public:
    // 从类向导中添加的事件响应函数
    virtual void OnAccept(int nErrorCode);     // 响应 FD_ACCEPT 事件
    //}}AFX_VIRTUAL

    // Generated message map functions
    //{{AFX_MSG(CChatLSocket)
        // NOTE - the ClassWizard will add and remove member functions here.
    //}}AFX_MSG

// Implementation
protected:

};
……
```

(2) ChatLSocket.cpp 文件如下：

```
……
CChatLSocket::CChatLSocket(CChatRServerDlg * pDlg)
{
    // 初始化对话框类指针成员变量
    m_pDlg=pDlg;
}

CChatLSocket::~ CChatLSocket()
{
    // 程序结束时释放对话框类指针成员变量
    m_pDlg=NULL;
}

// Do not edit the following lines, which are needed by ClassWizard.
#if 0
BEGIN_MESSAGE_MAP(CChatLSocket, CSocket)
    //{{AFX_MSG_MAP(CChatLSocket)
    //}}AFX_MSG_MAP
END_MESSAGE_MAP()
#endif // 0

/////////////////////////////////////////////////////////////////////////////
// CChatLSocket member functions
// FD_ACCEPT 事件处理函数
void CChatLSocket::OnAccept(int nErrorCode)
{
    // TODO: Add your specialized code here and/or call the base class
    // 先执行基类的 OnAccept 函数
    CSocket::OnAccept(nErrorCode);
    // 再调用对话框类的 OnAccept 函数
    m_pDlg->OnAccept();
}

IMPLEMENT_DYNAMIC(CChatLSocket,CSocket)
```

2. CChatCSocket 类对应的文件

(1) ChatCSocket.h 头文件如下：

```
……
class CChatCSocket : public CSocket
{
// 动态类声明
    DECLARE_DYNAMIC(CChatCSocket);

// Attributes
public:

// Operations
```

```
public:
    // 构造函数,并且加入了入口参数
    CChatCSocket(CChatRServerDlg* pDlg);
    // 析构函数
    virtual ~CChatCSocket();

// Overrides
public:
    void ReceiveMsg(CMsg* pMsg);
    void SendMsg(CMsg* pMsg);
    void Initialize();
    CArchive* m_pArchiveOut;              // 定义输出型 CArchive 对象指针变量
    CArchive* m_pArchiveIn;               // 定义输入型 CArchive 对象指针变量
    CSocketFile* m_pFile;                 // 定义 CSocketFile 对象指针变量
    CChatRServerDlg* m_pDlg;              // 定义对话框类指针变量
    // ClassWizard generated virtual function overrides
    //{{AFX_VIRTUAL(CChatCSocket)
    public:
    // 从类向导中添加的事件响应函数
    virtual void OnReceive(int nErrorCode);  // 响应 FD_READ 事件
    //}}AFX_VIRTUAL

    // Generated message map functions
    //{{AFX_MSG(CChatCSocket)
        // NOTE -the ClassWizard will add and remove member functions here.
    //}}AFX_MSG

// Implementation
protected:

};
......
```

（2）ChatCSocket. cpp 文件如下：

```
......
// 初始化各成员变量
CChatCSocket::CChatCSocket(CChatRServerDlg* pDlg)
{
    m_pDlg=pDlg;
    m_pFile=NULL;
    m_pArchiveIn=NULL;
    m_pArchiveOut=NULL;
}
// 程序结束时释放各成员变量
CChatCSocket::~ CChatCSocket()
{
    m_pDlg=NULL;
    if (m_pArchiveOut !=NULL) delete m_pArchiveOut;
```

```
    if (m_pArchiveIn !=NULL) delete m_pArchiveIn;
    if (m_pFile !=NULL) delete m_pFile;
}


// Do not edit the following lines, which are needed by ClassWizard.
#if 0
BEGIN_MESSAGE_MAP(CChatCSocket, CSocket)
    //{{AFX_MSG_MAP(CChatCSocket)
    //}}AFX_MSG_MAP
END_MESSAGE_MAP()
#endif                              // 0


/////////////////////////////////////////////////////////////////////////////
// CChatCSocket member functions
// FD_READ事件处理函数
void CChatCSocket::OnReceive(int nErrorCode)
{
    // 先执行基类的 OnReceive 函数
    CSocket::OnReceive(nErrorCode);
    // 再调用对话框类的 OnReceive 函数
    m_pDlg->OnReceive(this);
}
// 初始化
void CChatCSocket::Initialize()
{
    // 在此套接字与 CSocketFile 对象间建立关联
    m_pFile=new CSocketFile(this,TRUE);
    // 在 CSocketFile 对象与 CArchive 对象间建立关联,实现读操作
    m_pArchiveIn=new CArchive(m_pFile,CArchive::load);
    // 在 CSocketFile 对象与 CArchive 对象间建立关联,实现写操作
    m_pArchiveOut=new CArchive(m_pFile,CArchive::store);
}
// 发送消息
void CChatCSocket::SendMsg(CMsg * pMsg)
{
    if (m_pArchiveOut !=NULL)
    {
        // 调用消息类的序列化函数,发送消息
        pMsg->Serialize(*m_pArchiveOut);
        // 将 CArchive 对象中的数据强制性写入 CSocketFile 文件中
        m_pArchiveOut->Flush();
    }
}
// 接收消息
void CChatCSocket::ReceiveMsg(CMsg * pMsg)
{
    // 调用消息类的序列化函数,接收消息
    pMsg->Serialize(*m_pArchiveIn);
}


IMPLEMENT_DYNAMIC(CChatCSocket,CSocket)
```

3. CMsg 类对应的文件

（1）Msg.h 头文件如下：

```
......
class CMsg : public CObject
{
    // 动态类声明
    DECLARE_DYNCREATE(CMsg);

public:
    // 自定义成员函数
    virtual void Serialize(CArchive& ar);
    // 自定义成员变量
    BOOL m_bClose;                  //是否关闭状态
    CString m_strText;              //字符串成员
    // 构造函数
    CMsg();
    // 析构函数
    virtual ~ CMsg();

};
......
```

（2）Msg.cpp 文件如下：

```
......
// 初始化成员变量
CMsg::CMsg()
{
    m_strText = _T("");
    m_bClose=FALSE;
}


CMsg::~ CMsg()
{

}
// 序列化函数
void CMsg::Serialize(CArchive &ar)
{
    // 判断是输入还是输出,若是输出则发送数据,否则接收数据
    if (ar.IsStoring())
    {
        // 若为输出,则发送数据
        ar << (WORD)m_bClose;
        ar <<m_strText;
    } else {
        // 否则接收数据
        WORD wd;
```

```
        ar >>wd;
        m_bClose= (BOOL)wd;
        ar >>m_strText;
    }
}

IMPLEMENT_DYNAMIC(CMsg,CObject)
```

4. CChatRServerDlg 类对应的文件

（1）ChatRServerDlg.h 头文件如下：

```
……
class CChatRServerDlg : public CDialog
{
// Construction
public:
    // 自定义成员函数
    void ForwardMsg(CChatCSocket * pSocket, CMsg * pMsg);
    void OnReceive(CChatCSocket * pSocket);
    void OnAccept();
    // 自定义成员变量
    CPtrList m_cList;                        // 定义连接列表变量
    CChatLSocket * m_sListenSocket;          // 定义侦听套接字指针变量
    CChatRServerDlg(CWnd * pParent=NULL);    // standard constructor

// Dialog Data
    //{{AFX_DATA(CChatRServerDlg)
    enum { IDD=IDD_CHATRSERVER_DIALOG };
    CStatic     m_Num;                       // 用于操作显示在线人数的静态文本框
    CListBox    m_Msg;                       // 用于操作聊天信息列表框
    CString     m_ServerName;                // 用于访问服务器名称
    int         m_ServerPort;                // 用于访问服务器端口
    //}}AFX_DATA

    // ClassWizard generated virtual function overrides
    //{{AFX_VIRTUAL(CChatRServerDlg)
    protected:
    virtual void DoDataExchange(CDataExchange * pDX);    // DDX/DDV support
    //}}AFX_VIRTUAL

// Implementation
protected:
    HICON m_hIcon;

    // Generated message map functions
    //{{AFX_MSG(CChatRServerDlg)
    virtual BOOL OnInitDialog();
```

```
        afx_msg void OnPaint();
        afx_msg HCURSOR OnQueryDragIcon();
        // 由类向导生成的处理按钮单击事件的消息映射函数
        afx_msg void OnButtonExit();              // 当"退出"按钮按下时调用
        afx_msg void OnButtonStart();             // 当"启动"按钮按下时调用
        afx_msg void OnButtonStop();              // 当"终止"按钮按下时调用
        //}}AFX_MSG
        DECLARE_MESSAGE_MAP()
};
......
```

（2）ChatRServerDlg. cpp 文件如下：

```
......
CChatRServerDlg::CChatRServerDlg(CWnd* pParent /* =NULL*/)
    : CDialog(CChatRServerDlg::IDD, pParent)
{
    //{{AFX_DATA_INIT(CChatRServerDlg)
    // 类向导对控件变量初始化
    m_ServerName=_T("");
    m_ServerPort=0;
    //}}AFX_DATA_INIT
    // Note that LoadIcon does not require a subsequent DestroyIcon in Win32
    m_hIcon=AfxGetApp()->LoadIcon(IDR_MAINFRAME);
    // 成员变量初始化
    m_sListenSocket=NULL;
}


void CChatRServerDlg::DoDataExchange(CDataExchange* pDX)
{
    CDialog::DoDataExchange(pDX);
    //{{AFX_DATA_MAP(CChatRServerDlg)
    // 类向导在控件与相应变量之间建立映射
    DDX_Control(pDX, IDC_STATIC_NUM, m_Num);
    DDX_Control(pDX, IDC_LIST_MSG, m_Msg);
    DDX_Text(pDX, IDC_EDIT_SERVERNAME, m_ServerName);
    DDX_Text(pDX, IDC_EDIT_SERVERPORT, m_ServerPort);
    //}}AFX_DATA_MAP
}

BEGIN_MESSAGE_MAP(CChatRServerDlg, CDialog)
    //{{AFX_MSG_MAP(CChatRServerDlg)
    ON_WM_PAINT()
    ON_WM_QUERYDRAGICON()
    // 类向导在控件消息与相应的事件处理函数之间建立映射
    ON_BN_CLICKED(IDC_BUTTON_EXIT, OnButtonExit)
```

```
    ON_BN_CLICKED(IDC_BUTTON_START, OnButtonStart)
    ON_BN_CLICKED(IDC_BUTTON_STOP, OnButtonStop)
    //}}AFX_MSG_MAP
END_MESSAGE_MAP()

/////////////////////////////////////////////////////////////////////////////
// CChatRServerDlg message handlers

BOOL CChatRServerDlg::OnInitDialog()
{
    CDialog::OnInitDialog();

    // Set the icon for this dialog. The framework does this automatically
    // when the application's main window is not a dialog
    SetIcon(m_hIcon, TRUE);                     // Set big icon
    SetIcon(m_hIcon, FALSE);                    // Set small icon

    // TODO: Add extra initialization here
    // 初始化服务器名称为 localhost
    m_ServerName="localhost";
    // 初始化服务器端口为 3030
    m_ServerPort=3030;
    // 刷新程序主界面上控件显示的数据
    UpdateData(FALSE);
    // 禁用服务器名称输入控件
    GetDlgItem(IDC_EDIT_SERVERNAME)->EnableWindow(FALSE);
    // 禁用"终止"按钮
    GetDlgItem(IDC_BUTTON_STOP)->EnableWindow(FALSE);

    return TRUE;                    // return TRUE unless you set the focus to a control
}

// If you add a minimize button to your dialog, you will need the code below
// to draw the icon. For MFC applications using the document/view model,
// this is automatically done for you by the framework.

void CChatRServerDlg::OnPaint()
{
    if (IsIconic())
    {
        CPaintDC dc(this);                          // device context for painting

        SendMessage(WM_ICONERASEBKGND, (WPARAM) dc.GetSafeHdc(), 0);

        // Center icon in client rectangle
        int cxIcon=GetSystemMetrics(SM_CXICON);
        int cyIcon=GetSystemMetrics(SM_CYICON);
        CRect rect;
        GetClientRect(&rect);
        int x = (rect.Width() -cxIcon +1) / 2;
```

```
        int y = (rect.Height() - cyIcon +1) / 2;

        // Draw the icon
        dc.DrawIcon(x, y, m_hIcon);
    }
    else
    {
        CDialog::OnPaint();
    }
}

// The system calls this to obtain the cursor to display while the user drags
// the minimized window.
HCURSOR CChatRServerDlg::OnQueryDragIcon()
{
    return (HCURSOR) m_hIcon;
}
// 用来处理"退出"按钮的单击事件
void CChatRServerDlg::OnButtonExit()
{
    CDialog::OnOK();
}
// 用来处理"启动"按钮的单击事件
void CChatRServerDlg::OnButtonStart()
{
    // 获取对话框数据
    UpdateData(TRUE);
    // 创建侦听套接字对象
    m_sListenSocket=new CChatLSocket(this);
    // 在指定端口上创建侦听套接字对象的底层套接字
    if (!m_sListenSocket->Create(m_ServerPort))
    {
        // 出错处理
        delete m_sListenSocket;
        m_sListenSocket=NULL;
        AfxMessageBox("创建侦听套接字错误!");
        return;
    }
    // 开始侦听客户端的连接请求
    if (!m_sListenSocket->Listen())
    {
        // 出错处理
        delete m_sListenSocket;
        m_sListenSocket=NULL;
        AfxMessageBox("启动侦听错误!");
        return;
    }

    // 禁用"启动"按钮
    GetDlgItem(IDC_BUTTON_START)->EnableWindow(FALSE);
```

```cpp
    // 禁用服务器端口输入控件
    GetDlgItem(IDC_EDIT_SERVERPORT)->EnableWindow(FALSE);
    // 激活"终止"按钮
    GetDlgItem(IDC_BUTTON_STOP)->EnableWindow(TRUE);
}
// 用来处理"终止"按钮的单击事件
void CChatRServerDlg::OnButtonStop()
{
    CMsg msg;
    msg.m_strText="服务器终止服务!";
    // 删除侦听套接字
    delete m_sListenSocket;
    m_sListenSocket=NULL;
    // 对连接列表进行处理
    while (!m_cList.IsEmpty())
    {
        // 通知所有已连接的客户端服务器已终止,并释放连接
        CChatCSocket * pSocket=(CChatCSocket * )m_cList.RemoveHead();
        pSocket->SendMsg(&msg);
        delete pSocket;
    }
    // 清空聊天信息栏
    while(m_Msg.GetCount()!=0)
        m_Msg.DeleteString(0);

    // 禁用"终止"按钮
    GetDlgItem(IDC_BUTTON_STOP)->EnableWindow(FALSE);
    // 激活"启动"按钮
    GetDlgItem(IDC_BUTTON_START)->EnableWindow(TRUE);
    // 激活服务器端口输入控件
    GetDlgItem(IDC_EDIT_SERVERPORT)->EnableWindow(TRUE);
}
// 当收到连接请求时,套接字类的 OnAccept()函数将调用此函数
void CChatRServerDlg::OnAccept()
{
    // 创建连接套接字对象
    CChatCSocket * pSocket=new CChatCSocket(this);
    // 接受客户的连接请求
    if (m_sListenSocket->Accept(* pSocket))
    {
        // 初始化连接套接字对象
        pSocket->Initialize();
        // 将此连接套接字对象加入套接字列表
        m_cList.AddTail(pSocket);
        // 刷新在线人数
        CString strTemp;
        strTemp.Format("在线人数:%d",m_cList.GetCount());
        m_Num.SetWindowText(strTemp);
    }
    else
```

```cpp
        // 失败时释放资源
        delete pSocket;
}
// 当收到数据时,套接字类的 OnReceive() 函数将调用此函数
void CChatRServerDlg::OnReceive(CChatCSocket * pSocket)
{
    static CMsg msg;
    do {
        // 接收客户端发来的信息
        pSocket->ReceiveMsg(&msg);
        // 将此信息显示在聊天信息栏中
        m_Msg.AddString(msg.m_strText);
        // 将此信息转发给其他客户端
        ForwardMsg(pSocket, &msg);

        // 如果客户端已关闭,则从列表中删除与此客户端的连接
        if (msg.m_bClose)
        {
            pSocket->Close();
            POSITION pos,temp;
            // 在列表中查找相应连接
            for (pos=m_cList.GetHeadPosition();pos!=NULL;)
            {
                temp=pos;
                CChatCSocket * pSock=(CChatCSocket * )m_cList.GetNext(pos);
                // 判断是否找到
                if (pSock==pSocket)
                {
                    // 若找到,则从列表中删除此连接
                    m_cList.RemoveAt(temp);
                    CString strTemp;
                    // 刷新在线人数
                    strTemp.Format("在线人数: %d",m_cList.GetCount());
                    m_Num.SetWindowText(strTemp);
                    break;
                }
            }
            // 同时释放资源
            delete pSocket;
            break;
        }
    } while (!pSocket->m_pArchiveIn->IsBufferEmpty());

}
// 将收到的信息转发给其他客户端
void CChatRServerDlg::ForwardMsg(CChatCSocket * pSocket, CMsg * pMsg)
{
    for (POSITION pos=m_cList.GetHeadPosition();pos!=NULL;)
    {
        // 依次读取各个连接
```

```
        CChatCSocket * pSock= (CChatCSocket * )m_cList.GetNext(pos);
        // 判断当前连接的客户是不是信息源
    if (pSock!=pSocket)
        // 若不是,则转发信息
        pSock->SendMsg(pMsg);
    }
}
……
```

5.2.4 创建客户程序

利用可视化语言的集成开发环境创建客户应用程序的步骤如下。

1. 利用 MFC AppWizard 创建客户应用程序框架

工程名为 ChatRClient,程序类型选中 Dialog based,语言支持选为中文,选中 Windows Sockets 支持,其他接受系统的默认值。所创建的程序将自动创建两个类:一个是应用程序类 CChatRClientApp,对应的文件是 ChatRClient.h 和 ChatRClient.cpp;另一个是对话框类 CChatRClientDlg,对应的文件是 ChatRClientDlg.h 和 ChatRClientDlg.cpp。

2. 为对话框添加控件对象

设置完成的 ChatRClient 程序主对话框如图 5-3 所示,然后按照表 5-5 修改对话框中各个控件的属性。

表 5-5 ChatRClient 程序主对话框中的控件属性

控 件 类 型	控件 ID	Caption
静态文本 1(Static Text 1)	IDC_STATIC_SERVERNAME	名称:
静态文本 2(Static Text 2)	IDC_STATIC_SERVERPORT	端口:
静态文本 3(Static Text 3)	IDC_STATIC_SENDMSG	输入信息:
静态文本 4(Static Text 4)	IDC_STATIC_NICKNAME	昵称:
组合框 1(Group Box 1)	IDC_STATIC_MSG	聊天信息
组合框 2(Group Box 2)	IDC_STATIC_SERVER	服务器
编辑框 1(Edit Box 1)	IDC_EDIT_SERVERNAME	
编辑框 2(Edit Box 2)	IDC_EDIT_SERVERPORT	
编辑框 3(Edit Box 3)	IDC_EDIT_SENDMSG	
编辑框 4(Edit Box 4)	IDC_EDIT_NICKNAME	
命令按钮 1(Button 1)	IDC_BUTTON_CONNECT	连接
命令按钮 2(Button 2)	IDC_BUTTON_DISCONNECT	断开
命令按钮 3(Button 3)	IDC_BUTTON_SEND	发送
命令按钮 4(Button 4)	IDC_BUTTON_EXIT	退出
列表框(List Box)	IDC_LIST_MSG	

3. 为对话框中的控件对象定义相应的成员变量

用类向导为对话框中的控件对象定义相应的成员变量,按照表 5-6 输入即可。

表 5-6 客户程序对话框中的控件对象对应的成员变量

Control IDs （控件 ID）	Member variable name （变量名称）	Category （变量类别）	Variable type （变量类型）
IDC_EDIT_SERVERNAME	m_ServerName	Value	Cstring
IDC_EDIT_SERVERPORT	m_ServerPort	Value	int
IDC_EDIT_SENDMSG	m_SendMsg	Value	Cstring
IDC_EDIT_NICKNAME	m_NickName	Value	Cstring
IDC_LIST_MSG	m_Msg	Control	CListBox

4. 创建从 CSocket 类继承的派生类

从 CSocket 类派生一个套接字类,类名为 CChatCSocket,用于与服务器建立连接并交换数据。改造它的构造函数,为它添加 OnReceive 事件处理函数和成员变量。添加的成员变量如下:

```
CChatRClientDlg * m_pDlg;
```

5. 为 CChatRClientDlg 对话框类添加控件对象事件的响应函数

按照表 5-7,用类向导为客户程序对话框中的控件对象添加事件响应函数,主要是对于按钮的单击事件的处理函数。

表 5-7 为对话框中的控件对象添加事件响应函数

控件类型	Object IDs （）对象标识	Messages （消息）	Member functions （成员函数）
命令按钮	IDC_BUTTON_CONNECT	BN_CLICKED	OnButtonConnect
命令按钮	IDC_BUTTON_DISCONNECT	BN_CLICKED	OnButtonDisconnect
命令按钮	IDC_BUTTON_SEND	BN_CLICKED	OnButtonSend
命令按钮	IDC_BUTTON_EXIT	BN_CLICKED	OnButtonExit

6. 为 CChatRClientDlg 对话框类添加其他成员变量和成员函数

成员变量:

```
CChatCSocket * m_pSocket;              // 套接字对象指针
CSocketFile * m_pFile;                 // CSocketFile 对象指针
CArchive * m_pArchiveIn;               // 用于输入的 CArchive 对象指针
CArchive * m_pArchiveOut;              // 用于输出的 CArchive 对象指针
```

成员函数:

```
void OnReceive();                      //接收信息
void ReceiveMsg();                     //接收服务器发来的信息
void SendMsg(CString& strText, BOOL st);  //向服务器发送信息
```

7. 创建专用于数据传输序列化处理的类 CMsg

与服务器程序一样,客户也要构造一个专用于消息传输的类。该类必须从 CObject 类派生,类名为 CMsg。

为 CMsg 类添加成员变量和成员函数:

```
CString m_strText;                      //字符串成员
BOOL m_bClose;                          //是否关闭状态
virtual void Serialize(CArchive& ar);   //序列化函数
```

8. 添加事件函数和成员函数的代码

主要在 CChatRClientDlg 对话框类的 ChatRClientDlg.cpp 文件中和套接字类的实现文件中,添加用户自己的事件函数和成员函数的代码。

5.2.5 客户程序主要功能的代码和分析

1. CChatCSocket 类对应的文件

(1) ChatCSocket.h 头文件如下:

```
……
class CChatRClientDlg;                         // 关于对话框类的声明

//////////////////////////////////////////////////////////////////////
// CChatCSocket command target
// 定义连接套接字类
class CChatCSocket : public CSocket
{
    // 动态类声明
    DECLARE_DYNAMIC(CChatCSocket);

// Attributes
public:

// Operations
public:
    // 构造函数,并且加入了入口参数
    CChatCSocket(CChatRClientDlg * pDlg);
    // 析构函数
    virtual ~CChatCSocket();

// Overrides
public:
    CChatRClientDlg * m_pDlg;                  // 定义对话框类指针变量
    // ClassWizard generated virtual function overrides
    //{{AFX_VIRTUAL(CChatCSocket)
    public:
    // 从类向导中添加的事件响应函数
    virtual void OnReceive(int nErrorCode); // 响应 FD_READ 事件
```

```
    //}}AFX_VIRTUAL

    // Generated message map functions
    //{{AFX_MSG(CChatCSocket)
        // NOTE -the ClassWizard will add and remove member functions here.
    //}}AFX_MSG

// Implementation
protected:
};
......
```

(2) ChatCSocket.cpp 文件如下：

```
......
IMPLEMENT_DYNAMIC(CChatCSocket,CSocket)

//////////////////////////////////////////////////////////////////////
CChatCSocket::CChatCSocket(CChatRClientDlg * pDlg)
{
    // 初始化对话框类指针成员变量
    m_pDlg=pDlg;
}

CChatCSocket::~CChatCSocket()
{
    // 程序结束时释放对话框类指针成员变量
    m_pDlg=NULL;
}

// Do not edit the following lines, which are needed by ClassWizard.
#if 0
BEGIN_MESSAGE_MAP(CChatCSocket, CSocket)
    //{{AFX_MSG_MAP(CChatCSocket)
    //}}AFX_MSG_MAP
END_MESSAGE_MAP()
#endif                    // 0

//////////////////////////////////////////////////////////////////////
// CChatCSocket member functions
// FD_READ事件处理函数
void CChatCSocket::OnReceive(int nErrorCode)
{
    // 先执行基类的 OnReceive 函数
    CSocket::OnReceive(nErrorCode);
    // 再调用对话框类的 OnReceive 函数
    m_pDlg->OnReceive();
}
......
```

2. CMsg 类对应的文件

（1）Msg.h 头文件如下：

```
......
class CMsg : public CObject
{
    // 动态类声明
    DECLARE_DYNCREATE(CMsg)

public:
    // 自定义成员函数
    virtual void Serialize(CArchive& ar);
    // 自定义成员变量
    BOOL m_bClose;                    //是否关闭状态
    CString m_strText;                //字符串成员
    // 构造函数
    CMsg();
    // 析构函数
    virtual ~CMsg();
};
......
```

（2）Msg.cpp 文件如下：

```
......
// 初始化成员变量
CMsg::CMsg()
{
    m_strText=_T("");
    m_bClose=FALSE;
}


CMsg::~CMsg()
{

}
// 序列化函数
void CMsg::Serialize(CArchive &ar)
{
    // 判断是输入还是输出,若是输出则发送数据,否则接收数据
    if (ar.IsStoring())
    {
        // 若为输出,则发送数据
        ar << (WORD)m_bClose;
        ar << m_strText;
    } else {
        // 否则接收数据
        WORD wd;
```

```
        ar >>wd;
        m_bClose= (BOOL)wd;
        ar >>m_strText;
    }
}

IMPLEMENT_DYNAMIC(CMsg,CObject)
```

3. CChatRClientDlg 类对应的文件

(1) ChatRClientDlg.h 头文件如下：

```
......
class CChatRClientDlg : public CDialog
{
// Construction
public:
    // 自定义成员函数
    void SendMsg(CString& strText,BOOL st);
    void ReceiveMsg();
    void OnReceive();
    CChatRClientDlg(CWnd* pParent=NULL);      // standard constructor

// Dialog Data
    //{{AFX_DATA(CChatRClientDlg)
    enum { IDD=IDD_CHATRCLIENT_DIALOG };
    CListBox   m_Msg;                          // 用于操作聊天信息列表框
    CString    m_NickName;                     // 用于访问昵称
    CString    m_SendMsg;                      // 用于访问输入的信息
    CString    m_ServerName;                   // 用于访问服务器名称
    int        m_ServerPort;                   // 用于访问服务器端口
    //}}AFX_DATA

    // ClassWizard generated virtual function overrides
    //{{AFX_VIRTUAL(CChatRClientDlg)
    protected:
    virtual void DoDataExchange(CDataExchange* pDX);      // DDX/DDV support
    //}}AFX_VIRTUAL

// Implementation
protected:
    // 自定义成员变量
    CArchive* m_pArchiveOut;                   // 定义输出型 CArchive 对象指针变量
    CArchive* m_pArchiveIn;                    // 定义输入型 CArchive 对象指针变量
    CSocketFile* m_pFile;                      // 定义 CSocketFile 对象指针变量
    CChatCSocket* m_pSocket;                   // 定义套接字对象指针
    HICON m_hIcon;
```

```
    // Generated message map functions
    //{{AFX_MSG(CChatRClientDlg)
    virtual BOOL OnInitDialog();
    afx_msg void OnPaint();
    afx_msg HCURSOR OnQueryDragIcon();
    afx_msg void OnButtonConnect();
    afx_msg void OnButtonDisconnect();
    afx_msg void OnButtonExit();
    afx_msg void OnButtonSend();
    //}}AFX_MSG
    DECLARE_MESSAGE_MAP()
};
……
```

（2）ChatRClientDlg.cpp 文件如下：

```
……
CChatRClientDlg::CChatRClientDlg(CWnd * pParent /* =NULL */)
    : CDialog(CChatRClientDlg::IDD, pParent)
{
    //{{AFX_DATA_INIT(CChatRClientDlg)
    // 类向导对控件变量初始化
    m_NickName=_T("");
    m_SendMsg=_T("");
    m_ServerName=_T("");
    m_ServerPort=0;
    //}}AFX_DATA_INIT
    // Note that LoadIcon does not require a subsequent DestroyIcon in Win32
    m_hIcon=AfxGetApp()->LoadIcon(IDR_MAINFRAME);
    // 成员变量初始化
    m_pSocket=NULL;
    m_pFile=NULL;
    m_pArchiveIn=NULL;
    m_pArchiveOut=NULL;
}

void CChatRClientDlg::DoDataExchange(CDataExchange * pDX)
{
    CDialog::DoDataExchange(pDX);
    //{{AFX_DATA_MAP(CChatRClientDlg)
    // 类向导在控件与相应变量之间建立映射
    DDX_Control(pDX, IDC_LIST_MSG, m_Msg);
    DDX_Text(pDX, IDC_EDIT_NICKNAME, m_NickName);
    DDX_Text(pDX, IDC_EDIT_SENDMSG, m_SendMsg);
    DDX_Text(pDX, IDC_EDIT_SERVERNAME, m_ServerName);
    DDX_Text(pDX, IDC_EDIT_SERVERPORT, m_ServerPort);
    //}}AFX_DATA_MAP
}
```

```
BEGIN_MESSAGE_MAP(CChatRClientDlg, CDialog)
    //{{AFX_MSG_MAP(CChatRClientDlg)
    ON_WM_PAINT()
    ON_WM_QUERYDRAGICON()
    // 类向导在控件消息与相应的事件处理函数之间建立映射
    ON_BN_CLICKED(IDC_BUTTON_CONNECT, OnButtonConnect)
    ON_BN_CLICKED(IDC_BUTTON_DISCONNECT, OnButtonDisconnect)
    ON_BN_CLICKED(IDC_BUTTON_EXIT, OnButtonExit)
    ON_BN_CLICKED(IDC_BUTTON_SEND, OnButtonSend)
    //}}AFX_MSG_MAP
END_MESSAGE_MAP()

/////////////////////////////////////////////////////////////////////////////
// CChatRClientDlg message handlers

BOOL CChatRClientDlg::OnInitDialog()
{
    CDialog::OnInitDialog();

    // Set the icon for this dialog. The framework does this automatically
    // when the application's main window is not a dialog
    SetIcon(m_hIcon, TRUE);                     // Set big icon
    SetIcon(m_hIcon, FALSE);                    // Set small icon

    // TODO: Add extra initialization here
    // 初始化昵称为游客
    m_NickName="游客";
    // 初始化服务器名称为 localhost
    m_ServerName="localhost";
    // 初始化服务器端口为 3030
    m_ServerPort=3030;
    // 刷新程序主界面上控件显示的数据
    UpdateData(FALSE);
    // 禁用输入信息栏
    GetDlgItem(IDC_EDIT_SENDMSG)->EnableWindow(FALSE);
    // 禁用"发送"按钮
    GetDlgItem(IDC_BUTTON_SEND)->EnableWindow(FALSE);
    // 禁用"终止"按钮
    GetDlgItem(IDC_BUTTON_DISCONNECT)->EnableWindow(FALSE);

    return TRUE;                // return TRUE unless you set the focus to a control
}

// If you add a minimize button to your dialog, you will need the code below
// to draw the icon. For MFC applications using the document/view model,
// this is automatically done for you by the framework.

void CChatRClientDlg::OnPaint()
{
    if (IsIconic())
```

```
    {
        CPaintDC dc(this);                           // device context for painting

        SendMessage(WM_ICONERASEBKGND, (WPARAM) dc.GetSafeHdc(), 0);

        // Center icon in client rectangle
        int cxIcon=GetSystemMetrics(SM_CXICON);
        int cyIcon=GetSystemMetrics(SM_CYICON);
        CRect rect;
        GetClientRect(&rect);
        int x = (rect.Width() - cxIcon +1) / 2;
        int y = (rect.Height() - cyIcon +1) / 2;

        // Draw the icon
        dc.DrawIcon(x, y, m_hIcon);
    }
    else
    {
        CDialog::OnPaint();
    }
}


// The system calls this to obtain the cursor to display while the user drags
// the minimized window.
HCURSOR CChatRClientDlg::OnQueryDragIcon()
{
    return (HCURSOR) m_hIcon;
}
// 用来处理"连接"按钮的单击事件
void CChatRClientDlg::OnButtonConnect()
{
    // 创建套接字对象
    m_pSocket=new CChatCSocket(this);
    // 创建套接字对象的底层套接字,并判断成功与否
    if (!m_pSocket->Create())
    {
        // 若失败,则进行出错处理
        delete m_pSocket;
        m_pSocket=NULL;
        AfxMessageBox("套接字创建错误!");
        return;
    }
    // 向服务器发送连接请求,并判断成功与否
    if (!m_pSocket->Connect(m_ServerName,m_ServerPort))
    {
        // 若失败,则进行出错处理
        delete m_pSocket;
        m_pSocket=NULL;
        AfxMessageBox("连接服务器错误!");
        return;
```

```
    }
    // 创建 CSocketFile 对象
    m_pFile=new CSocketFile(m_pSocket);
    // 创建输入型 CArchive 对象
    m_pArchiveIn=new CArchive(m_pFile,CArchive::load);
    // 创建输出型 CArchive 对象
    m_pArchiveOut=new CArchive(m_pFile,CArchive::store);

    // 获取对话框数据
    UpdateData(TRUE);
    // 向服务器发送身份信息,进入聊天室
    CString strTemp;
    strTemp=m_NickName +":进入聊天室!";
    SendMsg(strTemp, FALSE);
    // 在聊天信息栏中显示进入聊天室
    m_Msg.AddString(strTemp);

    // 禁用"连接"按钮
    GetDlgItem(IDC_BUTTON_CONNECT)->EnableWindow(FALSE);
    // 禁用昵称输入控件
    GetDlgItem(IDC_EDIT_NICKNAME)->EnableWindow(FALSE);
    // 禁用服务器名称输入控件
    GetDlgItem(IDC_EDIT_SERVERNAME)->EnableWindow(FALSE);
    // 禁用服务器端口输入控件
    GetDlgItem(IDC_EDIT_SERVERPORT)->EnableWindow(FALSE);
    // 激活"断开"按钮
    GetDlgItem(IDC_BUTTON_DISCONNECT)->EnableWindow(TRUE);
    // 激活输入信息栏
    GetDlgItem(IDC_EDIT_SENDMSG)->EnableWindow(TRUE);
    // 激活"发送"按钮
    GetDlgItem(IDC_BUTTON_SEND)->EnableWindow(TRUE);
}
// 用来处理"断开"按钮的单击事件
void CChatRClientDlg::OnButtonDisconnect()
{
    CString strTemp;
    strTemp=m_NickName+":离开聊天室!";
    SendMsg(strTemp, TRUE);
    // 释放输出型 CArchive 对象
    delete m_pArchiveOut;
    m_pArchiveOut=NULL;
    // 释放输入型 CArchive 对象
    delete m_pArchiveIn;
    m_pArchiveIn=NULL;
    // 释放 CSocketFile 对象
    delete m_pFile;
    m_pFile=NULL;
    // 关闭套接字
    m_pSocket->Close();
    // 释放套接字对象
```

```
        delete m_pSocket;
        m_pSocket=NULL;

        // 清空聊天信息栏
        while (m_Msg.GetCount()!=0)
            m_Msg.DeleteString(0);

        // 禁用输入信息栏
        GetDlgItem(IDC_EDIT_SENDMSG)->EnableWindow(FALSE);
        // 禁用"发送"按钮
        GetDlgItem(IDC_BUTTON_SEND)->EnableWindow(FALSE);
        // 禁用"断开"按钮
        GetDlgItem(IDC_BUTTON_DISCONNECT)->EnableWindow(FALSE);
        // 清空聊天信息栏
        while (m_Msg.GetCount()!=0) m_Msg.DeleteString(0);

        // 激活"连接"按钮
        GetDlgItem(IDC_BUTTON_CONNECT)->EnableWindow(TRUE);
        // 激活昵称输入控件
        GetDlgItem(IDC_EDIT_NICKNAME)->EnableWindow(TRUE);
        // 激活服务器名称输入控件
        GetDlgItem(IDC_EDIT_SERVERNAME)->EnableWindow(TRUE);
        // 激活服务器端口输入控件
        GetDlgItem(IDC_EDIT_SERVERPORT)->EnableWindow(TRUE);
}
// 用来处理"退出"按钮的单击事件
void CChatRClientDlg::OnButtonExit()
{
    if ((m_pSocket!=NULL)&&(m_pFile!=NULL)&&(m_pArchiveOut!=NULL))
    {
        // 发送离开聊天室的消息
        CMsg msg;
        msg.m_bClose=TRUE;
        msg.m_strText=m_NickName+":离开聊天室!";
        msg.Serialize(*m_pArchiveOut);
        m_pArchiveOut->Flush();
    }

    // 释放输出型 CArchive 对象
    delete m_pArchiveOut;
    m_pArchiveOut=NULL;
    // 释放输入型 CArchive 对象
    delete m_pArchiveIn;
    m_pArchiveIn=NULL;
    // 释放 CSocketFile 对象
    delete m_pFile;
    m_pFile=NULL;
    if (m_pSocket!=NULL)
    {
        // 关闭套接字
```

```
        m_pSocket->Close();
    }
    // 释放套接字对象
    delete m_pSocket;
    m_pSocket=NULL;

    CDialog::OnOK();
}
// 用来处理"发送"按钮的单击事件
void CChatRClientDlg::OnButtonSend()
{
    // 获取对话框数据
    UpdateData(TRUE);
    // 判断输入信息栏是否为空
    if (!m_SendMsg.IsEmpty())
    {
        // 发送信息
        CString strTemp;
        strTemp=m_NickName +":" +m_SendMsg;
        this->SendMsg(strTemp, FALSE);
        // 在聊天信息栏中显示该信息
        m_Msg.AddString(strTemp);
        // 清空输入信息栏
        m_SendMsg=_T("");
        UpdateData(FALSE);
    }
}
// 当收到数据时,套接字类的 OnReceive()函数将调用此函数
void CChatRClientDlg::OnReceive()
{
    do {
        // 接收信息
        ReceiveMsg();
        if (m_pSocket==NULL) return;
    } while (!m_pArchiveIn->IsBufferEmpty());
}
// 用来执行接收操作
void CChatRClientDlg::ReceiveMsg()
{
    CMsg msg; // 定义消息对象
    TRY
    {
        // 调用消息对象的序列化函数来接收信息
        msg.Serialize(*m_pArchiveIn);
        // 将信息显示在聊天信息栏中
        m_Msg.AddString(msg.m_strText);
    }
    // 出错处理
    CATCH(CFileException,e)
    {
```

```
                // 当与服务器的连接被关闭时
                CString strTemp;
                strTemp="与服务器的连接被关闭!";
                m_Msg.AddString(strTemp);
                msg.m_bClose=TRUE;
                m_pArchiveOut->Abort();

                // 释放输出型 CArchive 对象
                delete m_pArchiveOut;
                m_pArchiveOut=NULL;
                // 释放输入型 CArchive 对象
                delete m_pArchiveIn;
                m_pArchiveIn=NULL;
                // 释放 CSocketFile 对象
                delete m_pFile;
                m_pFile=NULL;
                // 关闭套接字
                m_pSocket->Close();
                // 释放套接字对象
                delete m_pSocket;
                m_pSocket=NULL;
        }
        END_CATCH
}
// 用来执行发送操作
void CChatRClientDlg::SendMsg(CString &strText, BOOL st)
{
        if (m_pArchiveOut!=NULL)
        {
                CMsg msg; // 定义消息对象
                // 给消息对象成员变量赋值
                msg.m_strText=strText;
                msg.m_bClose=st;
                // 调用消息对象的序列化函数发送消息
                msg.Serialize(*m_pArchiveOut);
                // 将 CArchive 对象中的数据强制写入 CSocketFile 对象中
                m_pArchiveOut->Flush();
        }
}
……
```

5.3　本章小结

　　本章主要讲述了基于 CSocket 类的编程模式,通过多点聊天程序的具体实现过程详细介绍了基于 CSocket 类编程模式的使用方法与技巧。

习　题　5

1. MFC 提供的两个套接字类是什么？
2. 为什么说 CSocket 类是对 Winsock API 的高级封装？
3. 简述使用 CSockct 类编程的一般步骤。
4. CSocket 类是如何通过 CArchive 对象进行数据传输的？

第 6 章　高级 Socket 编程技术

本章首先介绍阻塞模式与非阻塞模式之间的区别,然后说明 Win32 操作系统下的多进程多线程机制以及 Winsock 需要多线程编程的原因,最后分别针对这两种 I/O 模式下的处理机制进行了详细的说明。对于 I/O 阻塞模式来说,一般采用多线程机制进行处理,因而重点分析了 MFC 支持的两种线程,给出了创建 MFC 的工作线程、创建并启动用户界面线程和终止线程的步骤;对于 I/O 非阻塞模式来说,一般采用异步模型的方式进行处理,这里主要对 select 模型、WSAAsyncSelect 模型、WSAEventSelect 模型、重叠 I/O 模型、完成端口模型做了介绍。

6.1　阻塞模式与非阻塞模式

Winsock 在进行 I/O 操作的时候,可以使用两种工作模式:一种是阻塞模式,也称同步模式;另一种是非阻塞模式,也称异步模式。工作在阻塞模式的套接字称为阻塞套接字,而工作在非阻塞模式的套接字称为非阻塞套接字。

6.1.1　阻塞模式

在阻塞模式下,当进程调用了一个 Winsock 的 I/O 函数时,在 I/O 操作完成之前,执行操作的 Winsock 函数会一直等候下去,不会立即返回调用它的程序,即不会立即交出 CPU 的控制权。在 I/O 操作完成之前,其他代码都无法执行,成为纯粹的独占使用方式,这就使整个应用程序进程处于阻塞的等待状态,既不能响应用户的操作,如响应用户对某个图标的双击,也不能做其他的任何事情,如同时打印一个文件,这就大大降低了应用程序的性能。例如,一个客户程序调用了一个 recv() 函数,要去接收服务器发来的数据,但由于网络拥塞,数据迟迟不到,这个客户程序就只能一直等待下去。显然,采用阻塞工作模式的单进程服务器是不能很好地同时为多个客户端服务的。

阻塞套接字的 I/O 操作比较确定,即调用、等待和返回。大部分情况下,I/O 操作都能成功地完成,只是花费了等待的时间,因而比较容易使用,容易编程。但在应付诸如需要建立多个套接字连接来为多个客户端服务的时候,或在数据的收发量不均匀的时候,或在 I/O 的时间不确定的时候,该模式却显得性能低下,甚至无能为力。

所以,用户必须采取一些适当的对策以克服这种模式的缺点,让阻塞套接字能够满足各种场合的要求。比较好的解决方案是引入并发机制,使各操作在宏观上可以同时、并发地运行。

6.1.2　非阻塞模式

在非阻塞模式下,当进程调用了一个 Winsock 的 I/O 函数时,无论 I/O 操作是否能够完成,执行操作的 Winsock 函数都会立即返回调用它的程序。如果恰好具备完成操作的条件,这次调用可能就完成了输入或输出。但在大部分的情况下,这些调用都会"失败",并返回一个 WSAEWOULDBLOCK 错误,表示完成操作的条件尚不具备,但又不允许稍加等待,因而没时间来完成请求的操作。非阻塞模式下的函数调用会频繁地返回错误,所以在任何时候,都应做好"失败"的准备,并仔细检查返回代码。在非阻塞模式下,许多编程者易犯的一个错误是连续不停地调用一个函数,直到它返回成功的消息为止。这种不停地进行轮询的方法同样使程序不能做其他的事情,与阻塞模式相比,不但没有任何优势可言,还增加了程序的复杂性。

使用非阻塞套接字需要编写更多的代码,因为必须恰当地把握调用 I/O 函数的时机,尽量减少无功而返的调用,还必须详细分析每个 Winsock 调用中收到的 WSAEWOULDBLOCK 错误,采取相应的对策。这种 I/O 操作的随机性使非阻塞套接字显得难以操作。

所以,用户必须采取一些适当的对策以克服这种模式的缺点,让非阻塞套接字能够满足各种场合的要求。对于非阻塞的套接字工作模式,进一步引入了多种异步处理模型,将有助于应用程序通过一种异步方式,同时对一个或多个套接字上所进行的通信加以管理。

6.2 Win32 API 多线程编程

从操作系统基本运行单元角度来看,并发的实现方式主要有两种:多进程并发和多线程并发,下面分别进行介绍。

6.2.1 多线程概述

1. 多进程和多线程的概念

进程是具有一定独立功能的程序关于某个数据集合上的一次运行活动,是系统进行资源分配和调度的一个独立单位。程序只是一组指令的有序集合,它本身没有任何运行的含义,只是一个静态实体。而进程则不同,它是程序在某个数据集上的执行,是一个动态实体。它因创建而产生,因调度而运行,因等待资源或事件而被处于等待状态,因完成任务而被撤销,反映了一个程序在一定的数据集上运行的全部动态过程。

在同一时间,同一个计算机系统中如果允许两个或两个以上的进程处于运行状态,这便是多任务。现代的操作系统几乎都是多任务操作系统,能够同时管理多个进程的运行。多任务带来的好处是明显的,你可以边听歌边上网,与此同时将下载的文档打印出来,这些任务之间丝毫不会相互干扰。那么这里就涉及并行的问题,俗话说,一心不可二用,对于计算机也是一样,原则上同一时间一个 CPU 只能分配给一个进程,以便运行这个进程。通常使用的计算机中只有一个 CPU,也就是说只有一颗心,要让它一心多用,同时运行多个进程,就必须使用并发技术。操作系统一般采用"时间片轮转进程调度算法"实现并发,即所有正在运行的进程轮流使用 CPU,每个进程允许占用 CPU 的时间非常短,这样用户根本感觉不到 CPU 是轮流为多个进程服务的,就好像所有的进程都在不间断地运行一样。

如果一台计算机有多个 CPU,情况就不同了。如果进程数小于 CPU 数,则不同的进程可以分配给不同的 CPU 来运行,这样,多个进程就是真正同时运行的,这便是并行。但如果进程数大于 CPU 数,则仍然需要使用并发技术。

在 Windows 中,进程又被细化为线程,即一个进程下有多个能独立运行的更小的单位。在 Windows 中,进行 CPU 分配是以线程为单位的,一个进程可能由多个线程组成。

多线程可以实现并行处理,避免了某项任务长时间占用 CPU 时间。要说明的是,目前大多数的计算机都是单 CPU 的,为了运行所有这些线程,操作系统为每个独立线程安排一些 CPU 时间,操作系统以轮换方式给线程提供时间片,这就给人一种假象,好像这些线程都在同时运行。由此可见,如果两个非常活跃的线程抢夺对 CPU 的控制权,在线程切换时会消耗很多的 CPU 资源,反而会降低系统的性能。

并行运行的效率显然高于并发运行,所以在多 CPU 的计算机中,多任务的效率比较高。但是,如果在多 CPU 的计算机中只运行一个线程,就不能发挥多 CPU 的优势。简单来讲,如果总线程数小于 CPU 数量,那么线程间可以并行运行;如果总线程数大于 CPU 数量,那么线程间只能并发运行。

2. 多进程和多线程的关系

进程和线程都是与操作系统有关的概念。进程是应用程序的执行实例,每个进程是由私有的虚拟地址空间、代码、数据和其他各种系统资源组成,进程在运行过程中创建的资源随着进程的终止而被销毁,所使用的系统资源在进程终止时被释放或关闭。

线程是属于进程的,线程运行在进程空间内,同一进程所产生的线程共享同一内存空间,当进程退出时该进程所产生的线程都会被强制退出并清除。线程可与属于同一进程的其他线程共享进程所拥有的全部资源,但是其本身基本上不拥有系统资源,只拥有一点在运行中必不可少的信息(如程序计数器、一组寄存器和栈)。

线程是进程内部的一个执行单元,是 CPU 调度和分派的基本单位。线程不能够独立执行,必须依存在应用程序中。系统创建好进程后,实际上就启动并执行了该进程的主线程。主线程以函数地址形式,例如 main() 或 WinMain() 函数,将程序的启动点提供给 Windows 系统。主线程终止了,进程也就随之终止。

每一个进程至少有一个主线程,它无须由用户主动创建,是由系统自动创建的。用户根据需要在应用程序中创建其他线程,多个线程并发地运行于同一个进程中。一个进程中的所有线程都在该进程的虚拟地址空间中,共同使用这些虚拟地址空间、全局变量和系统资源,所以线程间的通信非常方便,多线程技术的应用也较为广泛。

进程和线程都是操作系统运行的基本单元,实现并发究竟应采用多进程方式还是多线程方式不能一概而论,这是由两者本身的差异来决定的,主要表现在以下几个方面。

(1)进程在执行过程中拥有独立的内存单元,而多个线程共享内存,从而极大地提高了程序的运行效率。

(2)线程的划分尺度小于进程,使多线程程序的并发性相对要高。

(3)就创建和上下文切换而言,线程的执行效率比进程要高,而且节省资源。

(4)从逻辑角度来看,多进程主要用来处理多个应用程序之间的并发执行需求,然而多线程主要面向单个应用程序中多个组成部分的并发执行需求,并且,操作系统并没有将多个线程看作多个独立的应用来实现进程的调度和管理以及资源分配。这是进程和线程的重要区别。

6.2.2 网络编程采用多线程机制的重要性

如果一个应用程序有多个任务需要同时进行处理,那就最适合使用多线程机制,如图 6-1 所示。网络软件的开发正是如此。

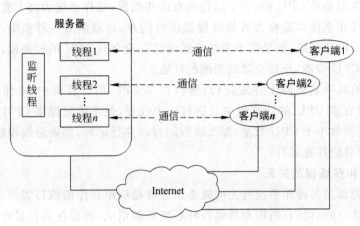

图 6-1　多线程服务器与多个客户端通信

1. 服务器软件采用多线程机制的重要性

对于网络上众多的服务器软件,多线程机制的采用十分重要。服务器的特点就是要在一段很短的时间内,同时为多个客户服务;服务器的另一个特点就是要执行许多后台任务,如数据库访问、安全验证、日志纪录和事务处理等。例如,一个网络上的文件服务器程序,既要接收多个用户的文件请求,下载或上传文件,又要响应管理员的命令,还要访问磁盘、查找文件,并在适当的时候显示数据。如果使用单线程的方法来实现,可能运行时就会卡在一个用户的任务上,其他用户的请求就不能及时得到处理;如果采用多线程的编程技术,将不同的用户、不同的任务分散地安排在不同的线程上,让它们并发地得到处理,那么一个线程因为某种原因阻塞等待并不会影响其他线程的运行。这样的服务器程序就能很好地为多个用户服务。

2. 客户程序采用多线程机制的重要性

对于网络上众多的客户程序,在单线程的编程模式下,如果采用阻塞或同步模式的套接字,在进行网络数据的接收和发送时,往往由于条件不具备而处于阻塞等待的状态。这时,客户程序就不能及时响应用户的操作命令,程序的界面就表现为一种类似死机的状态。例如,在 FTP 文件传输的应用程序中,如果正在发送或接收一个很大的文件,或者传送文件时网络堵塞,就会发现程序不会接受用户在界面上的任何输入。利用 Windows 操作系统的多线程支持可以很好地解决这个问题。采用多线程的编程技术,可以把用户界面的处理放在主线程中,而把数据的 I/O 操作、费时的计算和网络访问等工作放在其他的辅助线程中完成。当这些辅助线程处于阻塞等待状态时,主线程仍在执行,仍然可以及时响应用户的操作,用户就不会因为某些工作不能及时完成而等待。这样不仅避免了上述的问题,还能继续发挥阻塞套接字的优点。因此,采用多线程机制可以大大提高应用程序的运行效率。例如,大家熟悉的"迅雷"等文件下载软件就采用了多线程机制,用多个线程同时下载一个文件的不同部分,大大加快了下载速度。

总之,多线程机制在网络编程中是大有作为的。很多著名的开发工具和平台已经提供了功能齐备的多线程开发环境,例如 Win32 SDK 函数支持进行多线程的程序设计,并提供了操作系统中的各种同步、互斥和临界区等操作。Visual C++ 6.0 中,使用 MFC 类库也能够实现多线程的程序设计,使多线程编程更加方便。

6.2.3 Win32 API 对多线程编程的支持

Win32 提供了一系列的 API 函数来完成线程的创建、挂起、恢复、终结和通信等工作。下面将选取其中的一些重要函数进行说明。

1. 创建一个新的线程

```
HANDLE CreateThread(LPSECURITY_ATTRIBUTES lpThreadAttributes,
    DWORD dwStackSize,
    LPTHREAD_START_ROUTINE lpStartAddress,
    LPVOID lpParameter,
    DWORD dwCreationFlags,
    LPDWORD lpThreadId);
```

该函数在其调用进程的进程空间里创建一个新的线程,并返回已建线程的句柄,其中参数说明如下。

(1) lpThreadAttributes:指向一个 SECURITY_ATTRIBUTES 结构的指针,该结构决定了线程的安全属性,一般置为 NULL。

(2) dwStackSize:指定了线程的堆栈深度,一般都设置为 0。

(3) lpStartAddress:表示新线程开始执行时代码所在函数的地址,即线程的起始地址。一般情况为(LPTHREAD_START_ROUTINE)ThreadFunc,ThreadFunc 是线程函数名。

(4) lpParameter:指定了线程执行时传送给线程的 32 位参数,即线程函数的参数。

(5) dwCreationFlags:控制线程创建的附加标志,可以取两种值。如果该参数为 0,线程在被创建后就会立即开始执行;如果该参数为 CREATE_SUSPENDED,则系统产生线程后,该线程处于挂起状态,并不马上执行,直至函数 ResumeThread 被调用。

(6) lpThreadId:该参数返回所创建线程的 ID。如果创建成功则返回线程的句柄,否则返回 NULL。

2. 挂起指定的线程

```
DWORD SuspendThread(HANDLE hThread);
```

该函数用于挂起指定的线程,如果函数执行成功,则线程的执行被终止。

3. 结束线程的挂起状态

```
DWORD ResumeThread(HANDLE hThread);
```

该函数用于结束线程的挂起状态,执行线程。

4. 终结线程的执行

```
VOID ExitThread(DWORD dwExitCode);
```

该函数用于线程终结自身的执行,主要在线程的执行函数中被调用。其中参数 dwExitCode 用来设置线程的退出码。

5. 强行终止线程的执行

```
BOOL TerminateThread(HANDLE hThread,DWORD dwExitCode);
```

一般情况下,线程运行结束之后,线程函数正常返回,但是应用程序可以调用 TerminateThread 强行终止某一线程的执行。各参数含义如下。

(1) hThread:将被终结的线程的句柄。

(2) dwExitCode:用于指定线程的退出码。

使用 TerminateThread()函数终止某个线程的执行是不安全的,可能会引起系统不稳定。该函数虽然立即终止线程的执行,但并不释放线程所占用的资源。因此,一般不建议使用该函数。

6. 将消息放入指定线程的消息队列

```
BOOL PostThreadMessage(DWORD idThread,
                       UINT Msg,
                       WPARAM wParam,
                       LPARAM lParam);
```

该函数将一条消息放入指定线程的消息队列中,并且不等到消息被该线程处理时便返回。其中各参数含义如下。

(1) idThread:将接收消息的线程的 ID。

(2) Msg:指定用来发送的消息。

(3) wParam:与消息有关的字参数。

(4) lParam:与消息有关的长参数。

调用该函数时,如果即将接收消息的线程没有创建消息循环,则该函数执行失败。

6.2.4 Win32 API 多线程编程实例

1. 例程 1:MultiThread1

建立一个基于对话框的工程 MultiThread1,在对话框 IDD_MULTITHREAD1_DIALOG 中加入两个按钮和一个文本框。两个按钮的 ID 分别是 IDC_START、IDC_STOP,标题分别为"启动"和"停止",IDC_STOP 的属性选择 Disabled;文本框的 ID 为 IDC_TIME,属性选择 Read-only。

在 MultiThread1Dlg.h 文件中添加线程函数声明"void ThreadFunc();",线程函数的声明应在类 CMultiThread1Dlg 的外部。

在 类 CMultiThread1Dlg 内 部 添 加 protected 型 变 量 " HANDLE hThread;" 和 "DWORD ThreadID;",分别代表线程的句柄和 ID。

在 MultiThread1Dlg.cpp 文件中添加全局变量"m_bRun：volatile BOOL m_bRun;", 代表线程是否正在运行。

全局变量 m_bRun 是使用 volatile 修饰符的,volatile 修饰符的作用是告诉编译器无须对该变量做任何优化,即无须将它放到一个寄存器中,并且该值可被外部改变。对于多线程引用的全局变量来说,volatile 是一个非常重要的修饰符。

线程函数如下：

```
void ThreadFunc()
{
    CTime time;
    CString strTime;
    m_bRun=TRUE;
    while(m_bRun)
    {
        time=CTime::GetCurrentTime();
        strTime=time.Format("%H:%M:%S");
        ::SetDlgItemText(AfxGetMainWnd()->m_hWnd,IDC_TIME,strTime);
        Sleep(1000);
    }
}
```

该线程函数没有参数,也不返回函数值。只要 m_bRun 为 TRUE,线程一直运行。

双击 IDC_START 按钮,完成该按钮的消息函数：

```
void CMultiThread1Dlg::OnStart()
{
    // TODO: Add your control notification handler code here
    hThread=CreateThread(NULL,0, (LPTHREAD_START_ROUTINE)ThreadFunc,
        NULL,0,&ThreadID);
    GetDlgItem(IDC_START)->EnableWindow(FALSE);
    GetDlgItem(IDC_STOP)->EnableWindow(TRUE);
}
```

双击 IDC_STOP 按钮,完成该按钮的消息函数：

```
void CMultiThread1Dlg::OnStop()
{
    // TODO: Add your control notification handler code here
    m_bRun=FALSE;
    GetDlgItem(IDC_START)->EnableWindow(TRUE);
    GetDlgItem(IDC_STOP)->EnableWindow(FALSE);
}
```

编译并运行该例程,体会使用 Win32 API 编写多线程函数的技巧。

2. 例程 2：MultiThread2

该例程演示了如何传送一个个整型的参数到一个线程中，以及如何等待一个线程完成处理。

建立一个基于对话框的工程 MultiThread2，在对话框 IDD_MULTITHREAD2_DIALOG 中加入一个文本框和一个按钮，ID 分别是 IDC_COUNT 和 IDC_START，按钮控件的标题为"开始"。

在 MultiThread2Dlg.h 文件中添加线程函数声明

```
void ThreadFunc(int integer);
```

注意，线程函数的声明应在类 CMultiThread2Dlg 的外部。

在类 CMultiThread2Dlg 内部添加 protected 型变量 "HANDLE hThread;" 和 "DWORD ThreadID;"，分别代表线程的句柄和 ID。

打开 ClassWizard，为文本框 IDC_COUNT 添加 int 型变量 m_nCount。

在 MultiThread2Dlg.cpp 文件中添加以下代码：

```
void ThreadFunc(int integer)
{
    int i;
    for(i=0;i<integer;i++)
    {
        Beep(200,50);
        Sleep(1000);
    }
}
```

双击 IDC_START 按钮，完成该按钮的消息函数：

```
void CMultiThread2Dlg::OnStart()
{
    UpdateData(TRUE);
    int integer=m_nCount;
    hThread=CreateThread(NULL,
        0,
        (LPTHREAD_START_ROUTINE)ThreadFunc,
        (VOID*)integer,
        0,
        &ThreadID);
    GetDlgItem(IDC_START)->EnableWindow(FALSE);
    WaitForSingleObject(hThread,INFINITE);
    GetDlgItem(IDC_START)->EnableWindow(TRUE);
}
```

WaitForSingleObject 函数原型说明如下：

```
DWORD WaitForSingleObject(HANDLE hHandle,DWORD dwMilliseconds);
```

其中参数说明如下。

（1）hHandle：要监视的对象（一般为同步对象，也可以是线程）的句柄。

（2）dwMilliseconds：hHandle 对象所设置的超时值，单位为毫秒（ms）。

当在某一线程中调用该函数时，线程暂时挂起，系统监视 hHandle 所指向的对象的状态。如果在挂起的 dwMilliseconds 内，线程所等待的对象变为有信号状态，则该函数立即返回；如果超时时间已经达到 dwMilliseconds，但 hHandle 所指向的对象还没有变成有信号状态，函数照样返回。

参数 dwMilliseconds 有两个具有特殊意义的值：0 和 INFINITE。若为 0，则该函数立即返回；若为 INFINITE，则线程一直被挂起，直到 hHandle 所指向的对象变为有信号状态时为止。

本例程调用该函数的作用是按下 IDC_START 按钮后，一直等到线程返回，再恢复 IDC_START 按钮正常状态。

6.3 I/O 阻塞模式的多线程网络编程方法

I/O 阻塞模式的网络编程方法主要采用多线程的并发方式。在服务器端，为每个客户端连接分配一个线程，这样，即使一个客户端因为正在进行读写操作而阻塞，其他客户端也不必等待。客户端把所有涉及读写的操作放在一个单独的线程中，把用户界面操作或其他操作放在另外的一些线程中，这样，当读写操作的线程阻塞等待的时候，其他线程仍然可以继续得到执行，使用户对界面的操作得到及时的响应。

Visual C++ 6.0 为编程者提供了 Windows 应用程序的集成开发环境，在这个环境下，有两种开发程序的方法：一是可以直接使用 Win32 API 来编写 C 风格的 Win32 应用程序，二是可以利用 MFC 基础类库编写 C++ 风格的应用程序，两者具有不同的特点。直接基于 Win32 API 编写的应用程序，编译后形成的执行代码十分紧凑，运行效率高，但编程者需要编写许多代码来处理用户界面和消息驱动等问题，还需要管理程序所需的所有资源。MFC 类库为编程者提供了大量的功能强大的封装类，集成开发环境还提供了许多关于类的管理工具和向导，借助它们可以快速、简捷地建立应用程序的框架和程序的用户界面，程序开发比较容易。基于 MFC 类库编写应用程序的缺点是类库代码比较庞大，应用程序执行时离不开类库代码，然而，这些缺点对于现在速度越来越快、内存越来越大的计算机而言越来越不成问题。由于使用类库具有方便快速和功能强大的优点，Visual C++ 一般提倡使用 MFC 类库来编程。

这两种 Windows 应用程序开发方式下，多线程编程原理是一致的。进程的主线程或其他线程在需要的时候可以创建新的线程，系统会为新线程建立堆栈并分配资源，新的线程和原有的线程一起并发运行。当一个线程执行完它的任务后会自动终止，并释放它所占用的资源。当进程结束时，它的所有线程也都终止，进程所占用的资源也被释放。因为所有活动的线程共享进程的资源，因此，编程时要注意解决多个线程访问同一资源时可能产生冲突的问题。本节重点介绍 MFC 类库对多线程编程的支持。

6.3.1 MFC 支持的两种线程

MFC 基础类库提供了对于多线程应用程序的支持。在 MFC 中，线程分为两种：一种是用户接口线程，又称用户界面线程；另一种是工作线程。这两类线程可以满足不同任务的处理需求。

1. 用户接口线程

用户接口线程通常用来处理用户输入产生的消息和事件,并独立地响应正在应用程序其他部分执行的线程产生的消息和事件,MFC 特别地为用户接口线程提供了一个消息泵。用户接口线程包含一个消息处理的循环,以应对各种事件。

CWinApp 类的对象就是一个用户接口线程的典型例子。在生成基于 MFC 的应用程序时,它的主线程就已经创建了,并随着应用程序的执行而投入运行。基于 MFC 的应用程序都有一个应用对象,它是 CWinApp 派生类的对象,该对象代表了应用程序进程的主线程,负责处理用户输入及其他各种事件和相应的消息。

如果应用程序具有多个线程,而每个线程中都有用户接口,那么使用 MFC 的用户接口线程来编程就特别方便。利用 Visual C++ 的应用程序向导可以快速生成应用程序的框架代码,再利用 ClassWizard 类向导可以方便地生成用户接口线程相应的线程类,还可以方便地管理类的消息映射和成员变量、添加或重载成员函数。编程者可以把精力集中到应用程序的算法和相关代码上来。

在 MFC 应用程序中,所有的线程都是通过 CWinThread 对象来表示的。CWinThread 类是用户接口线程的基类,CWinApp 就是从 CWinThread 类派生出来的。在编写用户接口线程的时候,也需要从 CWinThread 类派生出自己的线程类,借助 ClassWizard 可以很容易地做这项工作。

2. 工作线程

工作线程适用于处理那些不要求用户输入并且比较消耗时间的其他任务,如大规模的重复计算、网络数据的发送和接收、后台的打印等。对用户来说,工作线程在后台运行,这就使工作线程特别适合去等待一个事件的发生。例如,应用程序要接收网络服务器发来的数据,但由于种种原因数据迟迟不能到达,接收方必须阻塞等待。如果把这种任务交给工作线程去做,它就可以在后台等待,并不影响前台用户接口线程的运行。用户不必等待这些后台任务的完成,用户的输入仍然能得到及时处理。在网络编程中,凡是可能引起系统阻塞的操作,都可以用工作线程来完成。

CWinThread 类也是工作线程的基类,同样是由 CWinThread 对象来表示的。在编写工作线程的时候,用户不必刻意地从 CWinThread 类派生出自己的线程类对象,可以调用 MFC 框架的 AfxBeginThread() 函数来创建 CWinThread 对象。

需要说明的是,Win32 API 不区分用户接口线程和工作线程,它只需要知道线程的起始地址就可以开始执行线程。

6.3.2 创建 MFC 的工作线程

下面介绍利用 MFC 创建工作线程所必需的步骤。

创建一个工作线程是一个相对简单的任务,只要经过两个步骤就能使工作线程运行:第一步是编程实现控制函数,第二步是创建并启动工作线程。一般不必从 CWinThread 派生一个类,当然,如果需要一个特定版本的 CWinThread 类,也可以去派生。但是,对于大多数的工作线程是不要求的,可以不做任何修改地使用 CWinThread 类。

1. 编程实现控制函数

一个工作线程对应一个控制函数,线程执行的任务都应编写在控制函数之中。控制函数规定了该线程的执行代码,所谓启动线程,实际就是开始运行它对应的控制函数。当控制函数执行结束而退出时,线程也就随之终止。编程实现工作线程的控制函数是创建工作线程的第一步。

编写工作线程的控制函数必须遵守一定的格式。控制函数的原型如下:

```
UINT ControlFunctionName(
    LPVOID   pParam
);
```

其中,参数 ControlFunctionName 是控制函数的名称,由编程者自定;参数 pParam 是一个32 位的指针值,在启动工作线程时,由调用的 AfxBeginThread()函数传递给工作线程的控制函数。控制函数可以按照它选择的方式来解释 pParam,这个值既可以是指向简单数据类型的指针,用来传递 int 之类的数值,也可以是指向包含了许多参数的结构体或其他对象的指针,从而传递更多的信息,甚至可以忽略它。

如果 pParam 参数指向了一个结构体变量,这个结构体变量不仅可以用来将数据从调用者传递到线程,也可以反过来将数据从线程传递到调用者。如果使用这样一个结构来将数据回传到调用者,当数据准备好的时候,线程将需要通知调用者。

当控制函数终止时,它应当返回一个 UINT 类型的数值,来指示终止的原因。返回 0,表示成功;返回其他值,表示各种错误,这取决于控制函数具体的实现。某些线程可以维护对象用例的数量,并且返回当前使用该对象的数量。应用程序可以捕获这个数值。

2. 创建并启动工作线程

在进程的主线程或其他线程中调用 AfxBeginThread()函数就可以创建新的线程,并使新线程开始运行。一般将线程的创建者称为新线程的父线程。

AfxBeginThread()函数是 MFC 提供的帮助函数,有两个重载的版本,区别在于使用的入口参数不同,分别用于创建并启动用户接口线程和工作线程。要创建并启动工作线程,必须采用如下的调用格式:

```
CWinThread * AfxBeginThread (
    AFX_THREADPROC  pfnThreadProc,
    LPVOID pParam,
    Int pPriority=THREAD_PRIORITY_NORMAL,
    UINT nStackSize=0,
    DWORD dwCreateFlags=0,
    LPSECURITY_ATTTRIBUTES lpSecurityAttrs=NULL
);
```

其中参数说明如下。

(1) pfnThreadProc:一个指向工作线程的控制函数的指针,即控制函数的地址。创建工作线程时,必须指定将在此线程内部运行的控制函数。由于线程中必须有一个函数运行,所以这个参数的值不能为 NULL,而且控制函数必须被声明为前述的形式。

（2）pParam：一个指向某种类型的数据结构的指针，执行本函数时，将把这个指针进一步传递给此线程的控制函数，使之成为线程控制函数的入口参数。

（3）pPriority：可选参数，指定本函数所创建的线程的优先级。每一个线程都有自己的优先级，优先级高的线程优先运行，默认是正常优先级。如果取 0 值，则新创建线程的优先级与它的父线程相同。线程的优先级也可以通过调用 SetThreadPriority() 函数来设置。

（4）nStackSize：可选参数，设置所创建线程的堆栈大小，以字节为单位来设置。每一个线程都是独立运行的，所以每一个线程都需要有自己的堆栈来保存自己的数据。如果此参数取默认值 0，则新创建线程的堆栈与它的父线程的堆栈一样大。

（5）dwCreateFlags：可选参数，设置所创建线程的运行状态。如果此参数设置为 CREATE_SUSPENDED，则线程创建后就被挂起，直到调用了 ResumeThread() 函数，线程才会开始执行。如果此参数取默认值 0，则线程被创建后立即开始运行。

（6）lpSecurityAttrs：可选参数，这是一个指向 SECURITY_ATTRIBUTES 结构的指针，用来指定线程的安全属性。如果此参数取默认值 NULL，则所创建线程的安全属性与它的父线程相同。

在创建一个工作线程之前，不需要自己去创建 CWinThread 对象。调用 AfxBeginThread() 函数执行时，会使用用户提供的上述参数，为用户创建并初始化一个新的 CWinThread 类的线程对象，为它分配相应的资源，建立相应的数据结构。然后自动调用 CWinThread 类的 CreateThread() 成员函数来开始执行这个线程，并返回指向此 CWinThread 线程对象的指针。利用这个指针，可以调用 CWinThread 类的其他成员函数来管理这个线程。

3. 创建工作线程的例子

（1）编程实现线程控制函数。

① 首先定义一个结构：

```
struct{
    int nN;              // 数组元素的个数
    double * pD;         // 指向一个双精度实数的数组
} myData;
```

② 然后定义此结构类型的变量，并省略对该变量的初始化代码：

```
myData ss;
```

③ 定义线程的控制函数：

```
UINT MyCalcFunc(LPVOID pParam)
{
    // 如果入口参数为空指针,终止线程
    if (pParam==NULL)
    AfxEndThread(MY_NULL_POINTER_ERROR);
    int nN=pParam->nN;              // 数组的元素个数
```

```
double * pD=pParam->pD;                  // 指向数组的第一个元素
double sum=0;                            // 数组元素之和
for (int i=0; i<nN; i++)
// 求和
sum +=pD[i];
CString bb;
// 格式化显示字符串
bb.Format("数组的和是: %d", sum);
// 显示结果
AfxMessageBox(bb);
return 0;
}
```

（2）在程序进程的主线程中调用 AfxBeginThread()函数来创建并启动这个线程。将控制函数名和结构变量的地址作为参数来传递，其他参数省略，表示使用默认值：

```
AfxBeginThread(MyCalcFunc,&ss);
```

一旦调用了此函数，线程就被创建，并开始执行线程函数。当数据的计算完成时，函数将停止运行，相应的线程也随即终止。线程拥有的堆栈和其他资源都将释放，CWinThread 对象将被删除。

4. 创建工作线程的一般模式

从上面的例子中可以得出创建工作线程的一般模式，具体如下。

（1）构建工作线程控制函数的框架。

```
UINT MyThreadProc(LPVOID PPARAM)
{
    CMyObject * pObject = (CMyObject * ) pParam;        // 传递参数
    // 如果入口参数无效就返回
    if(pObject==NULL |||!pObject->IsKindOf(RUNTIME_CLASS(CMyObject)))
    return 1;
    // 利用入口参数做某些事情,这是工作线程要完成的主要工作
    ......
    // 线程成功地完成并返回
    return 0;
}
```

（2）在程序的另一个函数中插入相关代码：

```
......
pNewObject=new CMyObject;
AfxBeginThread(MyThreadProc, pNewObject);
```

6.3.3 创建并启动用户接口线程

一般 MFC 应用程序的主线程是 CWinApp 派生类的对象，是由 MFC AppWizard 自动

创建的,本小节介绍创建其他用户接口线程所必需的步骤。

用户接口线程与工作线程一样,都使用由操作系统提供的管理新线程的机制,但用户接口线程允许使用 MFC 提供的其他用户接口对象,如对话框或窗口。相应地,为了使用这些功能,编程者必须做更多的工作。创建并启动用户接口线程一般要经过 3 个步骤:第 1 步,从 CWinThread 类派生出自己的线程类;第 2 步,改造派生的线程类,使它能够完成用户所希望的工作;第 3 步,创建并启动用户接口线程。

1. 从 CWinThread 类派生出自己的线程类

要创建一个 MFC 的用户接口线程,所要做的第一件事就是从 CWinThread 类派生出自己的线程类,一般借助 ClassWizard 来做这项工作。

2. 改造派生的线程类

对这个派生的线程类做以下改造工作。

(1) 在派生的线程类的.h 头文件中,使用 DECLARE_DYNCREATE 宏来声明这个类;在用户线程类的.CPP 实现文件中,使用 IMPLEMENT_DYNCREATE 宏来实现这个类。

前者的调用格式如下:

```
DECLARE_DYNCREATE(class_name)
```

其中,参数 class_name 是实际的类名。对一个从 CObject 类继承的类使用这个宏,会使应用程序框架在运行时动态地生成该类的新对象。新线程是由主线程或其他线程在执行过程中创建的,都应支持动态创建,因为应用程序框架需要动态地创建它们。

DECLARE_DYNCREATE 宏应放在此类的.h 头文件中,并应在所有需要访问此类的对象的.CPP 文件中加入包含这个文件的 #include 语句。

(2) 如果在一个类的声明中使用了 DECLARE_DYNCREATE 宏,那就必须在这个类的.CPP 实现文件中使用 IMPLEMENT_DYNCREATE 宏,调用格式如下:

```
IMPLEMENT_DYNCREATE(class_name, base_class_name)
```

其中,参数 class_name 是实际的线程类名和它的基类名。

(3) 派生的线程类必须重载它的基类(CWinThread 类)的某些成员函数,如该类的 InitInstance()成员函数;对于基类的其他成员函数,可以有选择地重载,也可以使用由 CWinThread 类提供的默认函数。表 6-1 给出了相关的成员函数。

表 6-1　创建用户接口线程时相关成员函数的重载

成员函数名	说　明
ExitInstance	每当线程终止时,会调用这个函数。执行清理工作时,通常需要重载
InitInstance	执行线程类实例的初始化时,必须重载
OnIdle	执行线程特定空闲时间处理时,一般不重载
PreTranslateMessage	可以在消息派发前重新解释消息和过滤消息,将它们分为 TranslateMessage 和 DispatchMessage,一般不重载
Run	是此线程的控制函数,为用户的新线程提供了一个消息循环处理,包含消息泵,极少重载,但如果需要也可以重载

（4）创建新的用户界面窗口类，如窗口、对话框，并添加所需要的用户界面控件，然后建立新建的线程类与这些用户界面窗口类之间的联系。

（5）利用类向导为新建的线程类添加控件成员变量和响应消息的成员函数，为它们编写实现的代码。

经过以上步骤的改造，用户的线程类已经具备了完成用户任务的能力。

3．创建并启动用户接口线程

要创建并启动用户接口线程，可以使用 MFC 提供的 AfxBeginThread()函数的另一个版本，其调用格式如下：

```
CWinThread * AfxBeginThread(
    CRuntimeClass * pThreadClass,
    int nPriority=THREAD_PRIORITY_NORMAL,
    UINT nStackSize=0,
    DWORD dwCreateFlags=0,
    LPSECURITY_ATTTRIBUTES  lpSecurityAttrs=NULL
);
```

其中参数说明如下。

（1）pThreadClass：一个指向 CRuntimeClass 类（运行时类）对象的指针，该类是从 CWinThread 类继承的。用户接口线程的运行时类就是从 CWinThread 派生的线程类，本参数就指向它。在实际调用时，一般使用 RUNTIME_CLASS 宏将线程类指针转化为指向 CRuntimeClass 对象的指针，宏的调用格式如下：

```
RUNTIME_CLASS(class_name)
```

使用这个宏可以从一个 C++ 类名返回一个指向 CRuntimeClass 类结构的指针。需要注意的是，使用这个宏是有条件的，仅仅是那些从 CObject 继承的类，并且对该类使用了 DECLARE_DYNAMIC、DECLARE_DYNCREATE 或 DECLARE_SERIAL 宏，允许动态生成时，才能使用这个宏。例如：

```
CWinThread * pMyThread=AfxBeginThread(RUNTIME_CLASS(CMyThreadClass));
```

（2）nPriority：可选参数，指定线程的优先级，默认是正常优先级。

（3）nStackSize：可选参数，指定所创建线程的堆栈大小，默认与调用此函数的线程的堆栈大小一样。

（4）dwCreateFlags：可选参数，若设置为 CREATE_SUSPENDED，线程创建后即进入挂起状态；若取默认值 0，线程生成后即投入运行。

（5）lpSecurityAttrs：设置所创建线程的安全属性，默认与其父线程的安全属性相同。

可以看出，除了第一个参数变为 pThreadClass 以外，其他的参数与创建并启动工作线程时一样，可以指定新线程的优先级、堆栈大小、调用状态和安全属性。

4．AfxBeginThread()函数所做的工作

当进程的主线程或其他线程调用 AfxBeginThread()函数来创建一个新的用户接口线

程的时候,该函数所做工作如下。

(1) 它创建一个新的用户自己的线程类的对象,由于用户的线程类是从 CWinThread 类派生出来的,这个对象也继承了 CWinThread 类的属性。

(2) MFC 自动调用新线程类中的 InitInstance() 函数,来初始化这个新的线程类对象实例。这是一个必须在用户派生的线程类中重载的函数,用户可在该函数中初始化线程,并分配任何需要的动态内存。如果初始化成功,InitInstance() 函数应返回 TRUE,线程就可以继续运行;如果初始化失败,如内存申请失败,就返回 FALSE,线程将停止执行,并释放所拥有的资源。

如果新的线程需要处理窗口,可以在 InitInstance() 函数中创建它,可把 CWinThread 类的 m_pMainWnd 成员变量设置成指向已创建的窗口的指针。如果在线程中创建了一个 MFC 的窗口对象,在其他的线程中是不能使用这个窗口对象的,但可以使用线程内窗口的句柄。如果用户想在一个线程中操作另一个线程的窗口对象,首先必须在该线程中创建一个新的 MFC 对象,然后调用 Attach() 函数把新对象附加到另一个线程传递的窗口句柄上。

(3) 调用 CWinThread::CreateThread() 成员函数来开始执行这个线程,最终运行 CWinThread::Run() 函数,进入消息循环。

(4) 函数返回一个指向新生成的 CWinThread 对象的指针,可以把它保存在一个变量中,其他线程就可以利用这个指针来访问该线程类的成员变量或成员函数。

系统自动地为每一个线程创建一个消息队列,如果线程创建了一个或多个窗口,就必须提供一个消息循环,这个消息循环从线程的消息队列中获取消息,并把它们发送到相应的 Windows 线程。

因为系统将消息导向独立的应用程序窗口,所以在开始线程的消息循环之前,线程必须至少创建一个窗口。大多数基于 Win32 操作系统的应用程序包含一个单一的线程,该线程创建了若干窗口。一个典型的应用是为它的主窗口注册了窗口类,创建并显示这个主窗口,并且启动它的消息循环,所有这一切都在 WinMain() 函数中。

6.3.4 终止线程

线程终止有两种情况:线程的正常终止和线程的提前终止。例如,如果一个字处理器使用一个线程来进行后台打印,当打印成功地完成时,打印线程将正常终止。但是,如果用户希望撤销打印,后台线程将必须提前终止。下面分别说明如何实现线程的正常终止和提前终止,以及如何获得线程终止后的退出码。

1. 线程的正常终止

对于一个工作线程,线程运行的过程就是执行它的控制函数的过程,当控制函数的所有指令都执行完毕而返回时,线程也将终止,此线程的生命周期也就结束了。因此,实现工作线程的正常终止是很简单的,只要在执行完毕时退出控制函数,并返回一个用来表示终止原因的值即可。编程者可以在工作线程的控制函数中适当地安排函数返回的出口,一般在控制函数中使用 return 语句返回。返回 0,表示线程的控制函数已成功执行完毕。

对于一个用户接口线程,一般不能直接处理线程的控制函数。CWinThread::Run() 成员函数是 MFC 为线程实现消息循环的默认控制函数,当这个函数收到一个 WM_QUIT 消息之后会终止线程。因此要正常地终止用户接口线程,应尽可能地使用消息通信的方式,只要在用户接口线程的某个事件处理函数中（如响应用户单击"退出"按钮的事件）调用 Win32 API 的 PostQuitMessage()函数，这个函数会向用户接口线程的消息队列发送一个 WM_QUIT 消息，Run()成员函数收到这个消息会自行终止线程的运行。

PostQuitMessage()函数的调用格式如下：

```
void PostQuitMessage(
    int nExitCode
);
```

其中，输入参数 nExitCode 是一个整数型值，指定一个应用程序的终止代码。像工作线程一样，0 表示用户接口线程成功地完成。终止代码用作 WM_QUIT 消息的 wParam 参数。

PostQuitMessage()函数发送一个 WM_QUIT 消息到线程的消息队列，并立即返回，没有返回值。函数只是简单地告诉系统，这个线程要求终止。当线程从它的消息队列收到一个 WM_QUIT 消息时，会退出它的消息循环，并将控制权返回给系统，同时把 WM_QUIT 消息的 wParam 参数中的终止代码也返回给系统，线程也就终止了。

2. 线程的提前终止

要想在线程尚未完成它的工作时提前终止线程，只需从线程内调用 AfxEndThread()函数就可以强迫线程终止。此函数的调用格式如下：

```
void AFXAPI AfxEndThread(
    UINT nExitCode,
    BOOL bDelete=TRUE
);
```

其中参数说明如下。

（1）nExitCode：指定线程的终止代码。

（2）bDelete：表示是否从内存中删除此线程对象。

执行此函数将停止函数所在线程的执行，撤销该线程的堆栈，解除所有绑定到此线程的动态链接库 DLL，并从内存中删除此线程。要特别强调的是，此函数必须在想要终止的线程内部调用。如果想要通过一个线程来终止另一个线程，就必须在两个线程之间使用通信的方法。

3. 终止线程的另一种方法

使用 Win32 API 提供的 TerminteThread()函数也可以终止一个正在运行的线程，但是它产生的后果不可预料，一般仅用来终止堆栈中的死线程，此函数本身不做任何内存的清除工作。另外，使用 TerminteThread()函数终止的线程可能在几个不同的事务中被打断，这将导致系统处于不可预料的状态。

当然，线程是从属于进程的，如果进程因为某种原因提前终止，那么进程的所有线程也将一同终止。

4. 获取线程的终止代码

当线程正常终止或者提前终止时，指定的终止代码可以被应用程序的其他线程使用。对于用户接口线程或工作线程，要获得线程的终止代码，都只需调用 GetExitCodeThread()

函数。该函数的调用格式如下：

```
BOOL WINAPI GetExitCodeThread(
    HANDLE hThread,
    LPDWORD lpExitCode
);
```

其中参数说明如下。

（1）hThread［IN］：一个指向线程的句柄，要获得该线程的终止代码。

（2）lpExitCode［OUT］：一个指向 DWORD 对象的指针，该对象用来接收终止代码。

如果线程仍然是活动的，执行此函数会在 lpExitCode 所指的 DWORD 对象中返回 STILL_ACTIVE；如果线程已经终止，则会返回退出码。

读者一定会产生一个问题，这个函数要用到线程的句柄，但线程终止时，线程就被删除，线程的句柄此时还存在吗？通常一个线程的句柄被包含在 CWinThread 类的成员变量 m_hThread 中，默认情况下，只要线程函数返回或调用了 AfxEndThread() 函数，线程即被终止，相应的 CWinThread 对象也被删除，它的成员变量 m_hThread 当然就不存在了，不能再访问它。因此，如何保存一个线程的句柄就成了问题。获取线程的终止代码还需要采取额外的步骤，可以通过两种方法来解决。

（1）方法 1：可以把 CWinThread 对象的 m_bAutoDelete 成员变量设置为 FALSE，这样，当线程终止时，就不会自动删除相应的 CWinThread 对象，其他线程仍然可以访问它的 m_hThread 成员变量。但随之而来的问题是应用程序框架将不会自动删除这个 CWinThread 对象，用户必须自己删除它。

（2）方法 2：另外存储线程的句柄。创建线程后，调用 DuplicateHandle() 函数来复制 m_hThread 成员变量的副本到另一个变量中，并通过此变量来访问它。使用这种方法，即使线程对象已在线程终止时被自动删除，仍然可以知道该线程为什么会终止。但要注意，复制必须在线程终止之前来做。最安全的方法是在调用 AfxBeginThread() 函数创建并启动线程时，将它的 dwCreateFlags 参数设置为 CREATE_SUSPENDED，使线程被创建后就先挂起，然后复制线程句柄，再调用 ResumeThread() 函数恢复线程的运行。函数的调用格式可以查看 MSDN。

上述两种方法都能使用户了解 CWinThread 对象为什么会终止。

5. 关于设置线程优先级的问题

SetThreadPriority() 函数用来指定线程的优先级，线程的优先级与线程所在的进程的优先级共同决定线程的基本优先级水平。函数的调用格式如下：

```
BOOL WINAPI SetThreadPriority(
    HANDLE hThread,
    Int nPriority
);
```

其中参数说明如下。

（1）hThread［IN］：要设置优先级的线程的句柄。

（2）nPriority［IN］：指定线程的优先级值。

返回值:如果设置成功,返回非零值;如果调用函数失败,返回值为 0。调用 GetLastError()函数可以获得进一步的出错信息。

每一个线程都有一个基本的优先级,由该线程的优先级值和它所在进程的优先级类共同决定。系统根据所有可执行线程的基本优先级来决定哪一个线程将获得下一个 CPU 的时间片。系统根据优先级来安排线程的时候,仅当没有较高优先级的可执行线程时,才安排较低优先级的线程。

6.4 I/O 非阻塞模式的异步处理模型

如何让服务器在同一时间高效地处理多个客户端的连接? 处理办法的一种可能是在服务器不停地监听客户端的请求,有新的请求到达时,开辟一个新的线程去和该客户端进行后续处理,但是这样针对每一个客户端都需要去开辟一个新的线程,效率必定低下。其实,Socket 编程提供了很多模型来处理这种情形,主要有 select 模型、Overlapped I/O 模型和 Completion Port 模型。select 模型又分为普通 select 模型、WSAAsyncSelect 异步 I/O 模型、WSAEventSelect 事件选择模型。下面将通过实例逐一介绍。

6.4.1 select 模型

如前所述,在非阻塞模式下,Winsock 函数无论如何都会立即返回,所以必须采取适当的措施进行处理,才能得到正确的结果。

select 模型是 Winsock 中最常见的 I/O 模型。Berkeley 套接字方案已经设计了该模型,后来又集成到 Winsock 1.1 中。它的中心思想是利用 select()函数,实现对多个套接字 I/O 的管理。利用 select()函数,可以判断套接字上是否存在数据,或者能否向一个套接字写入数据。只有在条件满足时,才对套接字进行 I/O 操作,从而避免无功而返的 I/O 函数调用,避免频繁产生 WSAEWOULDBLOCK 错误,从而使 I/O 变得有序。

1. select()函数

select()函数原型如下,其中,fd_set 数据类型代表一系列特定套接字的集合:

```
int select(
    int nfds,
    fd_set * readfds,
    fd_set * writefds,
    fd_set * exceptfds,
    const struct timeval * timeout
);
```

其中参数说明如下。

(1) nfds [IN]:为了保持与早期的 Berkeley 套接字应用程序的兼容,一般可忽略。

(2) readfds [IN, OUT]:用于检查可读性。readfds 集合包括想要检查是否符合下述任何一个条件的套接字。

① 有数据到达,可以读入。

② 连接已经关闭、重设或中止。

③ 假如已调用了 listen，而且一个连接正在建立，那么 accept() 函数调用会成功。

（3）writefds [IN，OUT]：用于检查可写性。writefds 集合包括想要检查是否符合下述任何一个条件的套接字。

① 发送缓冲区已空，可以发送数据。

② 如果已完成了对一个非锁定连接调用的处理，连接就会成功。

（4）exceptfds [IN，OUT]：用于检查是否有例外发生。exceptfds 集合包括想要检查是否符合下述任何一个条件的套接字。

① 假如已完成了对一个非锁定连接调用的处理，连接尝试就会失败。

② 有带外数据可供读取。

（5）timeout [IN]：一个指向 timeval 结构的指针，用于决定 select() 函数等待 I/O 操作完成的最长时间。如果 timeout 是一个空指针，那么 select() 函数调用会无限期地等待下去，直到至少有一个套接字符合指定的条件后才结束。timeval 结构的定义如下。

```
struct timeval{
    long tv_sec;          // 以秒为单位指定等待时间
    long tv_usec;         // 以毫秒为单位指定等待时间
};
```

需要说明的是，select() 函数对 readfds、writefds 和 exceptfds 3 个集合中指定的套接字进行检查，判断是否有数据可读、可写或有带外数据，如果有至少一个套接字符合条件，就立即返回。符合条件的套接字仍在集合中，不符合条件的套接字则被删去。如果一个也没有，则等待，但是最多等待 timeout 所指定的时间，然后返回。

例如，假定想测试一个套接字是否可读，首先将该套接字添加到 readfds 集合中，然后执行 select() 函数，等待它完成。select() 函数返回后，必须检查该套接字是否仍在 readfds 集合中。如果在，就说明该套接字有数据可读，可立即从它读取数据。

在 readfds、writefds 和 exceptfds 这 3 个套接字集合参数中，至少有一个不能为 NULL。在任何不为空的集合中，必须至少包含一个套接字句柄，否则 select() 函数便没有任何东西可以等待。如果将超时值 timeout 设置为（0，0），表明 select() 会立即返回，这就相当于允许应用程序对 select() 操作进行轮询。出于对性能方面的考虑，应避免这样的设置。select() 成功完成后，会返回所有 fd_set 集合中符合条件的套接字句柄的总数。如果超过 timeval 设定的时间，便会返回 0。不管是什么原因，假如 select() 调用失败，都会返回 SOCKET_ERROR。

2. 操作套接字集合的宏

在应用程序中，用 select() 函数对套接字进行监视之前，必须先将要检查的套接字句柄分配给某个集合，设置好相应的 fd_set 结构，再来调用 select() 函数，便可知道一个套接字上是否正在发生上述的 I/O 活动。

Winsock 提供了下列宏操作，专门对 fd_set 数据类型进行操作。

（1）FD_CLR(s，* set)：从 set 中删除套接字 s。

（2）FD_ISSET(s，* set)：检查 s 是否是 set 集合的一名成员，如果是，则返回 TRUE。

（3）FD_SET(s，* set)：将套接字 s 加入 set 集合。

（4）FD_ZERO(＊set)：将 set 初始化为空集合。

上述操作中，参数 s 是一个要检查的套接字，参数 set 是一个 fd_set 集合类型的指针。

例如，调用 select()函数前，可使用 FD_SET 宏将指定的套接字加入 readfds 集合中。select()函数完成后，可使用 FD_ISSET 宏来检查该套接字是否仍在 readfds 集合中。

3. select 模型的操作步骤

用 select 操作一个或多个套接字句柄，一般采用下述步骤。

（1）使用 FD_ZERO 宏，初始化自己感兴趣的每一个 fd_set 集合。

（2）使用 FD_SET 宏，将要检查的套接字句柄添加到自己感兴趣的每一个 fd_set 集合中，相当于在指定的 fd_set 集合中设置好要检查的 I/O 活动。

（3）调用 select()函数，然后等待。select()函数执行完成返回后，会修改每个 fd_set 结构，删除那些不存在待决 I/O 操作的套接字句柄，在各个 fd_set 集合中返回符合条件的套接字。

（4）根据 select()函数的返回值，使用 FD_ISSET 宏对每个 fd_set 集合进行检查，通过判断一个特定的套接字是否仍在集合中，便可判断出哪些套接字存在尚未完成（待决）的 I/O 操作。

（5）知道了每个集合中待决的 I/O 操作之后，对相应的套接字的 I/O 进行处理，然后返回步骤（1），继续进行 select 处理。

用 select 来管理一个套接字上的 I/O 操作，相应的代码如下：

```
SOCKET s;              // 定义一个套接字
fd_set readfds;        // 定义一个套接字集合变量
int ret;               // 返回值
// 创建一个套接字,并接受连接
……
// 管理该套接字上的 I/O
while(TRUE)
{
    // 在调用 select()函数之前,总是要清除套接字集合变量
    FD_ZERO(&readfds);
    // 将套接字 s 添加到 readfds 集合中
    FD_SET(s, &readfds);
    // 调用 select()函数并等待它的完成,这里只是想检查套接字 s 是否有数据可读
    if ((ret =select(0, &readfds, NULL, NULL, NULL)) ==SOCKET_ERROR)
    {
        // 处理错误的代码
        ……
    }
    // 返回值大于零,说明有符合条件的套接字,select()的返回值应当是 1。
    // 如果处理更多的套接字,返回值可能大于 1,
    // 应用程序应当检查特定的套接字是否在返回的集合中
    if(ret >0)
    {
```

```
        if(FD_ISSET(s, & readfds))
        {
            // 对该套接字进行读操作
            ......
        }
    }
}
```

4. Select 模型应用举例

使用 select 模型在服务端开辟两个线程,分别用来监听客户端的连接请求和处理客户端的请求,主要用到的函数为 select 函数。

全局变量:

```
fd_set  g_fdClientSock;
```

线程 1 处理函数如下:

```
SOCKET listenSock=socket(AF_INET, SOCK_STREAM, IPPROTO_TCP);
    sockaddr_in sin;
    sin.sin_family=AF_INET;
    sin.sin_port=htons(7788);
    sin.sin_addr.S_un.S_addr=INADDR_ANY;

    int nRet=bind(listenSock, (sockaddr * )&sin, (int)(sizeof(sin)));
    if (nRet==SOCKET_ERROR)
    {
        DWORD errCode=GetLastError();
    return;
    }


    listen(listenSock, 5);
    int clientNum=0;
    sockaddr_in clientAddr;
    int nameLen=sizeof(clientAddr);

    while(clientNum<FD_SETSIZE)
    {
        SOCKET clientSock=accept(listenSock, (sockaddr * )&clientAddr, &nameLen);
    FD_SET(clientSock, &g_fdClientSock);
        clientNum++;
}
```

线程 2 处理函数如下:

```
fd_set fdRead;
    FD_ZERO(&fdRead);
    int nRet=0;
```

```
char * recvBuffer=(char *)malloc(sizeof(char) * 1024);

    if ( recvBuffer==NULL )
    {
        return;
    }

    memset(recvBuffer, 0, sizeof(char) * 1024); while (true)
    {
        fdRead=g_fdClientSock;
        nRet=select(0, &fdRead, NULL, NULL, NULL);
        if (nRet !=SOCKET_ERROR)
        {
            for (int i=0; i<g_fdClientSock.fd_count; i++)
            {
                if (FD_ISSET(g_fdClientSock.fd_array[i],&fdRead))
                {
                    memset(recvBuffer, 0, sizeof(char) * 1024);
                    nRet=recv(g_fdClientSock.fd_array[i], recvBuffer, 1024, 0);
                    if (nRet==SOCKET_ERROR)
                    {
                        closesocket(g_fdClientSock.fd_array[i]);
                            FD_CLR(g_fdClientSock.fd_array[i], &g_fdClientSock);
                    }
                    else
                    {
                        //todo:后续处理
                    }
                }
            }
        }
    }
    if (recvBuffer !=NULL)
    {
    free(recvBuffer);
}
```

　　该模型需要一个死循环不停地去遍历所有的客户端套接字集合,询问是否有数据到来,如果连接的客户端很多,会影响处理客户端请求的效率,但它解决了每一个客户端都去开辟新的线程与其通信的问题。如果有一个模型,可以不用去轮询客户端套接字集合,而是等待系统通知,当有客户端数据到来时,系统自动通知程序,这就解决了 select 模型带来的问题。

6.4.2　WSAAsyncSelect 异步 I/O 模型

　　异步 I/O 模型通过调用 WSAAsyncSelect()函数实现。利用这个模型,应用程序可以在一个套接字上接收以 Windows 消息为基础的网络事件通知。该模型最早出现于Winsock 1.1 中,以适应其多任务消息环境。

1. WSAAsyncSelect()函数

函数的原型如下:

```
int WSAAsyncSclect(
    SOCKET s,
    HWND hWnd,
    unsigned int wMsg,
    long lEvent
);
```

其中参数说明如下。

（1）s［IN］：指定用户感兴趣的套接字。

（2）hWnd［IN］：指定一个窗口或对话框句柄。当网络事件发生后,该窗口或对话框会收到通知消息,并自动执行对应的回调例程。

（3）wMsg［IN］：指定发生网络事件时打算接收的消息。该消息会投递到由 hWnd 窗口句柄指定的那个窗口。通常,应用程序需要将这个消息设为比 Windows 操作系统的 WM_USER 大的一个值,以避免网络窗口消息与预定义的标准窗口消息发生混淆与冲突。

（4）lEvent［IN］：指定一个位掩码,代表应用程序感兴趣的一系列事件。可以使用表 6-2 中预定义的网络事件类型,如果应用程序同时对多个网络事件感兴趣,只需对各种类型执行一次简单的按位或运算。例如:

```
WSAAsyncSelect(s, hwnd, WM_SOCKET, FD_CONNECT | FD_READ |FD_WRITE | FD_CLOSE);
```

上面的例子表示,应用程序以后要在套接字 s 上接收有关连接请求、接收数据、发送数据和套接字关闭等一系列网络事件的通知。

表 6-2　用于 WSAAsyncSelect()函数的网络事件类型

事 件 类 型	含　　义
FD_READ	应用程序想接收有关是否有数据可读的通知,以便读入数据
FD_WRITE	应用程序想接收有关是否可写的通知,以便发送数据
FD_OOB	应用程序想接收是否有带外数据抵达的通知
FD_ACCEPT	应用程序想接收与进入的连接请求有关的通知
FD_CONNECT	应用程序想接收一次连接请求操作已经完成的通知
FD_CLOSE	应用程序想接收与套接字关闭有关的通知

需要说明的是,要想使用 WSAAsyncSelect 异步 I/O 模型,首先必须在应用程序中用 CreateWindow()函数创建一个窗口,并为该窗口提供一个窗口回调例程。因为对话框的本质也是"窗口",所以也可以创建一个对话框,为其提供一个对话框回调例程。

设置好窗口的框架后,就可以开始创建套接字并调用 WSAAsyncSelect()函数。在该函数中,指定关注的套接字、窗口句柄、打算接收的消息,以及程序感兴趣的套接字事件。成功地执行 WSAAsyncSelect()函数就打开了窗口的消息通知,并注册了事件。应用程序往往对一系列事件感兴趣,到底使用哪一种事件类型,取决于应用程序的角色是客户还是服务器。

WSAAsyncSelect()函数执行时,如果注册的套接字事件之一发生,指定的窗口就会收到指定的消息,并自动执行该窗口的回调例程,用户可以在窗口回调例程中添加自己的代码以处理相应的事件。

2. 窗口回调例程

应用程序在一个套接字上调用 WSAAsyncSelect()函数时,该函数的 hWnd 参数指定了一个窗口句柄。函数成功调用后,当指定的网络事件发生时,会自动执行该窗口对应的窗口回调例程,并将网络事件通知和 Windows 消息的相关信息一起传递给该例程的入口参数。用户可以在该例程中添加自己的代码,针对不同的网络事件进行处理,从而实现有序的套接字 I/O 操作。

窗口回调例程应定义成以下形式:

```
LRESULT CALLBACK WindowProc(
    HWND hWnd,
    UINT uMsg,
    WPARAM wParam,
    LPARAM lParam
);
```

例程的名字在这里用 WindowProc 表示,实际可由用户自定。其中参数说明如下。

(1) hWnd [IN]: 指示一个窗口的句柄,对此窗口例程的调用正是由该窗口发出的。

(2) uMsg [IN]: 指示引发调用此函数的消息,可能是 Windows 操作系统的标准窗口消息,也可能是 WSAAsyncSelect()函数调用中用户定义的消息。

(3) wParam [IN]: 指示在其上面发生的一个网络事件的套接字。如果同时为这个窗口例程分配了多个套接字,这个参数的重要性便显示出来了。

(4) lParam [IN]: 包含两方面重要的信息。其中,lParam 的低位字指定了已经发生的网络事件,高位字包含了可能出现的任何错误代码。

网络事件消息到达一个窗口例程后,窗口例程首先应检查 lParam 的高位字,以判断是否在套接字上发生了一个网络错误。可使用特殊的宏 WSAGETSELECTERROR 来返回 lParam 的高位字包含的错误信息。如果套接字上没有产生任何错误,接着就应辨别这条 Windows 消息的触发由哪一种类型的网络事件造成。可使用宏 WSAGETSELECTEVENT 来读取 lParam 的低位字的内容。

3. WSAAsyncSelect 异步 I/O 模型应用举例

下面通过一个服务器程序演示如何使用 WSAAsyncSelect 异步 I/O 模型来实现窗口消息的管理。程序着重强调了开发一个基本服务器应用程序所涉及的基本步骤,忽略了开发一个完整的 Windows 应用程序所涉及的大量编程细节。

```
#define WM_SOCKET WM_USER +1      // 自定义一个消息
#include <windows.h>
// 程序的主函数
```

```
int WinMain(HINSTANCE hInstance, HINSTANCE hPrevInstance,
LPSTR lpCmdLine, int nCmdShow)
{
    SOCKET Listen;                           //定义监听套接字
    HWND Window;                             //定义窗口句柄
    struct sockaddr_in InternetAddr          //定义地址结构变量
    //创建一个窗口,并将 ServerWinProc 回调例程分配到该窗口名下
        Window=CreateWindow(...);
    // 初始化 Winsock,并创建套接字
    WSAStartup(...);
    Listen=socket();
    // 将套接字绑定到 5150 端口
    InternetAddr.sin_family=AF_INET;
    InternetAddr.sin_addr.s_addr=htonl(INADDR_ANY);
    InternetAddr.sin_port=htons(5150);
    bind(Listen, (struct sockaddr *)&InternetAddr, sizeof(InternetAddr));
    // 对监听套接字使用上面定义的 WM_SOCKET,调用 WSAAsyncSelect() 函数
    // 函数打开窗口消息通知,注册的事件是 FD_ACCEPT 和 FD_CLOSE
    WSAAsyncSelect(Listen, Window, WM_SOCKET, FD_ACCEPT |
    FD_CLOSE);
    // 启动套接字的监听
    listen(Listen, 5);
    // 翻译并发送 Window 消息,直到应用程序终止
    ……
}
// 所创建窗口的回调例程
BOOL CALLBACK ServerWinProc(HWND hDlg, WORD wMsg,WORD waram,
DWORD lParam)
{
    SOCKET Accept;                           // 定义服务器的连接套接字
    switch(wMsg)
    {
        case WM_PAINT:
        // 处理 Window paint 消息
        ……
        break;
        case WM_SOCKET:
        // 使用 WSAGETSELECTERROR 宏判断套接字上是否发生错误
        if (WSAGETSELECTERROR(lParam))
        {
            // 显示错误信息并且关闭套接字
            closesocket(wParam);
            break;
        }
        //决定在该套接字上出现了什么事件
        switch(WSAGETSELECTEVENT(lParam))
        {
            case FD_ACCEPT:
            // 表示监听套接字收到了一个连接请求,接收它,产生连接套接字
            Accept=accept(wParam, NULL, NULL);
```

```
                // 为连接套接字注册读、写和关闭事件,启动消息通知
                WSAAsyncSelect(Accept, hwnd, WM_SOCKET,
                FD_READ | FDWRITE |FD_CLOSE);
                break;
                case FD_READ:
                // 表示数据已到达,可从 wParam 的套接字中接收数据
                ……
                break;
                case FD_WRITE:
                // 表示 wParam 中的套接字已经准备好发送数据
                ……
                break;
                case FD_CLOSE:
                // 表示连接已经关闭,可关闭套接字
                closesocket(wParam);
                break;
            }
        break;
    }
    return TRUE;
}
```

4. 注意事项

(1) 如果应用程序针对一个套接字 s 调用了 WSAAsyncSelect()函数,该套接字的模式会从"阻塞"自动变成"非阻塞",这样一来,假如调用了 WSARecv()这样的 Winsock I/O 函数,但当时却并没有数据可用,就会造成调用的失败,并返回 WSAEWOULDBLOCK 错误。为了防止这一点,应用程序应依赖由 WSAAsyncSelect()函数的 uMsg 参数指定的用户自定义窗口消息来判断网络事件何时在套接字上发生,发生时再调用 Winsock 的 I/O 函数,而不应盲目调用。

(2) 要特别注意的是,多个套接字事件务必在套接字上一次注册。一旦在某个套接字上允许了某些事件通知,那么以后除非明确调用 closesocket()命令,或者由应用程序针对那个套接字再次调用了 WSAAsyncSelect()函数,才能更改注册的网络事件类型;否则,事件通知会一直有效。若将 lEvent 参数设为 0,效果相当于停止在套接字上进行的所有网络事件通知。对同一个套接字而言,最后一次 WSAAsyncSelect()函数调用所注册的事件有效。

(3) 应用程序只有在下面几种情况下,才会发出 FD_WRITE 通知:

① 使用 connect()或 WSAConnect()函数,一个套接字首次建立了连接。

② 使用 accept()或 WSAAccept()函数,套接字被接受以后。

③ 若 send()、WSASend()、sendto()或 WSASendTo()函数操作失败,返回了 WSAEWOULDBLOCK 错误,而且缓冲区的空间变得可用。

因此,作为一个应用程序,自收到首条 FD_WRITE 消息开始,便应认为自己必然能在一个套接字上发出数据,直至 send()、WSASend()、sendto()或 WSASendTo()函数返回套接字错误 WSAEWOULDBLOCK。经过了这样的失败以后,要再用另一条 FD_WRITE 通知应用程序再次发送数据。

WSAAsyncSelect 模型是非常简单的模型,它解决了普通 select 模型的问题,但是它只

能用在 Windows 程序上,因为它需要一个接收系统消息的窗口句柄。有没有一个模型既可以解决 select 模型的问题,又不限定只能是 Windows 程序才能用呢? 下面我们来看看 WSAEventSelect 事件选择模型。

6.4.3 WSAEventSelect 事件选择模型

WSAEventSelect 事件选择模型和 WSAAsyncSelect 模型类似,它也允许应用程序在一个或多个套接字上接收以事件为基础的网络事件通知。由 WSAAsyncSelect 模型采用的网络事件,均可原封不动地移植到事件选择模型中。也就是说,在用新模型开发的应用程序中,也能接收和处理所有那些事件。该模型最主要的差别在于,网络事件会投递至一个事件对象句柄,而非投递至一个窗口例程。以下按照使用此模型的编程步骤进行介绍。

1. 创建事件对象句柄

事件选择模型要求应用程序针对每一个套接字,首先创建一个事件对象,创建方法是调用 WSACreateEvent() 函数,该函数的原型如下:

```
WSAEVENT WSACreateEvent(void);
```

函数的返回值很简单,就是一个创建好的事件对象句柄。

2. 关联套接字和事件对象并注册网络事件

有了事件对象句柄后,接下来必须将其与某个套接字关联在一起,同时注册感兴趣的网络事件类型,这就需要调用 WSAEventSelect() 函数。函数的原型如下:

```
int WSAEventSelect(
    SOCKET s,
    WSAEVENT hEventObject,
    long lNetworkEvents
);
```

其中参数说明如下。

(1) s [IN]: 代表自己感兴趣的套接字。

(2) hEventObject [IN]: 指定要与套接字关联在一起的事件对象,就是用 WSACreateEvent() 函数取得的事件的对象。

(3) 参数 lNetworkEvents [IN]: 对应一个位掩码,用于指定应用程序感兴趣的各种网络事件类型的组合,与 WSAAsyncSelect() 函数中的 lEvent 参数的用法相同。

需要说明的是,为 WSAEventSelect() 函数创建的事件对象拥有两种工作状态和两种工作模式。两种工作状态分别是已传信(Signaled)和未传信(Nonsignaled)状态;两种工作模式分别是人工重设(Manual Reset)和自动重设(Auto Reset)模式。WSACreateEvent() 函数最开始处于未传信的工作状态中,并用人工重设模式来创建事件句柄。随着网络事件触发了与一个套接字关联在一起的事件对象,事件对象的工作状态便会从未传信转变成已传信。

由于事件对象是在一种人工重设模式中创建的,所以在完成了一个 I/O 请求的处理之后,应用程序需要负责将事件对象的工作状态从已传信更改为未传信。要做到这一点,可调

用 WSAResetEvent()函数,其原型如下:

```
BOOL WSAResetEvent(
    WSAEVENT hEvent
);
```

该函数唯一的参数便是一个事件句柄。调用成功返回 TRUE,失败返回 FALSE。

3. 等待网络事件触发事件对象句柄的工作状态

将一个套接字上一个事件对象句柄关联在一起以后,应用程序便可以调用
WSAWaitForMultipleEvents()函数,等待网络事件触发事件对象句柄的工作状态。该函数
用来等待一个或多个事件对象句柄,当其中一个或所有句柄进入已传信状态,或超过了一个
规定的时间期限后,立即返回。该函数的原型如下:

```
DWORD WSAWaitForMultipleEvents(
    DWORD cEvents,
    const WSAEVENT * lphEvents,
    BOOL fWaitAll,
    DWORD dwTimeout,
    BOOL fAlertable
);
```

其中参数说明如下。

(1) cEvents [IN]和 lphEvents [IN]:定义了一个由 WSAEVENT 对象构成的数组。
数组中事件对象的数量由 cEvents 参数指定,而 lphEvents 是指向该数组的指针,用于直接
引用该数组。数组元素的数量有限制,最大值由预定义常量 WSA_MAXIMUM_WAIT_
EVENTS 规定,是 64 个。因此,每个调用本函数的线程,其 I/O 模型一次最多只能支持 64
个套接字。假如想同时管理 64 个以上的套接字,就必须创建额外的工作线程,以便等待更
多的事件对象。

(2) fWaitAll [IN]:指定函数如何等待在事件数组中的对象。若设为 TRUE,则只有
等到 lphEvents 数组内包含的所有事件对象都已进入已传信状态,函数才会返回;若设为
FALSE,任何一个事件对象进入已传信状态,函数就会返回。就后一种情况来说,返回值指
出了到底是哪个事件对象造成了函数的返回。通常,应用程序应将该参数设为 FALSE,一
次只为一个套接字事件提供服务。

(3) dwTimeout [IN]:规定函数等待一个网络事件发生的最长时间,以 ms 为单位。
这是一项关于超时的设定,超过规定的时间,函数就会立即返回,即使由 fWaitAll 参数规定
的条件尚未满足也如此。如果超时值设为 0,函数会检测指定的事件对象的状态,并立即返
回。这样一来,应用程序实际便可实现对事件对象的轮询。但此时函数性能并不好,应尽量
避免将超时值设为 0。假如没有等待处理的事件,函数便返回 WSA_WAIT_TIMEOUT。
如将 dwsTimeout 设为 WSA_INFINITE(永远等待),那么只有在一个网络事件传信了一个
事件对象后,函数才会返回。

(4) 参数 fAlertable [IN]:用户使用 WSAEventSelect 模型时,该参数可以忽略,且应
设为 FALSE。该参数主要用于重叠式 I/O 模型中,在完成例程的处理过程中使用。

需要说明的是,如果 WSAWaitForMultipleEvents()函数收到一个事件对象的网络事件通知,就会返回一个值,指出造成函数返回的事件对象。应用程序便可引用事件数组中已传信的事件,并检查与该事件对应的套接字,判断到底该套接字上发生了什么类型的网络事件。引用事件数组中的事件时,应该用函数的返回值减去预定义值 WSA_WAIT_EVENT_0,就可以得到该事件的索引位置。例如:

```
Index=WSAWaitForMultipleEvents(...);
MyEvent=EventArray[Index - WSA_WAIT_EVENT_0];
```

4. 检查套接字上所发生的网络事件类型

知道了造成网络事件的套接字后,接下来可调用 WSAEnumNetworkEvents()函数检查套接字上发生了什么类型的网络事件。该函数的原型如下:

```
int WSAEnumNetworkEvents(
    SOCKET s,
    WSAEVENT hEventObject,
    LPWSANETWORKEVENTS lpNetworkEvents
);
```

其中参数说明如下。

(1) s [IN]:与造成了网络事件的套接字对应。

(2) hEventObject [IN]:可选参数,它指定一个事件句柄,执行此函数将使该事件对象从已传信状态自动成为未传信状态。如果不想用此参数来重设事件,可以使用前面所讲的 WSAResetEvent()函数。

(3) lpNetworkEvents [OUT]:一个指向 WSANETWORKEVENTS 结构的指针,用来接收套接字上发生的网络事件类型以及可能出现的任何错误代码。该结构的定义如下:

```
typedef struct _WSANETWORKEVENTS
{
    Long lNetworkEvents;
    Int iErrorCode[FD_MAX_EVENTS];
}WSANETWORKEVENTS, * LPWSANETWORKEVENTS;
```

其中参数说明如下。

(1) lNetworkEvents:指定了一个值,对应于套接字上发生的所有网络事件类型。应该注意的是,一个事件进入传信状态时,可能会同时发生多个网络事件类型。例如,一个繁忙的服务器应用可能同时收到 FD_READ 和 FD_WRITE 通知,这时此参数是它们的 OR 组合。

(2) iErrorCode:指定一个错误代码数组,与 lNetworkEvents 中的事件关联在一起。每个网络事件类型都存在一个特殊的事件索引,名字与事件类型的名字类似,只是要在事件名字后面添加一个"_BIT"后缀字串。例如,对 FD_READ 事件类型来说,iErrorCode 数组中的索引标识符便是 FD_READ_BIT。针对 FD_READ 事件,下述代码对此进行了说明:

```
// 处理 FD_READ 事件通知
if (NetworkEvents.lNetworkEvents & FD_READ)
{
    if (NetworkEvents.lErrorCode[FD_READ_BIT] !=0)
    {
        printf("FD_READ failed with error %d\n",
        NetworkEvents.lErrorCode[FD_READ_BIT]);
    }
}
```

5. 处理网络事件

在确定了套接字上发生的网络事件类型后，可以根据不同的情况做出相应的处理。完成了对 WSANETWORKEVENTS 结构中的事件的处理之后，应用程序应在所有可用的套接字上继续等待更多的网络事件。

应用程序完成了对一个事件对象的处理后，便应调用 WSACloseEvent() 函数，释放由事件句柄使用的系统资源。函数的原型如下：

```
BOOL WSACloseEvent(
    WSAEVENT hEvent
);
```

该函数也将一个事件句柄作为自己唯一的参数，并会在成功后返回 TRUE，失败后返回 FALSE。

6. WSAEventSelect 事件选择模型应用举例

下面使用 WSAEventSelect 事件选择模型来开发一个服务器应用程序，同时对事件对象进行管理。该程序主要着眼于开发一个基本的服务器应用所涉及的步骤，它要同时负责一个或多个套接字的管理。

```
SOCKET SocketArray[WSA_MAXIMUM_WAIT_EVENTS];        //套接字数组
WSAEVENT EventArray[WSA_MAXIMUM_WAIT_EVENTS];       //事件句柄数组
SOCKET Listen, Accept;                              // 监听套接字和连接套接字
DWORD EventTotal=0;                                 // 为上面两个数组所设置的计数器
DWORD Index;
WSANETWORKEVENTS NetworkEvents;
struct sockaddr_in InternetAddr;                    // 定义地址结构变量
// 创建一个流式套接字，设置它在 5150 端口上监听
Listen=socket(AF_INET, SOCK_STREAM, 0);
InternetAddr.sin_family=AF_INET;
InternetAddr.sin_addr.s_addr=htonl(INADDR_ANY);
InternetAddr.sin_port=htons(5150);
bind(Listen, (struct sockaddr *)&InternetAddr, sizeof(InternetAddr));
// 创建一个事件对象，将它与监听套接字相关联，并注册网络事件
NewEvent=WSACreateEvent();
WSAEventSelect(Listen, NewEvent, FD_ACCEPT | FD_CLOSE);
// 启动监听，并将监听套接字和对应的事件添加到相应的数组中
```

```
listen(Listen, 5);
SocketArray[EventTotal]=Listen;
EventArray[EventTotal]=NewEvent;
EventTotal++;

// 不断循环,等待连接请求,并处理套接字的 I/O
while(TRUE)
{
    // 在所有的套接字上等待网络事件的发生
    Index=WSAWaitForMultipleEvents(EventTotal, EventArray,FALSE,
    WSA_INFINITE, FALSE);
    // 检查消息通知对应的套接字上所发生的网络事件类型
    WSAEnmNetworkEvents(SocketArray[Index - WSA_WAIT_EVENT_0],
    EventArray[Index - WSA_WAIT_EVENT_0], &NetworkEvents);


    // 检查 FD_ACCEPT 消息
    if (NetworkEvents.lNetworkEvents & FD_ACCEPT)
    {
        if (NetworkEvents.lErrorCode[FD_ACCEPT_BIT] !=0)
        {
            printf("FD_ACCEPT failed with error %d\n,"
            NetworkEvents.lErrorCode[FD_ACCEPT_BIT]);
            break;
        }
        // 如果是 FD_ACCEPT 消息,并且没有错误,那么就接收这个新的连接请求,
        // 并把产生的套接字添加到套接字和事件数组中
        Accept=accept(SocketArray[Index - WSA_WAIT_EVENT_0],NULL, NULL);
        // 在将产生的套接字添加到套接字数组中之前,首先检查套接字数目
        // 是否超限,如果超限,就关闭 Accept 套接字,并退出
        if (EventTotal>WSA_MAXIMUM_MAIT_EVENTS)
        {
            printf("Too many connections");
            closesocket(Accept);
            break;
        }
        // 为 Accept 套接字创建一个新的事件对象
        NewEvent=WSACreateEvent();
        // 将该事件对象与 Accept 套接字相关联,并注册网络事件
        WSAEventSelect(Accept, NewEvent, FD_READ | FD_WRITE |FD_CLOSE);
        // 将该套接字和对应的事件对象添加到数组中,统一管理
        EventArray[EventTotal]=NewEvent;
        SocketArray[EventTotal]=Accept;
        EventTotal++;
        printf("Socket %d connected\n",Accept);
    }
    // 处理 FD_READ 消息通知
    if (NetworkEvents.lNetworkEvents & FD_READ)
    {
        if (NetworkEvents.lErrorCode[FD_READ_BIT] !=0)
        {
```

```
            printf("FD_READ failed with error %d\n",
            NetworkEvents.lErrorCode[FD_READ_BIT]);
            break;
        }
        // 从套接字读数据
        recv(SocketArray[Index-WSA_WAIT_EVENT_0], buffer,
        sizeof(buffer), 0);
    }
    // 处理 FD_WRITE 消息通知
    if (NetworkEvents.lNetworkEvents & FD_WRITE)
    {
        if (NetworkEvents.lErrorCode[FD_WRITE_BIT] !=0)
        {
            printf("FD_WRITE failed with error %d\n",
            NetworkEvents.lErrorCode[FD_WRITE_BIT]);
            break;
        }
        // 写数据到套接字
        send(SocketArray[Index-WSA_WAIT_EVENT_0],buffer, sizeof(buffer), 0);
    }
    // 处理 FD_CLOSE 消息通知
    if (NetworkEvents.lNetworkEvents & FD_CLOSE)
    {
        if (NetworkEvents.lErrorCode[FD_CLOSE_BIT] !=0)
        {
            printf("FD_CLOSE failed with error %d\n",
            NetworkEvents.lErrorCode[FD_CLOSE_BIT]);
            break;
        }
        // 关闭该套接字
        closesocket(SocketArray[Index - WSA_WAIT_EVENT_0]);
        // 从套接字和事件数组中删除该套接字和相应的事件句柄,
        // 紧缩两个数组并将 EventTotal 计数器减 1,该函数的实现被省略
        CompressArrays(Event, Socket, &EventTotal);
    }
}
```

6.4.4 Overlapped I/O 模型

在 Winsock 中,Overlapped I/O(重叠 I/O)模型能使应用程序达到更佳的性能。重叠 I/O 模型的基本原理是让应用程序使用一个重叠的数据结构,一次投递一个或多个 Winsock 的 I/O 请求。针对那些提交的请求,在它们完成之后,应用程序可为它们提供服务。自 Winsock 2.0 发布开始,重叠 I/O 模型便已集成到新的 Winsock 函数中,如 WSASend()和 WSARecv()等。因此,重叠 I/O 模型适用于安装了 Winsock 2.0 的所有 Windows 平台。

1. 重叠 I/O 模型的主要函数

(1) WSASocket()函数。WSASocket()函数用于创建绑定到指定传输服务提供程序的套接字,函数原型如下:

```
SOCKET WSASocket(
    int af,
    int type,
    int protocol,
    LPWSAPROTOCOL_INFO lpProtocolInfo,
    GROUP g,
    DWORD dwFlags
);
```

其中参数说明如下。

① af：指定地址家族，通常使用 AF_INET 参数。

② type：指定新建套接字的类型。SOCK_STREAM 指定新建基于流的套接字，SOCK_DGRAM 指定新建基于数据报的套接字。

③ protocol：指定套接字使用的协议，例如 IPPROTO_TCP 表示套接字协议为 TCP，IPPROTO_UDP 表示套接字协议为 UDP。

④ lpProtocolInfo：指向 WSAPROTOCOL_INFO 结构体，指定新建套接字的特性。

⑤ g：预留字段。

⑥ dwFlags：指定套接字属性的标识。在重叠 I/O 模型中，dwFlags 参数需要被设置为 WSA_FLAG_OVERLAPPED，这样就可以创建一个重叠套接字。重叠套接字可以使用 WSASend()、WSASendTo()、WSARecv()、WSARecvFrom() 和 WSAIoctl() 等函数执行重叠 I/O 操作，即同时初始化和处理多个操作。

如果函数执行成功，则返回新建 Socket 的句柄，否则返回 INVALID_SOCKET。

（2）WSASend() 函数。WSASend() 函数可以在连接的套接字上发送数据，函数原型如下：

```
int WSASend(
    SOCKET s,
    LPWSABUF lpBuffers,
    DWORD dwBufferCount,
    LPDWORD lpNumberOfBytesSent,
    DWORD dwFlags,
    LPWSAOVERLAPPED lpOverlapped,
    LPWSAOVERLAPPED_COMPLETION_ROUTINE lpCompletionRoutine
);
```

其中参数说明如下。

① s：用于通信的套接字。

② lpBuffers：指向 WSABUF 结构体的指针。WSABUF 结构体中包含指向缓冲区的指针和缓冲区的长度。

③ dwBufferCount：lpBuffers 数组中 WSABUF 结构体的数量。

④ lpNumberOfBytesSent：如果 I/O 操作立即完成，则该参数指定发送数据的字节数。

⑤ dwFlags：用于修改 WSASend() 函数行为的标识位。

⑥ lpOverlapped：指向 WSAOVERLAPPED 结构体的指针。该参数对于非重叠套接

字无效。

⑦ lpCompletionRoutine：指向完成例程。完成例程是在发送操作完成后调用的函数。该参数对于非重叠套接字无效。

如果重叠操作立即完成，则 WSASend()函数返回 0，并且参数 lpNumberOfBytesSent 被更新为发送数据的字节数；如果重叠操作被成功初始化，并且将在稍后完成，则 WSASend()函数返回 SOCKET_ERROR，错误代码为 WSA_IO_PENDING。在后面的情况下，参数 lpNumberOfBytesSend 的值并不被更新。

当重叠操作完成后，可以通过下面两种方式获取传输数据的数量。

① 如果指定了完成例程，则通过完成例程的 cbTransferred 参数获取。关于完成例程的情况将在稍后介绍。

② 通过 WSAGetOverlappedResult()函数的 lpcbTransfer 参数获取。

WSAOVERLAPPED 结构体的定义如下：

```
typedef struct_WSAOVERLAPPED {
    DWORD Internal;
    DWORD InternalHigh;
    DWORD Offset;
    DWORD OffsetHigh;
    WSAEVENT hEvent;
} WSAOVERLAPPED, * LPWSAOVERLAPPED;
```

其中参数说明如下。

- Internal：由重叠 I/O 实现的实体内部使用的字段。在使用套接字的情况下，该字段被底层操作系统使用。
- InternalHigh：由重叠 I/O 实现的实体内部使用的字段。在使用套接字的情况下，该字段被底层操作系统使用。
- Offset：在使用套接字的情况下该参数会被忽略。
- OffsetHigh：在使用套接字的情况下该参数会被忽略。
- hEvent：如果重叠 I/O 操作在被调用时没有使用 I/O 操作完成例程，即 lpCompletionRoutine 为空指针，那么该字段必须包含一个有效的 WSAEVENT 对象的句柄。如果 lpCompletionRoutine 不为空指针，应用程序可以视需要使用该字段。

（3）WSARecv()函数。WSARecv()函数可以在已连接的套接字上接收数据，函数原型如下：

```
int WSARecv(
    SOCKET s,
    LPWSABUF lpBuffers,
    DWORD dwBufferCount,
    LPDWORD lpNumberOfBytesRecvd,
    LPDWORD lpFlags,
    LPWSAOVERLAPPED lpOverlapped,
    LPWSAOVERLAPPED_COMPLETION_ROUTINE lpCompletionRoutine
);
```

其中参数说明如下。

① s：用于通信的套接字。

② lpBuffers：指向 WSABUF 结构体的指针。WSABUF 结构体中包含指向缓冲区的指针和缓冲区的长度。

③ dwBufferCount：lpBuffers 数组中 WSABUF 结构体的数量。

④ lpNumberOfBytesRecvd：如果 I/O 操作立即完成，则该参数指定接收数据的字节数。

⑤ lpFlags：标识字段。

⑥ lpOverlapped：指向 WSAOVERLAPPED 结构体的指针。该参数对于非重叠套接字无效。

⑦ lpCompletionRoutine：指向完成例程。完成例程是在接收操作完成后调用的函数。该参数对于非重叠套接字无效。

如果函数执行没有错误，并且重叠操作立即完成，则函数返回 0，并且参数 lpNumberOfBytesRecvd 被更新为接收数据的字节数；如果重叠操作被成功初始化，并且将在稍后完成，则函数返回 SOCKET_ERROR，错误代码为 WSA_IO_PENDING。在后面的情况下，参数 lpNumberOfBytesRecvd 的值并不被更新。

（4）GetOverlapperResult()函数。使用 GetOverlappedResult()函数可以获取指定文件、命名管道和通信设备上重叠操作的结果，函数原型如下：

```
BOOL GetOverlappedResult(
    HANDLE hFile,
    LPOVERLAPPED lpOverlapped,
    LPDWORD lpNumberOfBytesTransferred,
    BOOL bWait
);
```

其中参数说明如下。

① hFile：指定文件、命名管道和通信设备的句柄。该句柄是在调用 ReadFile()、WriteFile()等函数开始重叠操作时指定的句柄。

② lpOverlapped：重叠操作开始时指定的 OVERLAPPED 结构体。

③ lpNumberOfBytesTransferred：指向在读、写操作中实际传输的字节数的变量。

④ bWait：如果该参数为 TRUE，则函数会一直等待，直到操作完成后返回；否则，函数会直接返回。

如果函数执行成功，则返回非 0 值；否则，函数应返回 0。

2. 管理重叠 I/O 操作

下面使用事件通知来管理重叠 I/O 操作。在 WSASend()或 WSARecv()函数中，当重叠操作完成后，如果 lpCompletionRoutine 参数为 NULL，则 lpOverlapped 中的 hEvent 参数将被设置为已授信状态。应用程序可以调用 WSAWaitForMultipleEvents()函数或者 WSAGetOverlappedResult()函数等待或轮询事件对象变成未授信状态。

下面举例说明使用事件通知方法来管理重叠 I/O 操作。

（1）变量定义：

```
int _tmain(int argc, _TCHAR * argv[])
{
//-------------------------------------------
// 声明和初始化变量
WSABUF DataBuf;                          // 发送和接收数据的缓冲区结构体
char buffer[DATA_BUFSIZE];               // 缓冲区结构体 DataBuf 中
DWORD EventTotal=0,                      // 记录事件对象数组中的数据
RecvBytes=0,                             // 接收的字节数
Flags=0,                                 // 标识位
BytesTransferred=0;                      // 在读写操作中实际传输的字节数
// 数组对象数组
WSAEVENT EventArray[WSA_MAXIMUM_WAIT_EVENTS];
WSAOVERLAPPED AcceptOverlapped;          // 重叠结构体
SOCKET ListenSocket, AcceptSocket;              // 监听套接字和与客户端进行通信的套接字
    ……
}
```

（2）创建和绑定套接字，并将其设置为监听状态，接受客户端的连接请求：

```
int _tmain(int argc, _TCHAR * argv[])
{
    ……
    //-------------------------------------------
    // 初始化 Windows Sockets
    WSADATA wsaData;
    WSAStartup(MAKEWORD(2,2), &wsaData);
    //-------------------------------------------
    // 创建监听套接字,并将其绑定到本地 IP 地址和端口
    ListenSocket=socket(AF_INET, SOCK_STREAM, IPPROTO_TCP);
    u_short port=10000;
    char * ip;
    sockaddr_in service;
    service.sin_family=AF_INET;
    service.sin_port=htons(port);
    hostent * thisHost;
    thisHost=gethostbyname("");
    ip=inet_ntoa (* (struct in_addr *) * thisHost->h_addr_list);
    service.sin_addr.s_addr =inet_addr(ip);
    bind(ListenSocket, (SOCKADDR *) &service, sizeof(SOCKADDR));
    //-------------------------------------------
    // 开始监听
    listen(ListenSocket, 1);
    printf("Listening...\n");
    //-------------------------------------------
    // 接受连接请求
```

```
        AcceptSocket=accept(ListenSocket, NULL, NULL);
        printf("Client Accepted...\n");
        ……
}
```

（3）创建事件对象，并初始化重叠结构：

```
int _tmain(int argc, _TCHAR * argv[])
{
        ……
        // 创建事件对象，建立重叠结构
        EventArray[EventTotal]=WSACreateEvent();
        ZeroMemory(buffer, DATA_BUFSIZE);
        ZeroMemory(&AcceptOverlapped, sizeof(WSAOVERLAPPED));     // 初始化重叠结构
        AcceptOverlapped.hEvent=EventArray[EventTotal];
        // 设置重叠结构中的 hEvent 字段
        DataBuf.len=DATA_BUFSIZE;                                 // 设置缓冲区
        DataBuf.buf=buffer;
        EventTotal++;                                             // 事件对象总数加 1
        ……
}
```

（4）接收数据，并将数据回发给客户端。

程序的执行过程如下：

① 调用 WSARecv()函数异步接收来自客户端的数据，即调用该函数后，无论是否能够接收到数据都会返回。

② 调用 WSAWaitForMultipleEvents()函数在所有事件对象上等待，只要有一个事件对象变为已授信状态，则函数返回。

③ 调用 WSAGetOverlappedResult()函数获取套接字 AcceptSocket 上重叠操作的状态到 AcceptOverlapped 结构体中。

④ 以前面获取到的结构体 AcceptOverlapped 为参数调用 WSASend()函数，向客户端发送接收到的数据。

⑤ 初始化事件对象、缓冲区、重叠结构和标识位等，以便处理下次接收和发送数据的操作。

6.4.5 Completion Port 模型

Completion Port(完成端口)模型是真正意义上的异步模型，如果应用程序需要同时与成百上千个客户端同时通信，使用完成端口模型可以大大提升应用程序的性能，提高并发处理能力。

1. 完成端口模型的工作原理

在 Windows Sockets 编程中，当客户端数量很大时，服务器程序使用多线程编程是常用的解决方案。但是一台服务器上能够创建的线程数量是有限的，每个线程在操作系统中都会占用一定的资源，操作系统对线程的管理和调度也会花费时间，从而影响系统的响应

速度。

完成端口是一种 Windows 内核对象,用于异步方式的重叠 I/O 情况下。当然重叠 I/O 不一定非使用完成端口,还有设备内核对象、事件对象、告警 I/O 等。但是完成端口内部提供了线程池的管理,可以避免反复创建线程的开销,同时可以根据 CPU 的个数灵活地决定线程个数,而且可以减少线程调度的次数从而提高性能。

2. 完成端口模型的主要函数

(1) 创建完成端口对象。在使用完成端口模型时,首先需要创建完成端口对象,函数原型如下:

```
HANDLE CreateIoCompletionPort(
    HANDLE FileHandle,
    HANDLE ExistingCompletionPort,
    ULONG_PTR CompletionKey,
    DWORD NumberOfConcurrentThreads
);
```

其中参数说明如下。

① FileHandle:重叠 I/O 操作对应的文件句柄(套接字)。如果 FileHandle 被指定为 INVALID_HANDLE_VALUE,则 CreateIoCompletionPort() 函数创建一个与文件句柄(套接字)无关的 I/O 完成端口。此时,ExistingCompletionPort 参数必须为 NULL,并且 CompletionKey 参数会被忽略。

② ExistingCompletionPort:完成端口句柄。如果指定一个已存在的完成端口句柄,则函数将其关联到 FileHandle 参数指定的文件句柄(套接字)上;如果将此参数设置为 NULL,则函数创建一个与 FileHandle 参数指定的文件句柄(套接字)相关联的新的 I/O 完成端口。

③ CompletionKey:包含在每个 I/O 完成数据包中用于指定文件句柄(套接字)的完成键。

④ NumberOfConcurrentThreads:指定 I/O 完成端口上操作系统允许的并发处理 I/O 完成数据包的最大线程数量。如果 ExistingCompletionPort 参数为空,则该参数会被忽略。

如果函数执行成功,则返回与指定文件(套接字)相关联的 I/O 完成端口句柄。如果执行失败,则返回值为 NULL,可以调用 GetLastError() 函数获取错误信息。

CreateIoCompletionPort() 函数可以将一个 I/O 完成端口关联到一个或多个文件句柄(这里指套接字)上,也可以关联到一个与文件句柄(套接字)无关的 I/O 完成端口。将套接字与完成端口关联后,应用程序就可以接收到该套接字上执行的异步 I/O 操作完成后发送的通知。该工作通常分为以下两步来完成。

① 创建一个新的完成端口内核对象:

```
HANDLE CreateNewCompletionPort(DWORD dwNumberOfThreads)
{
return CreateIoCompletionPort(INVALID_HANDLE_VALUE,
NULL,NULL,dwNumberOfThreads);
};
```

② 将刚创建的完成端口和一个有效的设备句柄关联起来：

```
bool AssicoateDeviceWithCompletionPort(HANDLE hCompPort,HANDLE hDevice,
DWORD dwCompKey)
{
    HANDLE h=CreateIoCompletionPort(hDevice,hCompPort,dwCompKey,0);
    return h==hCompPort;
};
```

其中参数说明如下。

- CreateIoCompletionPort 函数可以一次性地既创建完成端口对象,又关联到一个有效的设备句柄。
- CompletionKey 是一个可以自己定义的参数,可以把一个结构的地址赋给它,然后在合适的时候取出来使用,最好保证结构里面的内存不是分配在栈上,除非有十足的把握保证内存会保留到要使用的那一刻。
- NumberOfConcurrentThreads 通常用来指定允许同时运行的线程的最大个数。通常指定为 0,这样系统会根据 CPU 的个数来自动确定。创建和关联的动作完成后,系统会将完成端口关联的设备句柄、完成键作为一条记录加入这个完成端口的设备列表中。如果有多个完成端口,就会有多个对应的设备列表。如果设备句柄被关闭,则表中自动删除该记录。

(2) 等待重叠 I/O 的操作结果。完成端口模型通过调用 GetQueuedCompletionStatus()函数等待重叠 I/O 操作的完成结果,函数原型如下:

```
BOOL GetQueuedCompletionStatus(
    HANDLE CompletionPort,
    LPDWORD lpNumberOfBytes,
    PULONG_PTR lpCompletionKey,
    LPOVERLAPPED * lpOverlapped,
    DWORD dwMilliseconds
);
```

其中参数说明如下。

① CompletionPort：完成端口句柄。

② lpNumberOfBytes：指定已经完成的 I/O 操作中传输的字节数。

③ lpCompletionKey：指定已经完成 I/O 操作的文件句柄相关联的完成键值。

④ lpOverlapped：已完成的 I/O 操作开始时指定的重叠结构体地址。

⑤ dwMilliseconds：函数在完成端口上等待的时间。如果在等待时间内没有 I/O 操作完成通知包到达完成端口,则函数返回 FALSE,lpOverlapped 的值为 NULL;如果该参数值为 INFINITE,则函数不会出现调用超时的情况;如果该参数为 0,则函数立即返回。

如果函数从完成端口获取一个成功的 I/O 操作完成通知包,则函数返回非 0 值。函数将获取到的重叠操作信息保存在 lpNumberOfBytesTransferred、lpCompletionKey 和 lpOverlapped 参数中。如果函数从完成端口获取一个失败的 I/O 操作完成通知包,则函数返回 0。如果函数调用超时,则返回 0。调用 GetLastError()函数将返回 WAIT_

TIMEOUT。

GetQueuedCompletionStatus()函数试图从指定的完成端口的 I/O 完成队列中抽取记录。只有当重叠 I/O 动作完成的时候,完成队列中才有记录。凡是调用这个函数的线程将被放入完成端口的等待线程队列中,因此完成端口就可以在自己的线程池中帮助维护这个线程。

完成端口的 I/O 完成队列中存放的记录拥有四个字段,前三个字段分别对应 GetQueuedCompletionStatus()函数的第 2、第 3、第 4 个参数,最后一个字段是错误信息 dwError。通过调用 PostQueudCompletionStatus()函数模拟完成了一个重叠 I/O 操作。

当 I/O 完成队列中出现了记录,完成端口将会检查等待线程队列,该队列中的线程都是通过调用 GetQueuedCompletionStatus()函数使自己加入队列的。等待线程队列保存这些线程的 ID。完成端口会按照后进先出的原则将一个线程队列的 ID 放入释放线程列表中,同时该线程将从等待 GetQueuedCompletionStatus()函数返回的睡眠状态中变为可调度状态,等待 CPU 的调度。所以线程要想成为完成端口管理的线程,就必须调用 GetQueuedCompletionStatus()函数。

3. 基于完成端口模型的实例

代码如下:

```
DWORD WINAPI WorkerThread(LPVOID lpParam)
{
    ULONG_PTR * PerHandleKey;
    OVERLAPPED * Overlap;
    OVERLAPPEDPLUS * OverlapPlus, * newolp;
    DWORD dwBytesXfered;
    while (1)
    {
        ret=GetQueuedCompletionStatus(hIocp,&dwBytesXfered,
            (PULONG_PTR)&PerHandleKey,&Overlap,INFINITE);
        if (ret==0)
        {
            // Operation failed
            continue;
        }
        OverlapPlus=CONTAINING_RECORD(Overlap, OVERLAPPEDPLUS, ol);
        switch (OverlapPlus->OpCode)
        {
            case OP_ACCEPT:
            // Client socket is contained in OverlapPlus.sclient
            // Add client to completion port
            CreateIoCompletionPort((HANDLE)OverlapPlus->sclient,hIocp,
                (ULONG_PTR)0,0);
            // Need a new OVERLAPPEDPLUS structure
            // for the newly accepted socket. Perhaps
            // keep a look aside list of free structures.
            newolp=AllocateOverlappedPlus();
```

```
                if (!newolp)
                {
                    // Error
                }
                newolp->s=OverlapPlus->sclient;
                newolp->OpCode=OP_READ;
                // This function divpares the data to be sent
                PrepareSendBuffer(&newolp->wbuf);
                ret=WSASend(newolp->s,&newolp->wbuf,1,&newolp->dwBytes,0,
                &newolp.ol,NULL);
                if (ret==SOCKET_ERROR)
                {
                    if (WSAGetLastError() !=WSA_IO_PENDING)
                {
                // Error
                // Put structure in look aside list for later
                //useFreeOverlappedPlus(OverlapPlus);
                // Signal accept thread to issue another AcceptEx
                SetEvent(hAcceptThread);
                break;
                case OP_READ:
                // Process the data read
                // Repost the read if necessary, reusing the same
                // receive buffer as before
                memset(&OverlapPlus->ol, 0, sizeof(OVERLAPPED));
                ret=WSARecv(OverlapPlus->s,&OverlapPlus->wbuf,1,
                    &OverlapPlus->dwBytes,&OverlapPlus->dwFlags,
                    &OverlapPlus->ol,NULL);
                if (ret==SOCKET_ERROR)
                {
                    if (WSAGetLastError() !=WSA_IO_PENDING)
                    {
                    // Error
                    }
        }
        break;
        case OP_WRITE:
        // Process the data sent, etc.
        break;
            } // switch
        } // while
    } // WorkerThread
```

以上代码中,如果 Overlapped 操作立刻失败(比如返回 SOCKET_ERROR 或其他非 WSA_IO_PENDING 的错误),则没有任何完成通知时间会被放到完成端口队列里;反之,则一定有相应的通知时间被放到完成端口队列。

假如一个应用程序需要同时管理为数众多的套接字,那么采用这种模型往往可以使系统达到较好的性能。因其设计的复杂性,只有在应用程序需要同时管理数百乃至上千个套接字,而且希望随着系统内安装的 CPU 数量的增多,应用程序的性能也可以线性提升时,才应考虑采用完成端口模型。

每种模型都有自己的优点和缺点,如何挑选最适合自己应用程序的 I/O 模型呢? 与开发一个简单的运行许多服务线程的阻塞模式应用相比,其他每种 I/O 模型都需要更为复杂的编程工作。因此,针对客户和服务器应用程序的开发提出以下建议。

(1) 客户程序的开发。若打算开发一个客户程序,令其同时管理一个或多个套接字,那么建议采用重叠 I/O 模型或 WSAEventSelect 模型,以便在一定程度上提升性能。然而,假如开发的是一个以 Windows 操作系统为基础的应用程序,要进行窗口消息的管理,那么 WSAAsyncSelect 模型应该是一种最好的选择,因为 WSAAsyncSelect 模型本身就是从 Windows 消息模型借鉴来的。若采用 WSAAsyncSelect 模型,程序一开始便具备了处理消息的能力。

(2) 服务器程序的开发。若开发的是一个服务器程序,需要在一个给定的时间同时控制几个套接字,建议采用重叠 I/O 模型,这同样是从性能出发点考虑的。但是,如果预计服务器在任何给定的时间都会为大量 I/O 请求提供服务,则应考虑使用完成端口模型,从而获得更好的性能。

6.5　本章小结

Winsock 编程中的 I/O 模式主要有阻塞模式与非阻塞模式两种。如何针对这两种不同的 I/O 模式采用不同的处理方法,本章给出了系统的描述。就 I/O 阻塞模式来说,主要采用多线程机制进行网络编程,所涉及的线程分为两种,分别是 MFC 的工作线程和用户接口线程,并且通过具体的实例介绍了上述两种线程的应用方法与技巧;就 I/O 非阻塞模式来说,通常采用异步模型的网络编程方法,详细介绍了 select 模型、WSAAsyncSelect 异步 I/O 模型、WSAEventSelect 事件选择模型、Overlapped I/O 模型和 Completion port 模型的基本原理与使用方法。

习　题　6

1. Winsock 的两种 I/O 模式是什么? 各有什么优缺点?
2. 简述 Win32 操作系统下的多进程多线程机制。
3. 简述网络编程采用多线程机制的重要性。
4. 多线程机制在网络编程中如何应用?
5. 说明用户接口线程和工作线程的概念和特点。
6. 简述创建 MFC 的工作线程所必需的步骤。
7. 简述创建并启动用户接口线程所必需的步骤。
8. 如何正常终止线程? 如何提前终止线程?
9. 用于非阻塞套接字的 5 种套接字 I/O 模型是什么?
10. 简述 select 模型的编程步骤。
11. 简述 WSAAsyncSelect 异步 I/O 模型的编程步骤。
12. 简述 WSAEventSelect 事件选择模型的编程步骤。
13. 简述 Overlapped I/O 模型的编程步骤。
14. 简述 Completion port 模型的编程步骤。

第7章 基于 WinInet 类的 FTP 客户程序

Internet 上的信息包罗万象、应有尽有,不愧为"信息的海洋"。每天,人们通过 Internet 获取各种各样的信息,如时事新闻、股市动态、流行资讯、交通出行等,其重要性不言而喻。若想从网络服务器上获取这些信息,必须使用 Internet 客户程序。Internet 协议多种多样,常见的协议有 FTP、HTTP 和 Gopher 等。根据协议的不同,简单、快速地编制相应的客户程序成为网络程序设计一个非常重要的方面。

WinInet 是 Windows Internet 扩展应用程序高级编程接口,是专为开发具有 Internet 功能的客户程序而提供的。它有两种形式:一是 WinInet API 形式,包含一个 C 语言的函数集(Win32 Internet functions);二是 MFC 的 WinInet 类的形式,是对前者的面向对象的封装。WinInet 的最大优点是提供了对 FTP、HTTP 和 Gopher 等普通 Internet 协议的访问功能,这样程序员不必去了解 Winsock、TCP/IP 和特定 Internet 协议的细节,就使用 WinInet 可以编写出高水平的 Internet 客户程序。这为那些对 Internet 协议了解不多,但又想设计 Internet 应用程序的人员提供了极大的方便。

下面重点就 FTP 的相关功能来介绍 WinInet API,然后讨论 MFC WinInet 类,并给出相应的编程实例。对于 WinInet 对 HTTP 和 Gopher 协议的支持,读者可以举一反三。在介绍 WinInet 函数之前,先介绍几个与 WinInet 函数有关的概念。

7.1 WinInet API 的一般化问题

WinInet API 功能强大,可以使 Internet 客户端实现访问服务器的全部功能,具体包括与 Internet 服务器建立连接、查询或接收服务器文件、向服务器发送文件、打开服务器上的文件和其他各种操作。在进行操作时,应用程序既可以使用同步方式,也可以使用异步方式。

WinInet API 的函数原型定义在 Wininet.h 头文件中,对应的函数实现在 Wininet.lib 库文件中。要想成功地编译使用 WinInet API 的应用程序,正在使用的 C/C++ 的 include 目录中必须有 Wininet.h 头文件,library 目录中必须有 Wininet.lib 库文件。

7.1.1 HINTERNET 句柄

对于使用 MFC 进行程序设计的人员来说,句柄的概念应该是非常熟悉的。使用 WinInet 函数编程时同样需要经常使用句柄的概念。在 WinInet 函数中,需要使用一个特殊的 HINTERNET 型句柄,该句柄可以代表 Internet 会话,也可以代表应用程序与 Internet 上的特定服务器进行连接,还可以代表各种打开的文件或者查询的结果等内容。

HINTERNET 句柄与其他 Win32 句柄的重要区别在于,Internet 句柄被安排在一个树状体系结构中。由 InternetOpen() 函数返回的会话句柄是该树状体系结构的主干,由 InternetConnect() 函数返回的连接句柄是该树状体系结构的分支,由 FtpOpenFile() 等函数返回的文件句柄和由 FtpFindFirstFile() 等函数返回的查询结果句柄构成该树状体系结构的树叶。

句柄可以从派生出它的句柄继承属性。例如,上层句柄设置了异步操作方式,派生的句柄也以异步方式操作。当用户调用 InternetCloseHandle() 函数来关闭一个句柄时,由该句柄派生的所有下层句柄都将被关闭。

HINTERNET 句柄有许多选项,这些选项决定了句柄的行为和属性,如句柄的操作方式、超时设置、异步操作时的回调函数、环境上下文 ID,以及缓冲区的大小等。句柄的类型不同,选项也不同。应用程序可以调用 InternetQueryOption() 函数来查询特定句柄的选项设置情况,也可以调用 InternetSetOption() 函数来改变特定句柄的选项的值。

7.1.2　WinInet 函数中错误的处理

一般来说,WinInet API 函数的返回值主要有两种类型:HINTERNET 句柄型和布尔型。应用程序可以根据函数执行后的返回值来判断函数的执行是否成功。对于返回值类型是 HINTERNET 句柄型的函数,当函数执行成功时,会返回一个有效的句柄;当函数执行失败时,则返回 NULL。对于返回值类型是布尔型的函数,当函数执行成功时,返回TRUE;当函数执行失败时,返回 FALSE。

当函数调用失败时,可以调用 GetLastError() 函数得到具体的错误信息。当GetLastError() 函数返回的错误信息是 ERROR_INTERNET_EXTENDED_ERROR 时,对于 FTP 或 Gopher 服务器,可以通过进一步调用 InternetGetLastResponseInfo() 函数得到更多的信息;对于 HTTP 操作,可以使用 InternetErrorDlg() 函数显示一个错误信息对话框,允许用户对如何处理错误做出选择。

7.1.3　WinInet 函数中的缓冲区参数

许多 WinInet API 函数都使用两个参数向应用程序返回信息:参数 lpszBuffer,指向数据缓冲区的指针(LPVOID lpszBuffer),可以为 NULL;参数 lpdwBufferLength,指向缓冲区长度的指针(LPDWORD lpdwBufferLength),在函数开始执行时指示缓冲区的大小,不能为 NULL。

在函数执行完毕时,lpszBuffer 和 lpdwBufferLength 作为函数的出口参数,返回一个长度可变的数据信息。如果调用成功完成,lpszBuffer 指向的缓冲区中就存储返回的信息内容,而 lpdwBufferLength 指针所指的双字被设置为实际存入缓冲区的数据的字节长度;如果函数的返回值为字符串,则被设置为字符串的长度减 1,即不包括字符串末尾的终止符。如果 lpszBuffer 指针为 NULL,或者 lpdwBufferLength 指示的缓冲区的大小不足以容纳返回的数据时,函数调用将失败,并在函数返回时将 lpdwBufferLength 所指的值设置为接受返回数据所需要的缓冲区的字节数,包括最终的 NULL 终止符。用户可以使用这个返回值重新分配一个更大的缓冲区,并重新调用该函数。当发生这种错误时,调用 GetLastError() 函数将返回 ERROR_INSUFFICIENT_ BUFFER 错误信息。

7.1.4　WinInet 函数的异步操作模式

WinInet 函数的默认 I/O 操作是同步操作,即对于每一个不能及时完成的 I/O 操作,会一直等待下去,直到操作完成。这对于那些完成时间不确定的操作来说是不合适的。针对此问题,我们可以采用异步操作模式来解决。因为在异步操作模式之下,无论操作能否成功,函数调用都会立即返回。所以当调用可能异步完成的函数时,应用程序应该检查函数的返回值。如果一个函数返回了 FALSE 或 NULL,并且调用 GetLastError() 函数返回了一个 ERROR_IO_PENDING 错误,就说明该函数调用已经异步完成了。当函数执行完毕时,会使用 INTERNET_STATUS_REQUEST_ COMPLETE 状态码来自动地调用应用程序的回调函数。

为了使 WinInet 进行异步操作,应用程序需要做以下工作。

(1) 在创建 Internet 会话句柄时,调用 InternetOpen() 函数将参数 dwFlags 设置为 INTERNET_FLAG_ASYNC 异步标志。

(2) 在调用创建句柄的函数时,必须对 dwContext 参数指定一个非零的环境值。

(3) 为句柄实现并注册一个回调函数,以得到一些有关操作进展的状态信息。

7.1.5 回调函数

WinInet 函数在默认情况下是同步操作的,如果要使其异步操作,在由 InternetOpen() 函数创建会话句柄时,dwFlags 参数必须设置为 INTERNET_FLAG_ASYNC,还要指定一个环境变量,并为句柄指定一个返回函数,而该返回函数通过 InternetSetStatusCallback() 函数调用与一个句柄的连接。

```
void CALLBACK InternetStatusCallback(
    HINTERNET hInternet,
    DWORD_PTR dwContext,
    DWORD dwInternetStatus,
    LPVOID lpvStatusInformation,
    DWORD dwStatusInformationLength
);
```

其中参数说明如下。

(1) hInternet [IN]: HINTERNET 句柄,对于这个句柄的某个异步操作导致了本次对于回调函数的调用。

(2) dwContext [IN]: 应用程序定义的对于 hInternet 句柄的非零的环境值。

(3) dwInternetStatus [IN]: 调用回调函数时自动产生的状态码,指示为什么会调用回调函数。

(4) lpvStatusInformation [IN]: 一个缓冲区的地址,该缓冲区包含了与这次调用回调函数相关的信息。该参数一般指向一个 INTERNET_ASYNC_ RESULT 结构,此结构包含异步回调函数的结果。该结构定义如下:

```
typedef struct{
    DWORD_PTR dwResult;
    DWORD dwError;
} INTERNET_ASYNC_RESULT, * LPINTERNET_ASYNC_RESULT;
```

其中,参数 dwResult 表示一个异步函数的返回码,可以是 HINTERNET、DWORD 或 BOOL 型。如果 dwResult 指示函数失败,参数 dwError 给出一个错误消息,如果操作成功,此参数为 ERROR_SUCCESS。

(5) dwStatusInformationLength [IN]：lpvStatusInformation 缓冲区的大小。

应用程序使用回调函数来指示一个异步操作的完成,或指示异步函数执行的进展情况。因为回调在一个请求的过程中发生,应用程序在回调函数中应花费尽可能少的时间,以避免对其他操作造成影响。例如,在回调函数中显示一个对话框,可能会导致一些操作在回调函数返回之前超时。

1. InternetSetStatusCallback()函数原型

通过调用 InternetSetStatusCallback()函数可以建立一个回调函数与一个句柄的关联,称为注册。一旦建立了这种关联,所有对于这个句柄的异步操作都将调用这个回调函数,产生状态指示,来汇报函数的操作情况。同时,这个回调函数被该句柄的派生句柄所继承,对于其派生句柄的异步操作也都将调用这个回调函数。

InternetSetStatusCallback()函数原型如下：

```
INTERNET_STATUS_CALLBACK InternetSetStatusCallback(
HINTERNET hInternet,
INTERNET_STATUS_CALLBACK lpfnInternetCallback
);
```

其中参数说明如下。

(1) hInternet [IN]：某个要注册回调函数的 HINTERNET 句柄。

(2) lpfnInternetCallback [IN]：回调函数的地址。如果要删除 hInternet 句柄的回调函数,可将此参数设置为 NULL。

如果调用成功,则返回先前定义的状态回调函数。如果先前没有定义状态回调函数,则返回 NULL。如果返回 INTERNET_INVALID_STATUS_CALLBACK,表示该回调函数是无效的。

使用 InternetSetStatusCallback()函数也可以改变一个句柄关联的回调函数,但是改变了一个句柄关联的回调函数并不能改变它的派生句柄关联的回调函数,必须在每一个级别改变句柄的回调函数。

一个回调函数可以被注册到任何句柄,并且被其派生的句柄所继承。也就是说,对于多个句柄的多个异步操作都会调用同一个回调函数,那么,回调函数如何区分它们呢？这个问题是通过环境值这个参数来解决的。异步操作在调用回调函数时,会将所操作的句柄创建时指定的非零的环境值和对于这个句柄操作的状态指示等信息,作为入口参数传递给回调函数。利用传入的环境值,可以核查向回调函数产生调用的操作,回调函数就能辨别这次回调是哪个异步操作引起的,从而做出不同的处理。也正是这个原因,必须设置非零的环境值。

2. 回调函数应用举例

下面用一个例子说明如何定义并且注册一个回调函数。

```
// 定义一个回调函数,函数名是用户自己定义的
void CALLBACK CInternet::InternetCallback(
HINTERNET hInternet,
DWORD_PTR dwcontext,
DWORD dwInternetStatus,
LPVOID lpvStatusInformation,
DWORD dwStatusInformationLength)
{
// 在这里插入回调函数的实现代码
……
};
// 定义一个 INTERNET_STATUS_CALLBACK 型的变量
INTERNET_STATUS_CALLBACK dwISC;
// 建立句柄与回调函数之间的关联
dwISC=InternetSetStatusCallback(hInternet,
(INTERNET_STATUS_CALLBACK) InternetCallback);
```

7.2 WinInet 类

7.2.1 WinInet 类概述

Microsoft 公司在 MFC 基础类库中提供了 WinInet 类,它是对于 WinInet API 函数的封装,是对所有 WinInet API 函数按其应用类型进行分类和打包后,以面向对象的形式向用户提供的一个更高层次上的更容易使用的编程接口。

如果编程者想要开发自己的、功能强大的、更容易使用的网络应用程序,或在某一方面要求更加灵活的应用功能,如需要在线升级杀毒软件的病毒数据库,需要为大型的应用程序添加对网络资源访问的支持,就可以选择 WinInet 类;如果编程者需要编写 Internet 程序,但对于网络协议并不十分了解,也可以选择 WinInet 类。用户可以方便地建立支持 FTP、HTTP 和 Gopher 协议的客户程序,可以很容易地完成从 HTTP 服务器上下载 HTML 文件,从 FTP 服务器下载或上传文件,利用 Gopher 的菜单系统检索或者存取 Internet 资源,用户只需要建立连接、发送请求就行。同时,在编程时,还可以利用可视化的 MFC 编程工具。

利用 WinInet 类来编写 Internet 应用程序还具有以下优点。

(1) 提供缓冲机制。WinInet 类会自动建立本地磁盘缓冲区,可以缓冲存储下载的各种 Internet 文件。当客户程序再次请求某个文件时,WinInet 类会首先到本地磁盘的缓存中查找,从而快速对客户端的请求做出响应。

(2) 支持安全机制。支持基本的身份认证和安全套接层协议。

(3) 支持 Web 代理服务器访问。能从系统注册表中读取关于代理服务器的信息,并在请求时使用代理服务器。

(4) 缓冲的输入输出。例如,它的输入函数可以在读够所请求的字节数后才返回。

(5) 操作轻松、简捷。往往只需要一个函数就可以建立与服务器的连接,并且做好读文件的准备,而不需要用户做更多的工作。

7.2.2 WinInet 类中包含的类

WinInet 类在 Afxinet.h 包含文件中定义,WinInet 类中包含不同的类,不同的类是对不同层次的 HINTERNET 句柄的封装,可分为以下几种:

1. 会话类

会话类 CInternetSession 由 CObject 类派生而来,代表应用程序的一次 Internet 会话,它封装了 HINTERNET 会话根句柄,并把使用根句柄的 API 函数,如 InternetOpenURL()、InternetConnect()等,封装为它的成员函数。每个访问 Internet 的应用程序都需要一个 CInternetSession 类的对象,利用它的 GetHttpConnection()、GetFtpConnection() 和 GetGopherConnection()函数,可以分别建立 HTTP、FTP 和 Gopher 连接,创建相应的连接类对象。也可以调用它的 OpenURL()函数,直接打开网络服务器上的远程文件。CInternetSession 类可以直接使用,也可以派生后使用。通过派生,可以重载派生类的成员函数,以便更好地利用 Windows 操作系统的消息驱动机制。

2. 连接类

连接类包括 CInternetConnection 类以及它的派生类 CFtpConnection 类、CHttpConnection 类和 CGopherConnection 类。由于使用不同的协议访问 Internet 有很大区别,所以首先用 CInternetConnection 类封装了 FTP、HTTP 和 Gopher 这 3 种不同协议连接的共同属性,由它派生的 3 个连接类则分别封装了 3 个协议的特点,分别支持 FTP、HTTP 和 Gopher 协议,是对处于 WinInet API 句柄树状层次的中间层的 FTP、HTTP 和 Gopher 连接句柄的封装,并分别将使用这些句柄的相关函数封装为这些类的成员函数。连接类的对象代表了与特定网络服务器的连接。创建连接类后,使用这些类的成员函数可以对所连接的网络服务器进行各种操作,也可以进一步创建文件类对象。

3. 网络文件类

网络文件类首先包括 CInternetFile 类以及由它派生的 CHttpFile 类和 CGopherFile 类,它们分别封装了 FTP 文件句柄、HTTP 请求句柄和 Gopher 文件句柄,并分别将借助这些句柄操作 Internet 文件的 API 函数封装成它们的成员函数。同时,这 3 个文件类又是从 MFC 的 CStdioFile 类派生的,而 CStdioFile 类又是从 CFile 类派生的,这就又使它们继承了 CFile 类的特性,使应用程序能像操作本地文件一样操作 Internet 网络文件。

4. 文件查询类

文件查询类包括 CFtpFileFind 类和 CGopherFileFind 类,由 CFileFind 类派生得到,是对 WinInet API 中用于查询文件的数据结构和函数的封装。利用它们的成员函数,可以轻松地完成对 FTP 或 Gopher 服务器上文件的查询。

5. 异常类

CInternetException 类代表 WinInet 类的成员函数在执行时所发生的错误或异常。用户在应用程序中可以通过调用 AfxThrowInternetException()函数来产生一个 CinternetException 类对象。在程序中,往往用 try/catch 逻辑结构来处理错误。图 7-1 所示为 WinInet 类之间的关系,其中,虚线箭头从基类指向继承类,表示类的派生关系;实线箭头从函数指向它所创建的类对象。

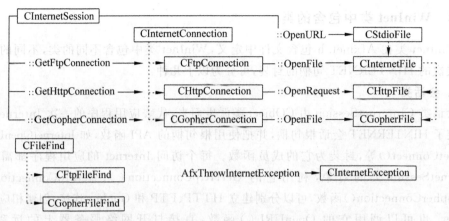

图 7-1　WinInet 类之间的关系

7.2.3　基本编程模型

由于 WinInet 类是 MFC 基础类库的一部分,所以使用 WinInet 类来编写网络应用程序可以充分利用 Visual C++ 提供的可视化编程界面和各种编程向导,以及 MFC 提供的其他类的功能和 Windows 操作系统提供的消息驱动机制。按照面向对象的编程思想,编程时应首先创建所需的类的实例对象,然后调用类的成员函数完成所需的操作。WinInet 类的许多成员函数都是可以重载的,这就为编程者留下了足够的发挥空间。应用程序可以从 WinInet 类派生出自己的类,再把自己的特色代码添加到重载的函数中,来完成特定的任务。

1. 使用 WinInet 类编程的一般步骤

（1）创建 CInternetSession 类对象,创建并初始化 Internet 会话。

（2）利用 CInternetSession 类的 QueryOption()或 SetOption()成员函数,可以查询或设置该类内含的 Internet 请求选项,这一步是可选的,不需要可以不做。

（3）创建连接类对象,建立 CInternetSession 对象与网络服务器的连接,也就是应用程序与网络服务器的连接。只需要分别调用 CInternetSession 类的 GetFtpConnection()、GetHttpConnection()或 GetGopherConnection()函数就可以轻松地创建 CFtpConnection 类、CHttpConnection 类或 CGopherConnection 类的对象实例。再使用这些对象实例的成员函数就能完成很多对于网络服务器的操作。例如,对于 FTP 服务器,可以获知或设置当前目录、下载或上传文件、创建或删除目录、重命名文件或目录等。

（4）创建文件查询类对象,对服务器进行查询。

（5）如果需要使用异步操作模式,可以重载 CInternetSession 类的 OnStatusCallback()函数,并启动应用程序使用状态回调机制,重载相关函数,加入自己的代码。

（6）如果还想更紧密地控制对服务器文件的访问,可以进一步创建文件类对象实例,完成文件查找或文件读写操作。

（7）创建 CInternetException 类对象实例,处理错误。

（8）关闭各种类,将资源释放给系统。

2. 常用操作的实现方法

表 7-1 列出了客户进行 FTP 常用操作时,实现每一个操作对应的方法。

表 7-1　FTP 常用操作对应的方法

要实现的 FTP 操作	方　　法
建立一个 FTP 连接	创建 CInternetSession 对象,它是 WinInet Internet 客户程序的基础。调用 CInternetSession::GetFtpConnection 创建 CFtpConnection 对象
查找第一个资源	建立一个 FTP 连接,创建一个 CFtpFileFind 对象。OpenURL 函数返回一个只读资源对象,调用 CFtpFileFind::FindFile
枚举所有可获得的资源	查找下一个资源,调用 CFtpFileFind::FindNextFile 直到返回 FALSE
打开一个 FTP 文件	建立一个 FTP 连接,调用 CFtpConnection::OpenFile 创建并打开一个 CInternetFile 对象
读取 FTP 文件	以读方式打开 FTP 文件,调用 CInternetFile::Read
写 FTP 文件	以写方式打开 FTP 文件,调用 CInternetFile::Write,重写 CInternetSession::OnStatusCallback
改变 FTP 服务器上的目录	建立一个 FTP 连接,调用 CFtpConnection::SetCurrentDirectory
获取 FTP 服务器上的当前目录	建立一个 FTP 连接,调用 CFtpConnection::GetCurrentDirectory

任何一个客户程序都要实现 Internet 会话。MFC 将 Internet 会话作为 CInternetSession 类的对象来实现,使用这个类,可以创建一个或几个并发的 CInternetSession 类对象。为了与服务器通信,不仅需要 CInternetSession 对象,还需要一个 CInternetConnection 对象。这可以通过 CInternetSession::GetFtpConnection()、CInternetSession::GetHttpConnection() 或 CInternetSession::GetGopherConnection() 函数来创建相应协议的 CInternetConnection 对象完成,这些调用并不存取服务器上的文件。如果要读写服务器上的数据,必须在另外单独的步骤中打开文件。

对于大多数 Internet 会话,CInternetSession 对象一般都与一个 CInternetFile 对象一起工作。对于一个 Internet 会话,必须创建一个 CInternetSession 实例。如果 Internet 会话要读写数据,就必须创建一个 CInternetFile 实例或者其子类 CHttpFile、CGopherFile 的实例。最简单的读数据的方式是调用 CInternetSession::OpenURL() 函数,这个函数解析的 URL 打开一个到 URL 服务器的连接,并返回一个只读的 CIntenetFile 对象,CInternetSession::OpenURL() 函数不用指定协议类型,FTP、HTTP 或 Gopher 协议都可以完成。CInternetSession::OpenURL() 函数甚至可以操作本地文件(返回一个 CStdioFile,而不是 CInternetFile)。

如果 Internet 会话不读写数据,而且实现其他任务,如在一个 FTP 目录中删除一个文件,就可以不必创建 CInternetFile 实例。可以通过以下两种方式创建 CInternetFile 对象。

(1) 使用 CInternetSession::OpenURL() 函数建立服务器连接,这个调用返回一个 CInternetFile 对象。

(2) 首先建立到服务器的连接,这可以通过使用 CInternetSession::GetFtpConnection()、CInternetSession::GetHttpConnection() 或 CInternetSession::GetGopherConnection() 函

数来实现；接着必须调用 CFtpConnection∷OpenFile()、CGopherConnection∷OpenFile()
或 CHttpConnection∷OpenRequest()函数，相应地返回一个 CInternetFile、CGopherFile 或
CHttpFile 对象。

3. 典型客户程序的实现步骤

在实现 Internet 客户程序时，首先要判断是创建一个基于 OpenURL()函数的一般
Internet 客户程序，还是使用 GetConnection()函数之一创建一个指定协议的 Internet 客户
程序。根据这种判断，采用不同的步骤实现 Internet 客户程序。

表 7-2 给出了一个典型的 FTP 客户程序的实现步骤。

表 7-2　典型的 FTP 客户程序的实现步骤

目　的	方　法	结　果
开始一个 FTP 会话	创建一个 CInternetSession 对象	初始化 WinInet，并连接服务器
连接到一个 FTP Server	用 CInternetSession∷GetFtpConnection	返回一个 CFtpConnection 对象
设置 FTP 服务器工作目录	用 CFtpConnection∷SetCurrentDirectory	设置 FTP 服务器工作目录
查找第一个 FTP 目录中的文件	用 CFtpFileFind∷FindFile	查找第一个文件，如果文件没找到则返回 FALSE
查找下一个 FTP 目录中的文件	用 CFtpFileFind∷FindNextFile	查找下一个文件，如果文件没找到则返回 FALSE
打开 FindFile 或 FindNextFile 找到的文件（用于读写）	用 CFtpConnection∷OpenFile，要用到 FindFile 或 FindNextFile 返回的文件名	打开 FindFile 或 FindNextFile 找到的文件（用于读写），返回一个 CInternetFile 对象
读写文件	用 CInternetFile∷Read 或 CInternetFile∷Write	使用所指定的缓冲读写指定的字节数
异常处理	用 CInternetException 类	处理所有普通的 Internet 异常类型
结束 FTP 会话	处理 CInternetSession 对象	自动清除打开的句柄的连接

7.2.4　WinInet 类简介

1. 会话类

（1）CInternetSession 类说明。创建 CInternetSession 类对象，将创建并初始化
Internet 会话。像其他类一样，创建 CInternetSession 类对象需要执行该类的构造函数，其
原型如下：

```
CInternetSession(
LPCTSTR pstrAgent=NULL,
DWORD_PTR dwContext=1,
DWORD dwAccessType=PRE_CONFIG_INTERNET_ACCESS,
LPCTSTR pstrProxyName=NULL,
LPCTSTR pstrProxyBypass=NULL,
DWORD dwFlags=0
);
```

其中参数说明如下。

① pstrAgent：字符串指针，指定调用此函数的应用程序的名字。如果取默认值 NULL，则 MFC 将调用 AfxGetAppName() 全局函数来获得应用程序的名字，并赋给此参数。

② dwContext：指定此操作的环境值。环境值主要在异步操作的 OnStatusCallback() 状态回调函数中使用，向回调函数传递操作状态信息，默认值是 1。但用户也可以显式地为此操作赋予一个特定的环境值，所创建的 CInternetSession 对象及其所进行的任何工作都将与这个环境值相联系。

③ dwAccessType：指出应用程序所在计算机访问 Internet 的方式，是直接访问还是通过代理服务器访问。

④ pstrProxyName：字符串指针，用于指定首选的代理服务器，默认值是 NULL，仅当 dwAccessType 参数设置为 INTERNET_OPEN_TYPE_PROXY 时有效。

⑤ pstrProxyBypass：字符串指针，用于指定可选的服务器地址列表，当进行代理操作时，这些地址会被忽略。如果取默认值 NULL，则列表信息从注册表中读取。该参数仅当 dwAccessType 参数设置为 INTERNET_OPEN_TYPE_PROXY 时有效。

⑥ dwFlags：指定会话的选项，涉及如何处理缓存、是否使用异步操作方式等问题，默认值为 0，表示按照默认的方式操作。

容易看出，CInternetSession 类构造函数的参数与 WinInet API 的 InternetOpen() 函数基本是一致的。实际执行此构造函数时，会自动调用 WinInet 的 InternetOpen() 函数，将这些参数传送给它，创建并初始化 Internet 会话，返回一个 HINTERNET 会话根句柄，并将该句柄保存在 CInternetSession 对象内部的 m_hSession 成员变量中。如果没能打开 Internet 会话，此构造函数会产生一个异常。

表 7-3 简要列出了 CInternetSession 类的成员函数名称、返回值类型和功能说明。这是对那些使用 Internet 会话根句柄的 WinInet API 的相关函数的封装。

表 7-3　CInternetSession 类的成员函数

成员函数名称	返回值类型	功 能 说 明
QueryOption	BOOL	查询会话对象的选项
SetOption	BOOL	设置会话对象的选项
OpenURL	CStdioFile *	打开 URL 所指向的网络对象，返回 Internet 文件对象指针
GetFtpConnection	CFtpConnection *	建立与 FTP 服务器的连接，返回 CFtpConnection 对象指针
GetHttpConnection	CHttpConnection *	建立与 HTTP 服务器的连接，返回 CHttpConnection 对象指针
GetGopherConnection	CGopherConnection *	建立与 Gopher 服务器的连接，返回 CGopherConnection 对象
EnableStatusCallback	BOOL	启用状态回调函数
ServiceTypeFromHandle	DWORD	用来从 Internet 句柄处得到服务的类型

成员函数名称	返回值类型	功能说明
GetContext	DWORD	用来得到一个 Internet 会话,即应用程序会话的环境值
Close	virtual void	关闭会话对象,虚拟函数,可重载
OnStatusCallback	virtual void	状态回调函数,虚拟函数,一般需要重载
SetCookie	static BOOL	为指定的 URL 设置 Cookie
GetCookie	static BOOL	得到指定的 URL 的 Cookie
GetCookieLength	static DWORD	得到存储在缓冲区中的 Cookie 数据的长度
HINTERNET	Operator	从 Internet 会话中得到 Windows 句柄

（2）查询或设置 Internet 请求选项。创建 CInternetSession 类对象后,可以调用它的 QueryOption()成员函数查询 Internet 请求选项,调用它的 SetOption()成员函数来设置这些选项。

QueryOption()函数有如下两种不同参数的重载形式:

```
BOOL QueryOption(
DWORD        dwOption,
LPVOID       lpBuffer,
LPDWORD      lpdwBufLen
);
BOOL QueryOption(
DWORD        dwOption,
DWORD &      dwValue
);
```

其中参数说明如下。

① 参数 dwOption:指定要查询的 Internet 选项,其取值可查阅 MSDN。

② lpBuffer:缓冲区指针,该缓冲区用来返回选项的设置值。

③ lpdwBufLen:指定缓冲区的长度,当函数返回时,该参数被设置成缓冲区中实际返回的数据长度。

④ dwValue:可以代替 lpBuffer 参数,设置选项的值。

这些函数如果操作成功,则返回 TRUE;否则,返回 FALSE。

（3）重载 OnStatusCallback()函数。这一步仅在需要使用异步操作时才进行。WinInet 类封装了 WinInet API 的异步操作模式,并且将此模式与 Windows 操作系统的消息驱动机制结合起来,这体现在对于 CInternetSession 类的 OnStatusCallback()状态回调成员函数的使用上。客户程序在进行某些操作的时候,要耗费相当多的时间,利用 CInternetSession 类的 OnStatusCallback()状态回调成员函数可以向用户反馈当前数据处理的进展信息。具体做法分为如下 3 步。

第 1 步:派生自己的 Internet 会话类。利用 MFC 的类向导,从 CInternetSession 类派生自己的 Internet 会话类。

第 2 步：重载派生类的状态回调函数。重载该派生类的 OnStatusCallback()函数，在其中加入所需要的代码，实现状态回调函数的功能。CInternetSession 类的 OnStatusCallback()状态回调成员函数的原型如下：

```
virtual void OnStatusCallback(
DWORD_PTR       dwContext,
DWORD           dwInternetStatus,
LPVOID          lpvStatusInformation,
DWORD           dwStatusInformationLength
);
```

其中参数说明如下。

① dwContext：接收一个与调用此函数的操作相关的应用程序指定的环境值。

② dwInternetStatus：接收调用回调函数时自动产生的状态码，指示回调函数被调用的原因，即为什么会调用回调函数。

③ lpvStatusInformation：一个缓冲区的地址，该缓冲区包含了与这次调用回调函数相关的信息。

④ dwStatusInformationLength：用于指定 lpvStatusInformation 的字节数。

这些参数的值在系统自动调用回调函数时由系统给出。需要再次说明的是环境值参数在回调函数中的作用。由于在单个 Internet 会话中可以同时建立若干连接，它们在生存期中可以执行许多不同的操作，它们的操作都可能导致回调函数的调用，所以 OnStatusCallback()函数需要通过某种方法来区别引发调用回调函数的原因，从而区别会话中不同连接的状态变化。环境值参数就是为了解决这个问题而设置的。WinInet 类中的许多函数都需要使用环境值参数，它通常是 DWORD_PTR 类型，并且它的名字通常是 dwContext，不同的 WinInet 类对象的环境值应当不同，当不同的操作引发 MFC 调用回调函数时，会把相应对象的环境值作为入口参数送入，这样，状态回调程序就可以区别它们了。

另外，如果以动态库的形式使用 MFC，则需要在重载的 OnStatusCallback()函数的起始处添加如下代码：

```
Afx_MANAGE_STATE(AfxGetAppModuleState());
```

第 3 步：启用状态回调函数。调用 CInternetSession 类的 EnableStatusCallback()成员函数来允许 MFC 框架在相应事件发生时自动调用状态回调函数，向用户传递会话的状态信息，从而启动异步模式。

EnableStatusCallback()函数的原型如下：

```
BOOL EnableStatusCallback(
BOOL    bEnable=TRUE
);
```

其中，参数 bEnable 指定是否允许回调，TRUE 是默认值，表示允许回调；如果取 FALSE，则表示禁止异步操作。

一旦启动了异步操作,在 Internet 会话中的任何以非零的环境值为参数的函数调用都将异步完成。这些函数执行时如果不能及时完成将立即返回,并返回 FALSE 或 NULL,这时调用 GetLastError()函数将获得 ERROR_IO_PENDING 的错误代码。在处理请求的过程中,会产生各种事件,但很少调用状态回调函数。当操作完成时,会调用状态回调函数,并给出 INTERNET_STATUS_REQREST_COMPLETE 状态码。

2. 连接类

通过调用 CInternetSession 对象的 GetFtpConnection()、GetHttpConnection()和 GetGopherConnection()成员函数,可以分别建立 CInternetSession 对象与网络上 FTP、HTTP 和 Gopher 服务器的连接,并分别创建 CFtpConnection、CHttpConnection 和 CGopherConnection 类的对象来代表这 3 种连接。

在这 3 个函数的原型中,有 4 个参数是相同的。参数 pstrServer 是字符串指针,用于指定服务器名;参数 nPort 用于指定服务器所使用的 TCP/IP 端口号,INTERNET_INVALID_PORT_NUMBER 常量的值是 0,表示使用协议默认的端口号;参数 pstrUserName 是字符串指针,指定登录服务器的用户名;参数 pstrPassword 是字符串指针,指定登录的口令。

```
CFtpConnection * GetFtpConnection(
LPCTSTR          pstrServer,
LPCTSTR          pstrUserName=NULL,
LPCTSTR          pstrPassword=NULL,
INTERNET_PORT    nPort=INTERNET_INVALID_PORT_NUMBER,
BOOL             bPassive=FALSE
);
```

其中,参数 bPassive 用于指定 FTP 会话的模式,取值 TRUE 为被动模式,取值 FALSE 为主动模式。

如果这些函数调用成功,则创建并返回一个指向相应连接类对象的指针,并与相应服务器建立了连接。这时,就可以调用连接类对象的成员函数来完成各种对于网络服务器的操作了。

CFtpConnection、CHttpConnection 和 CGopherConnection 类分别封装了 FTP、HTTP 和 Gopher 连接句柄,并将使用这些句柄的 WinInet API 函数分别封装成它们的成员函数。

表 7-4~表 7-7 分别列出了 4 个连接类的成员函数名、返回值类型,并简要说明了它们的功能,可以从中看出使用这些成员函数能完成的操作。函数的入口参数和功能可以查看 Afxinet.h 包含文件和 MSDN 帮助文档。

表 7-4　基类 CInternetConnection 的成员函数

成员函数名称	返回值类型	功能说明
GetContext	DWORD	获得连接对象的环境值
GetSession	CInternetSession *	得到与连接相关的 CInternetSession 对象指针
GetServerName	Cstring	得到与连接相关的服务器名
HINTERNET	Operator	得到当前 Internet 会话的句柄
QueryOption	BOOL	查询选项
SetOption	BOOL	设置选项

表 7-5　CFtpConnection 类的成员函数

返回值类型	成员函数名称	功 能 说 明
GetCurrentDirectory	BOOL	得到 FTP 服务器的当前目录
GetCurrentDirectoryAsURL	BOOL	得到当前目录名的 URL
SetCurrentDirectory	BOOL	设置 FTP 服务器的当前目录
RemoveDirectory	BOOL	服务器中的指定目录
CreateDirectory	BOOL	在服务器上创建一个新目录
Rename	BOOL	重命名服务器上的指定文件或目录
Remove	BOOL	删除服务器上的指定文件
PutFile	BOOL	将本地文件上传到服务器
GetFile	BOOL	将服务器中指定文件下载为本地文件
OpenFile	CInternetFile *	打开被连接服务器上的指定文件
Close	virtual void	关闭与 FTP 服务器之间的连接

表 7-6　CHttpConnection 类的成员函数

成员函数名称	返回值类型	功 能 说 明
OpenRequest	CHttpFile *	打开 HTTP 请求,返回文件类对象指针
Close	virtual void	关闭与 HTTP 服务器之间的连接

表 7-7　CGopherConnection 类的成员函数

成员函数名称	返回值类型	功 能 说 明
OpenFile	CGopherFile *	打开一个 Gopher 文件,返回文件类对象指针
CreateLocator	CGopherLocator	创建定位对象,用于在 Gopher 服务器中寻找文件
GetAttribute	BOOL	获得对象的属性信息

3. 网络文件类

在 WinInet API 的 HINTERNET 句柄的树状体系结构中,网络文件句柄是叶结点,处于最下层。在 WinInet 类中,用网络文件类对它们进行了封装,并把那些使用网络文件句柄的相关函数封装为网络文件类的成员函数。创建网络文件类对象后,通过调用它们的成员函数,可以对服务器文件做更深入的操作。

(1) 使用连接类的成员函数创建网络文件类对象。调用 CFtpConnection::OpenFile() 函数,可以创建 CInternetFile 对象。调用 CHttpConnection::OpenRequest() 函数,可以创建 CHttpFile 对象。调用 CGopherConnection::OpenFile() 函数,可以创建 CGopherFile 对象。

以下给出 CFtpConnection::OpenFile() 函数的原型:

```
CInternetFile * OpenFile(
LPCTSTR          pstrFileName,
DWORD           dwAccess=GENERIC_READ,
DWORD           dwFlags=FTP_TRANSFER_TYPE_BINARY,
DWORD_PTR       dwContext=1
);
```

其中参数说明如下。

① pstrFileName：指定要打开的文件名。

② dwAccess：指定文件的访问方式，可以取 GENERIC_READ，只能对文件读，这是默认值；也可以取 GENERIC_WRITE，只能对文件写。不能同时取两个数值。

③ dwFlags：指定数据的传输标志。如果取 FTP_TRANSFER_TYPE_ ASCII，文件将以 ASCII 的方式来传输，系统会将所传输的信息格式转换成本地系统中对应的格式；如果取 FTP_TRANSFER_TYPE_BINARY，则使用二进制的方法传输，系统以原始的形式传输文件数据，这是默认值。

④ dwContext：标识此操作的环境值。

此函数打开指定的 FTP 服务器上的文件，并创建 CInternetFile 类对象。如果函数调用成功，则返回一个指向 CInternetFile 类对象的指针；否则，返回 NULL。

表 7-8 给出了 CInternetFile 类的成员函数，可以使用它们更紧密地控制文件的传输过程。

表 7-8　CInternetFile 类的成员函数

成员函数名称	返回值类型	功 能 说 明
SetWriteBufferSize	BOOL	设置供写入数据的缓冲区尺寸
SetReadBufferSize	BOOL	设置供读取数据的缓冲区尺寸
Seek	virtual LONG	改变文件指针的位置，可重载函数
Read	virtual UINT	读取指定的字节数，可重载函数
Write	virtual void	写入指定的字节数，可重载函数
Abort	virtual void	关闭文件，并忽略任何错误和警告，可重载函数
Flush	virtual void	清空写入缓冲区，并保证内存中的数据已经写入指定的文件，可重载函数
ReadString	virtual BOOL	读取一串字符，可重载函数
WriteString	virtual void	向指定的文件写入一行以空字符结尾的文本，可重载
GetContext	DWORD	得到环境值
QueryOption	BOOL	查询选项
SetOption	BOOL	设置选项
Close	virtual void	关闭此对象
HINTERNET	Operator	从当前的 Internet 会话得到 Windows 句柄、运算符

（2）调用 CInternetSession∷OpenURL()函数创建网络文件类对象。还有一种更简单的创建网络文件类对象的方法，即不必显式地建立连接类对象，通过调用 CInternetSession 类的 OpenURL()成员函数，直接建立与指定 URL 所代表的服务器之间的连接，打开指定的文件，创建一个只读的 CStdioFile 类对象。该函数并不局限于某个特定的协议类型，它能够处理任何 FTP、HTTP 和 Gopher 的 URL 或本地文件，并返回 CStdioFile 对象指针。

CInternetSession 类的 OpenURL()函数的原型如下：

```
CStdioFile * OpenURL(
LPCTSTR        pstrURL,
DWORD_PTR      dwContext=1,
DWORD          dwFlags=INTERNET_FLAG_TRANSFER_ASCII,
LPCTSTR        pstrHeaders=NULL,
DWORD          dwHeadersLength=0
);
```

其中参数说明如下。

① pstrURL：字符串指针，指定 URL 名，只能以"file∶""ftp∶""gopher∶"或"http∶"开头。

② dwContext：由应用程序定义的用来标识此函数操作的环境值，它将被传递给回调函数使用。

③ dwFlags：指定连接选项，涉及传送方式、缓存和加密协议等。

④ pstrHeaders：字符串指针，指定 HTTP 标头。

⑤ dwHeadersLength：指定 HTTP 标头字符串的长度。

需要注意的是，使用 OpenURL()函数来获取服务器文件之前并不需要显式地建立连接，函数会按照需要创建相应的连接，是比较方便的。但应当指出，这种获取服务器文件的方法是相对简单的 Internet 操作，对于需要与服务器进行更复杂交互操作的应用程序，用户还是应当自己创建连接。

调用此函数将返回一个指向网络文件类对象的指针，具体返回的对象类型由 URL 中的协议类型决定，如表 7-9 所示。

表 7-9　不同 URL 中的协议类型返回的网络文件类型

URL 中的协议类型	返回的网络文件类型	URL 中的协议类型	返回的网络文件类型
http∶//	CHttpFile *	gopher∶//	CGopherFile *
ftp∶//	CFtpFile *	file∶//	CStdioFile *

（3）操作打开的网络文件。打开各种服务器的网络文件以后，就可以通过调用网络文件对象成员函数来操作文件。对于 FTP，所使用的文件对象是 CInternetFile 类，而 HTTP、Gopher 则使用 CInternetFile 的派生类 CHttpFile 和 CGopher 的对象。下面给出一些常用的成员函数。

① CInternetFile∷Read()函数的原型如下：

```
virtual UINT Read(
void *     lpBuf,
```

```
UINT        nCount
);
```

其中参数说明如下。

- lpBuf：指定读取文件数据的内存缓冲区地址指针。
- nCount：指定将要读取的字节数。

该函数将网络文件数据读到指定的本地内存中，内存的起始地址是 lpBuf，其字节数为 nCount。如果函数调用成功，则返回读取到的字节数，返回值可能比 nCount 指定的值小；如果调用出现错误，则会出现 CInternetException 异常。但是，对于读取操作越过文件尾部的情况，即超过文件长度，并不作为错误处理，同时也不出现异常。

② CInternetFile::Write() 函数的原型如下：

```
virtual void Write(
const void *    lpBuf,
UINT            nCount
);
```

其中参数说明如下。

- 参数 lpBuf：指向本地缓冲区的指针，缓冲区包含要写到网络文件中的数据。
- 参数 nCount：指定将要写入的字节数。

如果调用出现错误，则出现 CInternetException 异常。

4. 文件查询类

CFtpFileFind 类和 CGopherFileFind 类分别封装了对于 FTP 和 Gopher 服务器的文件查询操作，它们的基类是 CFileFind 类。创建了连接对象后，可以进一步创建文件查询类对象，并使用该对象的方法实现对服务器的文件查询。现以 CFtpFileFind 类为例进行说明。

（1）创建文件查询类的对象实例。一般直接调用 CFtpFileFind 类的构造函数创建该类的对象实例，应当将前面所创建的 FTP 连接对象指针作为参数。构造函数的原型如下：

```
CFtpFileFind(
CFtpConnection *  pConnection,
DWORD_PTR dwContext=1
);
```

其中，参数 pConnection 表示连接对象的指针，参数 dwContext 表示此操作的环境值。例如：

```
CFtpFileFind * pFileFind;
pFileFind=new CFtpFileFind(pConnection);
```

（2）查询第一个符合条件的对象。使用 CFtpFileFind 类的 FindFile() 成员函数可以在 FTP 服务器上或本地缓冲区中找到第一个符合条件的对象。

```
virtual BOOL FindFile(
LPCTSTRpstrName=NULL,
DWORD   dwFlags=INTERNET_FLAG_RELOAD
);
```

其中参数说明如下。

① pstrName 指定要查找的文件路径,可以使用通配符。

② dwFlags 指出查询位置。

(3) 继续查找其他符合条件的对象。在上一步的基础上,反复地调用 FindNextFile() 成员函数,可以找到所有符合条件的对象,直到函数返回 FALSE 为止。FindNextFile() 函数用于继续进行 FindFile() 调用的文件查询操作。

```
virtual BOOL FindNextFile();
```

每查到一个对象,随即调用 GetFileURL() 成员函数,可以获得已查询到的对象的 URL。

```
CString GetFileURL() const;
```

(4) 其他可用的成员函数。CFtpFileFind 类本身定义的成员函数只有上面几个,但是由于它是从 CFileFind 类派生的,继承了基类 CFileFind 的许多成员函数,可以进行各种文件查询相关的操作,如表 7-10 所示。

表 7-10　用来获得查询到的对象属性的成员函数

成员函数名称	功 能 说 明
GetLength	得到已查询到的文件的字节长度
GetFileName	得到已查询到的文件的名称
GetFilePath	得到已查询到的文件的全路径
GetFileTitle	得到已查询到的文件的标题
GetFileURL	得到已查询到的文件的 URL,包括文件的全路径
GetRoot	得到已查询到的文件的根目录
GetCreationTime	得到已查询到的文件的创建时间
GetLastWriteTime	得到已查询到的文件的最后一次写入时间
GetLastAccessTime	得到已查询到的文件的最后一次存取时间
IsDots	用于判断查询到的文件名中是否具有".."或"..",实际这是目录
IsReadOnly	用于判断查询到的文件是否是只读文件
IsDirectory	用于判断查询到的文件是否为目录
IsCompressed	用于判断查询到的文件是否为压缩文件
IsSystem	用于判断查询到的文件是否为系统文件
IsHidden	用于判断查询到的文件是否为隐藏文件

成员函数名称	功 能 说 明
IsTemorary	用于判断查询到的文件是否为临时文件
IsNormal	用于判断查询到的文件是否为常用模式
IsArchived	用于判断查询到的文件是否为归档文件

5. 异常类

为了提高程序的容错性和稳定性,应能对可能出现的问题进行处理,对于 Internet 客户,需要使用 CInternetException 类对象处理所有可知的常规的 Internet 异常类型。CInternetException 类对象代表与 Internet 操作相关的异常。该类中包括两个公共的数据成员,用于保存与异常有关的错误代码和与导致错误的相关操作的环境值,其构造函数的原型如下:

```
CInternetException(
DWOR DdwError
);
```

其中,参数 dwError 用于指定导致异常的错误码。

CInternetException 类的两个数据成员如下。

(1) m_dwError:指定导致异常的错误码,其值可能代表一个在 WINERROR. h 中定义的系统错误或在 WININET. H 中定义的网络错误。

(2) m_dwContext:指定与产生错误相关的 Internet 操作的环境值。

WinInet 类的许多成员函数在发生错误时可能出现一些异常,在大多数情况下,出现的异常是 CInternetException 类的对象,用户在应用程序中可以通过调用::AfxThrowInternet-Exception 函数来产生一个 CInternetException 类对象。对于异常时产生的对象,用户可以用 try/catch 逻辑结构来处理。

7.3 基于 WinInet 类的 FTP 客户程序实例

在 Internet 上有很多 FTP 服务器,它们存有丰富的软件和信息资源,至今仍然是 Internet 提供的主要服务之一。对于用户来说,FTP 客户程序也非常重要,本节就通过一个使用 MFC WinInet 类编制 FTP 客户程序的实例说明 MFC WinInet 应用程序的编程方法。

7.3.1 FTP 客户程序要实现的功能

本节介绍的 FTP 客户程序实例能实现基本的 FTP 客户机功能,如登录 FTP 服务器、显示登录服务器目录下的文件和目录名、从该目录中选择下载服务器的文件,以及向服务器上传文件。

本节将运用多线程技术实现 FTP 客户机应用程序,让主线程处理应用程序的主界面,其他的事情则交给子线程去做,保证应用程序在执行的时候一直保持用户界面的活动状态,在同一段时间内,可以同时进行多个 FTP 操作。应重点注意如何编写线程的控制函数,如何创建一个新的线程,线程如何传递参数和取回结果。

工程名是 CuteFtpMT,其中"MT"表示多线程。程序启动运行后的主界面如图 7-2 所示。

主界面中包括 4 个文本框,分别用于输入 FTP 服务器的地址和端口、用户名称和密码;1 个列表框,用来显示 FTP 服务器当前目录的内容,并允许用户从中选择文件下载;4 个命令按钮,分别完成查询、上传、下载和退出的功能。

用户在使用该 FTP 客户端进行各种操作之前,应首先输入服务器的地址和端口、用户名称和密码,然后再执行有关操作。各主要功能的执行流程如下。

（1）查询功能。如果要进行查询,首先单击"查询"按钮,获得用户当前输入的服务器地址和端口、用户名称和密码等信息,清除列表框的内容;然后

图 7-2　程序的主界面

创建 Internet 会话类对象,进行服务器的登录,试图建立与指定 FTP 服务器的连接。如果连接成功,就创建 CFtpFileFind 文件查询类对象,查找服务器上当前目录的任意文件。找到了第一个文件后,继续找其他文件,并将找到的文件或目录名显示在列表框中。所有文件找到后,结束查询,并依次删除文件查询对象、FTP 连接对象和 Internet 会话对象,结束会话。

（2）下载功能。从服务器下载文件时,首先在列表框中选择一个文件,将会产生 LBN_SELCHANGE 事件,自动调用相应的 OnSelchangeListFile() 函数禁用用来输入的文本框控件,禁用"查询"和"上传"按钮,激活"下载"按钮。此时,用户可以单击"下载"按钮,产生 BN_CLICKED 事件,自动调用 OnDownload() 函数,调用 Download() 函数下载该文件。下载完毕,禁用"下载"按钮,激活"查询"和"上传"按钮,激活用来输入的文本框控件。而 Download() 函数重新创建 Internet 会话,建立 FTP 连接。下载文件后,将会话对象和连接对象清除。

（3）上传功能。如果要向 FTP 服务器上传文件,单击"上传"按钮,产生 BN_CLICKED 事件,调用 OnUpload() 函数。该函数获得当前输入的服务器地址和端口、用户名称和密码,禁用用于输入的文本框控件,禁用"查询"按钮,弹出对话框,获得待上传的本地文件路径和文件名,调用 Upload() 函数上传文件。上传完毕,激活"查询"按钮和用于输入的文本编辑控件。Upload() 函数也重新创建 Internet 会话,建立 FTP 连接。上传文件后,清除会话对象和连接对象。

（4）退出功能。具体执行流程此处不再赘述。

7.3.2　FTP 客户多线程编程过程

1. 编写线程函数

首先编写用于 FTP 操作的线程函数,创建一个结构体,用该结构体来传递线程函数

运行时所需的参数。该结构体的数据成员包括 FTP 服务器的地址和端口、登录的用户名称和密码,以及对话框中列表框的指针,该指针用于列表框中数据的显示和选取,代码如下:

```
// 线程的参数结构
typedef struct{
CListBox *      listContent;
CString         strAddress;
int             intPort;
CString         strUserName;
CString         strPassword;
} CUTEFTPMT_INFO;
```

这段代码添加在 CCuteFtpMTDlg 类的类声明的前面。

在 CuteFtpMT 工程中添加一个头文件,取名为 ThreadFunction.h,将线程函数写在这个文件中。需要说明的是,线程函数不属于某个类的成员函数,要单独写在一个包含文件中;线程函数的共同特点在于线程参数的传递,读者可留意每个线程函数开始的代码。

ThreadFunction.h 文件中包含的代码如下:

```
// 用来实现上传功能
BOOL MTUpload(CString strAddress, CString strUserName,
          CString strPassword, int intPort,
          CString strSName, CString strDName)
{
    CInternetSession * pSession;        // 定义会话对象指针变量
    CFtpConnection * pConnection;       // 定义 FTP 连接对象指针变量

    pConnection=NULL;

    // 创建 Internet 会话类对象
    pSession=new CInternetSession(AfxGetAppName(),1,
    PRE_CONFIG_INTERNET_ACCESS);

    try
    {
        // 尝试建立与指定 FTP 服务器的连接
        pConnection=pSession->GetFtpConnection(strAddress,strUserName,
        strPassword,intPort);
    }
    catch(CInternetException * e)
    {
        // 无法建立连接,进行错误处理
        e->Delete();
        pConnection=NULL;
        return FALSE;
    }
```

```
    if (pConnection!=NULL)
    {
        // 上传文件
        if (!pConnection->PutFile(strSName,strDName))
        {
            // 出错处理
            pConnection->Close();
            delete pConnection;
            delete pSession;
            return FALSE;
        }
    }

    // 关闭对象,释放资源
    if (pConnection!=NULL)
    {
        pConnection->Close();
        delete pConnection;
    }

    delete pSession;
    return TRUE;
}
// 用来实现下载功能
BOOL MTDownload(CString strAddress, CString strUserName,
               CString strPassword, int intPort,
               CString strSName, CString strDName)
{
    CInternetSession * pSession;        // 定义会话对象指针变量
    CFtpConnection * pConnection;       // 定义 FTP 连接对象指针变量

    pConnection=NULL;

    // 创建 Internet 会话类对象
    pSession=new CInternetSession(AfxGetAppName(),1,
PRE_CONFIG_INTERNET_ACCESS);

    try
    {
        // 尝试建立与指定 FTP 服务器的连接
        pConnection=pSession->GetFtpConnection(strAddress,strUserName,
strPassword,intPort);
    }
    catch (CInternetException * e)
    {
        // 无法建立连接,进行错误处理
        e->Delete();
        pConnection=NULL;
        return FALSE;
    }
```

```cpp
        if (pConnection!=NULL)
        {
            // 下载文件
            if (!pConnection->GetFile(strSName,strDName))
            {
                // 出错处理
                pConnection->Close();
                delete pConnection;
                delete pSession;
                return FALSE;
            }
        }

        // 关闭对象,释放资源
        if (pConnection!=NULL)
        {
            pConnection->Close();
            delete pConnection;
        }
        delete pSession;

        return TRUE;
}
// 用于下载的线程函数
UINT tfDownloadFile(LPVOID pParam)
{
        if (pParam==NULL) AfxEndThread(NULL);

        // 用来获取函数调用的参数的代码
        CUTEFTPMT_INFO * pInfo;
        CListBox * listContent;
        CString strAddress;
        int intPort;
        CString strUserName;
        CString strPassword;
        pInfo=(CUTEFTPMT_INFO * )pParam;
        listContent=pInfo->listContent;
        strAddress=pInfo->strAddress;
        intPort=pInfo->intPort;
        strUserName=pInfo->strUserName;
        strPassword=pInfo->strPassword;

        int nSel;
        CString strSourceName;

        // 获得用户在列表框中的选择
        nSel=listContent->GetCurSel();
        listContent->GetText(nSel,strSourceName);
        // 判断选择的是文件还是目录
        if (strSourceName.GetAt(0)!=';' )
```

```
        {
            // 选择的是文件
            CString strDestName;
            // 定义一个文件对话框对象变量
            CFileDialog dlg(FALSE,"","*.*");
            // 激活文件对话框
            if (dlg.DoModal()==IDOK)
            {
                // 获得下载文件本地存储路径和名称
                strDestName=dlg.GetPathName();
                // 执行下载动作
                if (MTDownload (strAddress, strUserName, strPassword, intPort,
                strSourceName, strDestName))
                    AfxMessageBox("下载成功!",MB_OK|
                    MB_ICONINFORMATION);
                else {
                    AfxMessageBox("下载失败!",MB_OK|MB_ICONSTOP);
                    return FALSE;
                }
            } else {
                AfxMessageBox("请写入文件名!",MB_OK|MB_ICONSTOP);
                return FALSE;
            }
        } else {
            // 选择的是目录
            AfxMessageBox("不能下载目录!\n请重选!",MB_OK|MB_ICONSTOP);
            return FALSE;
        }

    return 0;
}
// 用于查询的线程函数
UINT tfQuery(LPVOID pParam)
{
    if (pParam==NULL) AfxEndThread(NULL);

    // 获取函数调用的参数
    CUTEFTPMT_INFO * pInfo;
    CListBox * listContent;
    CString strAddress;
    int intPort;
    CString strUserName;
    CString strPassword;
    pInfo=(CUTEFTPMT_INFO *)pParam;
    listContent=pInfo->listContent;
    strAddress=pInfo->strAddress;
    intPort=pInfo->intPort;
    strUserName=pInfo->strUserName;
    strPassword=pInfo->strPassword;
```

```
CInternetSession* pSession;              // 定义会话对象指针变量
CFtpConnection* pConnection;             // 定义 FTP 连接对象指针变量
CFtpFileFind* pFileFind;                 // 定义文件查询对象指针变量
CString strFileName;
BOOL bContinue;
// 初始化
pConnection=NULL;
pFileFind=NULL;
// 创建 Internet 会话类对象
pSession=new CInternetSession(AfxGetAppName(),1,
PRE_CONFIG_INTERNET_ACCESS);
try  {
    // 尝试建立与指定 FTP 服务器的连接
    pConnection=pSession->GetFtpConnection(strAddress,strUserName,
    strPassword,intPort);
} catch (CInternetException* e) {
    // 无法建立连接,进行错误处理
    e->Delete();
    pConnection=NULL;
}


if (pConnection!=NULL)
{
    // 创建文件查询对象,引入 FTP 连接对象的指针
    pFileFind=new CFtpFileFind(pConnection);
    // 查找服务器上当前目录下的任意文件
    bContinue=pFileFind->FindFile("*");
    // 若无则结束查找
    if (!bContinue)
    {
        pFileFind->Close();
        pFileFind=NULL;
    }
    // 当找到文件时
    while (bContinue)
    {
        // 取出文件名
        strFileName=pFileFind->GetFileName();
        // 判断是不是目录,若是则将目录名称放在括号中
        if (pFileFind->IsDirectory())
            strFileName="["+strFileName+"]";
        // 将找到的文件或目录名称显示在列表框中
        listContent->AddString(strFileName);
        // 继续查找下一个文件
        bContinue=pFileFind->FindNextFile();
    }
    // 查找结束时关闭文件查询对象
    if (pFileFind!=NULL)
    {
        pFileFind->Close();
```

```
                    pFileFind=NULL;
        }
    }
    // 删除文件查询对象
    delete pFileFind;
    // 删除 FTP 连接对象
    if (pConnection!=NULL)
    {
        pConnection->Close();
        delete pConnection;
    }
    // 删除 Internet 会话对象
    delete pSession;
    return 0;
}
// 用于上传的线程函数
UINT tfUploadFile(LPVOID pParam)
{
    if(pParam==NULL) AfxEndThread(NULL);

    // 用来获取函数调用的参数的代码
    CUTEFTPMT_INFO * pInfo;
    CListBox * listContent;
    CString strAddress;
    int intPort;
    CString strUserName;
    CString strPassword;
    pInfo=(CUTEFTPMT_INFO * )pParam;
    listContent=pInfo->listContent;
    strAddress=pInfo->strAddress;
    intPort=pInfo->intPort;
    strUserName=pInfo->strUserName;
    strPassword=pInfo->strPassword;

    CString strSourceName;
    CString strDestName;
    // 定义一个文件对话框对象变量
    CFileDialog dlg(TRUE,"","* . *");
    if (dlg.DoModal()==IDOK)
    {
        // 获得待上传的本地文件路径和名称
        strSourceName=dlg.GetPathName();
        strDestName=dlg.GetFileName();

        // 执行上传动作
        if (MTUpload(strAddress, strUserName, strPassword, intPort,
        strSourceName, strDestName))
            AfxMessageBox("上传成功!",MB_OK|
            MB_ICONINFORMATION);
        else {
```

```
                AfxMessageBox("上传失败!",MB_OK|MB_ICONSTOP);
                return FALSE;
            }
        } else {
            // 文件选择有错误
            AfxMessageBox("请选择文件!",MB_OK|MB_ICONSTOP);
            return FALSE;
        }

        return 0;
}
```

2. 添加包含语句

在 CCuteFtpMTDlg 类的执行文件 CuteFtpMTDlg.cpp 中,在所有 include 语句之后,
增加对于 ThreadFunction.h 的包含语句:

```
#include <ThreadFunction.h>
```

3. 按钮控件的事件处理函数

用户单击"查询""下载"和"上传"这 3 个按钮时,分别通过创建一个新线程来完成相应
的功能。

(1) 查询事件的处理函数如下:

```
void CCuteFtpMTDlg::OnQuery()
{
    // 从对话框获取数据,包括服务器地址和端口、登录用户名称和密码
    UpdateData(TRUE);

    // 构造用于线程控制函数参数传递的结构对象
    CUTEFTPMT_INFO * pInfo=new CUTEFTPMT_INFO;
    pInfo->listContent=&m_listContent;
    pInfo->strAddress=m_strAddress;
    pInfo->intPort=m_intPort;
    pInfo->strUserName=m_strUserName;
    pInfo->strPassword=m_strPassword;

    // 清除列表框的内容
    while(m_listContent.GetCount()!=0)
        m_listContent.DeleteString(0);

    // 创建并启动新线程,执行实际的查询任务
    AfxBeginThread(tfQuery,pInfo);
}
```

(2) 下载事件的处理函数如下:

```
void CCuteFtpMTDlg::OnDownload()
{
```

```
    // 从对话框获取数据
    UpdateData(TRUE);

    // 构造用于线程控制函数参数传递的结构对象
    CUTEFTPMT_INFO * pInfo=new CUTEFTPMT_INFO;
    // 将用户输入的相关信息赋值到结构对象的成员变量中
    pInfo->listContent=&m_listContent;
    pInfo->strAddress=m_strAddress;
    pInfo->intPort=m_intPort;
    pInfo->strUserName=m_strUserName;
    pInfo->strPassword=m_strPassword;
    //创建并启动新的线程,完成实际的下载任务
    AfxBeginThread(tfDownloadFile,pInfo);

    // 禁用"下载"按钮
    m_btnDownload.EnableWindow(FALSE);

    // 激活"上传"按钮
    m_btnUpload.EnableWindow(TRUE);
    // 激活"查询"按钮
    m_btnQuery.EnableWindow(TRUE);
    // 激活服务器地址输入控件
    m_editAddress.EnableWindow(TRUE);
    // 激活服务器端口输入控件
    m_editPort.EnableWindow(TRUE);
    // 激活登录用户名称输入控件
    m_editUserName.EnableWindow(TRUE);
    // 激活登录用户密码输入控件
    m_editPassword.EnableWindow(TRUE);
}
```

（3）上传事件的处理函数如下：

```
void CCuteFtpMTDlg::OnUpload()
{
    // 从对话框获取数据
    UpdateData(TRUE);

    // 禁用服务器地址输入控件
    m_editAddress.EnableWindow(FALSE);
    // 禁用服务器端口输入控件
    m_editPort.EnableWindow(FALSE);
    // 禁用登录用户名称输入控件
    m_editUserName.EnableWindow(FALSE);
    // 禁用登录用户密码输入控件
    m_editPassword.EnableWindow(FALSE);
    // 禁用"查询"按钮
    m_btnQuery.EnableWindow(FALSE);
```

```
        // 构造用于线程控制函数参数传递的结构对象
        CUTEFTPMT_INFO * pInfo=new CUTEFTPMT_INFO;
        //将用户输入的相关信息赋值到结构对象的成员变量中
        pInfo->listContent=NULL;
        pInfo->strAddress=m_strAddress;
        pInfo->intPort=m_intPort;
        pInfo->strUserName=m_strUserName;
        pInfo->strPassword=m_strPassword;
        // 创建并启动新的线程,来完成实际的上传工作
        AfxBeginThread(tfUploadFile,pInfo);

        // 激活"查询"按钮
        m_btnQuery.EnableWindow(TRUE);
        // 激活服务器地址输入控件
        m_editAddress.EnableWindow(TRUE);
        // 激活服务器端口输入控件
        m_editPort.EnableWindow(TRUE);
        // 激活登录用户名称输入控件
        m_editUserName.EnableWindow(TRUE);
        // 激活登录用户密码输入控件
        m_editPassword.EnableWindow(TRUE);
}
```

从以上代码可以看出,采用了多线程的编程技术以后,事件的处理函数主要负责进程参数的传递和用户界面的管理,实际的任务则由线程的控制函数来完成。

7.4　本章小结

WinInet 编程主要包括两种模式: WinInet API 的编程模式和 WinInet 类的编程模式。本章首先分析了使用 WinInet API 编程时涉及的共性问题;然后详细介绍了 WinInet 类的基本编程模型,包括典型客户程序的实现步骤;最后通过一个典型 FTP 客户程序实例介绍了使用 WinInet 类编程的方法与技巧。

习　题　7

1. 画图说明 HINTERNET 句柄形成的树状体系结构。
2. 如何获取 WinInet API 函数执行的错误信息?
3. 为了使 WinInet 以异步模式操作,应用程序需要做哪些工作?
4. 利用 WinInet 类编程具有哪些优点?
5. WinInet 所包含的类有哪些?
6. 说明 WinInet 各种类之间的关系。
7. 使用 WinInet 类实现一个典型的 FTP 客户程序的步骤是什么?

第8章 安全套接层协议编程

使用套接字(Socket)技术可以很方便地构建高效实时的客户-服务器应用程序,但是普通的 Socket 模型使用明文传输数据,信息很容易被拦截和监听。随着电子商务的普及和在线支付的发展,网络安全变得尤为重要。本章所介绍的安全套接层(Secure Socket Layer, SSL)协议可以用来保障数据在 Internet 上的安全传输,利用数据加密技术可确保数据在传输过程中不被截取和窃听。

8.1 基 础 知 识

8.1.1 数字签名

1. 密钥

作为信息传输的载体,Internet 是不安全的信息媒介,它所遵循的通信协议(TCP/IP)本身就非常脆弱。当初设计该协议的初衷并非出于对通信安全的考虑,而是出于对通信自由的考虑。因此,一些基于 TCP/IP 的服务也是极不安全的。另外,Internet 给众多的商家带来了无限的商机,许多网络黑客出于经济利益或个人爱好的目的,往往专门跟踪 Internet 的特殊群体或个别敏感用户,盗取他们的网络身份或银行账户信息,再冒充合法用户的身份,进一步侵入信息系统,非法盗取经济、政治、军事机密。为了保证 Internet 的安全和充分发挥其商业信息交换的价值,人们选择了数据加密技术,对访问 Internet 的用户实施身份认证。

加密是指对明文(可读懂的信息)进行翻译,使用不同的算法对明文以代码形式(密码)实施加密。该过程的逆过程称为解密,即将该编码信息转化为明文的过程。密钥是数据加密、解密过程中的一种参数,它是在明文转换为密文或将密文转换为明文的算法中输入的数据。密钥分为对称密钥与非对称密钥两种。

对称密钥加密又称私钥加密或专用密钥加密算法,即信息的发送方和接收方使用同一个密钥去加密和解密数据。它的最大优势是加密、解密速度快,适用于对大数据量进行加密,但密钥管理困难。对称密钥加密的过程如图 8-1 所示。

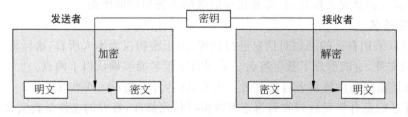

图 8-1 对称密钥加密的过程

非对称加密密钥又称公钥密钥加密,它需要使用不同的密钥来分别完成加密和解密操作,一个公开发布即公开密钥,另一个由用户自己私密保存,即私用密钥。信息发送者用公开密钥加密数据,而信息接收者则用私用密钥去解密。公钥机制灵活,但加密和解密速度却比对称加密密钥慢得多。通常可以利用非对称密钥加密实现密钥交换,保证第三方无法获取该密钥,过程如图 8-2 所示。

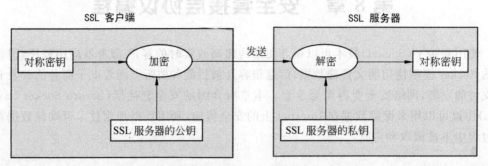

图 8-2　利用非对称密钥加密实现密钥交换的过程

在实际的应用中,人们通常将两种密钥结合在一起使用。例如,对称密钥加密系统用于存储大量数据信息,而公开密钥加密系统则用于加密密钥。

2. 消息认证码

Hash,一般翻译为"散列",也可以直接音译为"哈希",是把任意长度的输入通过散列算法变换成固定长度的输出,该输出就是散列值。

消息认证码(Message Authentication Codes,MAC)是带私钥的哈希函数,消息的散列值由只有通信双方知道的密钥来控制,此时的哈希值称作 MAC。

发送者利用 MAC 算法以密钥为参数计算出消息的 MAC 值,并将其加在消息之后发送给接收者。接收者利用同样的密钥和 MAC 算法计算出消息的 MAC 值,并与接收到的MAC 值做比较。如果两者相同,则消息没有改变;否则,消息在传输过程中被修改,接收者将丢弃该报文。

MAC 算法具有如下特征,使其能够用来验证消息的完整性。

(1)消息的任何改变都会引起输出的固定长度数据产生变化。通过比较 MAC 值,可以保证接收者能够发现消息的改变。

(2)MAC 算法需要密钥的参与,因此没有密钥的非法用户在改变消息的内容后,无法添加正确的 MAC 值,从而保证非法用户无法随意修改消息内容。

MAC 算法要求通信双方具有相同的密钥,否则 MAC 值验证将会失败。因此,利用MAC 算法验证消息完整性之前,需要在通信两端部署相同的密钥。

3. 数字签名

用户可以采用自己的私钥对信息进行处理,由于密钥仅为本人所有,这样就产生了别人无法生成的文件,也就形成了数字签名。采用数字签名能够确认以下两点。

(1)保证信息是由签名者自己签名发送的,签名者不能否认或难以否认。

(2)保证信息自签发后到收到为止未曾做过任何修改,签发的文件是真实文件。

8.1.2 数字证书

数字证书是互联网通信中标志通信各方身份信息的一串数字,用于以电子手段来证实一个用户的身份和对网络资源的访问权限,其作用类似于司机的驾驶执照或日常生活中的身份证。

　　数字证书是一个经证书授权中心数字签名的包含公钥拥有者信息以及公钥的文件。最简单的数字证书包含一个公钥、名称以及证书授权中心的数字签名。数字证书由一个权威机构——CA(Certificate Authority,证书授权中心)机构发行。CA 机构作为网络营销交易中受信任的第三方,来解决公钥体系中公钥合法性的检验问题。CA 机构是承担网上安全交易认证服务、签发数字证书、确认用户身份的服务机构,是一个具有权威性、公正性的第三方。

1. 数字证书的分类

　　根据数字证书的应用情况,可以将其分为个人证书、企业或机构身份证书、支付网关证书、服务器证书、企业或机构代码签名证书、安全电子邮件证书、个人代码签名证书等。

2. 数字证书的授权机构

　　数字证书由 CA 机构颁发。CA 机构作为电子商务交易中受信任的第三方,为每个使用公钥的用户发放一个数字证书,承担公钥体系中公钥的合法性检验的责任。数字证书中包括公钥、用户信息、CA 的名称和 CA 的数字签名。证书中包含了 CA 的名称,以便证书用户找到 CA 的公钥、验证证书上的数字签名。CA 机构数字证书的结构如图 8-3 所示。

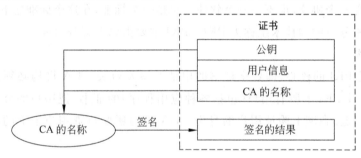

图 8-3　CA 机构数字证书的结构

　　除了颁发给普通用户的证书,还有一种特殊的证书,即根证书。根证书也就是 CA 自签名证书,是 CA 机构给自己颁发的证书,是信任链的起始点。安装根证书意味着对这个 CA 机构的信任。根证书的结构如图 8-4 所示。

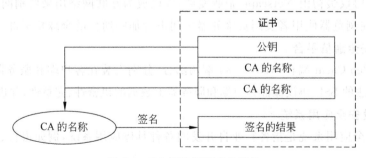

图 8-4　CA 机构根证书的结构

3. CA 的功能

CA 机构实现了一些很重要的功能,具体如下。

(1) 接收验证最终用户数字证书的申请。

（2）确定是否接受最终用户数字证书的申请和证书的审批。

（3）向申请者颁发数字证书和拒绝颁发数字证书。

（4）接受、处理最终用户的数字证书更新请求。

（5）接受最终用户数字证书的查询、撤销。

（6）产生和发布证书作废表（Certificate Revocation List，CRL）。

（7）数字证书的归档。

（8）密钥归档。

（9）历史数据归档。

8.1.3 PKI

PKI（Public Key Infrastructure，公钥基础设施）是一种遵循既定标准的密钥管理平台，它能够为所有网络应用提供加密和数字签名等密码服务，以及所必需的密钥和证书管理体系。简单来说，PKI 就是利用公钥理论和技术建立的提供安全服务的基础设施。PKI 技术是信息安全技术的核心，也是电子商务的关键和基础技术。

PKI 既不是一个协议，也不是一个软件。它是一个标准，在这个标准之下发展出的为了实现安全基础服务目的的技术统称为 PKI。PKI 主要由以下部分组成。

1. CA 机构

CA 机构是 PKI 的核心，即数字证书的申请及签发机关。CA 机构必须具备权威性的特征，它负责管理 PKI 下所有用户（包括各种应用程序）的证书，把用户的公钥和用户的其他信息捆绑在一起，在网上验证用户的身份。CA 机构还要负责用户证书的黑名单登记和黑名单发布。

2. X.500 目录服务器

X.500 目录服务器用于发布用户的证书和黑名单信息，用户可通过标准的 LDAP 协议查询自己或其他人的证书和下载黑名单信息。

3. 具有高强度密码算法 SSL 的安全 WWW 服务器

安全套接协议最初由 Netscape 企业发展，现已成为互联网络用来鉴别网站和网页浏览者身份，以及在浏览器使用者及网页服务器之间进行加密通信的全球化标准。

4. Web 安全通信平台

Web 有 Web Client 端和 Web Server 端两部分，分别安装在客户端和服务器上，通过具有高强度密码算法的 SSL 协议保证客户端和服务器上数据的机密性、完整性，并进行身份验证。

5. 自开发安全应用系统

自开发安全应用系统是指各行业自开发的各种具体应用系统，例如银行、证券的应用系统等。

8.1.4 基于数字证书的 HTTPS 网站

在互联网应用中，对通信安全要求最高的就是网络银行和网上支付了。目前几乎所有的网络银行都使用基于 SSL 的超文本传输安全协议（Hyper Text Transfer Protocol

Secure,HTTPS)和数字证书来保证传输和认证安全。HTTPS 站点需要与一个证书绑定。是否能够信任这个站点的证书,首先取决于客户程序是否导入了证书颁发者的根证书。客户访问 HTTPS 网站的流程如图 8-5 所示。

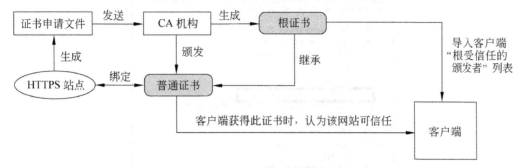

图 8-5   客户访问 HTTPS 网站的流程

HTTPS 网站的工作流程如下。

(1) HTTPS 网站生成一个证书申请文件,并将其发送到 CA 机构。

(2) CA 机构为 HTTPS 网站生成一个根证书,其中包含与 HTTPS 网站进行通信的公钥。同时 CA 机构为 HTTPS 网站颁发一个普通证书,普通证书继承自根证书。

(3) 客户端获得 HTTPS 网站的根证书,并导入客户端"根受信任的颁发者"列表。

(4) 客户端访问 HTTPS 网站时会获得与其绑定的普通证书,并使用根证书对普通证书进行验证,确定是否信任该网站。

在验证证书的时候主要从以下 3 个方面检查。

(1) 证书的颁发者是否在"根受信任的证书颁发机构列表"中。

(2) 证书是否过期。

(3) 证书的持有者是否和访问的网站一致。

1. 在 Windows 7 中添加 IIS 6.0

在 Windows 7 桌面的左下角单击"开始"按钮,打开"控制面板"。在"控制面板"中,首先将"查看方式"设为"类别"以缩小图标查找的范围,然后单击"程序"。进入"程序"页面后,找到"程序和功能"一栏,单击"启用或关闭 Windows 功能",如图 8-6 所示。

图 8-6   "程序"页面

进入"启用或关闭 Windows 功能"页面后,找到 Internet Information Services 选项,如图 8-7 所示。

图 8-7 "启用或关闭 Windows 功能"页面

单击 Internet Information Services 选项前面的"+"将其目录全部展开,分别选中 FTP 服务器、Web 管理工具、万维网服务目录下的所有选项,最后单击"确定"按钮。

IIS 功能打开完毕后,可以在 Windows 系统"开始"菜单的"程序"搜索框里输入"IIS", 找到 IIS 应用软件并打开,打开之后就可以进行 IIS 的配置了。

2. 配置和管理 IIS

接下来介绍如何使用 IIS 创建和管理站点。IIS 管理界面如图 8-8 所示。

图 8-8 IIS 管理界面

选择 Default Web Site,双击 ASP 图标,如图 8-9 所示。

把"启用父路径"改为 True,如图 8-10 所示。

图 8-9　Default Web Site 主页

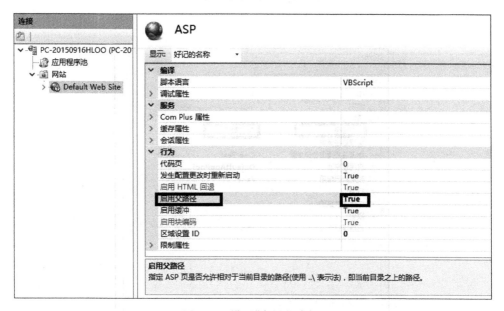

图 8-10　设置"启用父路径"

保存后返回 Default Web Site 主页,单击右侧"高级设置"按钮,如图 8-11 所示。

在"高级设置"对话框中设置网站的物理路径,如图 8-12 所示。

返回 Default Web Site 主页,单击右侧的"绑定"按钮,打开"网站绑定"对话框,如图 8-13 所示。选择要绑定的网站,单击"编辑"按钮,打开"编辑网站绑定"对话框,如图 8-14 所示。

图 8-11 单击"高级设置"按钮

图 8-12 "高级设置"对话框

使用记事本在 Default Web Site 目录中……

在"物理路径"处……

此时 D 盘作为 Web……

默认情况下,单击……

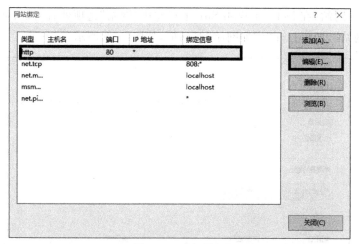

图 8-13　编辑设置

图 8-14　"编辑网站绑定"对话框

返回 Default Web Site 主页,选择"重新启动",然后单击"浏览网站"下方的选项,就可以打开绑定的网站了,如图 8-15 所示。

图 8-15　打开绑定的网站

如果有多个网站,在 Default Web Site 主页左边"网站"选项处右击,从弹出的快捷菜单中选中"添加网站",即可打开"添加网站"对话框,如图 8-16 所示。

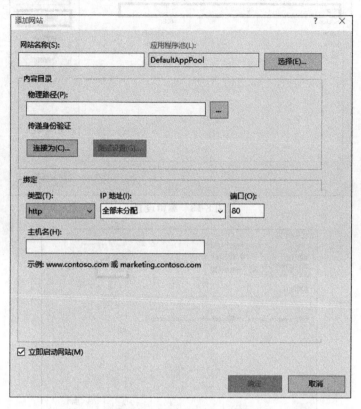

图 8-16 "添加网站"对话框

3. 安装证书服务

如果在"控制面板"|"程序"|"启用或关闭 Windows 功能"里没有"服务器证书"选项,可到官网去下载 AD 的补丁,就可以看到"服务器证书"图标,如图 8-17 所示。

图 8-17 服务器证书

双击"服务器证书"图标,打开"申请证书"对话框,填写申请资料,如图 8-18 所示。

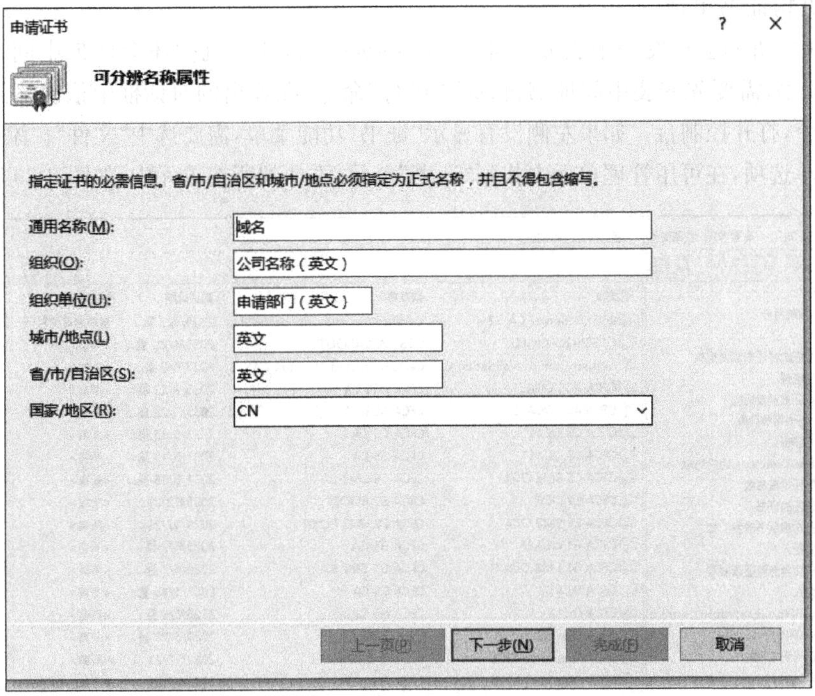

图 8-18　填写申请资料

单击"下一步"按钮,设置"加密服务提供程序属性",如图 8-19 所示。

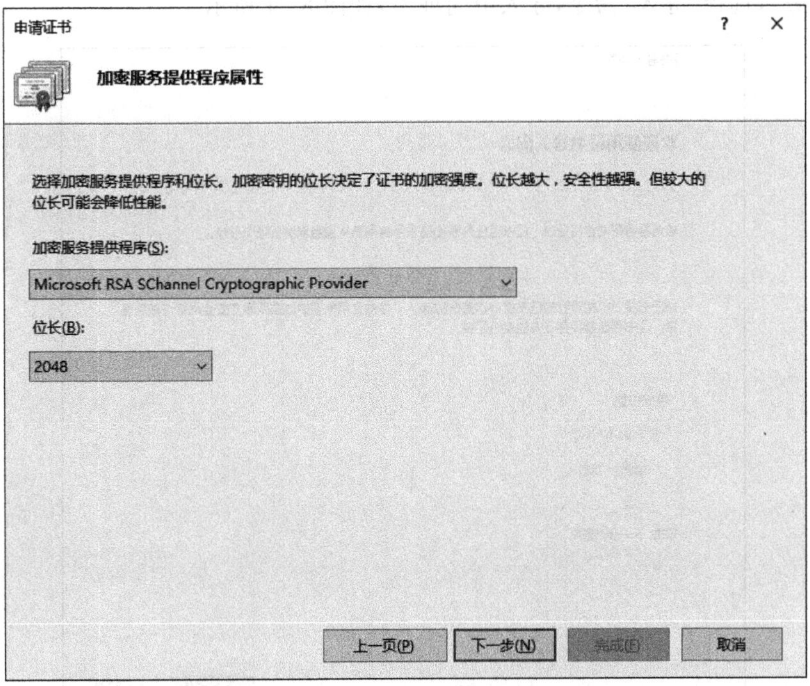

图 8-19　设置"加密服务提供程序属性"

单击"下一步"按钮,将文件命名为 mycertreq.txt。导出申请文件,该申请文件将用于权威颁发机构证书申请。

权威颁发机构会颁发一个服务器证书,如 server.cer,部分机构还会携带中间证书。如果携带中间证书,需要先安装中间证书再选择"运行"命令,在弹出的对话框中依次输入 cmd 命令和 mmc 命令,打开控制台。如果左侧没有显示"证书"功能菜单,需要选中"文件"|"添加或删除管理单元"菜单选项,在可用管理单元中找到"证书"单元,添加到所选单元中,如图 8-20 所示。

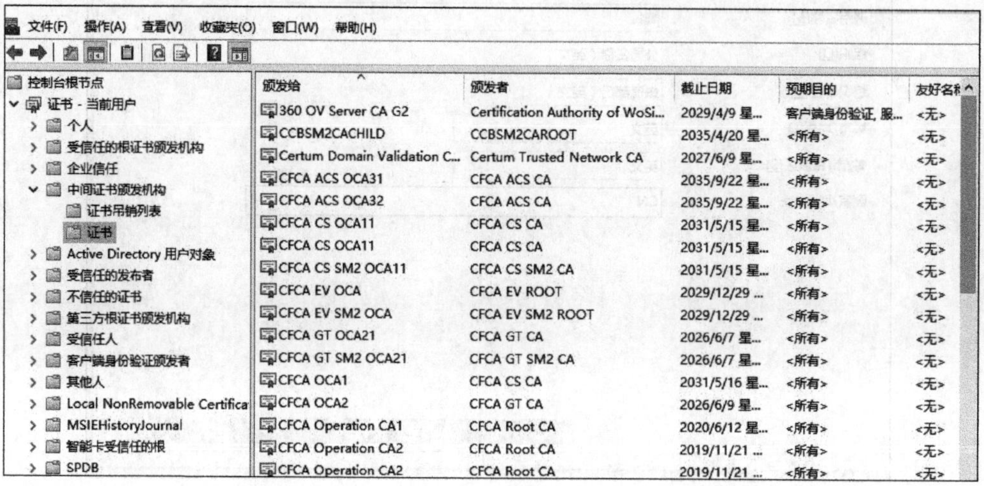

图 8-20　"证书"单元

打开"证书",在左侧子菜单中找到"中间证书颁发机构",在其下选中"证书"子菜单,右击"所有任务",选择"导入"命令,导入中间证书,如图 8-21 所示。

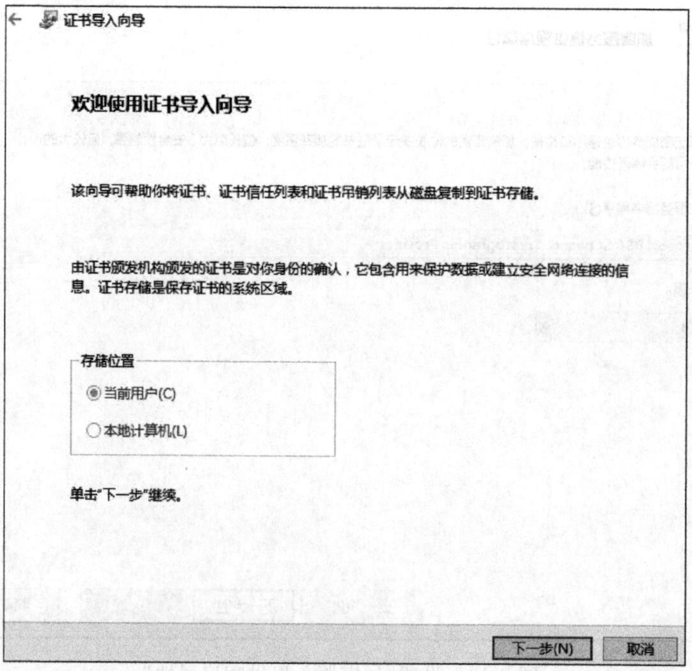

图 8-21　导入中间证书

在 Default Web Site 主页中选中左侧根结点,在中间的"功能视图"中打开"服务器证书",在最右侧的"操作"窗口中单击"完成证书申请...",选中权威机构颁发的证书。如图 8-22 所示,完成证书导入。

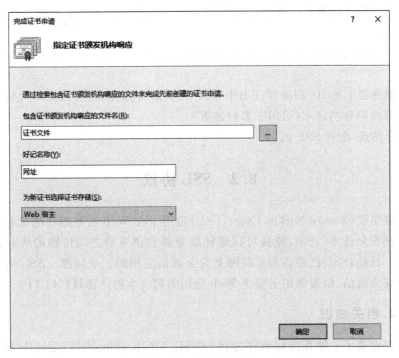

图 8-22 完成证书导入

在"导入证书"对话框中选中刚导入的证书,选中"允许导出此证书",此文件可用作证书备份,并在其他机器中直接导入使用,如图 8-23 所示。

打开 IIS 管理器,右击默认网站,从弹出的快捷菜单中选中"编辑绑定"选项,单击"添加"按钮,打开"添加网站绑定"对话框。选择"类型"为 https,输入主机名后,在"SSL 证书"下拉列表框中选择导入的证书即可,如图 8-24 所示。

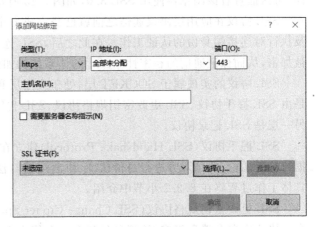

图 8-23 "导入证书"对话框   图 8-24 "添加网站绑定"对话框

在 IIS 上进行服务器证书申请安装流程总结如下。

（1）在计算机的 IIS 服务器证书中创建证书申请，导出 TXT 文件。

（2）提交 TXT 文件到证书颁发机构。

（3）证书颁发机构颁发证书后，在计算机的 IIS 服务器证书中完成证书申请，选择颁发的 *.cer 文件。

（4）在计算机的 IIS 服务器证书中选中刚导入的证书，选择导出证书 *.pfx（此文件包含密钥）。

（5）在服务器上的 IIS 服务器证书中导入 *.pfx（为保障安全，选择不允许导出），服务器具备和计算机同样的证书（可用于多台部署）。

（6）选择站点，配置 SSL 证书。

8.2　SSL 协议

安全套接字层（Secure Socket Layer,SSL）是用于在 Web 服务器和浏览器之间建立加密连接的标准安全技术。SSL 连接可以保证服务器和浏览器之间传输的所有数据的保密性和完整性。目前，SSL 已经成为互联网上安全通信应用的工业标准。SSL 可以用于任何面向连接的安全通信，但通常用于安全 Web 应用的超文本传送协议（HTTP）。

8.2.1　SSL 相关知识

SSL 协议定义了一种在应用程序协议（如 HTTP、Telnet、NNTP、FTP）和 TCP/IP 之间提供数据安全性分层的机制。它为 TCP/IP 连接提供数据加密、服务器认证、消息完整性以及可选的客户认证。SSL 协议是在 Internet 基础上提供的一种保证私密性的安全协议，主要采用公开密钥密码体制和 X.509 数字证书技术，其目标是保证两个应用间通信的保密性、完整性和可靠性。SSL 协议的优势在于它是与应用层协议独立无关的，高层的应用层协议（如 HTTP、FTP、Telnet 等）能透明地建立于 SSL 协议之上。当前流行的客户程序、绝大多数的服务器程序、证书授权机构都支持 SSL，例如，可通过 360 浏览器的"Internet 属性"对话框查看该浏览器使用 SSL 3.0，如图 8-25 所示。

SSL 协议在应用层协议通信之前就已经完成安全等级、加密算法、通信密钥的协商，以及执行对连接端身份的认证工作。在此之后，SSL 连接上的应用层协议所传送的数据都会被加密，从而保证通信的私密性。SSL 的体系结构如图 8-26 所示。

SSL 协议的实现属于 SOCKET 层，处于应用层和传输层之间。SSL 可分为两层：一层是由 SSL 握手协议、SSL 更改密钥规格协议、SSL 告警协议和应用层协议等组成的协议簇；另一层是 SSL 记录协议。

SSL 握手协议（SSL Handshake Protocol）建立在 SSL 记录协议之上，用于在实际的数据传输开始前，通信双方进行身份认证、协商加密算法、交换加密密钥等。SSL 握手协议的具体工作过程将在 8.2.2 小节中介绍。

SSL 更改密钥规格协议（SSL Change Cipher Spec Protocol）是 SSL 协议中最简单的一个。协议由单个消息组成，该消息只包含一个值为 1 的单个字节，其唯一作用就是更新用于当前连接的密码组。为了保障 SSL 传输过程的安全性，双方应该每隔一段时间改变加密

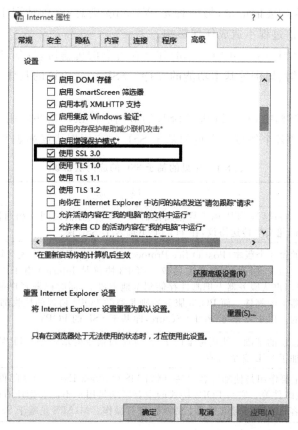

图 8-25 360 浏览器的"Internet 属性"对话框

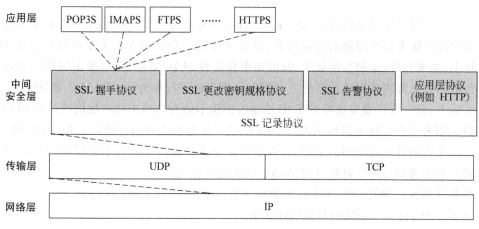

图 8-26 SSL 的体系结构

规范。

SSL 告警协议(SSL Alert Protocol)用来为对等实体传递 SSL 的相关警告。如果在通信过程中某一方发现任何错误,就需要给对方发送一条警示消息通告。警示消息有两种:一种是 Tatal 错误,如传递数据过程中,发现错误的 MAC,双方就需要立即中断会话,同时消除自己缓冲区相应的会话记录；另一种是 Warning 消息，这种情况下通信双方通常都只是记录日志，而对通信过程不造成任何影响。

SSL 记录协议(SSL Record Protocol)建立在可靠的传输协议(如 TCP)之上，为高层协议提供数据封装、压缩、加密等基本功能的支持。SSL 记录协议的具体工作过程将在 8.2.3 小节中介绍。

在 SSL 的体系结构中，有一组基于 SSL 的应用层协议。这些应用层协议可以很方便地将 SSL 的功能应用到各个领域。常见的基于 SSL 的应用层协议如表 8-1 所示。

表 8-1　常见的基于 SSL 的应用层协议

协议名	说　　　明
HTTPS	超文本传送协议(HTTP)用于规定浏览器和 Web 服务器之间互相通信的规则。HTTPS 是基于 SSL 的超文本传送协议，在 HTTP 下加入了 SSL 层
POP3S	邮局协议的第 3 个版本(Post Office Protocol 3，POP3)是规定个人计算机如何连接到互联网的邮件服务器并进行收发邮件的协议。POP3 协议是 Internet 电子邮件的第一个离线协议标准，允许用户从服务器上把邮件存储到本地主机上，同时根据客户端的操作删除或保存在邮件服务器上的邮件。而 POP3 服务器则是遵循 POP3 协议的接收邮件服务器，是用来接收电子邮件的。POP3S 表示 POP3 Secure，即基于 SSL 的 POP3
FTPS	在安全套接层的基础上使用标准的 FTP 协议和指令的增强型 FTP 协议，为 FTP 协议和数据通道增加了 SSL 安全功能
MIAPS	IMAP 的主要作用是使邮件客户端(例如 MS Outlook Express)从邮件服务器上获取邮件的信息、下载邮件等。它与 POP3 协议的主要区别是用户不需要把所有的邮件全部下载下来，可以通过客户端直接对服务器上的邮件进行操作。MIAPS 是基于 SSL 的 IMAP 协议

8.2.2　SSL 握手协议

在客户端与服务器之间建立 SSL 连接之前，双方需要进行 SSL 握手。SSL 通过握手过程在客户端和服务器之间协商会话参数，并建立连接。会话包含的主要参数有会话 ID、对方的证书、加密套件(密钥交换算法、数据加密算法和 MAC 算法等)以及主密钥。通过 SSL 会话传输的数据都将采用该会话的主密钥和加密套件进行加密、计算 MAC 等处理。

实际上，SSL 客户端发送给 SSL 服务器的密钥不能直接用来加密数据或计算 MAC 值，该密钥是用来计算对称密钥和 MAC 密钥的信息，称为预主密钥。SSL 客户端和 SSL 服务器利用预主密钥计算出相同的主密钥，再利用主密钥生成用于对称密钥算法、MAC 算法等的密钥。预主密钥是计算对称密钥、MAC 算法密钥的关键。

服务器和客户端的 SSL 握手过程如图 8-27 所示。

图 8-27 中，每一个步骤的具体描述如下。

(1) SSL 客户端通过 Client Hello 消息将它支持的 SSL 版本、加密算法、密钥交换算法、MAC 算法等信息发送给 SSL 服务器。

(2) SSL 服务器确定本次通信采用的 SSL 版本和加密套件，并通过 Server Hello 消息通知给 SSL 客户端。如果 SSL 服务器允许 SSL 客户端在以后的通信中重用本次会话，则 SSL 服务器会为本次会话分配会话 ID，并通过 Server Hello 消息发送给 SSL 客户端。

(3) SSL 服务器将携带自己公钥信息的数字证书通过 Certificate 消息发送给 SSL

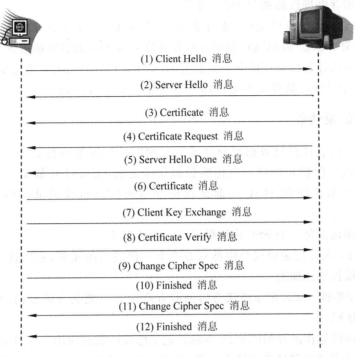

SSL 客户端   SSL 服务器

(1) Client Hello 消息

(2) Server Hello 消息

(3) Certificate 消息

(4) Certificate Request 消息

(5) Server Hello Done 消息

(6) Certificate 消息

(7) Client Key Exchange 消息

(8) Certificate Verify 消息

(9) Change Cipher Spec 消息

(10) Finished 消息

(11) Change Cipher Spec 消息

(12) Finished 消息

图 8-27　服务器和客户端的 SSL 握手过程

客户。

（4）SSL 服务器发送 Certificate Request 消息,请求 SSL 客户将其证书发送给 SSL 服务器。SSL 客户端的身份认证是可选的,由 SSL 服务器决定是否验证 SSL 客户的身份。

（5）SSL 服务器发送 Server Hello Done 消息,通知 SSL 客户端版本和加密套件协商结束,开始进行密钥交换。

（6）SSL 客户端通过 Certificate 消息将携带自己公钥的证书发送给 SSL 服务器,SSL 服务器验证该证书的合法性。

（7）SSL 客户端验证 SSL 服务器的证书合法后,利用证书中的公钥加密 SSL 客户端随机生成的长度为 48B 的预主密钥,并通过 Client Key Exchange 消息发送给 SSL 服务器。

（8）SSL 客户端计算已交互的握手消息、主密钥的 Hash 值,利用自己的私钥对其进行加密,并通过 Certificate Verify 消息发送给 SSL 服务器。

（9）SSL 客户端发送 Change Cipher Spec 消息,通知 SSL 服务器后续报文将采用协商好的密钥和加密套件进行加密和 MAC 计算。

（10）SSL 客户端计算已交互的握手消息（除 Change Cipher Spec 消息外所有已交互的消息）的 Hash 值,利用协商好的密钥和加密套件处理 Hash 值（计算并添加 MAC 值、加密等）,并通过 Finished 消息发送给 SSL 服务器。SSL 服务器利用同样的方法计算已交互的握手消息的 Hash 值,并与 Finished 消息的解密结果比较,如果两者相同,且 MAC 值验证成功,则证明密钥和加密套件协商成功。

（11）SSL 服务器发送 Change Cipher Spec 消息，通知 SSL 客户端后续报文将采用协商好的密钥和加密套件进行加密和 MAC 计算。

（12）SSL 服务器计算已交互的握手消息的 Hash 值，利用协商好的密钥和加密套件处理 Hash 值（计算并添加 MAC 值、加密等），并通过 Finished 消息发送给 SSL 客户。SSL 客户利用同样的方法计算已交互的握手消息的 Hash 值，并与 Finished 消息的解密结果比较，如果两者相同，且 MAC 值验证成功，则证明密钥和加密套件协商成功。

8.2.3 SSL 记录协议

SSL 记录协议是通过将数据流分割成一系列的片段并加以传输来工作的，其中的每个片段都单独进行保护和传输。在传输数据片段之前，需要计算数据的 MAC 以保证数据的完整性。数据片段和 MAC 一起被加密并与头信息组成记录，记录是实际传输的内容。

SSL 记录协议为每一个 SSL 连接提供以下两种服务。

（1）机密性：SSL 记录协议会协助双方产生一把共有的密钥，利用这把密钥来对 SSL 所传送的数据做传统式加密。

（2）消息完整性：SSL 记录协议会协助双方产生另一把共有的密钥，利用这把密钥来计算出消息认证码。

SSL 记录协议运作流程如图 8-28 所示。记录协议接收到应用程序所要传送的消息后，会将消息内的数据切成容易管理的小区块（分片），然后选择是否对这些区块进行压缩，再加上此区块的消息认证码。接着将数据区块与 MAC 一起做加密处理，加上 SSL 记录头后通过 TCP 传送出去。接收数据的那一方则以解释、核查、解压缩及重组的步骤将消息的内容还原，传送给上层使用者。

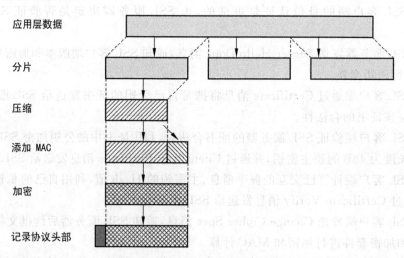

图 8-28　SSL 记录协议运作流程

第 1 步是分片。每一个上层想要通过 SSL 传送的消息都会被切割成最多 214B（或者 16 364B）大小的分片。

第 2 步选择是否执行压缩算法。压缩的过程中，必须是无损失压缩，即解压缩后能够得到原本完整的消息。除此之外,经过压缩后的内容长度不能超过原有长度 1024B 以上(保证压缩后的数据能够更小而不是增多,但对于有些长度非常小的分片来说,可能因为压缩算法格式上的要求,压缩过后的结果会比原来数据还长)。在 SSLv3 以及 TLS 的现有版本中,并没有指定压缩算法,预设的算法是 null。

第 3 步使用一把双方共有的密钥,计算压缩数据的消息认证码。消息认证码的计算过程定义如下:

```
Hash(MAC_write_secrte||pad_1||seq_mum||SSLCompressed.type||SSLCompressed.
length||SSLCompressed.fragment)
```

其中符号和参数的意义如下。

(1)||:表示串接。

(2)MAC_write_secrte:共有的密钥。

(3)Hash:使用到密码的杂凑算法,MD5 或者 SHA-1。

(4)pad_1:如果使用 MD5,则为 0x36(00110110)字节重复 48 次的 384 位分片;如果使用 SHA-1,则为 0x36 重复 40 次的 320 位分片。

(5)pad_2:如果使用 MD5,则为 0x5C(01010110)字节重复 48 次的 384 位分片;如果使用 SHA-1,则为 0x36 重复 40 次的 320 位分片。

(6)seq_mum:这个消息的序列号码。

(7)SSLCompressed.type:处理这个分片的上层协议。

(8)SSLCompressed.length:分片经过压缩过后的长度。

(9)SSLCompressed.fragment:经过压缩后的分片。假如没有经过压缩这个步骤,则代表明文分片。

第 4 步,对压缩过后的数据连同 MAC 一起做对称加密。加密后的数据长度最多只能比加密前多 1024B,因此,连同压缩以及加密的过程处理完后,整个数据块长度不会超过 $(2^{14}+2048)$B。

第 5 步,准备一个 SSL 协议记录头,这个记录头包含以下字段。

(1)内容类型(Content Type),8 位,处理这个分片的上层协议。

(2)主版本(Major Version),8 位,所使用的 SSL 协议的主要版本,对于 SSLv3 协议来说,这个字段值为 3。

(3)次版本(Minor Version),8 位,表示使用的次要版本,对于 SSLv3 协议来说,这个字段值为 0。

(4)压缩长度(Compressed length),16 位,明文分片的长度。假如此分片已经过压缩,则为压缩后的长度。最大值为 $(2^{14}+2048)$B。

已定义的数据类型包含 Change_cipher_spec、alert、handshake 和 application_data,前 3 种数据类型为 SSL 所定义的协议。请注意,上层各种使用 SSL 的应用程序对于 SSL 来说并没有什么差别,因为 SSL 无法了解这些应用程序所产生的数据的意义。

经过 SSL 记录协议操作后的最终输出如图 8-29 所示。

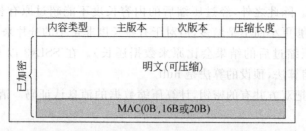

内容类型	主版本	次版本	压缩长度
明文(可压缩)			
MAC(0B,16B或20B)			

已加密

图 8-29 经过 SSL 记录协议操作后的最终输出

8.3 OpenSSL 编程基础

前面已经介绍了 SSL 协议的基本概念和应用情况,要在程序中使用 SSL,需要借助开放源代码的 SSL 包 OpenSSL。

8.3.1 OpenSSL 概述

OpenSSL 是一个安全套接字层密码库,囊括主要的密码算法、常用的密钥和证书封装管理功能及 SSL 协议,并提供丰富的应用程序供测试或其他目的使用。OpenSSL 支持 SSL v2/v3 和 TLS(Transport Layer Security,安全传输层协议)v1。

OpenSSL 基于 Eric A. Young 和 Tim J. Hudson 开发的 SSLeay 库。OpenSSL 工具集遵循 Apache 风格的许可协议,用户可以免费获得并将其应用于商业或非商业应用中。OpenSSL 采用 C 语言作为开发语言,具有优秀的跨平台性能。OpenSSL 支持 Linux、Windows、BSD、Mac、VMS 等平台,具有广泛的适用性。OpenSSL 整个软件包大概可以分成 3 个主要的功能部分: SSL 协议库、应用程序以及密码算法库。OpenSSL 的目录结构自然也是围绕这 3 个功能部分进行规划的。

OpenSSL 的应用程序提供了相对全面的功能,不需要再做更多的开发工作。OpenSSL 的应用程序主要包括密钥生成、证书管理、格式转换、数据加密和签名、SSL 测试以及其他辅助配置功能。

访问网址 http://slproweb.com/products/Win32OpenSSL.html 可以下载 OpenSSL for Windows,如图 8-30 所示。

以下载 Win32 OpenSSL v1.1.0g 版本为例,下载之后双击 Win32 OpenSSL v1.1.0g .exe,将其安装在 C:\OpenSSL-Win32 目录下。C:\OpenSSL-Win32 目录下包含的主要目录如下。

(1) bin,包含一些工具.exe 文件和.dll 文件。

(2) include,包含 OpenSSL 的头文件(*.h 文件)。

(3) lib,包含 OpenSSL 的库文件(*.lib 文件)。

在 Visual C++ 项目中引用 OpenSSL 的步骤如下。

首先在 Visual Studio 2012 中选中"文件"|"新建"|"项目"菜单选项,打开"新建项目"对话框。在左侧列表中依次选中"模板"|"其他语言"|"Visual C++"选项,在"项目类型"列表中选中"Win32 控制台应用程序",项目名输入 OpenSslServer,单击"确定"按钮,创建项目。

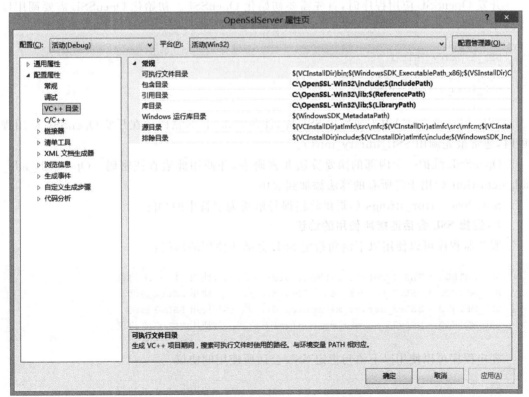

Download Win32 OpenSSL today using the links below!

File	Type	Description
Win32 OpenSSL v1.1.0g Light	3MB Installer	Installs the most commonly used essentials of Win32 OpenSSL v1.1.0g OpenSSL and is subject to local and state laws. More information can b
Win32 OpenSSL v1.1.0g	30MB Installer	Installs Win32 OpenSSL v1.1.0g (Recommended for software develope and state laws. More information can be found in the legal agreement c
Win64 OpenSSL v1.1.0g Light	3MB Installer	Installs the most commonly used essentials of Win64 OpenSSL v1.1.0g Windows. Note that this is a default build of OpenSSL and is subject to
Win64 OpenSSL v1.1.0g	33MB Installer	Installs Win64 OpenSSL v1.1.0g (Only install this if you are a software Note that this is a default build of OpenSSL and is subject to local and
Win32 OpenSSL v1.0.2n Light	2MB Installer	Installs the most commonly used essentials of Win32 OpenSSL v1.0.2n OpenSSL and is subject to local and state laws. More information can b
Win32 OpenSSL v1.0.2n	20MB Installer	Installs Win32 OpenSSL v1.0.2n (Recommended for software develope and state laws. More information can be found in the legal agreement c
Win64 OpenSSL v1.0.2n Light	3MB Installer	Installs the most commonly used essentials of Win64 OpenSSL v1.0.2n Windows. Note that this is a default build of OpenSSL and is subject to
Win64 OpenSSL v1.0.2n	23MB Installer	Installs Win64 OpenSSL v1.0.2n (Only install this if you are a software Note that this is a default build of OpenSSL and is subject to local and

图 8-30　下载 OpenSSL for Windows

选中"项目"|"OpenSslServer 属性"菜单选项,打开"OpenSslServer 属性"对话框。在左侧列表中选中"配置属性"|"VC++ 目录",在"包含目录"中增加"C:\OpenSSL-Win32\include;",在"引用目录"中增加"C:\OpenSSL-Win32\lib;",在"库目录"中增加"C:\OpenSSL-Win32\lib;",如图 8-31 所示。

图 8-31　"OpenSslServer 属性页"对话框

经过这样的配置后,编译器可以顺利地找到 OpenSSL 的头文件和库文件。

8.3.2　OpenSSL 编程的常用函数

1. 需要包含的头文件

要开发 OpenSSL 应用程序,通常需要包含以下头文件:

```
#include <openssl/ssl.h>
#include <openssl/x509.h>
#include <openssl/rand.h>
#include <openssl/err.h>
```

2. 需要引用的库文件

要开发 OpenSSL 应用程序,通常需要使用下面的语法引用库文件:

```
#pragma comment(lib, "libeay32.lib")
#pragma comment(lib, "ssleay32.lib")
#pragma comment(lib,"WS2_32.lib")
```

libeay32.lib 和 ssleay32.lib 保存在 C:\OpenSSL-Win32\lib 目录下。WS2_32.lib 一般由操作系统自带。

3. 初始化 OpenSSL

开发 OpenSSL 应用程序时,首先需要初始化 OpenSSL。初始化 OpenSSL 需要调用以下 3 个 API:

```
SSL_library_init()
OpenSSL_add_all_algorithms()
SSL_load_error_strings()
```

SSL_library_init()用于初始化 SSL 库,注册 SSL/TLS 密码。在开发 OpenSSL 应用程序时,通常最先调用 SSL_library_init()。

OpenSSL 维护一个内部的摘要算法和密码表,并使用此表查找密码。OpenSSL_add_all_algorithms()用于将所有的算法添加到表中。

SSL_load_error_strings ()提供将错误号解析为字符串的功能。

4. 选择 SSL 会话连接所使用的协议

服务器程序可以使用以下语句指定 SSL 会话所使用的协议:

```
SSL_METHOD * TLSv1_server_method(void);      //使用 TLSv1.0 协议
SSL_METHOD * SSLv2_server_method(void);      //使用 SSLv2 协议
SSL_METHOD * SSLv3_server_method(void);      //使用 SSLv3 协议
SSL_METHOD * SSLv23_server_method(void);     //使用 SSLv2/3 协议
```

客户程序可以使用以下语句指定 SSL 会话所使用的协议:

```
SSL_METHOD * TLSv1_client_method(void);      //使用 TLSv1.0 协议
SSL_METHOD * SSLv2_client_method(void);      //使用 SSLv2 协议
SSL_METHOD * SSLv3_client_method(void);      //使用 SSLv3 协议
SSL_METHOD * SSLv23_client_method(void);     //使用 SSLv2/v3 协议
```

客户端和服务器需要使用相同的协议，可以调用 SSL_CTX_new()函数申请 SSL 会话环境，函数原型如下：

```
SSL_CTX * SSL_CTX_new(const SSL_METHOD * method)
```

其中，参数 method 是之面申请的 SSL 通信方式，函数返回当前的 SSL 连接环境的指针。

5. 创建会话环境

在 OpenSSL 中创建的 SSL 会话环境称为 CTX，使用不同的协议会话，其环境也不一样。

申请 SSL 会话环境的 OpenSSL 函数如下：

```
SSL_CTX * SSL_CTX_new(SSL_METHOD * method);
```

6. 加载和使用证书

当 SSL 会话环境申请成功后，还要根据实际的需要设置 CTX 的属性，通常的设置是指定 SSL 握手阶段证书的验证方式和加载自己的证书。

（1）指定证书验证方式的函数如下：

```
int SSL_CTX_set_verify(SSL_CTX * ctx,int mode, int(* verify_callback),int(X509_
STORE_CTX * ));
```

其中参数说明如下。

① ctx：当前的 SSL 连接环境（CTX）指针。

② mode：验证方式。如果要验证对方的证书，则使用 SSL_VERIFY_PEER；如果不需要验证，则使用 SSL_VERIFY_NONE。

（2）为 SSL 会话环境加载 CA 证书的函数如下：

```
SSL_CTX_load_verify_location(SSL_CTX * ctx,const char * Cafile,const char *
Capath);
```

其中参数说明如下。

① ctx：当前的 SSL 连接环境（CTX）指针。

② Cafile：证书文件的名称。

③ Capath：证书文件的路径。

如果参数 Cafile 和 Capath 为 NULL 或者处理位置失败，则函数返回 0；如果操作成功，则函数返回 1。

（3）为 SSL 会话加载用户证书的函数如下：

```
SSL_CTX_use_certificate_file(SSL_CTX * ctx, const char * file,int type);
```

其中参数说明如下。

① ctx：当前的 SSL 连接环境（CTX）指针。

② file：证书文件的名称。

③ type：证书文件的编码类型。当前证书文件有两种编码类型，即二进制编码（宏定义为 SSL_FILETYPE_ASN1)与 ASCII(Base64)编码（宏定义为 SSL_FILETYPE_PEM)。

如果操作成功，则返回 1。

（4）为 SSL 会话加载用户私钥的函数如下：

```
SSL_CTX_use_PrivateKey_file(SSL_CTX * ctx,const char * file,int type);
```

其中参数说明如下。

① ctx：当前的 SSL 连接环境(CTX)指针。

② file：私钥文件的名称。

③ type：私钥文件的编码类型。当前私钥文件有两种编码类型，即二进制编码（宏定义为 SSL_FILETYPE_ASN1)与 ASCII(Base64)编码（宏定义为 SSL_FILETYPE_PEM)。

如果操作成功，则返回 1。

（5）将证书和私钥加载到 SSL 会话环境之后，可以通过以下函数验证私钥和证书是否相符：

```
int SSL_CTX_check_private_key(SSL_CTX * ctx);
```

其中，参数 ctx 用于指定当前的 SSL 连接环境(CTX)指针。

如果操作成功，则返回 1。

7. 建立 SSL 套接字

SSL 套接字建立在普通的 TCP 套接字基础之上，在建立 SSL 套接字时可以使用以下函数。

（1）申请一个 SSL 套接字：

```
SSL * SSL_new(SSL_CTX * ctx);
```

其中，参数 ctx 用于指定当前的 SSL 连接环境(CTX)指针。

如果操作成功，则返回指向分配的 SSL 结构体的指针；否则，返回 NULL。可以将分配的 SSL 结构体绑定到一个套接字，从而得到 SSL 套接字。

（2）绑定只读套接字：

```
int SSL_set_rfd(SSL * ssl, int fd);
```

其中参数说明如下。

① ssl：SSL 结构体指针。

② fd：绑定到 SSL 的只读套接字句柄。

如果操作成功，则返回 1；否则，返回 0。

类似地，SSL_set_wfd()绑定只写套接字，SSL_set_fd()绑定读写套接字。

8. 完成 SSL 握手

(1) 在成功创建 SSL 套接字后,客户端应使用 SSL_connect()函数替代传统的 connect()函数来完成握手过程:

```
int SSL_connect(SSL * ssl);
```

其中,参数 ssl 为 SSL 结构体指针。

如果操作成功,则返回1;如果握手失败,但是根据 TLS/SSL 协议关闭了 Socket,则返回0;如果没有关闭 Socket,则返回小于0的值。

(2) 服务器使用 SSL_ accept ()函数替代传统的 accept ()函数来完成握手过程:

```
int SSL_accept(SSL * ssl);
```

其中,参数 ssl 为 SSL 结构体指针。

如果操作成功,则返回1。

(3) 握手过程完成之后,通常需要询问通信双方的证书信息,以便进行相应的验证:

```
X509 * SSL_get_peer_certificate(SSL * ssl);
```

该函数可以从 SSL 套接字中提取对方的证书信息,这些信息已经被 SSL 验证过了。

```
X509_NAME * X509_get_subject_name(X509 * a);
```

该函数得到证书所用者的名字。

9. 进行数据传输

(1) SSL 握手完成之后进行安全的数据传输。在数据传输阶段,需要使用 SSL_read()函数替代传统的 read()函数完成对套接字的读操作。

```
int SSL_read(SSL * ssl, void * buf, int num);
```

其中参数说明如下。

① ssl: SSL 结构体指针。

② buf: 用于接收数据的缓存区指针。

③ num: 指定读取的字节数。

如果操作成功,则返回读取的字节数。

(2) SSL_write ()函数用于向 TLS/SSL 连接写入字节。SSL_write ()函数用于替代传统的 write ()函数。

```
int SSL_write(SSL * ssl, const void * buf, int num);
```

其中参数说明如下。

① ssl：SSL 结构体指针。

② buf：发送数据的缓存区指针。

③ num：指定发送的字节数。

如果操作成功，则返回读取的字节数。

10. 结束 SSL 通信

当客户端和服务器之间的数据通信完成之后，可以调用以下函数来释放已经申请的 SSL 资源。

（1）SSL_shutdown()函数用于关闭一个 TLS/SSL 连接。函数原型如下：

```
int SSL_shutdown(SSL * ssl);
```

其中，参数 ssl 是要关闭的 SSL 结构体指针。

如果操作成功，则 SSL_ shutdown()返回 1。

（2）SSL_free()函数用于释放 SSL 套接字。函数原型如下：

```
void SSL_free(SSL * ssl);
```

其中，参数 ssl 是要释放的 SSL 套接字。

（3）SSL_CTX_free()函数用于释放 SSL 环境。函数原型如下：

```
void SSL_CTX_free(SSL_CTX * ctx);
```

其中，参数 ctx 是要释放的 SSL 环境。

8.3.3 基于 OpenSSL 的编程步骤

SSL 是一个网络数据协议，使用 OpenSSL 开发程序的目的同样也是基于网络的应用程序，即客户-服务器程序。所以，一般情况下，需要同时编写服务器以及客户端程序。

1. 服务器程序编写的步骤

服务器程序编写的步骤如图 8-32 所示。

基于 OpenSSL 的服务器程序编写的主要代码如下：

```
ctx=SSL_CTX_new(SSLv23_server_method());
ssl=SSL_new(ctx);
fd=socket();
bind();
listen();
accept();
SSL_set_fd(ssl, fd);
SSL_accept(ssl);
SSL_read();
```

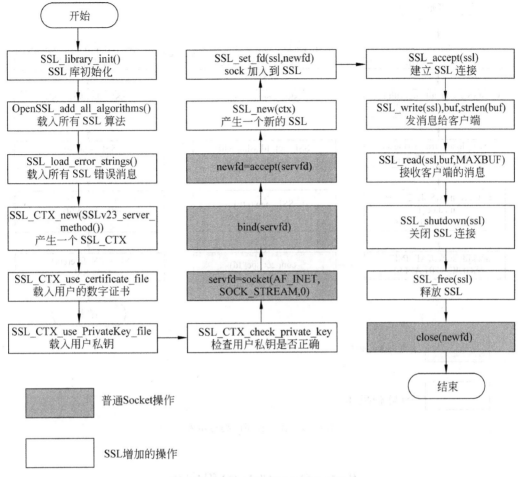

图 8-32 服务器程序的编写步骤

2. 客户程序的编写步骤

客户程序的编写步骤如图 8-33 所示。

基于 OpenSSL 的客户程序的编写涉及的主要代码如下：

```
ctx=SSL_CTX_new(SSLv23_client_method());
ssl=SSL_new(ctx);
fd=socket();
connect();
SSL_set_fd(ssl, fd);
SSL_connect(ssl);
SSL_write();
```

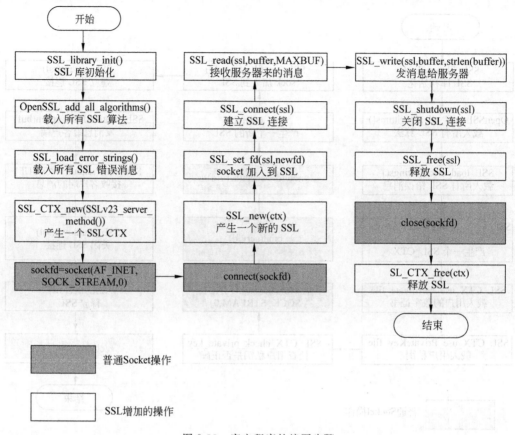

图 8-33 客户程序的编写步骤

8.4 OpenSSL 编程实例

本实例是一个简单的基于 OpenSSL 编程的实例,包括 OpenSSL 服务器程序和 OpenSSL 客户程序两部分,均为 Win32 控制台程序,服务器和客户端之间通过 SSL 证书来进行身份认证,进行通信。

8.4.1 制作服务器的 SSL 证书

服务器使用自己制作的 SSL 证书。假设 OpenSSL 安装在 C:\OpenSSL-Win32 目录下,先打开命令窗口,执行以下命令,切换到 C:\OpenSSL-Win32\bin 目录下:

```
cd C:\OpenSSL-Win32\bin
```

OpenSSL 有多种方法生成私钥:

(1) genrsa 生成 RSA 密钥。

(2) req 在生成 req 证书请求的同时产生密钥。

(3) genpkey 除了可以生成 RSA 密钥外,还可以生成 DSA、DH 密钥。

执行以下命令,用 openssl genrsa 命令生成服务器的 rsa 私钥文件:

```
openssl genrsa -des3 -out server.key 1024
```

其中参数说明如下。

① -des3 表示用 DES 算法对私钥文件进行密码保护。

② -out 用来指定输出私钥文件 server.key,1024 表示密钥长度。

执行命令后需要输入并确认密钥文件 server.key 的密码,假设为 1234。

生成私钥文件后,用 openssl req 命令生成证书请求,以让第三方权威机构 CA 来签发,生成服务器需要的证书。

```
openssl req -new -key server.key -out server.csr -config openssl.cfg
```

其中参数说明如下。

① -new 表示生成一个新的证书请求。

② -key 指定私钥文件是 server.key。

③ -out 指定生成 CSR 文件是 server.csr。

④ -config 指定使用配置文件 openssl.cfg。

执行命令后需要输入私钥文件 server.key 的密码,即 1234,再输入证书的身份信息。假设按以下内容输入:

```
Country Name (2 letter code) [AU]:CN
State or Province Name (full name) [Some-State]:Beijing
Locality Name (eg, city) []:Beijing
Organization Name (eg, company) [Internet Widgits Pty Ltd]:NCEPU
Organizational Unit Name (eg, section) []:Computer
Common Name (e.g. server FQDN or YOUR name) []:Mike
Email Address []:mike@ncepu.com
Please enter the following 'extra' attributes
to be sent with your certificate request
A challenge password []:
An optional company name []:
```

可以使用 CA 证书对 CSR 文件进行签名,执行以下命令生成 CA 证书。

```
openssl req -new -x509 -keyout ca.key -out ca.crt -config openssl.cfg
```

执行命令后需要输入 ca.key 的密码 0000,然后输入证书的身份信息,与上一步相同。

该命令生成一个私钥文件 ca.key 和一个证书文件 ca.crt,即可执行以下命令生成服务器的证书文件:

```
openssl ca -in server.csr -out server.crt -cert ca.crt -keyfile ca.key -config
openssl.cfg
```

使用 CA 证书对 server.csr 文件进行签名,得到服务器证书文件 server.crt。

执行命令时,需要首先输入 ca.key 的密码 0000。此过程中,可能会出现以下错误提示:

```
I am unable to access the ./demoCA/newcerts directory
./demoCA/newcerts: No such file or directory
```

解决方法为,在当前操作目录下新建 demoCA\newcerts 两层文件夹,再在 demoCA 文件夹下新建一个空的 index.txt 文件和一个 serial 文件(无后缀名),打开文件 serial,填入 01,保存,再执行上述命令。

成功后,窗口将打印证书的详细信息,输入 y 确认为生成的证书签名即可。

```
Sign the certificate? [y/n]:y
1 out of 1 certificate requests certified, commit? [y/n]y
Write out database with 1 new entries
Data Base Updated
```

8.4.2 制作客户端的 SSL 证书

与服务器制作证书类似,客户端首先执行以下命令,用 openssl genrsa 命令生成客户的 rsa 私钥文件:

```
openssl genrsa -des3 -out client.key 1024
```

执行命令后需要输入并确认密钥文件 client.key 的密码,假设为 1234。然后使用 openssl req 命令生成 CSR 文件:

```
openssl req -new -key client.key -out client.csr -config openssl.cfg
```

执行命令后需要输入私钥文件 client.key 的密码,即 1234,再输入证书的身份信息,此步骤与服务器的步骤相同。然后就可以执行以下命令生成客户的证书文件:

```
openssl ca -in client.csr -out client.crt -cert ca.crt -keyfile ca.key -config
openssl.cfg
```

执行命令时,需要首先输入 ca.key 的密码 0000。

成功后,窗口将打印证书的详细信息,输入 y 确认为生成的证书签名,可能会出现以下错误提示:

```
Sign the certificate? [y/n]:y
failed to update database
TXT_DB error number 2
```

这是由于 OpenSSL 无法同时建两个 crt 文件,建立 server.crt 后,再建立 client.crt 时报错。解决方法是修改 demoCA 下的 index.txt.attr 文件,将 unique_subject = yes 改为 unique_subject = no,再执行上述命令即可。

成功后,窗口将打印证书的详细信息,输入 y 确认为生成的证书签名即可。

8.4.3 服务器程序

1. 包含头文件

OpenSSL 服务器程序需要包含的头文件如下：

```
#include <stdio.h>
#include <conio.h>
#include "stdafx.h"
#include "afxdialogex.h"
#include <string.h>
#include <iostream>
#include <winsock2.h>
#include "openssl/ssl.h"
#include "openssl/x509.h"
#include "openssl/rand.h"
#include "openssl/err.h"
#include <openssl/applink.c>
```

2. 引用库文件

需要引用的库文件如下：

```
#pragma comment(lib, "libeay32.lib")
#pragma comment(lib, "ssleay32.lib")
#pragma comment(lib, "WS2_32.lib")
```

3. 定义常量

定义的常量如下：

```
#define  ServerCertFile  "server.crt"    //服务器的证书(需经 CA 签名)
#define  ServerKeyFile   "server.key"    //服务器的私钥(建议加密存储)
#define  CACertFile      "ca.crt"        //CA 的证书
#define  Port     8082                   //准备绑定的端口
```

对错误信息的宏定义如下：

```
#define CHK_NULL(param) if((param)==NULL) { ERR_print_errors_fp(stdout);
getchar();exit(1); }
#define CHK_ERR(err,msg) if((err)==-1) { perror(msg); getchar(); exit(1); }
#define CHK_SSL(err) if((err)==-1) { ERR_print_errors_fp(stderr); exit(2); }
```

4. 初始化 OpenSSL 环境

在主函数_tmain 中,首先需要初始化 SSL 环境,代码如下：

```
/ * 初始化参数 * /
int errRes;                  //错误结果
SSL * sslSocket;             //SSL 套接字
SOCKET connectSocket;        //服务器与客户端连接成功的 socket:scSocket
```

```
SSL_CTX * sslCTX;                     //SSL 上下文,即 SSL 会话环境
WSADATA wsaData;
if(WSAStartup(MAKEWORD(2,2),&wsaData) !=0)
{
    printf("WSAStartup() Failed:%d\n",GetLastError());
    return -1;
}

/* 初始化 SSL 环境 */
SSL_library_init();
OpenSSL_add_ssl_algorithms();
SSL_load_error_strings();
const SSL_METHOD * method =TLSv1_server_method();
sslCTX=SSL_CTX_new (method);
CHK_NULL(sslCTX);
```

代码的说明如下。

(1) SSL_library_init()函数进行 SSL 库初始化和一些必要的初始化工作,用 OpenSSL 编写 SSL/TLS 程序时应该首先调用此函数。该函数也可写成 OpenSSL_add_all_algorithms()函数,表示载入所有 SSL 算法,即 SSleay_add_ssl_algorithms()函数,其实调用的仍是 SSL_library_init()函数。

(2) OpenSSL_add_ssl_algorithms()函数对 SSL 进行初始化,其实调用 int SSL_library_init(void)函数,这是一个宏。

(3) SSL_load_error_strings()函数加载 SSL 错误信息,为打印错误信息做准备。

(4) TLSv1_server_method()函数表示服务器创建本次会话(通信)所使用的协议为 TLSv1 协议方式,服务器可以使用的 SSL 会话协议包括:

```
const SSL_METHOD * SSLv2_server_method(void);    //SSLv2 协议
const SSL_METHOD * SSLv3_server_method(void);    //SSLv3 协议
const SSL_METHOD * SSLv23_server_method(void);   //SSLv2/v3 兼容协议
const SSL_METHOD * TLSv1_server_method(void);    //TLSv1.0 协议
```

(5) SSL_CTX_new()函数表示申请 SSL 会话的环境 CTX,使用不同的协议进行会话,其环境也是不同的。

5. 加载证书

初始化 SSL 环境后,需要加载服务器证书,以进行正常的通信,其代码如下:

```
SSL_CTX_set_verify(sslCTX,SSL_VERIFY_PEER,NULL);
SSL_CTX_load_verify_locations(sslCTX,CACertFile,NULL);
if (SSL_CTX_use_certificate_file(sslCTX, ServerCertFile, X509_FILETYPE_PEM) <=0)
    {
        ERR_print_errors_fp(stderr);
        getchar();
```

```
        exit(3);
    }
//加载私钥文件
    if (SSL_CTX_use_PrivateKey_file(sslCTX, ServerKeyFile, SSL_FILETYPE_PEM) <=0)
    {
        ERR_print_errors_fp(stderr);
        getchar();
        exit(4);
    }
if (!SSL_CTX_check_private_key(sslCTX))
    {
        printf("Private key does not match the certificate public key\n");
        exit(5);
    }
SSL_CTX_set_cipher_list(sslCTX,"RC4-MD5");
SSL_CTX_set_verify(sslCTX,SSL_VERIFY_PEER,NULL);
SSL_CTX_load_verify_locations(sslCTX,CACertFile,NULL);
if (SSL_CTX_use_certificate_file(sslCTX, ServerCertFile, X509_FILETYPE_PEM) <=0)
    {
        ERR_print_errors_fp(stderr);
        getchar();
        exit(3);
    }
    if (SSL_CTX_use_PrivateKey_file(sslCTX, ServerKeyFile, SSL_FILETYPE_PEM) <=0)
    {
        ERR_print_errors_fp(stderr);
        getchar();
        exit(4);
    }
if (!SSL_CTX_check_private_key(sslCTX))
    {
        printf("Private key does not match the certificate public key\n");
        exit(5);
    }
    SSL_CTX_set_cipher_list(sslCTX,"RC4-MD5");
```

代码的说明如下。

(1) 调用 SSL_CTX_set_verify()函数设定证书验证方式。一般情况下,客户端需要验证服务器,而服务器无须验证客户端。

(2) 调用 SSL_CTX_load_verify_locations()函数加载 CA 证书。

(3) 调用 SSL_CTX_use_certificate_file()函数加载服务器证书。证书文件有两种编码类型,即二进制编码(宏定义为 X509_SSL_FILETYPE_ASNI1)与 ASCII(Base64)编码(宏定义为 X509_SSL_FILETYPE_PEM)。

(4) 调用 SL_CTX_use_PrivateKey_file()函数加载私钥文件。

(5) 调用 SSL_CTX_check_private_key()函数验证私钥和证书是否相符。

(6) SSL_CTX_set_cipher_list()函数设置加密列表,根据 SSL/TLS 规范,客户端会提交一份自己能够支持的加密方法的列表,由服务器选择一种方法后通知客户端,从而完成加密算法的协商。如果不做任何指定,将选用 DES-CBC3-SHA 算法加密。用此函数可以指定算法,包括以下加密算法(按一定优先级排列):

```
EDH-RSA-DES-CBC3-SHA
EDH-DSS-DES-CBC3-SHA
DES-CBC3-SHA
DHE-DSS-RC4-SHA
IDEA-CBC-SHA
RC4-SHA
RC4-MD5
EXP1024-DHE-DSS-RC4-SHA
EXP1024-RC4-SHA
EXP1024-DHE-DSS-DES-CBC-SHA
EXP1024-DES-CBC-SHA
EXP1024-RC2-CBC-MD5
EXP1024-RC4-MD5
EDH-RSA-DES-CBC-SHA
EDH-DSS-DES-CBC-SHA
DES-CBC-SHA
EXP-EDH-RSA-DES-CBC-SHA
EXP-EDH-DSS-DES-CBC-SHA
EXP-DES-CBC-SHA
EXP-RC2-CBC-MD5
EXP-RC4-MD5
```

6. 创建 Socket

在 SSL 通信之前,需要创建一个 Socket,使客户端能通过此 Socket 连接到服务器,代码如下:

```
printf("Server begin TCP socket...\n");
//创建一个普通的 Socket
int listenSocket=socket(AF_INET, SOCK_STREAM, 0);
CHK_ERR(listenSocket, "Socket created Failed!");
struct sockaddr_in serverAddr;
memset(&serverAddr, 0, sizeof(serverAddr));
serverAddr.sin_family=AF_INET;
serverAddr.sin_addr.s_addr=INADDR_ANY;
serverAddr.sin_port=htons(Port);
//将本地地址与 Socket 绑定在一起
errRes=bind(listenSocket, (struct sockaddr * )&serverAddr,sizeof(serverAddr));
CHK_ERR(errRes, "Bind Failed!");
//将套接字设置为监听接入连接的状态
errRes=listen(listenSocket, 5);              //第二参数为最大等待连接数,范围为 1~5
CHK_ERR(errRes, "Listen Failed!");
struct sockaddr_in clientAddr;
int clientAddrLen=sizeof(clientAddr);
//将套接字设置为监听接入连接的状态
```

```
connectSocket=accept(listenSocket, (sockaddr *)&clientAddr, &clientAddrLen);
                    //此 socket:connectSocket 可用来在服务器和客户端之间传递信息
CHK_ERR(connectSocket, "Accept Failed!");
closesocket(listenSocket);
            //关闭服务器的 Socket,不再连接新的客户端(多线程服务器不关闭此侦听 Socket)
printf("Connection from %lx, port %x\n",clientAddr.sin_addr.s_addr, clientAddr.sin_
port);
```

7. 进行 SSL 通信

(1) 建立 TCP 连接后,可以进行 SSL 通信,首先需要建立并绑定套接字,代码如下:

```
printf("Begin server side SSL negotiation...\n");
    //建立 SSL 套接字,SSL 套接字是建立在普通的 TCP 套接字基础之上
    sslSocket=SSL_new(sslCTX);                  //申请一个 SSL 套接字
    CHK_NULL(sslSocket);
    SSL_set_fd(sslSocket, connectSocket);       //绑定读写套接字 SSL_set_rfd()只读
                                                //SSL_set_wfd(SSL * ssl,int fd)只写
```

(2) 创建 SSL 套接字后,开始进行 OpenSSL 握手:

```
errRes=SSL_accept(sslSocket);
        //完成握手过程;客户端使用 SSL_connect(SSL * ssl),服务使用 SSL_accept(SSL * ssl);
printf("SSL_accept finished!\n");
CHK_SSL(errRes);
//打印所有加密算法的信息
printf("SSL connection using %s\n", SSL_get_cipher(sslSocket));
```

SSL_accept()函数等待客户端连接,替代了传统的 accept()函数。此函数依赖于底层的 BIO 结构。BIO 是抽象的 I/O 接口,是覆盖了许多类型 I/O 接口细节的一种应用接口。如果底层 BIO 是阻塞的,则 SSL_accept()函数只会在握手结束或发生错误时返回;如果底层 BIO 是非阻塞的,则 SSL_accept()函数还会在底层的 BIO 不能满足 SSL_accept()函数需要时返回。

如果 TLS/SSL 握手成功完成,则 SSL_accept()返回 1。

(3) 握手过程完成之后,通常需要询问通信双方的证书信息,以便进行相应的验证,其代码如下:

```
X509 * X509_ClientCert=SSL_get_peer_certificate(sslSocket);
if (X509_ClientCert !=NULL)
{
    printf("Client certificate:\n");
    char * subjectName=X509_NAME_oneline(X509_get_subject_name(X509_ClientCert), 0,
    0);
    CHK_NULL(subjectName);
    printf("\t subject: %s\n", subjectName);
```

```
    char * issuerName=X509_NAME_oneline(X509_get_issuer_name(X509_ClientCert),
    0, 0);
    CHK_NULL(issuerName);
    printf("\t issuer: %s\n", issuerName);
    //验证完成后,可以将证书释放,因为已经通过验证了,下面要做的事就是 SSL 通信了
    X509_free(X509_ClientCert);
}
else
{
    printf("Client does not have certificate!\n");
}
```

代码说明如下:

① SSL_get_peer_certificate()函数从 SSL 套接字中提取对方的证书信息整理成 X.509
对象,这些信息是已经被 SSL 验证过的。

② X509_NAME_oneline()函数将对象变成字符型,以便打印出来。

③ X509_get_subject_name()函数表示得到证书所有者的名字。

④ X509_get_issuer_name()函数得到证书签署者(往往是 CA)的名字,参数可用由
SSL_get_peer_certificate()函数得到的 X509 对象。

⑤ X509_free()函数将证书释放。

(4) SSL 通信代码如下:

```
printf("Begin SSL data exchange...\n");
    char buffer[4096]={};
    int res=SSL_read(sslSocket, buffer, sizeof(buffer)/sizeof(char)-1);
    CHK_SSL(res);
    buffer[res]='\0';
    printf("Recv %d characters: '%s'\n", res, buffer);
    res=SSL_write(sslSocket, "Server Say: I hear you,client!", strlen("Server
    Say: I hear you,client!"));
    CHK_SSL(res);
```

代码说明如下:

① SSL_read()函数从 TLS/SSL 连接读取字节,替代了传统的 read()函数。

② SSL_write()向 TLS/SSL 连接写入字节,替代了传统的 write()函数。

8. 结束 SSL 通信

当客户端和服务器之间的数据通信完成后,执行以下代码来释放已经申请的 SSL 资源:

```
res=SSL_shutdown(sslSocket);
    if(!res)                        //再次调用关闭(双向关闭时须再次调用)
    {
        shutdown(connectSocket,1);
        res=SSL_shutdown(sslSocket);
    }
    switch(res)
```

```
{
    case 1:
    break;
    case 0:
    case -1:
    default:
    perror("Shutdown failed!");
    exit(-1);
}

SSL_free(sslSocket);          //释放 SSL 套接字
SSL_CTX_free(sslCTX);         //释放 SSL 会话环境
WSACleanup();                 //结束 Windows Sockets DLL 的使用
getchar();                    // 暂停,等待用户输入
return 0;
```

运行服务器程序前需要将 C:\OpenSSL-Win32\bin 目录下的 ca.crt、ca.key、server.crt、server.csr、server.key 文件复制到当前程序所在目录下。

运行服务器程序,当有客户程序连接到服务器时,服务器程序的运行界面如图 8-34 所示。

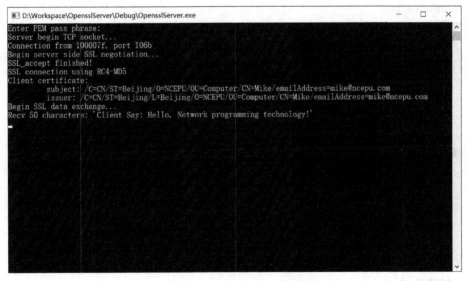

图 8-34　服务器程序的运行界面

8.4.4　客户程序

客户程序包含的头文件和引用的库文件与服务器程序相同。

1. 定义常量

定义的常量如下:

```
#define ClientCertFile "client.crt"          //客户的证书(需经 CA 签名)
#define ClientKeyFile "client.key"           //客户的私钥(建议加密存储)
#define CACertFile "ca.crt"                   //CA 的证书
#define Port 8082                             //服务器端的端口
#define ServerAddress "127.0.0.1"            //服务器端的 IP 地址
```

客户程序对错误信息的宏定义与服务器程序相同。

2. 初始化 OpenSSL 环境

与服务器程序相同。

3. 加载证书

在进行通信时,客户需要使用证书证明自己的身份,加载客户证书的代码如下:

```
//指定证书验证方式
SSL_CTX_set_verify(sslCTX,SSL_VERIFY_PEER,NULL);
//加载 CA 证书
SSL_CTX_load_verify_locations(sslCTX,CACertFile,NULL);
//为 SSL 会话加载用户(client.crt)证书
if (SSL_CTX_use_certificate_file(sslCTX, ClientCertFile, SSL_FILETYPE_PEM) <=0)
{
    ERR_print_errors_fp(stderr);
    exit(-2);
}
//为 SSL 会话加载用户私钥(client.key)
if (SSL_CTX_use_PrivateKey_file(sslCTX, ClientKeyFile, SSL_FILETYPE_PEM) <=0)
{
    ERR_print_errors_fp(stderr);
    getchar();
    exit(-3);
}
//验证证书与私匙是否相符
if (!SSL_CTX_check_private_key(sslCTX))
{
    printf("Private key does not match the certificate public key!\n");
    getchar();
    exit(-4);
}
```

4. 创建 Socket

在 SSL 通信之前,需要创建一个 Socket,通过此 Socket 连接到服务器,代码如下:

```
printf("Client begin tcp socket...\n");
    //创建一个普通的 Socket
    connectSocket=socket(AF_INET, SOCK_STREAM, 0);
    CHK_ERR(connectSocket, "Socket created Failed!");
    struct sockaddr_in serverAddr;
```

```
memset(&serverAddr, 0, sizeof(serverAddr));
serverAddr.sin_family=AF_INET;
serverAddr.sin_addr.s_addr=inet_addr(ServerAddress);      //Server IP;
serverAddr.sin_port=htons(Port);                          //Server Port;
//将本地地址与 Socket 绑定在一起
errRes=connect(connectSocket, (sockaddr*)&serverAddr,sizeof(serverAddr));
CHK_ERR(errRes,"Connect Failed!");
```

5. 进行 SSL 通信

（1）建立 TCP 连接后，可以进行 SSL 通信，首先需要建立并绑定套接字，代码如下：

```
printf("Begin server side SSL negotiation...\n");
    //建立 SSL 套接字,SSL 套接字是建立在普通的 TCP 套接字基础之上
    sslSocket=SSL_new(sslCTX);                //申请一个 SSL 套接字
    CHK_NULL(sslSocket);
    SSL_set_fd(sslSocket, connectSocket);    //绑定读写套接字
```

（2）创建 SSL 套接字后，开始进行 OpenSSL 握手，代码如下：

```
errRes=SSL_connect(sslSocket);               //完成握手过程
CHK_SSL(errRes);
//打印所有加密算法的信息
printf("SSL connection using %s\n", SSL_get_cipher(sslSocket));
```

SSL_connect()函数用于初始化 TLS/SSL 服务器的握手过程，也就是建立与 TLS/SSL 服务器的连接，替代了传统的 connect()函数。

（3）握手过程完成之后，通常需要询问通信双方的证书信息，以便进行相应的验证，其代码如下：

```
X509* X509_ServerCert=SSL_get_peer_certificate(sslSocket);
                              //提取对方(服务器)的证书信息整理成 X509 对象
    CHK_NULL(X509_ServerCert);
    printf("Server certificate:\n");
    char* subjectName=X509_NAME_oneline(X509_get_subject_name(X509_ServerCert),0,
0);                           //得到证书所有者的名字
    CHK_NULL(subjectName);
    printf("\t subject: %s\n", subjectName);
    char* issuerName=X509_NAME_oneline(X509_get_issuer_name(X509_ServerCert),
0,0);                         //得到证书签署者(往往是 CA)的名字
    CHK_NULL(issuerName);
    printf("\t issuer: %s\n", issuerName);
    X509_free(X509_ServerCert);   //如不再需要,释放证书
```

（4）SSL 通信代码如下：

```
printf("Begin SSL data exchange...\n");
    int res=SSL_write(sslSocket, "Client Say: Hello Server!", strlen("Client Say:
    Hello Server!"));
```

```
CHK_SSL(res);
char buffer[4096]={};
res=SSL_read(sslSocket, buffer, sizeof(buffer)/sizeof(char) -1);
CHK_SSL(res);
buffer[res]='\0';
printf("Recv %d characters:'%s'\n", res, buffer);
```

6. 结束 SSL 通信

与服务器程序相同。

运行客户程序前需要将 C:\OpenSSL-Win32\bin 目录下的 ca. crt、client. crt、client.
csr、client. key 文件复制到当前程序所在目录下。

运行客户程序,成功连接到服务器后,客户程序的运行界面如图 8-35 所示。

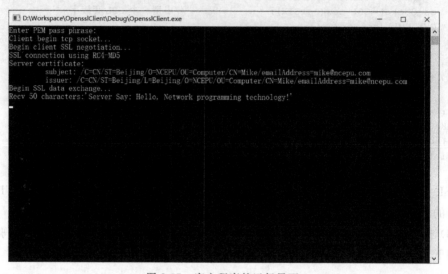

图 8-35　客户程序的运行界面

8.5　本章小结

本章首先介绍 SSL 基本情况,包括数字签名、数字证书、PKI 和 HTTPS 等内容,以及
SSL 相关概念和工作过程;然后对 OpenSSL 做了说明,包括 OpenSSL 的常用函数和编程步
骤等;最后给出了 OpenSSL 编程实例,详细介绍了如何制作证书、客户端和服务器如何通信
等。通过本章的学习,读者能独立配置 OpenSSL 环境并进行网络安全编程。

习　题　8

1. 简述 CA 机构签发数字证书的过程。
2. 简述什么是根证书。
3. 简述采用数字签名能够确认哪些信息。
4. 如何加载和使用证书?
5. 如何建立 SSL 通信?

第9章 ASP. NET 基础知识

本章首先从客户端和服务器两个角度介绍了早期的 Web 开发、传统 ASP 的优点和缺点，以及 ASP. NET 的工作机制；然后着重分析了 ASP. NET 应用程序的结构、元素、目录和包含文件类型；最后对 ASP. NET 的开发环境 Visual Studio 2008 进行阐述，并在此基础上介绍了网站和 Web 项目的创建过程。

9.1 ASP. NET 简介

如今，在开发复杂的 Web 站点或 Web 应用程序时，有多项技术可供选择，其中有一项技术非常出众而且使用起来非常轻松，这就是 ASP. NET。ASP. NET 是由 Microsoft 公司开发的，可用于编写服务器上运行的 Web 应用程序，构建在 Microsoft. NET Framework 之上。. NET Framework 聚合了紧密相关的多种新技术，彻底改变了从数据库访问到分布式应用程序的一切。ASP. NET 是. NET Framework 中最重要的部件之一，使用它可以开发出当今世界最复杂的 Web 应用程序，ASP. NET 不失为 Web 开发技术在 Windows 平台上的一个集大成者。

9.1.1 早期的 Web 开发

众所周知，Web 这个 Internet 上最热门的应用架构是由 Tim Berners-Lee 发明的。从技术层面来看，Web 架构的特点有 3 处：用超文本技术 HTML 实现信息与信息的连接；用统一资源定位技术 URL 实现全球信息的精确定位；用新的应用层协议 HTTP 实现分布式的信息共享。这 3 个特点无一不与信息的分发、获取和利用有关。Tim Berners-Lee 实际上早就明确无误地阐明了"Web 是一个抽象的（假想的）信息空间。"也就是说，作为 Internet 上的一种应用架构，Web 的首要任务就是向人们提供信息和信息服务。

Web 是一种典型的分布式应用架构。Web 应用中的每一次信息交换都要涉及客户端和服务器两个层面。因此，Web 开发技术大体上也可以分为客户端技术和服务器技术两大类。

1. 客户端技术

Web 客户端的主要任务是展现信息内容，而 HTML 则是信息展现的最有效载体之一。最初的 HTML 只能在浏览器中展现静态的文本或图像信息，这满足不了人们对信息丰富性和多样性的强烈需求，因此由静态技术向动态技术的转变成为 Web 客户端技术演进的趋势。Web 出现后，能存储、展现二维动画的 GIF 图像格式在 1989 年发展成熟，GIF 格式图像第一次为 HTML 页面引入了动感元素，但更大的变革来源于 1995 年 Java 语言的问世。喜欢动画、喜欢交互操作的应用程序开发人员可以用 Java、JavaScript 或 VBScript 语言随心所欲地丰富 HTML 页面的功能了。

真正让 HTML 页面又酷又炫、动感无限的是 CSS(Cascading Style Sheets)和 DHTML

（Dynamic HTML）技术。1996 年年底，W3C 提出了 CSS 的建议标准。CSS 大大提高了开发者对信息展现格式的控制能力。1997 年，Microsoft 公司发布了 IE 4.0，并将动态 HTML 标记、CSS 和动态对象模型（DHTML Object Model）发展成了一套完整、实用、高效的客户端开发技术体系，称为 DHTML。同样是实现 HTML 页面的动态效果，DHTML 技术无须启动 Java 虚拟机或其他脚本环境，可以在浏览器的支持下获得更好的展现效果和更高的执行效率。今天，已经很少有 HTML 页面的开发者会对 CSS 和 DHTML 技术视而不见了。

为了在 HTML 页面中实现音频、视频等更为复杂的多媒体应用，插件这种开发方式迅速风靡。QuickTime 插件、Realplayer 插件、MediaPlayer 插件和 Flash 插件在浏览器中的成功应用，为其他厂商扩展 Web 客户端的信息展现方式开辟了一条自由之路，也为 Web 开发者表现自我、展示个性提供了更多的方式。

2. 服务器技术

与客户端技术从静态向动态的演进过程类似，Web 服务器的开发技术也是由静态向动态逐渐发展、完善起来的。最早的 Web 服务器只简单地响应浏览器发来的 HTTP 请求，并将存储在服务器上的 HTML 文件返回给浏览器。

第一种真正使服务器能动态生成 HTML 页面的技术是 CGI（Common Gateway Interface，通用网关接口）技术。CGI 技术允许服务器程序根据客户端的请求动态生成 HTML 页面，这使客户端和服务器的动态信息交换成为可能。随着 CGI 技术的普及，聊天室、论坛、电子商务、信息查询、全文检索等各式各样的 Web 应用开始蓬勃兴起。

早期的 CGI 程序大多是编译后的可执行程序，其编程语言可以是 C、C++、Pascal 等任何通用的程序设计语言。这一开发模型的主要问题在于它消耗了大量的服务器资源，因为每个请求需要一个独立的应用程序实例，因此这类应用不可能推广。

人们开始探寻用脚本语言实现 CGI 应用的可行方式。在此方面，不能不提的是 LarryWall 于 1987 年发明的 Perl 语言。Perl 结合了 C 语言的高效以及 sh、awk 等脚本语言的便捷，似乎天生就适用于 CGI 程序的编写。1995 年，第一个用 Perl 写成的 CGI 程序问世。很快，Perl 在 CGI 编程领域的风头就盖过了它的前辈 C 语言。随后，Python 等著名的脚本语言也陆续加入了 CGI 编程语言的行列。

1994 年，Rasmus Lerdorf 发明了专用于 Web 编程的 PHP（Personal Home Page）语言。与以往的 CGI 程序不同，PHP 语言将 HTML 代码和 PHP 指令合成为完整的服务器动态页面，Web 应用的开发者可以用一种更加简便、快捷的方式实现动态 Web 功能。

1996 年，Microsoft 公司借鉴 PHP 的思想，在其 Web 服务器 IIS 3.0 中引入了 ASP（Active Server Pages）技术。ASP 使用的脚本语言是熟悉的 VBScript 和 JavaScript。借助 Microsoft Visual Studio 等开发工具在市场上的成功，ASP 迅速成为 Windows 系统下 Web 服务器端的主流开发技术。

1997 年，Servlet 技术问世；1998 年，JSP（Java Server Pages）技术诞生。Servlet 和 JSP 的组合（还可以加上 JavaBean 技术）让 Java 开发者同时拥有了类似 CGI 程序的集中处理功能和类似 PHP 的 HTML 嵌入功能，此外，Java 的运行时编译技术也大大提高了 Servlet 和 JSP 的执行效率，这也正是 Servlet 和 JSP 被后来的 J2EE 平台吸纳为核心技术的原因之一。

Web 服务器开发技术的完善使开发复杂的 Web 应用成为可能。在电子商务大潮中，为了适应企业级应用开发的各种复杂需求,为了给最终用户提供更可靠、更完善的信息服务,两个最重要的企业级开发平台 J2EE 和.NET 在 2000 年前后分别诞生于 Java 和 Windows 阵营,它们随即就在企业级 Web 开发领域展开了针锋相对的竞争,同时也促使了 Web 开发技术以前所未有的速度提高和发展。

9.1.2　传统的 ASP

ASP 是 Microsoft 公司于 1996 年 11 月推出的 Web 应用程序开发技术,它既不是一种程序语言,也不是一种开发工具,而是一种技术框架,不需要使用 Microsoft 公司的产品就能编写它的代码,能产生和执行动态、交互式、高效率的网站服务器的应用程序。它给 Web 开发带来了极大便利。运用 ASP 可将 VBScript、JavaScript 等脚本语言嵌入 HTML 中,可快速完成网站的应用程序,无须编译,可在服务器端直接执行;容易编写,使用普通的文本编辑器(如记事本)就可以完成。

由于 ASP 程序是在服务器上运行的,当客户端用浏览器访问 ASP 网页时,服务器将网页解释成标准的 HTML 代码发送给客户端,所以不存在浏览器兼容的问题。但因为每当客户端打开一个 ASP 页面时,服务器都会将该 ASP 程序解释一遍,最后生成标准的 HTML 代码发送给客户端,这也影响了 ASP 程序的运行速度。

此外,ASP 通过内置的组件实现了更强大的功能,最明显的就是 ADO(ActiveX Data Objects ActiveX 数据对象),它使访问数据库建立一个动态页面像小孩玩游戏一样简单。总体来说,ASP 是通过使用微软技术来开发 Web 应用程序的一个不可替代的工具。但是,就像大多数开发模型一样,ASP 在解决了一些问题的同时也带来了另外一些问题。

1. 代码逻辑混乱,难于管理

ASP 是脚本语言混合 HTML 编程,以这种风格编写的网页其大小很容易失控,也很难看清代码的逻辑关系;并且随着程序复杂性的增加,使代码的管理十分困难,甚至超出一个程序员所能达到的管理能力,从而造成出错或其他问题。ASP 代码会变得越来越乏味、冗长,并且极难调试。

2. 代码的可重用性差

由于是面向结构的编程方式并且混合 HTML,所以可能页面原型修改一点,整个程序都需要修改,更别提代码重用了。

3. 弱类型造成潜在的出错可能

在传统的 ASP 脚本语言中,所有的对象和变量都被定义为 variant 数据类型,这是一种弱类型。这种弱类型的数据单元需要大量的内存,其数据类型只有到运行时才知道,这样就会导致比强类型变量性能更差。尽管弱数据类型的编程语言使用起来会方便一些,但相对于它所造成的出错概率是得不偿失的。

以上是 ASP 语言本身的弱点,在功能方面,ASP 同样存在一些问题。首先是功能太弱,一些底层操作只能通过组件来完成,在这点上远远比不上 PHP、JSP;其次是缺乏完善的纠错、调试功能,在这点上与 ASP、PHP、JSP 差不多。

9.1.3　ASP.NET 与 ASP 的区别

Microsoft 公司推出的 ASP.NET 不是 ASP 的简单升级,而是全新一代的动态网页实现系统,用于为 Web 服务器建立强大的应用程序。ASP.NET 技术大大超过了它的前辈 ASP。ASP 的设计原理是通过一套快速但不清晰的工具集来将动态内容插入普通 Web 页面中。相比较而言,ASP.NET 是一个非常成熟的平台,可以用于开发广泛适用且高效的 Web 应用程序。ASP.NET 3.5 是一个非常重要的升级和里程碑版本,采用 Visual Studio 2008 作为开发环境。

ASP.NET 和 ASP 的最大区别在于编程思维的转换,而不仅仅在于功能的增强。ASP.NET 使用 .NET Framework 的所有功能就像普通的 Windows 应用程序那样容易,模糊了应用程序开发与 Web 开发之间的界限。可以想象,ASP.NET 所能实现的功能是多么强大,几乎 VC.NET 能做到的事情,ASP.NET 也能做到。实际上,ASP.NET 的工作机制已完全不同于 ASP 或 PHP 等传统的脚本语言技术,其不同之处表现在以下 3 个方面。

(1) ASP.NET 提供了一个完全面向对象的编程模型,它包括事件驱动和基于控件的架构,鼓励代码封装和代码复用。ASP.NET 把界面设计和程序设计通过不同的文件分离开,复用性和维护性得到了提高。

(2) ASP.NET 让开发人员有能力采用 .NET 支持的 Visual Basic、C♯、J♯ 以及许多第三方编译器支持的语言来进行 Web 开发。

(3) ASP.NET 致力于高性能,其页面和组件按需进行编译,而不是每次使用时都被解释。ASP.NET 还包括一个高效的数据访问模型和灵活的数据缓存,用来进一步提升性能。由于 ASP.NET 应用程序的核心部分在发布到 IIS 网站前已被编译成了 .dll 文件,所以执行速度更快。

9.2 ASP.NET 应用程序的结构

在传统的桌面程序中,应用程序是一个带有相关辅助文件的可执行文件。例如,一个典型的 Windows 应用程序由一个主可执行文件(.exe)、辅助组件(通常是.dll)以及其他资源(如数据库和配置文件)组成。ASP.NET 应用程序则采用不同的模型。

从最基础的层面上来说,ASP.NET 应用程序的组成包括文件、页面、处理程序、模块,以及可以从 Web 服务器虚拟目录(及其子目录)调用的可执行代码。其中,虚拟目录是一个通过 Web 服务器公开的简单目录。

本节首先介绍 Microsoft.NET Framework,它是开发 Windows 应用程序和 ASP.NET 应用程序的公共平台;然后详细说明 ASP.NET 应用程序包含的元素、目录结构和相关的文件类型。

9.2.1 .NET 框架简介

Microsoft.NET 框架(.NET Framework,简称 .NET)是一种开发和执行环境,是 Microsoft 公司为适应 Internet 发展的需要而推出的特别适合网络编程和网络服务开发的平台。

对于软件开发人员来说,.NET 是继 DOS 开发平台(如 BASIC、FORTRAN、Pascal 等)、Windows 开发平台(Visual Basic、Visual FoxPro 等)之后,以计算机网络为背景的新一代软件开发平台。借此,不同的编程语言和库可以无缝地协同工作来创建 Windows、Web

或 Mobile 应用程序,它们更易于构建、管理、部署,以及与其他联网系统或作为独立应用程序进行集成。

.NET 技术的核心是.NET 框架,它是构建于计算机网络基础上的开发工具。.NET 框架的基本结构如图 9-1 所示。

网　　页	Windows 应用程序
Web 窗体、Web 服务	窗体、控件
ASP.NET 网络应用程序(B/S 结构)	Windows 应用程序(C/S 结构)
基础类库	
公共语言运行时环境	
Windows 操作系统	

图 9-1　.NET 框架的基本结构

从图 9-1 中可以看出,.NET 框架的最上层是开发完成的应用程序,分为基于 ASP.NET 的 Web 应用程序和基于 Windows 系统的应用程序。前者由 Web 窗体和 Web 服务组成,用户通过浏览器访问存放在服务器上的应用程序;后者由窗体和控件组成,用户可在 Windows 环境中直接运行程序。这两类应用程序均可使用 C♯、Visual Basic.NET、J♯、C++等语言编写,而且在同一程序内允许使用不同的编写语言。

.NET 框架的中间一层是基础类库,它提供一个可以被不同程序设计语言调用的、分层的、面向对象的函数库。在传统的程序开发环境中,各种语言都有自己独立的函数库,且互不通用,这样就使跨语言编程十分困难。随着计算机及网络技术的发展,软件开发也进入了一个功能更强大、应用范围更广的时代,此时团队开发就显得尤为重要了。在.NET 框架的基础类库中提供了大量的基础类,如窗体控件、通信协议、网络存取等,并以分层的结构加以区分,这就使各种语言的编程有了一个一致的基础,从而减小了各语言之间的界限。

.NET 框架的最底层是公共语言运行时(Common Language Runtime,CLR)环境,它提供了程序代码可以跨平台执行的机制。此外,.NET 的公共语言运行时环境还提供了系统资源统一管理和统一安全机制。

9.2.2　ASP.NET 应用程序元素

ASP.NET 应用程序的执行模型与 Windows 应用程序不同,最终用户不会直接运行 ASP.NET 应用程序。相反,用户使用浏览器通过 HTTP 请求一个特定的 URL(如 http://www.mysite.com/mypage.aspx),这个请求由 Web 服务器接收。在 Visual Studio 中调试应用程序时,使用的是本地的测试服务器;而部署 ASP.NET 应用程序时,使用 IIS Web 服务器。区别是测试服务器只支持本地连接(从当前计算机发起的请求)。

Web 服务器没有单独应用程序的概念,它只是简单地把请求传送给 ASP.NET 工作进程。ASP.NET 工作进程会根据虚拟目录把应用程序代码的执行隔离到不同的应用程序域。应用程序域是由 CLR 强制的一个边界,保证一个应用程序不会影响其他应用程序。在同一个虚拟目录的网页和 Web 服务在同一个应用程序域中执行。不同虚拟目录中的网页和 Web 服务分别在独立的应用程序域中执行。也就是说,虚拟目录是区分 ASP.NET 应用程序的基本分组结构。

如果创建只有一个网页(.aspx文件)的合法ASP.NET应用程序,那么这个ASP.NET应用程序可以包含以下元素。

(1) 网页(.aspx文件)。这是ASP.NET应用程序的基础。

(2) Web服务(.asmx文件)。它们允许当前计算机与其他计算机、其他平台的应用程序共享有用的功能。

(3) 代码隐藏文件。如果使用C#语言进行编码,它们具有.cs扩展名。

(4) 配置文件(web.config)。一个基于XML的配置文件,用于存储ASP.NET网站的配置信息,可以出现在应用程序的每一个目录中。Web.config文件并不是网站的必备文件,ASP.NET网站中缺少该文件时,系统会使用支持ASP.NET 2.0的IIS服务器中已经存在的一个名为machine.config的默认配置文件。这两个文件的结构完全相同,后者应用于IIS服务器安装的所有ASP.NET网站,而前者只对当前站点有效。

(5) Global.asax。这个文件包含响应全局应用程序事件的事件处理程序(如应用程序第一次启动时的事件)。

(6) 其他组件。这些是编译后的程序集,包括由自己开发或者第三方开发的具有有用功能的独立组件。通过这些组件可以把业务和数据访问逻辑分离,还可以创建自定义控件。

当然,虚拟目录还可以包含大量ASP.NET Web应用程序所使用的其他资源,包括样式表、图片、XML文件等。

9.2.3 ASP.NET应用程序的目录结构

每个Web应用程序都应该有一个精心设计的目录结构。不管设计的目录结构如何,ASP.NET预定义了几个有特殊意义的目录,以便更加清晰地保存网站文件,更好地映射到相应的应用程序。表9-1列出了ASP.NET保留的文件夹名称及文件夹中通常包含的文件类型。

表9-1 ASP.NET保留的文件夹名称及文件夹中通常包含的文件类型

文件夹名称	包含的文件类型
App_Browsers	该可选的文件夹包含.browser文件。.browser文件描述浏览器(不管是移动设备浏览器,还是台式机浏览器)的特征和功能
App_Code	包含作为应用程序的一部分编译的类的源文件(.cs、.vb、.xsd、自定义的文件类型)。在动态编译的应用程序中,当对应用程序发出首次请求时,ASP.NET编译App_Code文件夹中的代码,然后在检测到任何更改时重新编译该文件夹中的类。此时,不需要在页面上添加任何显式的指令或声明来创建依赖性,代码在应用程序中自动地被引用
App_Data	存储应用程序的本地数据库,该数据库可用于维护成员资格和角色信息,包括MDF文件、XML文件和其他数据存储文件
App_GlobalResources	包含编译到具有全局范围的程序集中的资源(.resx和.resources文件)。文件夹中的资源是强类型的,可以通过编程方式进行访问
App_LocalResources	包含与应用程序中的特定页、用户控件或母版页关联的资源(.resx和.resources文件)

文件夹名称	包含的文件类型
App_Themes	包含用于定义 ASP.NET 网页和控件外观的文件集合(.skin、.css 文件,以及图像文件和一般资源)
App_WebReferences	包含用于定义在应用程序中使用的 Web 引用的引用协定文件(.wsdl 文件)、架构(.xsd 文件)和发现文档文件(.disco 和 .discomap 文件)
Bin	包含要在应用程序中引用的控件、组件或其他代码的已编译程序集(.dll 文件)。使用此文件夹中的类时,必须在页面上先引用对应的命名空间才能使用

9.2.4 ASP.NET 的文件类型

虽然 ASP.NET 网站至少由一个 Web Form(扩展名为.aspx 的网页文件)组成,但是它常常是由更多文件组成的,这些文件可以组合到不同的类别中。下面将讨论其中最重要的文件。

1. Web 文件

Web 文件是 Web 应用程序特有的文件,可以由浏览器直接请求,也可以构建为浏览器中请求的 Web 页面的一部分。表 9-2 列出了各种 Web 文件的扩展名,并说明了各种文件的用法。

表 9-2 Web 文件

扩展名	文件用法
.aspx	Web 窗体页由两部分组成:视觉元素(HTML、服务器控件和静态文本)和该页的编程逻辑。Visual Studio 将这两个组成部分分别存储在一个单独的文件中。视觉元素在.aspx 文件中创建。Web 窗体页的编程逻辑位于一个单独的类文件中,该文件称作代码隐藏类文件(.aspx.cs)
.master	母版页,定义应用程序中其他网页的布局
.ascx	Web 用户控件文件,该文件定义可重复使用的自定义控件
.htm/.html	用 HTML 代码编写的静态 Web 文件
.css	用于确定 HTML 元素格式的样式表文件
.config	配置文件(通常是 Web.config),该文件包含表示 ASP.NET 功能设置的 XML 元素
.sitemap	站点地图文件,该文件包含网站的结构。ASP.NET 中附带了一个默认的站点地图提供程序,它使用站点地图文件可以很方便地在网页上显示导航控件
.js	含有可以在客户的浏览器中执行的 JavaScript(Microsoft 公司称之为 JScript)
.skin	外观文件,该文件包含应用于 Web 控件以使格式设置一致的属性设置

2. Code 文件

Code 文件如表 9-3 所示。

表 9-3 Code 文件

扩　展　名	文　件　用　法
.asmx	XML Web Services 文件,该文件包含通过 SOAP 方式可用于其他 Web 应用程序的类和方法
.cs/.vb	运行时要编译的类源代码文件
.asax	通常是 Global.asax 文件。该文件表示应用程序,并且包含应用程序生存期开始或结束时运行的可选方法

3. Data 文件

Data 文件用来存储可以用在站点和其他应用程序中的数据。这组文件由 XML 文件和数据库文件组成,如表 9-4 所示。

表 9-4 Data 文件

扩　展　名	文　件　用　法
.xml	XML 文件
.mdb,.ldb	Access 数据库文件
.mdf	SQL 数据库文件,用于 SQL Server Express
.dbml	用于声明性地访问数据库,不需要写代码。从技术上来讲,这并不是一个数据文件,因为它不包含实际数据。然而,由于它们与数据库绑定得如此紧密,因此把它们归为此扩展名是有意义的

9.3 Visual Studio

通过 ASP.NET 可以有多种方式来开发 Web 应用程序。如果不考虑工作量的大小,甚至可以用简单的文本编辑器来手动编写每一个网页和类的代码。这种方式看似直接,但是编程工作乏味至极且容易漏洞百出,除非只是做一个简单的页面。一般情况下,绝大多数的大型 ASP.NET 网站都是采用 Visual Studio 来构建的。这个专业的开发工具支持一整套丰富的设计工具、调试工具和智能感知,从而能及时找到错误并在开发者输入代码时提供适当的建议。Visual Studio 还支持健壮的代码隐藏模型、用户控件、自定义控件和组件,这4种方法将程序结构与执行代码相分离,将面向对象的思维扩展到了一定的高度。如果程序的逻辑结构已一目了然,便可以将更多的精力放在代码的编写之上。Visual Studio 增加了一个内置的 Web 服务器,从而使调试网站变得更容易。

9.3.1 Visual Studio 集成开发环境

手工编写和编译代码对于任何开发者来说都是一项枯燥的工作,但是 Visual Studio 集成开发环境提供了一套在基本的代码管理之上的高级特性。

1. 集成的 Web 服务器

运行 ASP.NET Web 应用程序需要 Web 服务器软件,比如 IIS,它等待 Web 请求并处理适当的页面。安装 Web 服务器并不难,但也不方便。由于 Visual Studio 内集成了用于开发的 Web 服务器,所以可以从设计环境中直接运行网站。这样做很安全,因为没有外部计算机可以运行该测试网站。

2. 多语言开发

Visual Studio 允许任何时候在同一个接口下使用多种语言来编程。不仅如此,Visual Studio 还允许在一个 Web 应用程序中使用不同的语言构建 Web 页面,唯一的限制是不能在同一个网页中使用两种以上的语言(这会导致明显的编译错误)。

3. 更少的代码

大多数应用程序都需要一些标准样板文件代码,ASP. NET 网页也不例外。举例来说,当向一个网页添加新的控件、附加事件处理程序或调整格式的时候,需要在页面标记中设置许多细节。这些基本的任务都由 Visual Studio 自动完成了。

4. 直观的编码风格

默认情况下,在 Visual Studio 中输入代码的同时,Visual Studio 会自动格式化代码并且使用不同的颜色来标识各种元素,比如注释。这些小的不同使代码更具有可读性而且少出错。

5. 更短的开发时间

Visual Studio 的许多特性都致力于帮助提高工作速度。例如智能感知,可以标出错误并提出修改建议;搜索替换,可在某个文件甚至整个项目中查找关键字;自动注释和不注释特性,能够临时隐去一个代码块。这些有用的特性使工作更快捷、更高效。

6. 调试

Visual Studio 是调试时跟踪错误及诊断异常行为的最好帮手,可以一次执行一行代码,设定智能断点,并且可以在任何时候查看当前内存的信息。

Visual Studio 还有大量在此没有提到的特性,包含项目管理、集成源代码控制、代码重构和一个极富扩展性的开发模型。此外,如果使用的是 Visual Studio 2008 Team System,还能获得高级的单元测试、协作、代码版本化支持(其功能远远超过 Visual SourceSafe 这类简单的工具)。虽然本章没有讨论 Visual Studio Team System,但可以从 http://msdn. microsoft. com/teamsystem 获取更多信息。

现在假设已经创建了一个最基本的网站,下面对 Visual Studio 2008 界面的各个组成部分做进一步的了解,如图 9-2 所示。表 9-5 针对 Visual Studio 2008 界面中的每个窗口都做了相应的描述。

表 9-5 Visual Studio 2008 界面中的窗口

窗　　　口	描　　　述
解决方案资源管理器	将 Web 应用程序中的文件和子文件夹列出
工具箱	显示 ASP. NET 自带的服务器控件以及加入工具箱的第三方控件或者自己开发的用户自定义控件。可以使用任何语言来编写并且可以被任何语言来调用
服务器资源管理器	允许访问数据库、系统服务、消息队列以及其他服务器端的资源
属性	允许配置当前所选择的元素,可以是解决方案资源管理器里面的一个文件或者一个 Web 表单设计界面上的控件
错误列表	报告 Visual Studio 在代码中检测所发现的尚未解决的错误

窗　　口	描　　述
任务列表	列出一个以已预定义的标记名称开始的注释,以便能跟踪要迅速改变并要跳到适当位置的代码部分。例如,可以通过创建以//HACK 或//TODO 开头的注释标记需要注意的区域
文档	允许在解决方案资源管理器中通过拖放来设计网页以及编辑代码文件。同样支持非 ASP. NET 文件类型,如静态 HTML 文件和 XML 文件
宏资源管理器	允许看到所有创建的宏并执行它们。宏是 Visual Studio 的高级特性可以通过宏完成一些自动化的任务,如格式化代码、创建文件的副本、重排文档窗口、修改调试设置等。Visual Studio 提供了丰富的可扩展模型,并且可以使用纯粹的. NET 代码来编写一个宏
类视图	显示了应用程序里面所有创建的类及其方法、属性、事件
管理样式和应用样式	允许在链接样式表中修改样式并把它们应用到当前网页

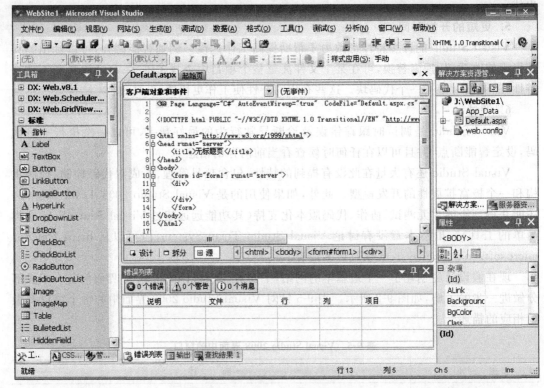

图 9-2　Visual Studio 2008 的界面

(1) 解决方案资源管理器。解决方案资源管理器从本质上来说是一个可视化的文档管理系统,可用它查看 Web 应用程序目录下的文件列表信息。使用解决方案资源管理器可以重命名、重新排列以及增加文件,这些操作都可以通过鼠标右键来完成。

(2) 文档窗口。文档窗口是 Visual Studio 的一部分,可在其中使用不同的设计器来编辑各种类型的文件。每一种文件类型都有一个默认的编辑器。要想了解文件的默认编辑器,可以在解决方案资源管理器里右击这个文件,然后选择"打开方式"。列表中默认的编辑器旁边会有"默认值"选项。

（3）工具箱。工具箱是和文档窗口一起工作的，它最主要的用途是提供很多控件，可以将其拖放到一个 Web 表单的设计界面上，但是它也允许存储代码和 HTML 片段。

工具箱的内容依赖于当前正在使用的设计器，也同样依赖于当前的项目类型。例如，在设计一个网页的时候，会看到如表 9-6 列出的标签，每一个标签都包含了一组按钮。要查看一个标签，可以单击它的顶部，然后它所包含的按钮就会弹出来。

表 9-6　ASP. NET 项目的工具箱标签

标　签	描　　述
标准	这个标签中包含了丰富的 Web 服务器控件，是 ASP. NET Web 表单模型的核心所在
数据	这个标签包含了不可视的数据源控件，允许连接到数据库，可以把它们拖到一个表单上并在设计时进行配置（不需要使用任何代码）。标签中也包含了数据显示控件，如网格
验证	这个标签中的控件允许根据用户定义的规则来校验输入框的内容。例如，可以指定输入不为空，它必须是一个数字，必须大于一个给定的值等
导航	这个标签中的控件用来显示网站地图，允许用户从一个页面定位到另一个页面
登录	这个标签中的控件提供了一些预先构建好的安全解决方案，如登录框和用户注册向导
WebParts	这个标签中的控件用来支持 Web 部件功能，Web Parts 是一个用来构建组件化和高度可配置的 Web 门户的 ASP. NET 模型
HTML	这个标签允许拖动静态的 HTML 元素。可以使用这个标签来创建服务器端 HTML 控件，只需要拖动一个静态 HTML 元素到一个页面，切换到源视图，在控件标签上添加 runat＝"server"特性
常规	这个标签提供了存放代码库和控件对象的地方，只需将其拖放到这里即可。如果以后还会用到，则把它们再放回去

（4）服务器资源管理器。服务器资源管理器提供了一个树状功能列表，类似于计算机管理工具，允许使用当前机器上（以及网络上的其他服务器）的各种类型的服务。一般我们使用服务器资源管理器来了解计算机上可用的事件日志、消息队列、性能计数器、系统服务和 SQL Server 数据库。

需要特别关注服务器资源管理器，因为它不仅提供了一个浏览服务器资源的方法，同时也让用户可以和这些资源交互。例如，可以使用服务器资源管理器来创建一个数据库，执行查询语句，并且编写存储过程，所有这些操作都类似于使用 SQL Server 提供的企业管理器的操作。如果想要了解可以对选定的项进行何种操作，右击该项后继续操作即可。

9.3.2　网站和 Web 项目

Visual Studio 提供了两种创建 ASP. NET Web 应用程序的方法。

（1）无项目文件的开发。创建一个没有任何项目文件的简单网站。此时，Visual Studio 认为在网站目录（及其子目录）里的所有文件都是 Web 应用程序的一部分。这时，Visual Studio 不需要预编译代码，而是由 ASP. NET 在第一次请求页面的时候编译网站。

（2）基于项目的开发。创建一个 Web 项目时，Visual Studio 生成一个 .csproj 项目文件（假设使用 C♯编码），它记录项目中的文件并保存一些调试设置。运行 Web 项目时，Visual Studio 在启动 Web 浏览器前把项目的所有代码编译成一个程序集。

第一个.NET 版本的 Visual Studio 使用了项目模型。现在，Visual Studio 2005 和 2008 都同时支持这两个选项。

9.3.3 创建无项目文件的网站

首先创建一个标准的无项目文件的网站，这样便于更简单、更直接地创建 ASP.NET Web 应用程序。在 Visual Studio 2008 中选中"文件"|"新建"|"网站"选项，打开"新建网站"对话框，如图 9-3 所示。

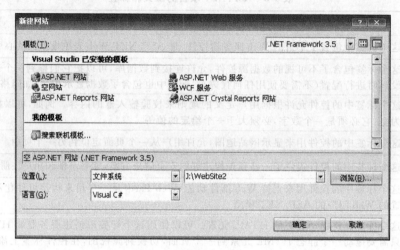

图 9-3 "新建网站"对话框

"新建网站"对话框提供了以下 4 个细节。

（1）.NET 版本。Visual Studio 2008 支持.NET 2.0、.NET 3.0 和.NET 3.5，可以从对话框右上角的列表里选择，创建一个能在这些版本下运行的 Web 应用程序。

（2）模板。模板决定网站以何种文件作为开始。Visual Studio 支持两种类型的 ASP.NET 基本应用程序：网站应用程序和 Web 服务应用程序。这些应用程序实际上以同样的方式编译和执行。可以将一个网页添加到一个 Web 服务应用程序中，也可以把一个 Web 服务添加到一个普通的 Web 应用程序中，唯一的不同之处就是 Visual Studio 默认创建的文件。在 Web 应用程序里，将以一个示例页面作为项目的开始。在 Web 服务应用程序里，将以一个示例 Web 服务作为开始。另外，Visual Studio 包含许多模板以便适应不同类型的网站，并且也可以创建自己的模板（或者下载第三方模板）。

（3）位置。位置指定了网站文件存储的地方。单击"浏览"按钮，会打开"选择位置"对话框。对话框的左侧有 4 个按钮，可连接到不同类型的位置。一般情况下，选择"文件系统"并指定本机或者网络路径上的一个文件夹，还可以选择"本地 IIS""FTP 站点"和"远程 Web 服务器"。

（4）语言。语言用来指定将使用何种.NET 编程语言来编写网站。所选择的语言就是项目的默认语言。

单击"确定"按钮，Visual Studio 将创建一个新的 Web 应用程序。新的网站以 default.aspx 文件（主 Web 页面）、default.aspx.cs 文件（源代码）和 web.config 配置文件作为开始页面。

9.3.4 设计网页

接下来就可以开始设计网页了。

在"解决方案浏览器"(如果没有添加任何页面,则只会有一个 default. aspx 文件)中双击一个网页来开始设计网页。default. aspx 页以所需的少量标记作为开头,但是不显示任何内容,所以设计器里面会出现一个空白的页面。

1. 查看网页

Visual Studio 为查看一个 Web 页面提供了 3 种不同的方式:源代码视图、设计视图和分割视图。可以通过 Web 页面窗口下方的 3 个按钮(源代码、设计和分割)选择期望的视图。源代码视图显示页面的标记(HTML 和 ASP. NET 控件标签);设计视图显示页面将在浏览器里显示的样式;分割视图是 Visual Studio 2008 新增的,复合了其他两种视图,可以同时看到页面标记并实时预览。

2. 添加控件

向页面添加一个 ASP. NET 控件最简单的办法是从左边的工具箱里拖动某个控件(工具箱里的控件按它们的功能分为几个大类,但可以在"标准"标签里找到基本控件)。可以把控件拖放到可视的设计界面(用设计视图),也可以把它们拖放到 Web 页面标记的特定位置(使用源代码视图),两种方式的结果都相同。另外,还可以在源代码视图里面手工输入需要的控件标签。此时,除非单击了窗口的设计区域或按 Ctrl+S 组合键保存了页面,否则设计界面将不会更新。

3. 配置控件

添加控件之后,可以调整它的大小并在"属性"窗口里配置它的属性。很多开发人员喜欢在设计视图布局新页面,然后切换到源代码视图重新排列控件并进行微调。但是针对普通的 HTML 标记,虽然工具箱里有 HTML 元素的页签,但通常手工输入标签是最简单的,设置起来比拖放容易。

9.3.5 编码模型

Visual Studio 支持两种编写网页和 Web 服务的模型。

(1) 内联代码。这种模型非常类似于传统的 ASP 代码模型。所有的代码以及 HTML标记都被存储在一个单一的. apsx 文件内,代码都是内联在一个或者多个脚本块内的。虽然这些代码都是在脚本块内,但是仍然支持智能感知以及动态调试,而且这些代码不再像传统 ASP 代码那样被依次执行,相反,仍然可以控制事件和使用子函数。这种模型比较方便,因为它把所有东西都放在一个包内,适合编写简单的网页。

(2) 代码隐藏。这种模型将每个 ASP. NET 网页分离到两个文件内:一个是包含HTML 以及控件标签的. aspx 文件,另一个是包含页面源代码的. cs 文件(假定使用 C♯ 作为网页编程语言)。这种模型所提供的将用户界面与编程逻辑相分离的特性对于构建复杂的页面非常重要。

在 Visual Studio 2008 中,可以自由选择采用何种模式来编程。当将一个新的网页添加到网站时(使用"网站"|"添加新项"菜单选项),"将代码放在单独的文件中"复选框用于设置是否采用代码隐藏模型,如图 9-4 所示。Visual Studio 会记住之前的设置,在下次添加一个

新的页面时使用,但是在同一个应用程序里面混合两种风格的页面也是完全合法的(或许会引起混淆)。

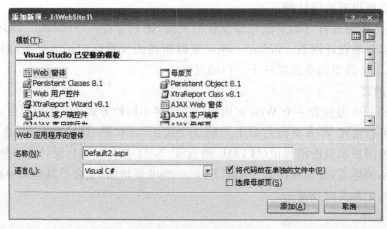

图9-4　选择编程模式

这种灵活性只对无项目文件的开发有效。如果创建的是 Web 项目,就必须使用代码隐藏模型,而没有其他选择。这个代码隐藏模型和无项目文件的网站使用的代码隐藏模型是有细微差别的。

举一个简单的页面例子说明嵌入代码和代码隐藏模型之间的区别。下面的示例显示了一个名为 TestFormInline. aspx 的页面的标记,它在一个标签里显示当前时间并在按钮被单击后进行刷新。使用的嵌入代码如下:

```
//---------------------------------------------------
<%@ Page Language="C#" %>
<!DOCTYPE html PUBLIC "-//W3C//DTD XHTML 1.0 Transitional//EN""http://www.w3.
org/TR/xhtml1/DTD/xhtml1-transitional.dtd">
<script runat="server">
    protected void Button1_Click(object sender, EventArgs e)
    {
        Label1.Text="Current time: " +DateTime.Now.ToLongTimeString();
    }
</script>

<html xmlns="http://www.w3.org/1999/xhtml">
<head runat="server">
<title>测试页</title>
</head>
<body>
<form id="form1" runat="server">
<div>
    <asp:Label ID="Label1" runat="server" Text="Click Me!"></asp:Label>
        <br /><br /><br />
<asp:Button ID="Button1" runat="server" onClick="Button1_Click"
```

```
Text="Button" />
</div>
</form>
</body>
</html>
//----------------------------------------------------------
```

TestFormCodeBehind. aspx 列表和 TestFormCodeBehind. aspx. cs 列表用于演示如何利用代码隐藏模型将该页面分为两块。以下是 TestFormCodeBehind. aspx 文件的内容:

```
//----------------------------------------------------------
<%@ Page Language="C#" AutoEventWireup="true"
CodeFile="TestFormCodeBehind.aspx.cs" Inherits="TestFormCodeBehind" %>
<!DOCTYPE html PUBLIC "-//W3C//DTD XHTML 1.0 Transitional//EN"
"http://www.w3.org/TR/xhtml1/DTD/xhtml1-transitional.dtd">

<html xmlns="http://www.w3.org/1999/xhtml">
<head runat="server">
<title>测试页</title>
</head>
<body>
<form id="form1" runat="server">
<div>
<asp:Label ID="Label1" runat="server" Text="Click Me!"></asp:Label>
        <br /><br /><br />
<asp:Button ID="Button1" runat="server" onclick="Button1_Click"
Text="Button" />
</div>
</form>
</body>
</html>
//----------------------------------------------------------
```

这是 TestFormCodeBehind. aspx. cs 文件的内容:

```
//----------------------------------------------------------
using System;
using System.Configuration;
using System.Data;
using System.Linq;
using System.Web;
using System.Web.Security;
using System.Web.UI;
using System.Web.UI.HtmlControls;
using System.Web.UI.WebControls;
using System.Web.UI.WebControls.WebParts;
using System.Xml.Linq;
```

```
public partial class TestFormCodeBehind: System.Web.UI.Page
{
    protected void Button1_Click(object sender, EventArgs e)
    {
        Label1.Text ="Current time: " +DataTime.Now.ToLongTimeString();
    }
}
//------------------------------------------------------------
```

内联代码示例与代码隐藏示例之间唯一真正的不同在于后者的页面类不再是隐式的,而是被声明包含所有的页面方法。

从整体上来说,代码隐藏模型是复杂页面开发的首选模型。虽然内联代码模型对于小的页面而言是比较紧凑的,但是随着代码和 HTML 的增长,分开处理两个部分的模型会变得更加容易。代码隐藏模型同样是非常清晰的,它明确地显现出所创建的类和所引入的命名空间。而且,代码隐藏模型引入了这样一种可能性:Web 设计者可以调整界面标签而不需要改动代码。本书所有的示例代码都会用到代码隐藏模型。

根据上面的例子进一步说明几个问题。

(1) 代码隐藏文件如何与页面连接。每一个 .aspx 文件都以 Page 指示符开始。Page 指示符指定了页面所采用的语言,并且告诉 ASP. NET 从哪里可以找到关联的代码文件(除非使用内联代码,此时所有的代码都保存在同一个文件内)。

可以发现在关联的代码文件 TestFormCodeBehind. aspx. cs 的代码类声明中有一个 partial 关键字:

```
public  partial  class  TestFormCodeBehind :  System.Web.UI.Page
{…}
```

利用 partial 关键字声明类,即利用分部类技术后,. aspx 文件中可使用 Inherits 特性指明正在使用的类。使用 CodeFile 特性来将 .aspx 文件链接到源代码文件上:

```
<%@ Page Language="C#" AutoEventWireup="true"
CodeFile="TestFormCodeBehind.aspx.cs" Inherits="TestFormCodeBehind"%>
```

另外,Visual Studio 对源代码文件采用了一个与众不同的命名语法,它使用一个相应网页的完整名称,包含 .aspx 扩展名,然后以 .cs 扩展名作为结尾。这仅仅只是一个约定的事情,它避免了一些问题,比如碰巧创建了两个同名的代码隐藏文件类型(如一个网页和一个 Web 服务)。

(2) 控件标签如何与页面变量连接。当通过浏览器请求一个网页的时候,ASP. NET 将开始寻找所关联的代码文件。然后,它会为每一个服务器控件产生一个变量,声明每一个元素都有一个 runat="server"特性。

假设有一个名为 txtInput 的文本框:

```
<asp:TextBox id="txtInput" runat="server" />
```

ASP. NET 会产生以下成员变量声明并使用分部类技术将其整合到页面类中：

```
protected System.Web.UI.TextBox txtInput;
```

当然,这个声明不会被看到,但是在编写每一行涉及 txtInput 对象的代码时都会依赖这个声明(无论是读还是写一个属性)。

为了确保这个机制可以起作用,必须保持.aspx 标签文件(包含控件标签)和.cs 文件(包含源代码)之间的同步。如果使用其他工具(比如文本编辑器)修改了控件名称,就会打断两者之间的关联,从而导致代码无法编译通过。

(3) 事件如何与事件处理程序连接。大多数 ASP. NET 网页的代码都被放在用来处理 Web 控件事件的处理程序里面。Visual Studio 可以有 3 种方法来添加一个事件处理程序。

① 手工键入。在这种情况下,需要在页面类中直接添加方法。这时必须指定适当的参数,并添加 OnEventName 特性。

② 在设计视图中双击一个控件。在这种情况下,Visual Studio 会为这个控件的默认事件创建一个事件处理程序(并相应地调整控件标签)。例如,如果双击页面,Visual Studio 将会创建一个 Page. Load 事件处理程序;如果单击按钮控件,Visual Studio 将为单击事件创建一个事件处理程序。

③ 从属性窗口选择事件。选中控件并单击属性窗口上方的闪电形图标,会看到这个控件提供的所有事件列表。双击要处理的事件旁边的空白区域,Visual Studio 会自动在页面类中生成事件处理程序并调整控件标记。

后两个办法最为方便。第三个方法最灵活,因为它允许选择已在页面类中创建的方法。

9.3.6 Web 项目

到目前为止,已经介绍了如何创建没有任何项目文件的网站。无项目文件的开发的优点在于简单和直观。由于以下原因,无项目文件的开发一直流行。

(1) 无项目文件的开发简化了部署。只要把网站目录里的所有文件复制到 Web 服务器即可,不需要特别考虑任何项目或调试文件。

(2) 无项目文件的开发简化了文件管理。如果要移除某个 Web 页面,用任意的文件管理工具删除相关的文件即可。如果要增加一个新页面或者把页面从一个网站迁移到另一个网站,只要复制文件即可,无须通过 Visual Studio 或编辑项目文件,甚至还可以使用其他工具编写页面,因为不需要维护项目文件。

(3) 无项目文件的开发简化了团队协作。不同的人可以相互独立地针对不同的 Web 页面工作,不需要锁定项目文件。

(4) 无项目文件的开发简化了调试。创建项目文件时,即使只修改了某一个页面也必须重编译整个应用程序。而对于无项目文件的开发而言,每个文件都单独编译,并且页面只在第一次请求它的时候才编译。

(5) 无项目文件的开发允许混合使用语言。因为每个 Web 页面都单独编译,所以可以自由地使用不同的语言编码页面。而对于 Web 项目,则必须创建单独的 Web 项目(这是管理的技巧)或独立的类库项目。

除了上述原因,还有一些特殊的原因促使编程人员采用基于项目的开发或者在特定的场景里使用 Web 项目。

当创建一个 Web 项目时,Visual Studio 生成一些额外的文件,包括.csproj 和.csproj .user 项目文件以及一个.sln 解决方案文件。当生成应用程序时,Visual Studio 生成临时文件,它们被放置在 Obj 子目录中,另外还有带调试符号的一个或多个.pdb 文件(在 Bin 子目录中)。Web 应用程序完成时这些文件都不应该被部署到 Web 服务器。此外,所有 C# 源代码文件(具有扩展名.cs 的文件)也不应该被部署,因为 Visual Studio 已经把它们预编译进 DLL 程序集了。

Web 项目最显著的优点如下。

(1) 项目开发系统要比无项目文件的开发更严格。因为项目文件显式地列出了哪些文件是项目的一部分,这让编程人员能够捕获到潜在的错误(如文件的丢失)甚至恶意的破坏(如恶意用户添加的讨厌的文件)。

(2) Web 项目允许更灵活的文件管理。例如创建了几个单独的项目可把它们放到同一个虚拟目录的不同子目录里。这种情况下,项目和开发的目的相对独立,但对于部署来说是同一个应用程序。而对于无项目文件的开发,就没有办法把这些文件单独放在不同的子目录里。

(3) Web 项目允许自定义部署过程。Visual Studio 项目文件可以和 MSBuild 工具一起使用,它允许项目的自动化和定制化编译。此外,可以对 Web 应用程序生成的程序集进行更有效的控制,还可以进行合适的命名和签名等。

(4) 在迁移场景中,Web 项目更好用。由于这个原因,ASP.NET 自动把 Visual Studio .NET 2003 的 Web 项目转换为 Visual Studio 2008 的 Web 项目,这种转换对页面只需要较少的修改。

无项目文件和基于项目的开发都提供相同的 ASP.NET 特性,两种方式都提供相同的性能,那么构建新 ASP.NET 网站时究竟选用哪种方式呢? 这两种方式都有拥护者。从官方来说,Microsoft 公司建议使用较简单的网站模型,除非有特定的原因要使用 Web 项目。例如,创建了自定义的 MSBuild 扩展,有现成的高度自动化的部署过程,正在迁移由 Visual Studio 2003 创建的旧网站,或者要在同一个目录里创建多个项目。本书的示例使用无项目文件的网站。

9.4 本章小结

本章首先介绍了早期的 Web 开发技术和传统 ASP 的特点,突出 Microsoft 公司推出的 ASP.NET 不仅仅在于功能的增强,而是编程思维的转换。ASP.NET 是全新一代的动态网页实现系统,模糊了应用程序开发与 Web 开发之间的界限。然后,介绍了开发 Windows 应用程序和 ASP.NET 应用程序的公共平台 Microsoft.NET Framework,详细说明了 ASP.NET 应用程序包含的元素、目录结构及相关的文件类型。为了使读者首先对 ASP. NET 应用程序有一个完整的感性认识,本章介绍了 ASP.NET 的开发环境 Visual Studio, 并结合开发环境讲述了创建无项目文件网站的基本过程,特别介绍了 Visual Studio 支持的两种编写网页和 Web 服务的编码模型:内联代码模型和代码隐藏模型。其中,代码隐藏模型是复杂页面开发的首选模型,本书后续章节的实例都将采用代码隐藏模型。

习 题 9

1. Web 开发技术中的服务器和客户端技术分别指什么？它们各有什么功能？相互区别是什么？

2. ASP 和 ASP. NET 程序在执行时有什么区别？

3. . NET 框架由哪 3 个部分组成？各有什么功能？

4. 一个 ASP. NET 网站通常由哪些文件和文件夹组成？

5. 一个 ASP. NET 页面通常可以由哪两个独立的文件来表示？它们的作用分别是什么？

6. 在 Visual Studio 2008 中创建一个 ASP. NET 网站一般需要经过哪些步骤？

7. 简述 Visual Studio 2008 中提供的内联代码模型和隐藏代码模型，比较它们的特点。

第 10 章 ASP.NET 常用控件与 Page 类

ASP.NET 中的许多功能都是由 Web 窗体实现的,本章从 Web 窗体开始逐步介绍了 HTML 标记、HTML 控件和服务器控件标记,然后对 ASP.NET 常用的服务器标记类型、所有控件的共同属性以及一些标准服务器端控件进行了详细的阐述,并列举了相应的应用实例。在 ASP.NET 中,所有的 Web 窗体都是 ASP.NET Page 类的实例,本章结合 Page 对象对 Web 页面的生命周期及各阶段执行的内容做了分析,并对 ASP.NET 的内置对象,即 Page 类的一些常用属性予以阐述。

10.1 Web 窗体

Web 窗体又称 ASP.NET 页面,是 ASP.NET 应用程序的一个非常重要的部分。它提供了 Web 应用程序的实际输出——在浏览器中查看到的页面。Web 窗体的概念是 ASP.NET 所独有的。从本质上说,Web 窗体可以使用户像 Windows 应用程序那样用基于控件的界面创建 Web 应用程序,但是 Web 应用程序与传统的富客户应用程序还有很大的差异,主要的区别如下。

1. Web 应用程序在服务器上执行

例如,用户在浏览器上更新了个人信息,而执行此操作(更新数据库)的代码需要运行在 Web 服务器上。ASP.NET 通过回送技术把页面(以及用户提供的信息)发送到服务器。ASP.NET 接收到这个页面后,就会触发相应的服务器端事件来通知代码程序。

2. Web 应用程序是无状态的

在生成了发送给用户的 HTML 页面后,先前在服务器端产生的页面对象都被销毁且所有的客户端特定信息都被丢弃。这种模型可用于高度可扩展、高流量的应用程序,但却难以创建无缝的用户体验。ASP.NET 提供了视图状态来弥补这一缺陷,它自动把信息嵌入被呈现的 HTML 的隐藏输入框中。

在 Web 窗体中,用户界面编程分为两个不同的部分:可视组件和逻辑。

视觉元素称作 Web 窗体页(page)。这种页由一个包含静态 HTML 和/或 ASP.NET 服务器控件的文件组成。在 ASP.NET 这种面向对象的程序设计方法中,将 Web 窗体页中所有的元素都看成一个对象,Web 窗体页用作要显示的静态文本和控件的容器。HTML 控件和 Web 服务控件是构成页面的两类主要元素。

控件是一组可重用的组件或对象,这个组件不仅有自己的外观,还有自己的属性和方法,大部分控件还能响应系统或用户事件。Visual Studio 2008 中内置了大量控件,并显示在工具箱中。严格来讲,这些显示在工具箱中的控件只能称为"控件类",只有将工具箱中的控件添加到 Web 页面中,也就是将控件类实例化后,它们才真正变成了页面中的对象。

Web 窗体页的逻辑由代码组成,这些代码由编程人员创建并用于与窗体进行交互。编程逻辑位于与用户界面文件不同的文件中,该文件称为代码隐藏文件,后缀一般为 .aspx.vb

或.aspx.cs。在代码隐藏文件中编写的逻辑可以使用 Visual Basic 或 Visual C♯。

Web 窗体文件的结构如图 10-1 所示。

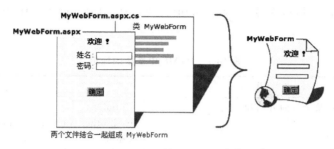

图 10-1　Web 窗体文件的结构

所有 ASP.NET 中的控件都放置在一个单一的＜form＞标签中,＜form＞标签是 HTML 标记中的一种。本节中,首先对最基本的 HTML 标记做简单说明,再对 HTML 控件和 Web 服务控件进行详细介绍。

10.1.1　HTML 标记

HTML 可用于创建 Web 页面,如今现有的每个 Web 浏览器都能理解这种语言。20 世纪 90 年代初以来,HTML 就成为 World Wide Web 的驱动力量,是 Internet 处理 Web 页面的重要组成部分。HTML 文档是含有标记、文本组合和影响文本显示的附加数据的简单文本文件。

1. HTML 元素

HTML 用对大于号和小于号指示内容在浏览器中如何显示。这对大于号和小于号称为标记(tag),含有文本的一对标记称为元素。例如:

```
<h1>Hello World</h1>
<p>Welcome to Beginning ASP.NET 3.5</p>
```

该代码的第一行为一个带有起始标记＜h1＞和结束标记＜/h1＞的＜h1＞元素,称为标题 1 元素。此元素用来表示一级标题。注意元素的结束标记和起始标记相似,只是多了个左斜杠(/)。这些起始标记和结束标记之间的所有文本都被看作是标题部分,因此被呈现为标题。在大多数浏览器中,这意味着标题会呈现为较大的字体。与＜h1＞标记类似,还有一直到 6 级标题的标记,如＜h2＞、＜h3＞等。

在标题元素下面,可以看到一个＜p＞元素,它用来表示段落。＜p＞标记内的所有文本都被看作是段落部分。默认情况下,浏览器呈现段落时会在下方留一些空白,不过也可以无视这个行为。

HTML 中有许多可用的标记,其中一些重要的标记如图 10-1 所示,并说明了它们的用法。要了解关于 HTML 元素的完整列表,可参见维护 HTML 的组织的站点 www.w3.org/TR/html401/index/elements.html。

2. HTML 属性

表 10-1 除了列举 HTML 元素外,还显示了 HTML 元素的部分属性,这些属性包含一

些改变特定元素行为方式的额外信息。例如,使用<img>标记显示一个图像,src 属性定义图像文件的存储地址与名称。类似地,<span>标记含有一个将文本改为红色的 style 属性。对于 HTML 元素,可参考 www.w3.org/TR/html 401/index/ attributes.html 网站上的可用属性列表。

表 10-1   HTML 中重要的标记

标记	说明	示例
<html>	表示整个页面开始和结束	<html> …All other content goes here <html>
<head> <title>	表示含有页面头部数据的特殊部分,包括其标题	<head> <title>Welcome to mysite</title> </head>
<body>	表示页面体的开始和结束	<body> Page body goes here </body>
<a>	将一个 Web 页面链接到另一个页面	<a href="http://www.g.cn"></a>
<img>	向页面中嵌入图像	<img src="Logo. gif"/>
<b> <i> <u>	将文本格式化为粗体、斜体或下划线字体	This is <b>bold text</b> while <i>this text is in italic</i>
<form> <textarea> <select> <input>	描述允许 Web 站点的用户向服务器提交信息的输入格式	<input type="text" value="Some Text" />
<table> <tr> <td>	创建有表的布局。<table>标记定义了整个表,而<tr>和<td>分别用来定义行和单元格	<table> <tr> <td>This is a Cell in Column 1</td> <td>This is a Cell in Column 2</td> </tr> </table>
<ul> <ol> <li>	创建编号或非编号的列表。<ul>和<ol>定义了列表的外观(可能是无序的,带一个简单项目符号;也可能是有序的,带有编号),而<li>用来表示列表中的项	<ul> <li>First item with a bullet</li> <li>Second item with a bullet</li> </ul> <ol> <li>First item with a number</li> <li>Second item with a number</li> </ol>
<span>	包装和影响文档的其他部分。它作为内联文本出现,所以不会向页面添加行中断	<p>This is some normal text while <span style="color: red;">this text appears in red</span></p>
<div>	与<span>标记一样,<div>用来作为其他元素的容器。默认情况下,它会使<div>标记后面出现显式的行中断	<div>This is some text on 1 line</div> <div>This text is put directly under the previous text on a new line. </div>

编程人员不需要记住所有这些元素和属性。在大多数情况下，Visual Studio 的智能感知能帮助编程人员生成它们。

3. HTML 和 XHTML 之间的区别

除了 HTML 外，还有可扩展超文本标记语言（eXtensible HyperText Markup Language，XHTML）这一术语。虽然两者的名称看起来非常相似，但是它们之间有一些区别，需要加以注意。XHTML 是用 XML（eXtensible Markup Language）形式重新表示的 HTML。XML 是一种通用的、用来描述数据的、基于文本与标记的语言，它也是其他许多语言（包括 XHTML）的基础语言。因此，XHTML 实际上在很大程度上是用 XML 规则重写的 HTML，语法上更加严格。

（1）总是闭合元素。在 XHTML 中，所有元素都必须闭合。因此如果用＜p＞开始了一个段落，就必须在页面的后面某个地方用＜/p＞闭合这个段落。对于没有结束标记的标记也是如此，如＜img＞或＜br＞（用来输入一个行中断）。在 XHTML 中，这些标记被写为自结束标记，其中结束标记中的斜杠直接嵌套在标记自身中，例如在＜img src＝"Logo.gif" /＞或＜br /＞中。

（2）标记和属性名称总是使用小写。XML 是区分大小写的，XHTML 通过强制所有标记采用小写来应用该规则。虽然标记和属性必须都是小写，但是实际使用时不必这样。

（3）总是用引号括起属性。每当在标记中写属性时，都要用双引号将它的值括起来，也可以用单引号括起属性值。例如，在写＜img＞标记和 src 属性时，应写成：

```
<img src=" Logo.gif " />
```

而不是如下这样：

```
<img src=Logo.gif />
```

（4）正确地嵌套标记。在写嵌套标记时，一定要先闭合上一个起始标记，然后闭合外部标记。例如，同时用粗体和斜体格式化一段文本：

```
<b><i>This is some formatted text</i></b>
```

注意，＜i＞是在＜b＞标记之前闭合的。交换结束标记的顺序会导致无效的 XHTML：

```
<b><i>This is some formatted text</b></i>
```

（5）总是向页面中添加一个 DOCTYPE 声明。DOCTYPE 指出了能接受的 HTML 类型信息。默认情况下，DOCTYPE 是 XHTML 1.0 Transitional，它能很好地保证有效标记和页面在各主流浏览器中显示一致。

```
<!DOCTYPE html PUBLIC "-//W3C//DTD XHTML 1.0 Transitional//EN""http://www.w3.
org/TR/xhtml1/DTD/xhtml1-transitional.dtd">
```

10.1.2 HTML 控件

HTML 控件在默认情况下属于客户端（浏览器）控件，服务器无法对其进行控制。HTML 控件是从 HTML 标记衍生而来的，每一个控件对应 1 个或 1 组 HTML 标记。使用控件可以节省大量的代码书写时间，且使操作变成了可视化的方式。在 Visual Studio 工具箱中，HTML 选项卡中的控件都是客户机端控件。

HTML 控件可以通过修改代码将其变成 Web 服务器端控件，几乎所有的 HTML 标记只要加上 runat="server" 这个服务器控件标识属性后都可以变成服务器端控件。这与普通 HTML 标记相比最大的区别在于，服务器端控件可以通过服务器端代码来控制。

10.1.3 服务器控件标记

从本质上来说，服务器控件就是.NET Framework 中用来表示 Web 窗体中可见元素的类，其中的一些类相对比较简单，直接与特定的 HTML 标签对应，例如 Button 和 Label 控件，而另一些类则是对来自多个 HTML 元素的复杂表现形式更深的抽象，例如 TreeView 和 GridView 控件。在 ASP. NET 中，几乎所有的 HTML 控件都可以被服务器控件取代，因此 ASP. NET 服务器控件是 ASP. NET 架构的基础部分，常使用服务器控件作为程序设计的基本元素。

在某种程度上，ASP. NET 服务器控件的标记与 HTML 的标记相似。它也像 HTML 一样用"<"">"号和结束标记表示标记和属性。然而，它们之间还是有一些不同之处的。

对于初学者来说，大部分 ASP. NET 标记都以 asp:前缀开头。例如，ASP. NET 中的按钮表示如下：

```
<asp:Button ID="Button1" runat="server" Text="Button" />
```

注意，此标记是用符号（/）自闭合的，所以不必另外输入结束标记。

10.2 ASP. NET 常用服务器控件

10.2.1 服务器控件的类型

ASP. NET 提供了许多不同的服务器控件，它们分属几个类别。

（1）HTML 服务器控件。这些类封装标准的 HTML 元素，其声明保持一致，如 HtmlAnchor（对应<a>标签）和 HtmlSelect（对应<select>标签）。若想将某个普通的 HTML 元素转换为某个服务器控件，只需简单给该元素标签添加 runat="server" 特性。

（2）Web 控件。这些类复制了基本 HTML 标签的功能，有一组一致性且富有含义的属性和方法，如 Button、ListBox 和 HyperLink 控件。

（3）富控件。这些高级控件能够生成大量的 HTML 标记，甚至可以生成客户端的 JavaScript 来创建用户界面，如 Calendar 控件、AdRotator 控件和 TreeView 控件。

（4）验证控件。这组控件允许按照几个标准或用户定义的规则去验证关联的输入控件。例如，可以指定输入不为空，它必须是一个数值，必须大于某个值，等等。如果验证失败,可以阻止页面处理或者允许控件在页面上显示错误消息。

（5）数据控件。这组控件包括用来设计显示大量数据的复杂网格和列表,支持高级的模板、编辑和分页特性。这组控件也包括数据源控件,它允许以声明的方式绑定到不同的数据源而不需要编写额外的代码。

（6）导航控件。用于显示站点地图,允许用户由一个页面导航到另一个页面。

（7）登录控件。这组控件支持表单验证,表单验证是一个通过数据库验证用户并跟踪其状态的 ASP. NET 模型。开发者不必自行编写用于表单验证的界面就可以使用这组控件来获得预建的、可定制的登录页面、密码恢复和用户创建向导。

（8）Web 部件控件。这组控件支持 Web 部件,Web 部件是一个用来构建组件化、高可配置性的 Web 门户的 ASP. NET 模型。

（9）ASP. NET Ajax 控件。这些控件可以让开发者在 Web 页面里不编写客户端代码就使用 Ajax 技术。Ajax 风格的页面可以更具响应性,因为它们跳过了常规的回发和刷新页面周期。

10.2.2　所有控件的共同属性

本小节将介绍所有服务器控件共同的行为,理解了这些共同行为后,就会发现把它们推广到其他控件以及新控件都很容易,因此很快就能熟悉它们。

绝大多数服务器控件都有一些共同的行为。例如,每个控件都有一个 ID,用来在页面中唯一地标识它;还有一个 Runat 属性,总是设置为 Server,表示应在服务器上处理控件;以及一个 ClientID,包含将赋予最终 HTML 中元素的客户端 ID 属性。Runat 属性实际上并不属于服务器控件,但是有必要指出,控件的标记应当由服务器控件处理,而不是最后在浏览器中表现为纯文本或 HTML。

除了这些属性外,很多服务器控件还有更多共同的属性。表 10-2 列出了常用的属性,并说明了它们的用途。

表 10-2　服务器控件常用的属性

属　　性	说　　明
AccessKey	允许设置一个键,使用这个键,就可以按下关联的字母,在客户端中访问控件
BackColor ForeColor	允许修改浏览器中背景的颜色(BackColor)和控件文本的颜色(ForeColor)
BorderColor、BorderStyle、BorderWidth	修改浏览器中控件边框的颜色、样式、宽度
CssClass	定义浏览器中控件的 HTML 类属性
Enable	确定用户是否可以与浏览器中的控件交互。例如,如果文本框是禁用的(Enabled="false"),就不能修改它的文本
Font	允许定义与字体有关的各种设置,如 Font-Size、Font-Name 和 Font-Bold
Height Width	确定浏览器中控件的高度和宽度
TabIndex	设置 HTML tabindex 属性,确定用户按下 Tab 键时焦点沿着页面中控件移动的顺序

属　　　性	说　　　明
ToolTip	允许设置浏览器中控件的工具提示。这个工具提示在 HTML 中被呈现为标题属性,当用户把鼠标悬停在相关 HTML 元素上时就会显示出来
Visible	确定是否将控件发送给浏览器。不会真的看到它作为一种服务器上能见到的设置,因为不可见的控件根本不会发送给浏览器

10.2.3　标准服务器控件

标准服务器端控件也称标准控件,存放在 Visual Studio 2008 工具箱"标准"选项卡中,是一些最常用的 Web 服务端控件,因此是设计 Web 应用程序的得力助手。本节通过几个实例介绍其中应用最广泛的一部分。

1. Label、Button 和 TextBox 控件

Label(标签)控件是 ASP.NET 中最常用的输出文本信息的服务器端控件,用来显示文本,但不能被用户直接修改。Label 中显示的文本是由其 Text 属性控制的,该属性可以在设计时通过"属性"窗口设置或在运行时用代码赋值。

Button(按钮)控件是 ASP.NET 应用程序中用户与程序进行交互的主要手段之一。在程序中,用户可单击按钮来触发实现某特定功能的程序段,例如单击"确定"按钮将用户在表单中填写的数据保存到数据库中,单击"取消"按钮清除已填写的数据,回到初始状态。Button 控件最常用的事件是 Click 事件,即用户在程序运行时单击按钮触发的用户事件。在设计视图中,双击 Button 控件系统将自动切换到代码窗口并创建 Click 事件过程头和过程尾,程序员仅需要在其间编写响应该事件的代码即可。

TextBox(文本框)控件是 ASP.NET 应用程序中用来接收用户输入或显示输出信息的主要控件。TextBox 控件最常用的事件是 TextChanged 事件,该事件在文本框的内容发生变化,并向服务器发送这一改变时发生。也就是说,TextBox 控件并非每当用户输入一个键就引发 TextChanged 事件,而是仅当用户离开该控件时才引发事件。若要使 TextChanged 事件引发即时发送,应将 TextBox 控件的 AutoPostBack 属性设置为 True。

【**例 10-1**】　设计一个简单的算术计算器程序,通过设计理解常用 Web 服务器端控件的使用方法。

(1) 设计要求。程序启动后显示如图 10-2 所示的 Web 页面,浏览器标题为"简单算术计算器"。用户可在第 1 个和第 2 个文本框中分别输入数字后,单击"＋""－""×""÷"按钮中的一个,则第 3 个文本框中将显示按用户选择的计算方式得出的结果。

(2) 设计 Web 页面。为了定义各控件的布局,首先向 Web 窗体中添加一个 HTML 表格,表格设置为 5 列 4 行,合并第 1、3、4、5 列中所有单元格。

分别将光标定位到第 1、3、5 列,双击工具箱"标准"选项中的 TextBox 图标,向 Web 窗体中添加 3 个文本框控件 TextBox1～TextBox3。

分别将光标定位到第 2 列的 4 个单元格,双击工具箱"标准"选项中的 Button 图标,向页面中添加 4 个按钮控件 Button1～Button4。

将光标定位到第 4 列,双击工具箱"标准"选项中的 Label 图标,向页面添加 1 个标签控件 Label1。

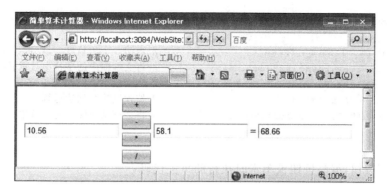

图 10-2　程序运行结果

页面设计结果如图 10-3 所示。

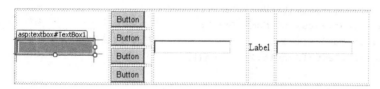

图 10-3　设计 Web 页面

（3）设置对象属性。分别选择页面中的各控件对象，在属性窗口中按表 10-3 所示设置它们的初始属性。

表 10-3　各控件对象的属性设置

控　　件	属性	值	说　　明
TextBox1～TextBox3	ID	txtNum1、txtNum2、txtResult	TextBox 控件在程序中使用的名称
Button1～Button4	ID	btnAdd、btnSub、btnMulti、btnDivi	Button 控件在程序中使用的名称
	Text	＋、－、×、÷	Button 控件上显示的文本
Label1	ID	lblEq	Label 控件在程序中使用的名称
	Text	＝	Label 控件上显示的文本

（4）编写事件代码。双击 Web 窗体的空白处，切换到代码视图。编写页面载入时执行的事件代码：

```
protected void Page_Load(object sender, EventArgs e)
{
    this.Title="简单算术计算器";        //设置浏览器标题栏中显示的文字
    txtResult.ReadOnly=true;        //设置文本框为只读文本框(在代码中设置对象属性)
}
```

双击"＋"按钮，编写按钮被单击时执行的事件代码：

```
protected void btnAdd_Click(object sender, EventArgs e)
{
    float fNum1,fNum2,fResult;                      //声明 3 个单精度变量(过程级局部变量)
    fNum1=float.Parse(txtNum1.Text);                //将文本框中的字符串数据转换为单精度
    fNum2=float.Parse(txtNum2.Text);
    fResult=fNum1+fNum2;                            //按预设执行加法运算
    txtResult.Text=fResult.ToString();              //将运算结果转换为字符串,并写入文本框
}
```

双击"－"按钮,编写按钮被单击时执行的事件代码:

```
protected void btnSub_Click(object sender, EventArgs e)
{
    float fNum1,fNum2,fResult;
    fNum1=float.Parse(txtNum1.Text);
    fNum2=float.Parse(txtNum2.Text);
    fResult=fNum1-fNum2;                            //按预设执行减法运算
    txtResult.Text=fResult.ToString();
}
```

双击"×"按钮,编写按钮被单击时执行的事件代码:

```
protected void btnMulti_Click(object sender, EventArgs e)
{
    float fNum1,fNum2,fResult;
    fNum1=float.Parse(txtNum1.Text);
    fNum2=float.Parse(txtNum2.Text);
    fResult=fNum1 * fNum2;                          //按预设执行乘法运算
    txtResult.Text=fResult.ToString();
}
```

双击"÷"按钮,编写按钮被单击时执行的事件代码:

```
protected void btnDivi_Click(object sender, EventArgs e)
{
    float fNum1,fNum2,fResult;
    fNum1=float.Parse(txtNum1.Text);
    fNum2=float.Parse(txtNum2.Text);
    fResult=fNum1/ fNum2;                           //按预设执行除法运算
    txtResult.Text=fResult.ToString();
}
```

（5）运行并检测正确性。按 F5 按键,启动调试,将在 IE 浏览器中启动 Web 应用程序,
按程序设计功能输入若干组不同的数据并单击按钮进行计算,检测计算结果的正确性。

2. ImageButton、Image 和 HyperLink 控件

ImageButton（图像按钮）、Image（图像）和 HyperLink（超链接）控件都可以在控件中显
示图片,且都具有超链接跳转的功能。

（1）ImageButton 控件是以小图标作为自己外观的按钮，在页面中起到了点缀和修饰页面的作用。ImageButton 控件支持的图像文件格式非常丰富，如＊.gif、＊.jpg、＊.jpeg、＊.bmp、＊.wmf、＊.png 等。在控件中显示的图像可以是存放在本站点的图像文件，也可以是其他网站中的图片链接。

（2）Image 控件可以在设计时或运行时以编程的方式为 Image 对象指定图形文件，还可以将控件的 ImageUrl 属性绑定到一个数据源，并根据数据库信息显示图形，但 Image 控件不支持任何用户事件。ImageMap 控件也是用于图片显示的控件，它允许在图像上定义 hotspots，单击时，会引起一个回送或导航到另一个页面。

（3）HyperLink 控件与标签控件很相似，但该控件支持用户的单击事件，可以在控件中显示图片，也可以指定超链接的目标框架等特有属性。

3. List 控件

List 控件是一个特殊的 Web 控件，它可以创建列表框、下拉列表和其他重复控件。这些控件可以绑定到一个数据源或编程填充。多数 List 控件允许用户多选，但是 BulletedList 例外，它显示为一个静态的 bulleted 或者数字列表。

表 10-4 所示为所有的 List 控件。

表 10-4　List 控件

属　性	描　述
＜asp:DropDownList＞	一个由＜asp:ListItem＞对象集合填充的下拉框，在 HTML 中呈现为属性 size＝"1"的＜select＞标签
＜asp:ListBox＞	一个由＜asp:ListItem＞对象集合填充的列表框，在 HTML 中呈现为属性 size＝"x"的＜select＞标签。X 是可见项目的数量
＜asp:CheckBoxList＞	项目被呈现为复选框，排列在一列或多列的表格中
＜asp:RadioButtonList＞	和＜asp:CheckBoxList＞相似，但是项目呈现为单选按钮
＜asp:BulletedList＞	一个静态的 bulleted 或数字列表，在 HTML 中呈现为＜ul＞或＜ol＞标签，可以用于创建一组超链接

（1）Selectable 列表控件。Selectable 列表控件包含 DropDownList、ListBox、CheckBoxList 和 RadioButtonList 控件，即除了 BulletedList 控件的所有列表控件。这些控件允许用户选择一个或多个包含的项目。在页面回送时，可以检查被选中的项目。默认情况下，RadioButtonList 和 CheckBoxList 通过创建单选按钮和复选框呈现界面。

【例 10-2】　在网页中声明每个可选择列表控件的实例，为每个列表控件显式地添加了项目，并设置了一些属性。

```
<form id="form1" runat="server">
<div>
    //添加 ListBox 控件,可显示 5 行数据,选择模式为多选
<asp:ListBox ID="ListBox1" runat="server" Rows="5" SelectionMode="Multiple">
<asp:ListItem Selected="True">Option1</asp:ListItem>
<asp:ListItem>Option2</asp:ListItem>
</asp:ListBox>
<br /><br />
```

```
            //添加 DropDownList 控件
<asp:DropDownList ID="DropDownList1" runat="server">
<asp:ListItem Selected="True">Option1</asp:ListItem>
<asp:ListItem>Option2</asp:ListItem>
</asp:DropDownList>
<br /><br />
            //添加 CheckBoxList 控件,排为 3 列
<asp:CheckBoxList ID="CheckBoxList1" runat="server" RepeatColumns="3">
<asp:ListItem Selected="True">Option1</asp:ListItem>
<asp:ListItem>Option2</asp:ListItem>
</asp:CheckBoxList>
<br /><br />
            //添加 RadioButtonList 控件,排为 2 列,水平排列
<asp:RadioButtonList ID="RadioButtonList1" runat="server" RepeatColumns="2"
            RepeatDirection="Horizontal">
<asp:ListItem Selected="True">Option1</asp:ListItem>
<asp:ListItem>Option2</asp:ListItem>
</asp:RadioButtonList>
<asp:Button ID="Button1" runat="server" Text="Button" onclick="Button1_Click" />
</div>
</form>
```

在页面第一次被加载的时候,Page. Load 事件处理程序为每个控件添加 3 个额外的项目:

```
protected void Page_Load(object sender, System.EventArgs e)
{
    if (!Page.IsPostBack)
    {
        for(int i=3; i<=5; i++)
        {   //利用编程为诸控件增加 Items 项
            ListBox1.Items.Add("Option"+i.ToString());
            DropDownList1.Items.Add("Option"+i.ToString());
            CheckBoxList1.Items.Add("Option"+i.ToString());
            RadioButtonList1.Items.Add("Option"+i.ToString());
        }
    }
}
```

最后当单击"提交"按钮时,每个控件被选中的项目显示在页面上。对于单选控件 DropDownList 和 RadioButtonList,只要访问 SelectedItem 属性就可以了。对于多选控件,必须遍历项目集合中的所有项目,检查每个项目的 ListItem. Selected 属性是否为真。以下代码执行了这两个任务:

```
protected void Button1_Click(object sender, System.EventArgs e)
{
    Response.Write("<b>Selected items for ListBox1:</b><br />");
```

```
//遍历 ListBox 控件中 ListItem 集合的各项,输出项值
foreach(ListItem li in ListBox1.Items)
{
    if (li.Selected) Response.Write("-" +li.Text +"<br />");
}
Response.Write("<b>Selected items for DropDownList1:</b><br />");
Response.Write("-" +DropDownList1.SelectedItem.Text +"<br />");
Response.Write("<b>Selected items for CheckBoxList1:</b><br />");
//遍历 CheckBoxList 控件中 ListItem 集合的各项,输出项值
foreach(ListItem li in CheckBoxList1.Items)
{
    if (li.Selected) Response.Write("-" +li.Text +"<br />");
}
Response.Write("<b>Selected items for RadioButtonList1:</b><br />");
Response.Write("-" +RadioButtonList1.SelectedItem.Text +"<br />");
}
```

加载该页面,选择每个控件中的一个或多个项目,然后单击按钮来测试这个页面,将得到与图 10-4 相似的内容。

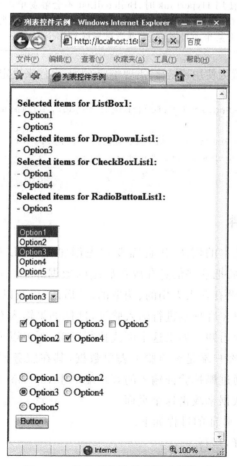

图 10-4　检查列表控件中被选择的项

（2）BulletedList 控件。BulletedList 控件是相当于<ul>（无序列表）或<ol>（有序列表）元素的服务器控件。和所有的列表控件一样，必须设置用于显示的项目集合。此外，BulletedList 控件可以使用表 10-5 中的属性进行配置，以显示项目。

表 10-5　添加的 BulletedList 属性

属　　性	描　　述
BulletStyle	决定列表的类型。从 Numbered（1，2，3 …）、LowerAlpha（a，b，c …）、UpperAlpha(A，B，C…)、LowerRoma 且(i，ii，iii …)、UpperRoman(I，II，III …)、Disc、Circle、Square 或 CustomImage(需要设置 BulletImageUrl 属性)中选择
BulletImageUrl	如果 BulletStyle 设置为 CustomImage，则该属性指向放在每个列表项旁边的图片
FirstBullectNumber	在有序列表中（使用 Numbered、LowerAlpha、UpperAlpha、LowerRoman 或 UpperRoman)，它用来设置第一个值。例如，把 FirstBulletNumber 设置为 3，列表清单可能是 3、4、5(对于 Numbered)或 C、D、E(对于 UpperAlpha)
DisplayMode	项目的文本是呈现为文本(使用 Text，默认值)还是一个超链接(使用 LinkBunon 或者 HyperLink)。LinkBunon 和 HyperLink 取决于它们如何处理单击。使用 LinkButton 时，BulletedList 触发一个单击事件，可以在服务器上响应它执行导航。使用 HyperLink 时，BulletedList 不会触发单击事件，相反，它把每个项目的文本看成一个相对或绝对的 URL，并把它们呈现为普通的 HTML 超链接。用户单击某个项目时，浏览器尝试导航到那个 URL

如果 DisplayMode 设置为使用超链接，需要响应 Click 事件来决定哪个项目被单击。例如：

```
protected void BulletedList1_Click(object sender, BulletedListEventArgs e)
{
    string itemText=BulletedList1.Items[e.Index].Text;
    Label1.Text="You choose item" +itemText;
}
```

10.2.4　输入验证控件

收集数据是网页最基本的用法，因此需要首先创建 HTML 表单标签。通常网页会引导用户录入一些信息，然后把这些信息存放在后端的数据库中。这些数据几乎在所有的情况下都必须被验证，确保没有存入无用的、伪造的、矛盾的，以及以后会造成问题的信息。

最理想的应该是用户在客户端进行输入验证，这样如果输入有问题，用户会在表单被回送到服务器之前立即得到通知。如果这个模式执行正确，则可以节约服务器资源，并给用户最快的反馈。但是，不管客户端是否检验了表单数据，其在服务器端都必须被检验。否则，一个精明的攻击者可以通过删掉验证输入的客户端的 JavaScript 代码，保存新的页面，并使用该页面来提交伪造的数据来攻击这个页面。

ASP.NET 进行表单验证的过程如下。

（1）aspx 文件被编译，运行。

（2）用户输入数据。

（3）触发 Page_Load 事件。

（4）更改 Web 控件属性，提示哪里没有输入。

（5）将页面用 HTML 重新输出给用户。

（6）再次提醒用户输入，其中 Page_Load 事件中与服务器端验证有关的重要属性和方法有 IsValid、Validators 和 Validate。

① IsValid 是最有用的属性，该属性可以检查整个表单是否有效。通常在更新数据库之前进行该检查。只有 Validators 集中的所有对象全部有效，该属性才为真，并且不将该值存入缓存。

② Validators 是该页所有验证对象的集合，是实现 IValidator 界面的对象的集合。

③ Validate 是在验证时调用的一种方法。在 Page 对象上默认的执行方式是转至每个验证器，并要求各验证器自行评估。

ASP.NET 提供了 5 个内置验证控件，如表 10-6 所示，这些控件在 Web 窗体中声明，然后绑定到其他的输入控件，一旦和输入控件绑定，验证控件将自动执行服务器和客户端的检验。通常情况下，ASP.NET 提供的验证控件可以满足大多数 Web 应用的需要，然而，在某些情况下，内置的验证控件还是无法完成应用需求对数据输入的特殊要求。为了弥补这个缺憾，ASP.NET 定义了一个可以在控件开发中使用的可扩充验证框架，开发人员可以通过这个验证框架自行定义验证控件。

表 10-6　验证控件

验 证 控 件	描　　述
<asp: RequiredFieldValidator>	用于指定输入控件为必填控件，以确保用户不会跳过输入
<asp:CompareValidator>	该控件使用比较运算符（小于、等于、大于等）将用户输入与一个常量值或另一个控件的属性值进行比较
<asp:RangeValidator>	该控件用于检查用户的输入是否在指定的上下限内。可以检查数字对、字符串和日期对的范围
<asp:RegularExpressionValidator>	该控件用于检查项与正则表达式定义的模式是否匹配。这种验证类型允许检查可预知的字符序列，如身份证号码、电子邮件地址、电话号码、邮政编码等中的字符序列
<asp:CustomValidator>	该控件用于使用自己编写的验证逻辑检查用户输入。这种验证类型允许检查在运行时导出的值

除以上内置验证控件外，ASP.NET 还提供了一个用于显示错误信息概要的控件 ValidationSummary，用于将来自页面上所有验证控件的错误信息一起显示在一个位置，例如一个消息框或者一个错误信息列表。ValidationSummary 控件不执行验证，但是它可以和所有验证控件一起使用，更准确地说，ValidationSummary 可以与表 10-6 中的 5 个内置验证控件和自定义验证控件共同完成验证功能。

在 Web 页面中使用验证控件时，需要注意以下几个关键的方面。

首先，将验证控件与输入控件关联起来，根据不同类型验证控件的特征定义相关属性。例如，所有验证控件都要通过 ControlToValidate 属性进行关联设置，获取或设置要验证控件的 ID 属性值；所有验证控件都必须通过 ErrorMessage 属性定义错误信息内容，默认值为空；对于范围检查控件 RangeValidator 来讲，必须定义 MaximumValue 和 MinimumValue 属性来指定有效范围的最小值和最大值；对于模式匹配控件 RegularExpressionValidator 来讲，必须使用 ValidationExpression 属性指定用于验证输入控件的正则表达式。以上介绍的使用方式很可能使一个输入控件关联多个验证控件,这在 ASP.NET 2.0 中是被允许的。

其次,ASP.NET 2.0 中为验证控件提供了一个新属性 ValidationGroup。开发人员可使用该属性将单个控件与验证组相关联,再使用多个 ValidationSummary 控件收集和报告这些组的错误。如果未指定验证组,则验证功能等效于 ASP.NET 1.x 中的验证功能。如果在多个控件中指定了多个验证组,则一定会显示多个验证摘要控件,因为一个验证摘要只显示一个组的验证错误。回发到服务器且当前具有 CausesValidation 属性的控件也引入了此 ValidationGroup 属性,该属性确定当控件导致回发时应当验证的控件组。如果未指定验证组,则会验证默认组,默认组由所有没有显式分配组的验证程序组成。

最后,一旦在 Web 页面中正确包含验证控件,那么开发人员就可以使用自己的代码来测试页面或者单个验证控件的状态。例如,在使用输入数据之前测试验证控件的 IsValid 属性。如果为 true,表示输入数据有效;如果为 false,表示输入错误,并显示错误信息。对于 Web 页面来讲,只有当所有验证控件的 IsValid 都为 true,即所有输入数据都符合验证条件时,Page 类的 IsValid 属性才设置为 true,否则为 false。另外,在页面级验证中,ASP.NET 2.0 还提供了两个新方法来支持验证功能:一个是来自 Page 类的 GetValidators 方法,该方法将检索属于指定验证组的验证程序;另一个是来自 Page 类的 Validate 方法的重载,其允许采用验证组作为参数。

【例 10-3】 利用输入验证控件对文本框进行输入验证,同时显示验证汇总,如图 10-5 所示。

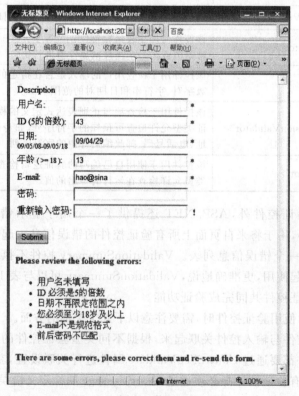

图 10-5 文本框输入验证示例

(1) 对"用户名"文本框的输入进行验证,要求不为空,且只能由大写或小写英文字母组成,代码如下:

```
<asp:TextBox runat="server" Width="200px" ID="Name" />
//利用 RequiredFieldValidator 控件,确保其关联的文本框不为空
<asp:RequiredFieldValidator runat="server" ID="ValidateName"
ControlToValidate="Name" ErrorMessage="用户名未填写" Display="dynamic"> *
</asp:RequiredFieldValidator>
//利用 RegularExpressionValidator 控件,检验文本是否与定义的正则表达式中的模式匹配
//此处要求文本由 a~z 或 A~Z 的字符组成
<asp:RegularExpressionValidator runat="server" ID="ValidateName2"
ControlToValidate="Name" validationExpression="[a-z A-Z] * "
ErrorMessage="用户名只能由大写或小写英文字母组成" Display="dynamic"> *
</asp:RegularExpressionValidator>
```

(2) 对 ID 文本框的输入进行验证,要求不为空,且 ID 数为 5 的倍数,用 CustomValidator 控件自定义客户端和服务器的验证子程序。客户端的验证子程序可放置于<head>元素内,代码如下:

```
function EmpIDClientValidate(ctl, args)
{
    // the value is a multiple of 5 if the module by 5 is 0
    args.IsValid= (args.Value%5 ==0);
}
</script>
```

将 CustomValidator 控件的 ClientValidationFunction 属性设置为客户端验证子程序的函数名称(此处为 EmpIDClientValidate)即可实现客户端的自动验证。

CustomValidator 控件服务器的验证子程序与客户端的验证子程序相似。当页面被回送时,ASP. NET 触发 CustomValidator. ServerValidate 事件(此处为 ValidateEmpID2_ServerValidate),可用 C#代码执行输入验证,代码如下:

```
protected void ValidateEmpID2_ServerValidate(object source, ServerValidateEventArgs
args)
    {
        try
        {
            args.IsValid = (int.Parse(args.Value)%5 ==0);
        }
        catch
        {
            args.IsValid=false;
        }
    }
```

具体实现 ID 文本框的输入验证代码如下:

```
<asp:TextBox runat="server" Width="200px" ID="EmpID" />
<asp:RequiredFieldValidator runat="server" ID="ValidateEmpID"
ControlToValidate="EmpID" ErrorMessage="ID 未填写" Display="dynamic"> *
</asp:RequiredFieldValidator>
<asp:CustomValidator runat="server" ID="ValidateEmpID2"
ControlToValidate="EmpID" ClientValidationFunction="EmpIDClientValidate"
ErrorMessage="ID 必须是 5 的倍数" Display="dynamic"
OnServerValidate="ValidateEmpID2_ServerValidate"> *
</asp:CustomValidator>
```

（3）对"日期"文本框的输入进行验证，要求不为空，且填写的日期在 2008/05/08 与 2008/05/20 之间。利用 RangeValidator 控件验证输入值是否位于预定义的范围内，代码如下：

```
<asp:TextBox runat="server" Width="200px" ID="DayOff" />
<asp:RequiredFieldValidator runat="server" ID="ValidateDayOff"
ControlToValidate="DayOff" ErrorMessage="日期未填写" Display="dynamic"> *
</asp:RequiredFieldValidator>
<asp:RangeValidator runat="server" ID="ValidateDayOff2"
ControlToValidate="DayOff" MinimumValue="2008/05/08"
MaximumValue="2008/05/20" Type="Date"
ErrorMessage="日期不在限定范围之内" Display="dynamic"
SetFocusOnError="True"> *
</asp:RangeValidator>
```

（4）对"年龄"文本框的输入进行验证，要求不为空，且输入年龄大于或等于 18。利用 CompareValidator 控件将关联控件中的值与一个固定值进行比较，也可以与另一个控件中的值进行比较。

```
<asp:TextBox runat="server" Width="200px" ID="Age" />
<asp:RequiredFieldValidator runat="server" ControlToValidate="Age"
ErrorMessage="年龄未填写" Display="dynamic" ID="Requiredfieldvalidator1"> *
</asp:RequiredFieldValidator>
<asp:CompareValidator runat="server" ID="ValidateAge" ControlToValidate="Age"
ValueToCompare="18" Type="Integer"
Operator="GreaterThanEqual" ErrorMessage="您必须至少 18 岁及以上"
Display="dynamic"> *
</asp:CompareValidator>
```

（5）对 E-mail 文本框的输入进行验证，要求不为空，且为一个有效的 E-mail 地址。利用 RegularExpressionValidator 控件的 validationExpression 属性验证 E-mail 地址是否有效，正则表达式".*@.{2,}\..{2,}"描述了这个字符串的验证，开始必须是一定数目的字符(.*)，必须包含@字符，其后最少 2 位字符(域名)，一个点(转义字符\.)，最后至少两个字符用来对域名的扩展。代码如下：

```
<asp:TextBox runat="server" Width="200px" ID="Email" />
<asp:RequiredFieldValidator runat="server" ControlToValidate="Email"
ErrorMessage="E-mail 未填写" Display="dynamic" ID="Requiredfieldvalidator2"> *
</asp:RequiredFieldValidator>
<asp:RegularExpressionValidator runat="server" ID="ValidateEmail"
ControlToValidate="Email" validationExpression=".*@.{2,}\..{2,}"
ErrorMessage="E-mail 不是规范格式" Display="dynamic"> *
</asp:RegularExpressionValidator>
```

（6）对"密码"文本框和"重新输入密码"文本框的输入进行验证，要求不为空，且两个文本框的值一样，代码如下：

```
<asp:TextBox TextMode="Password" runat="server" Width="200px"
ID="Password" />
<asp:TextBox runat="server" TextMode="Password" Width="200px"
ID="Password2" />
<asp:CompareValidator runat="server" ControlToValidate="Password2"
ControlToCompare="Password" Type="String"   ErrorMessage="前后密码不匹配"
Display="dynamic" ID="Comparevalidator1" Name="Comparevalidator1">
<img src="imgError.gif" alt="Fields don't match." />
</asp:CompareValidator>
```

（7）显示验证汇总信息，利用 ValidationSummary 控件显示页面上显示的所有错误的总结，这个总结包括每个验证失败的验证器的 ErrorMessage 值，可以显示在客户端 JavaScript 的信息框里或者显示在页面上。

使用 ValidationSummary 控件的代码如下：

```
<asp:ValidationSummary runat="server" ID="Summary" DisplayMode="BulletList"
HeaderText="<b>Please review the following errors:</b>"
ShowSummary="true" />
```

10.2.5 用户控件

ASP. NET 所包含的核心控件很广泛且功能强大，从封装基本的 HTML 标签到提供更高级的富模型控件，如日期控件、TreeView、数据控件等。当然，即使是最优秀的控件集也不能满足所有开发人员的需求，如果现有的控件不能满足需求，就可以创建自己的用户界面组件，此时有以下两个选择。

（1）用户控件。用户控件是能够在其中放置标记和 Web 服务器控件的容器，可以将用户控件作为一个单元对待，为其定义属性和方法。

（2）自定义服务器控件。自定义服务器控件是编写的一个类，产生自己的 HTML。与用户控件不同，服务器控件总是预编译到 DLL 程序集。根据编写自定义服务器控件方式的不同，可以从零开始呈现它的内容，或者继承一个现有服务器控件的外观和行为并扩展它的功能，或者通过实例化和配置一组组合控件来创建界面。

本小节主要探讨用户控件。创建用户控件要比创建自定义控件方便很多，因为可以重用现有的控件。用户控件使创建具有复杂用户界面元素的控件极为方便。例如,如果需要在同一位置显示不同类型商品的详细信息,而不同类型商品的属性各不相同,因此可以为每一类商品创建一个对应的用户控件以展示不同的属性信息。

1. 用户控件结构

ASP. NET 用户控件与完整的 ASP. NET 网页(. aspx 文件)相似,同时具有用户界面页(. ascx 文件)和代码(. cs 文件)。可以采取与创建 ASP. NET 页面相似的方式创建用户控件,然后向其中添加所需的标记和子控件。用户控件可以像页面一样包含对其内容进行操作(包括执行数据绑定等任务)的代码。

用户控件与 ASP. NET 网页有以下区别。

(1) 用户控件的文件扩展名为 .ascx。

(2) 用户控件中没有@Page 指令,而是包含@Control 指令,该指令对配置及其他属性进行定义。

(3) 用户控件不能作为独立文件运行,而必须像处理任何控件一样,将它们添加到 ASP. NET 网页中。

(4) 用户控件中没有 html、body 或 form 元素,这些元素必须位于宿主网页中。

(5) 可以在用户控件上使用与在 ASP. NET 网页上所用相同的 HTML 元素(html、body 和 form 元素除外)和 Web 控件。

2. 创建用户控件

打开一个网站项目,选中"网站"|"添加新项"菜单选项,然后在弹出的对话框中选择"Web 用户控件"模板,如图 10-6 所示。

图 10-6 添加 Web 用户控件

单击"添加"按钮,把 Web 用户控件添加到网站项目中,就可以在"设计"视图中打开用户控件进行编辑。下面以一个实现微调的用户控件为例,用户可单击向上和向下按钮以进行文本框中的一系列选择,其中包含一个 TextBox 控件和两个 Button 控件,以及处理按钮的 Click 事件和页面的 Load 事件代码。

WebUserControl. ascx 文件代码如下：

```
<%@Control Language="C#" AutoEventWireup="true"
CodeFile="WebUserControl.ascx.cs" Inherits="WebUserControl" %>
<asp:TextBox ID="textColor" runat="server" ReadOnly="True" />
<asp:Button Font-Bold="True" ID="buttonUp" runat="server" Text="^"
OnClick="buttonUp_Click" />
<asp:Button Font-Bold="True" ID="buttonDown" runat="server" Text="v"
OnClick="buttonDown_Click" />
```

WebUserControl. ascx. cs 文件代码如下：

```
using System.Web;
using System.Web.Security;
using System.Web.UI;
using System.Web.UI.HtmlControls;
using System.Web.UI.WebControls;
using System.Web.UI.WebControls.WebParts;
using System.Xml.Linq;

public partial class WebUserControl : System.Web.UI.UserControl
{
    protected int currentIndex;
    protected String[] index = { "1号", "2号", "3号", "4号" };
    protected void Page_Load(object sender, EventArgs e)
    {
        if (IsPostBack)
        {
            currentIndex=Int16.Parse(ViewState["currentIndex"].ToString());
        }
        else
        {
            currentIndex =0;
            Display();
        }
    }

    protected void Display()
    {
        text.Text =index[currentIndex];
        ViewState["currentIndex"] =currentIndex.ToString();
    }

    protected void buttonUp_Click(object sender, EventArgs e)
    {
        if (currentIndex==0)
        {
            currentIndex =index.Length -1;
        }
        else
        {
```

```
        currentIndex -=1;
    }
    Display();
}

protected void buttonDown_Click(object sender, EventArgs e)
{
    if (currentIndex==(index.Length -1))
    {
        currentIndex=0;
    }
    else
    {
        currentIndex +=1;
    }
    Display();
}
}
```

3. 向页面添加用户控件

用户控件不能作为独立文件运行,必须像处理任何控件一样,将它们添加到 ASP. NET 网页中。通过在宿主网页上进行注册,可以将用户控件添加到页面中。在设计模式下,从解决方案管理器中拖曳 Web 用户控件到需要的页面即可,Visual Studio 会自动在页面上注册 Web 用户控件,在页面上添加一个@Register 指令,如下所示:

```
<%@Register src="WebUserControl.ascx" tagname="WebUserControl"
tagprefix="uc1" %>
```

其中,tagname 属性是控件的名字,tagprefix 用来确定 Web 用户控件的独特命名空间,src 属性是用户控件的路径。

同时,Visual Studio 也通过以下代码在页面上添加一个 Web 用户控件:

```
<uc1:WebUserControl ID="WebUserControl1" runat="server" />
```

向页面添加用户控件代码后,运行结果如图 10-7 所示。

图 10-7 用户控件运行结果

10.3 ASP.NET Page 类

ASP.NET 所有网页都是继承自 System.Web.UI.Page 类,所有的 Web 窗体都是 ASP.NET Page 类的实例。Page 类提供的功能直接决定了页面类可以继承的功能。继承 Page 类给代码带来了非常有用的属性,如 Response、Request、Server、Session、Application。

这些属性对应于可以在传统 ASP 网页中使用的内置对象。不过,在传统 ASP 里可以通过随时可用的内置对象访问这些功能,而在 ASP.NET 中,每个内置对象其实对应一个 Page 属性。即这些对象在 ASP 时代已经存在,到了 ASP.NET 环境下,这些对象改由 .NET Framework 中封装好的类来实现,并且由于这些对象在 ASP.NET 页面初始化请求时自动创建,所以能在程序中任何地方直接调用,而无须对类进行实例化操作。

这些对象提供了相当多的功能,例如,可以在两个网页之间传递变量、输出数据,以及记录变量值等。ASP.NET 中常用的内置对象及功能说明如表 10-7 所示。

表 10-7   ASP.NET 中常用的内置对象及功能说明

对　象　名	功　能　说　明
Response	用于向浏览器输出信息
Request	用于获取来自浏览器的信息
Server	提供服务器的一些属性和方法
Application	用于共享多个会话和请求之间的全局信息
Session	用于存储特定用户的会话信息

ASP.NET 的内置对象全部都是全局对象,也就是说不必在程序代码中创建它们就可以直接使用。当然在 ASP.NET 中也有一些非全局对象,在使用这种对象时必须首先通过代码创建相应类的实例,如后面将要介绍的访问服务器端的文件或数据库时用到的对象。

10.3.1   Page 对象

Page 对象是由 System.Web.UI 命名空间中的 Page 类实现的,Page 类与后缀为 .aspx 的文件相关联,这些文件在运行时被编译成 Page 对象,并缓存在服务器内存中。在访问 Page 对象的属性时可以使用 this 关键字。例如,Page.IsValid 可以写成 this.IsValid。

1. Page 对象的常用属性。

Page 对象的常用属性如表 10-8 所示。

表 10-8   Page 对象的常用属性

属　性　名	描　述
Controls	获取 Control Collection 对象,该对象表示 UI(User Interface,用户接口)层次结构中指定服务器控件的子控件
IsPostBack	该属性返回一个逻辑值,表示页面是为响应客户端回发而再次加载的,false 表示首次加载而非回发
IsValid	该属性返回一个逻辑值,表示页面是否通过验证

属 性 名	描 述
EnableViewState	获取或设置一个值,用来指示当前页面请求结束时,是否保持其视图状态
Validators	获取请求的页面上包含的全部验证空间的集合

(1) IsPostBack 属性。Page 对象的 IsPostBack 属性用于获取一个逻辑值,该值指示当前页面是否正为响应客户端回发而加载,或者它是否正在被首次加载和访问。其值为 true 时,表示页面是为响应客户端回发而加载;其值为 false,则表示页面是首次加载。

下面的 Web 页面加载事件代码,使用 Page 对象的 IsPostBack 属性进行判断,从而实现对用户浏览过的网页和没有浏览过的网页提示不同的信息。此 Web 页面中添加了 3 个标准服务器控件: Label、Button 和 TextBox。

```
protected void Page_Load(object sender, EventArgs e)
{
    if (!IsPostBack)
    {
        Label1.Text="这是初次加载的网页,单击按钮或在文本框中按回车键,将引起服务器回
        发";
    }
    else
    {
        Label1.Text="服务器回发网页产生的刷新";
    }
}
```

如图 10-8 和图 10-9 所示,当页面首次加载时,Page 对象的 IsPostBack 属性为 false,若用户在页面中对服务器控件进行了某种操作(如单击按钮、在文本框中按 Enter 键)将引起客户端回发导致的页面重新加载。

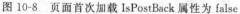

图 10-8 页面首次加载 IsPostBack 属性为 false

图 10-9 响应客户端回发产生的页面重新加载

(2) Controls 属性。Page 对象的 Controls 属性是一个对象集合,通过 Controls 属性可以向集合中添加或移除控件,也可以通过循环访问集合中的所有控件。对于一个空白 Web 窗体来说,该集合仅包含一个 HTML Form 对象,设计时添加到页面中的服务器控件都将包含在该对象中,使用 Controls 属性时必须注意这个层次结构。

2. Page 对象的常用方法（见表 10-9）

表 10-9　Page 对象的常用方法

方法名	描述
DataBind	将数据源绑定到被调用的服务器控件及所有子控件
FindControl(id)	在页面上搜索标识符为 id 的服务器控件,返回值为找到的控件,控件不存在则返回 nothing
ParseControl(content)	将 content 指定的字符串解释成 Web 窗体页面或者用户控件的构成控件,该方法的返回值为生成的控件
RegisterClienScriptBlock	向页面发出客户端脚本块
Validate	指示该页上包含的所有控件验证时指派给它们的信息

3. Page 对象的常用事件（见表 10-10）

表 10-10　Page 对象的常用事件

事件名	描述
Init	当服务器控件初始化时发生,这是控件生存期的第一步
Load	当服务器控件加载到 Page 对象上触发的事件
Unload	当服务器控件从内存中卸载时发生

　　Web 窗体的生命周期代表 Web 窗体从生成到消亡所经历的各阶段,以及在各阶段执行的方法、使用的消息、保持的数据、呈现的状态等。掌握这些知识,会对理解和分析程序设计中出现的问题十分有利。

　　Web 窗体的生命周期及各阶段执行的内容如下。

　　(1) 初始化：该阶段将触发 Page 对象的 Init 事件,并执行 OnInit 方法。该阶段在 Web 窗体的生存周期内仅此一次。

　　(2) 加载视图状态：该阶段主要执行 LoadViewState() 方法,也就是从 ViewState 属性中获取上一次的状态,并依照页面的控件树结构,用递归来遍历整个控件树,将对应的状态恢复到每个控件上。

　　(3) 处理回发数据：该阶段主要执行 LoadPostData() 方法,用来检查客户端发回的控件数据的状态是否发生了变化。

　　(4) 加载：该阶段将触发 Load 事件,并执行 Page_Load 方法。该阶段在 Web 窗体的生命周期内可能多次出现(每次回发都将触发 Load 事件)。

　　(5) 预呈现：该阶段要处理在最终呈现之前所做的各种状态更改。在呈现一个控件之前,必须根据它的属性来产生页面中包含的各种 HTML 标记。例如,根据 Style 属性设置 HTML 页面的外观。在预呈现之前可以更改一个控件的 Style 属性,当执行预呈现时就可以将 Style 值保存下来,并作为呈现阶段显示 HTML 页面的样式信息。

　　(6) 保存状态：该阶段的任务是将当前状态写入 ViewState 属性。

　　(7) 呈现：该阶段将对应的 HTML 代码写入最终响应的流中。

　　(8) 处置：该阶段将执行 Dispose 方法,释放占用的系统资源(如变量占用的内存空间、数据库连接)等。

(9) 卸载: 这是 Web 窗体生命周期的最后一个阶段,在这个阶段中将触发 UnLoad 事件,执行 OnUnLoad 方法,以进行 Web 窗体在消亡前的最后处理。在实际应用中,页面占用资源的释放一般都放在 Dispose 方法中完成,所以 OnUnLoad 方法也就变得不那么重要了。

【例 10-4】 Load 事件与 Init 事件的比较。设计一个 Web 应用程序,向页面中添加 2 个列表框控件 ListBox1、ListBox2,添加 1 个按钮控件 Button1。在 Page 对象的 Load 事件和 Init 事件中分别向 ListBox1 和 ListBox2 中填充若干数字作为选项。按钮控件无须编写任何代码,只是要在用户单击按钮时引起一个服务器端回发。

页面初次加载后,如图 10-10 所示,两个列表框中填充的数据完全相同,但单击按钮或刷新页面引起回发后,可以看到在 Page_Load 事件中填充的 ListBox1 控件的选项出现了重复,如图 10-11 所示。

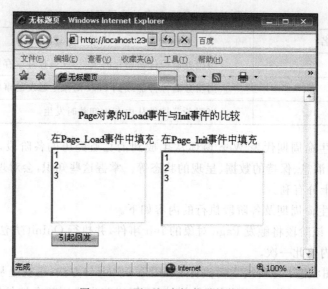

图 10-10 页面初次加载时的状况

程序设计步骤如下。

(1) 设计 Web 页面。新建 1 个 ASP.NET 网站,切换到“设计”视图。参照图 10-12 所示向默认页面 Default.aspx 中添加 1 个用于布局的 HTML 表格,再向表格中添加需要的控件,并适当调整各控件的大小及位置。

(2) 设置对象属性。将按钮控件的 Text 属性设置为“引起回发”,其他各控件的初始属性值均取默认值。

(3) 编写事件代码。在“设计”视图中双击 Web 窗体的空白处,自动切换到代码窗口,并由系统自动创建 Load 事件的过程头和过程尾,用户只需在其间编写相应的事件处理代码即可。若希望创建 Page 对象的 Init 事件,可在代码窗口中所有其他事件过程之外手工编写以下代码:

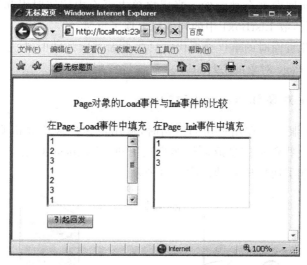

图 10-11　页面回发后的状况

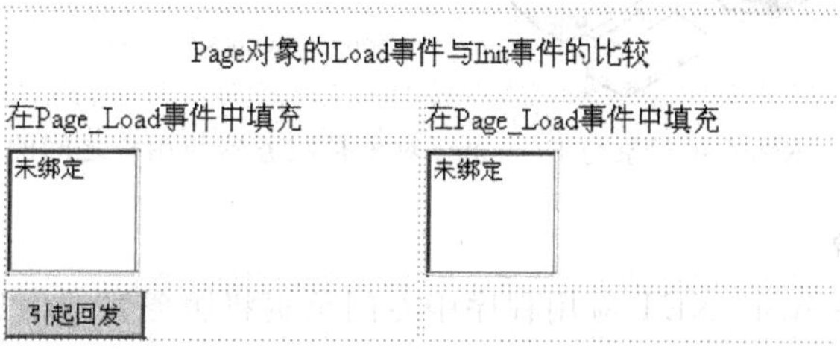

Page对象的Load事件与Init事件的比较

在Page_Load事件中填充　　　　　　在Page_Load事件中填充

未绑定　　　　　　　　　　　　　　未绑定

引起回发

图 10-12　设计 Web 页面

```
protected void Page_Init(object sender, EventArgs e)
{
    for (int i=1; i< 4; i++)
    {
        ListBox2.Items.Add(i.ToString());
    }
}
```

Page 对象的 Load 事件过程代码如下：

```
protected void Page_Load(object sender, EventArgs e)
{
    for(int i=1;i<4;i++)
    {
        ListBox1.Items.Add(i.ToString());
    }
}
```

（4）比较两事件的不同点。Page 对象的 Init 事件和 Load 事件都发生在页面加载的过程中，但在 Page 对象的生存周期中，Init 事件只有在页面初始化时被触发一次，而 Load 事件在初次加载及每次回发都会被触发。当用户单击页面中按钮时引起回发,使 Load 事件处理代码再次被执行,故 ListBox1 中的列表项出现了重复。

如果希望初始化页面时的事件处理代码只在页面首次加载时被执行,则可将代码放在 Init 事件中,或使用 Page 对象的 IsPostBack 属性进行判断。

10.3.2 Response 对象和 Request 对象

Request 对象是服务器在用户访问网站时,从用户客户端获取相关信息,而 Response 对象是从服务器把一些资料信息返回给客户端用户。Request 对象与 Response 对象在服务器与用户之间架起了通信桥梁,如图 10-13 所示。

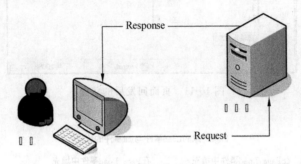

图 10-13　Request 对象与 Response 对象是服务器与用户之间的通信桥梁

1. Response 对象

Response 对象在 ASP.NET 应用程序中专门负责将服务器的信息传递给客户端用户。Response 对象主要应用于客户端的请求,并将服务器的响应返回给用户,可以将用户请求的网址重定向到另一个网址。Response 对象在 ASP.NET 开发中应用十分广泛。

(1) Response 对象常用的属性和常用方法。Response 对象常用的属性如表 10-11 所示。

表 10-11　Response 对象常用的属性

属 性 名	描　　述
Buffer	获取或设置一个布尔值,该值指示是否缓冲输出,并在完成处理整个响应之后将其发送
Cache	获取 Web 页面的缓存策略(过期时间、保密性、变化子句)
Charset	获取或设置输出流的 HTTP 字符集
ContentEncoding	获取或设置输出流的 HTTP 字符,该属性值是包含有关当前响应的字符集信息的 Encoding 对象
ContentType	获取或设置输出流的 HTTP MIME 类型,默认值为 text/html
Cookies	获取响应 Cookie 集合,通过该属性可将 Cookie 信息写入客户端浏览器
Expires	获取或设置在浏览器上缓存的页过期之前的分钟数。如果用户在页面过期之前返回该页,则显示缓存版本
ExpiresAbsolute	获取或设置从缓存中移除缓存信息的绝对日期和时间
IsClientConnected	获取一个值,通过该值指示客户端是否仍连接在服务器上

Response 对象常用的方法如表 10-12 所示。

表 10-12　Response 对象常用的方法

方　法　名	描　　　述
AppendToLog(string)	将自定义日志信息添加到 IIS 日志文件,string 参数为希望添加的文本字符串
BinaryWrite(buffer)	将一个二进制字符串写入 HTTP 输出流,buffer 参数为要写入流的字节数
ClearContent()	清除缓冲区流中的所有内容输出
End()	将当前所有缓冲的输出发送到客户端,停止该页的执行,并触发 EndRequest 事件
Redirect(URL)	将客户端浏览器重定向到参数 URL 指定的目标位置
Write(string)	将信息写入 HTTP 输出内容流,参数 string 表示要写入的内容
WriteFile(filename)	将 filename 指定的文件写入 HTTP 输出内容流

在实际应用中,Response 对象主要用于向 Web 页面输出信息(包括脚本和文字),向页面输出文件及将客户端浏览器重定向到新的 URL 地址。

(2) 使用 Response 对象的 Write 方法。使用 Response 对象的 Write 方法可以将信息写入 HTML 输出内容流。Write 方法的语法格式如下:

```
Response.Write(string);
```

其中参数说明如下。

① string 是希望输出到 HTML 流的字符串。

② string 可以是字符串常量,也可以是字符串变量,而且其中可以包含以<script>和</script>说明的脚本语言。

如果希望在 string 中使用双引号("),则应将双引号写成两个连续的双引号("")或一个单引号(')。例如:

```
//向浏览器写入带有格式的文字信息
Response.Write("<font face=黑体 size=5 color=blue>欢迎访问我的站点</font><br>
<br>");
//输出 C#的方法或属性的值(输出变量的值)
Response.Write(DateTime.Now.ToLongTimeString()+"<br><br>"); //显示服务器时间
//向浏览器写入带有超链接的文字信息
Response.Write("<a href='http://www.163.com'>访问网易</a><br><br>");
//向浏览器写入包含脚本的文字信息(无确认直接关闭当前窗口)
Response.Write("<a href='javascript:window.opener=null;window.close()'>关闭窗
口</a>");
```

(3) 使用 Response 对象的 WriteFile 方法。使用 Response 对象的 WriteFile 方法可以将指定的文件直接写入 HTML 内容输出流。其语法格式如下:

```
Response.WriteFile(filename);
```

其中,filename 参数用于说明文件的名称及路径。

在使用 WriteFile 方法将文件写入 HTML 流前,应使用 ContentType 属性说明文件的类型或标准 MIME 类型。该属性值是一个字符串,通常以如下格式表示:

```
类型/子类型
```

常用的类型及子类型包括 text/html(默认值)、image/gif、image/jpeg、application/msword、application/vnd.ms-excel 和 application/vnd.ms-powerpoint 等。例如:

```
//使用 Response 对象的 WriteFile 方法输出一个 Excel 文件
Response.ContentType="application/vnd.ms-excel";        //设置文件类型
//设置文件内容编码
Response.ContentEncoding=System.Text.Encoding.GetEncoding("gb2312");
Response.WriteFile(Page.MapPath("1.xls"));              //输出 Excel 文件
```

说明:在设置文件内容编码时,使用 Response 对象的 ContentEncoding 属性指定了以 GB2312(汉字)为输出内容的编码方案。若没有这一句,可能会在浏览器中出现乱码。

(4) 使用 Response 对象的 Redirect 方法。Response 对象的 Redirect 方法用于将客户端重定向到新的 URL。该方法的语法格式如下:

```
Response.Redirect(url[,endResponse])
```

其中,字符串参数 url 表示目标 URL 地址,可选布尔参数 endResponse 表示是否终止当前页的执行。例如,下列语句将使用客户端浏览器重定向到"百度"搜索引擎的主页:

```
Response.Redirect("http://www.baidu.com")
```

该方法常被用来根据某条件将用户引向不同页面的情况。例如,如果用户正确回答了口令,则可看到诸如视频点播、软件下载、资料阅读等页面;否则将被跳转到另一个页面,看到拒绝进入的说明信息。

使用 Response 对象的 Redirect 方法时应注意以下问题。

① 使用该方法实现跳转时,浏览器地址栏中将显示目标 URL。

② 执行该方法时,重定向操作发生在客户端,涉及两个不同页面或两个 Web 服务器之间的通信,第一阶段是对原页面的请求,第 2 阶段是对目标 URL 的请求。

③ 该方法执行后,内部控件保存的所有信息将丢失,因此当从 A 页面跳转到 B 页面后,在页面 B 中无法访问 A 页面提交的数据。若需从 A 页面传递数据到 B 页面,只能通过 url 参数中的"?"来实现。例如:

```
string usemame=txtUsemameText;                         //将文本框中的文本存入变量
//将变量值以 name 为新的名称传送给目标页面 welcome.aspx
Response.Redirect("welcome.aspx?name=" +usemame);
```

目标页面被打开后,可以使用 Request 对象的 QueryString 属性读取上一页传递来的数据。

(5) 使用 Response 对象的 End 方法。End 方法用来输出当前缓冲区的内容,并终止当前页面的处理。例如：

```
Response.Write("欢迎光临");
Response.End();
Response.Write("我的网站");
```

页面中只能显示"欢迎光临"，而不会输出"我的网站"。End 方法常被用来进行程序调试。

2. Request 对象

Request 对象实际上是从 System. web 命名空间中的 HttpRequest 类派生出来的。当客户端浏览器请求 ASP. NET 应用程序时，CLR 将客户端请求信息封装在 Request 对象中，包括请求报头（Header、浏览器类型、浏览器版本号、用户使用的语言及编码方式等）、请求方法（Post 或 Get）、参数名称、参数值等。

Request 对象主要有以下用途：第一，用来在不同网页之间传递数据；第二，Web 服务器可以使用 Request 对象获取用户所使用的浏览器的信息；第三，Web 服务器可以使用 Request 对象显示 Web 服务器的信息；第四，可以用 Request 对象获得 Cookie 信息。

（1）Request 对象的常用属性如表 10-13 所示。

表 10-13　Request 对象的常用属性

属 性 名	描　　述
Browser	获取或设置有关正在请求的客户端的浏览器功能的信息。该属性实际上是 Request 对象的一个子对象，包含很多用于返回客户端浏览器信息的子属性
ContentLength	指定客户端发送的内容长度（以字节为单位）
FilePath	获取当前请求的虚拟路径
Form	获取窗体变量集合
Headers	获取 HTTP 头集合
HttpMethod	获取客户端使用的 HTTP 数据传输方法（如 GET、POST 或 HEAD）
QueryString	获取 HTTP 查询字符串变量集合
RawUrl	获取当前请求的原始 URL
UserHostAddress	获取远程客户端的 IP 主机地址
UserHostName	获取远程客户端的 DNS 名称

（2）Request 对象的常用方法有两个。

① MapPath(VirtualPath)：该方法将当前请求的 URL 中的虚拟路径 VirtualPath 映射到服务器上的物理路径。参数 VirtualPath 用于指定当前请求的虚拟路径（可以是绝对路径，也可以是相对路径）。返回值为与 VirtualPath 对应的服务器端物理路径。

② SaveAs(filename,includeHeaders)：该方法将客户端的 HTTP 请求保存到磁盘。参数 filename 用于指定文件在服务器上保存的位置；布尔型参数 includeHeaders 用于指示是否同时保存 HTTP 头信息。

例如，下列代码将用户请求页面的服务器端物理路径显示到页面中，将用户的 HTTP 请求信息（包括 HTTP 头数据）保存到服务器磁盘中。

```
Protected void Button1_Click( object sender, EventArgs e)
{
    //在页面中显示请求文件在服务器中的物理路径
    Response.Write( Request.MapPath("default.aspx"));
    //将用户的 HTIP 请求保存到 abc.txt 文件中
    Request.SaveAs(" d:\\asp.net\\abc.txt", true);
}
```

10.3.3　Server 对象

Server 对象派生自 HttpServerUtility 类,可以通过 Page 对象的 Server 属性获取
Server 对象。该对象提供了访问服务器的属性和方法,主要包括得到服务器的计算机名称,
设置脚本程序失效时间,将 HTML 的特殊标记转变为 ASCII 字符,得到文件的真实路径
等。使用 Server 对象也可以从一个网页传递数据到另一个网页。

1. Server 对象的常用属性

(1) MachineName 属性。该属性用于获取服务器计算机的名称,使用方法如下:

```
string s=Server.MachineName;
```

计算机名称可以用如下方法查到:打开“控制面板”,选中“系统”中的“计算机名”。采用这种
方法查到的计算机名称应该与用 Server 对象的属性 MachineName 获得的计算机名称一致。

(2) ScriptTimeout 属性。该属性用于获取或设置请求超时的时间(单位为秒)。

网站中的程序运行在计算机网络中,由于网络的原因,一些代码可能无法完成,一直在
等待,这将极大地消耗 Web 服务器的资源。为了避免这种情况,可以设置程序运行的最长
时间,即设置属性 ScriptTimeout,如果程序运行时间超过了 ScriptTimeout 指定的时间即做
超时处理,停止程序运行。

2. Server 对象的常用方法

Server 对象的常用方法如表 10-14 所示。

表 10-14　Server 对象的常用方法

方　法　名	描　　　　　述
Execute(path)	跳转到 path 指定的另一个页面,在另一个页面执行完毕后返回当前页面
Transfer(path)	终止当前页面的执行,并为当前请求开始执行 path 指定的新页面
MapPath(path)	返回与 Web 服务器上的指定虚拟路径(path)相对应的物理文件路径
HtmlDecode(str)	对为消除无效 HTML 字符而被编码的字符串进行解码(还原 HtmlEncode 操作)
HtmlEncoder(str)	对要在浏览器中显示的字符串(str)进行编码,以防止将字符串中包含的 HTML 标记解释成字符串的格式
UrlDecode(str)	对 URL 字符串进行解码,该字符串为了进行 HTTP 传输而进行编码并在 URL 中发送到服务器
UrlEncode(str)	以便通过 URL 从 Web 服务器到客户端进行可靠的 HTTP 传输,对 URL 字符串(str)进行编码

（1）Execute 方法和 Transfer 方法。Server 对象的 Execute 方法和 Transfer 方法都可以实现从当前页面跳转到另一个页面的功能。但需要注意的是：Execute 方法在新页面中的程序执行完毕后自动返回到原页面，继续执行后续代码；而 Transfer 方法在执行了跳转后不再返回原页面，后续语句也永远不会被执行，但跳转过程中 Request、Session 等对象中保存的信息不变。这意味着从 A 页面使用 Transfer 方法跳转到 B 页面后，可以继续使用 A 页面中提交的数据。

此外，由于 Execute 方法和 Transfer 方法都是在服务器端执行的，客户端浏览器并不知道已进行了一次页面跳转，所以其地址栏中的 URL 仍然是原页面的数据。这一点与 Response 对象 Redirect 方法实现的页面跳转是不同的。

Execute() 方法的语法格式如下：

```
Server.Execute(url[,write]);
```

其中参数说明如下。

① url 表示希望跳转到的页面路径。

② write 是一个可选的 StringWrite 或 StreamWrite 类型的变量，用于捕获页面的输出信息。

Transfer() 方法的语法格式如下：

```
Server.Transfer(url[,saveval]);
```

其中参数说明如下。

① url 表示希望跳转到的页面路径。

② saveval 是一个可参的布尔型参数，用于指定在跳转到目标页面后是否保存当前页面的 QueryString 和 Form 集合中的数据。需要注意的是，写在 Transfer() 方法语句之后的任何语句都将永不被执行。

（2）MapPath 方法。网页中文件的路径通常使用相对路径，相对于宿主目录，并不是相对于驱动器的绝对路径。而在使用 File 类处理文件时，则要求文件的地址必须是相对于驱动器的绝对全路径。Server 对象的 MapPath 方法就是用来完成这一任务的。例如，f1.aspx 文件存在宿主目录下的 Test 目录下，用 Server 对象得到 f1.aspx 文件绝对路径的方法如下：

```
string s=Server.MapPath("\Test\f1.aspx");        //参数为与根相关的路径
```

另外，也可以采用以下方法：

```
Server.MapPath("./ ")                 //获得所在页面的当前目录
Server.MapPath(" ~")                  //获得应用程序根目录所在位置
Server.MapPath(Request.FilePath)      //获得当前页面的物理路径
```

（3）HtmlEncode 方法和 HtmlDecode 方法。HTML 标记语言中，有些 ASCII 字符被作为标记，例如字符串
中的"<"和">"都是标记，如需要显示这些字符，必须做特殊处理。例如，为了在浏览器中正确显示如下字符串："
是换行标记"，字符串必须写为如下形式：

```
this.label1.Text="&lt;br&gt;       //是换行标记";
```

也可以用 Server 对象的 HtmlEncode 方法,用法如下:

```
this.label2.Text=Server.HtmlEncode("<br>是换行标记");
```

方法 HtmlDecode 对被 HtmlEncode 方法编码的字符串进行解码。

```
string a=Server.HtmlEncode(this.label2.Text);
this.Label3.Text=Server.HtmlDecode(a);
```

(4) UrlEncode 方法和 UrlDecode 方法。在 URL 中,?、&、/和空格字符有特殊意义,因此这些字符在 URL 中不能作为普通字符使用,用 HttpUtility.UrlEncode 方法将对具有特殊含义的字符做特殊处理,确保所有浏览器均正确地传输 URL 字符串中的文本。UrlDecode 方法对字符串进行 URL 解码并返回已解码的字符串,例如:

```
string s=Server.UrlDecode(已编码字符串);
```

10.3.4　Session 对象

当浏览器从网站的一个网页链接到另一个网页,有时希望为这些被访问的网页中的数据建立某种联系。例如,一个网上商店的购物车要记录用户在各个网页中所选的商品,可以使用 Session 对象解决类似问题。当用户使用浏览器进入网站访问网站中的第一个网页时,Web 服务器将自动为该用户创建一个 Session 对象,在 Session 对象中可以建立一些变量,这个 Session 对象和 Session 对象中的变量只能被这个用户使用而其他用户不能使用。当用户浏览网站中的不同网页时,Session 对象和存储在 Session 对象中的变量不会被清除,这些变量始终存在。当浏览器离开网站或超过一定时间和网站没有联系,Session 对象被撤销,同时存储在 Session 中的变量也不存在了。默认情况下,Session 的生存周期是 20 分钟,可以通过 Session 的 Timeout 属性更改这一设置。

使用在 Session 对象中建立变量的方法,可以在网页之间传递数据。在 ASP 中,Session 对象的功能本质上是用 Cookie 实现的,如果用户将浏览器上面的 Cookies 设置为禁用,那么 Session 就不能工作了。但在 ASP.NET 中,如果在 web.config 文件中,将＜sessionstate cookieless="false" /＞设置为 true,则不使用 Cookies,Session 也正常工作。

1. Session 对象的常用属性、方法和事件

(1) Session 对象的常用属性如表 10-15 所示。

表 10-15　Session 对象的常用属性

属 性 名	描 述
Count	获取 Session 对象集合中子对象的数量
IsCookieless	获取一个布尔值,表示 Session 的 ID 存放在 Cookies 还是嵌套在 URL 中,True 表示嵌套在 URL 中
IsNewSession	获取一个布尔值,该值表示 Session 是否是与当前请求一起创建的,若是一起创建的则表示是一个新会话

属　性　名	描　　述
IsReadOnly	获取一个布尔值，该值表示 Session 是否为只读
SessionID	获取唯一标识 Session 的 ID 值
Timeout	获取或设置 Session 对象的超时时间（以分钟为单位）

（2）Session 对象的常用方法如表 10-16 所示。

表 10-16　Session 对象的常用方法

方　法　名	描　　述
Abandon()	取消当前会话
Clear()	从会话状态集合中移除所有的键和值
Remove()	删除会话状态集合中的项
RemoveAll()	删除会话状态集合中所有的项
RemoveAt(index)	删除会话状态集合中指定索引处的项

（3）Session 对象有以下两个事件。

① Start 事件：在创建会话时发生。

② End 事件：在会话结束时发生。需要说明的是，当用户在客户端直接关闭浏览器退出 Web 应用程序时，并不会触发 Session_End 事件，因为关闭浏览器的行为是一种典型的客户端行为，是不会被通知到服务器端的。Session_End 事件只有在服务器重新启动、用户调用了 Session_Abandon() 方法或未执行任何操作而达到了 Session. Timeout 设置的值（超时）时才会被触发。

2. 向 Session 对象中存入数据

向 Session 对象中存入数据的方法十分简单，下面的语句使用户单击按钮时将 3 个字符串分别存入两个 Session 对象中：

```
protected void Button1_Click(object sender, EventArgs e)
{
    Session["myval1"]="这是 Session 传递的数据 1";
    string strVal2="这是 Session 传递的数据 2";
    Session["myval2"]=strVal2;
}
```

由于 Session 对象中可以同时存放多个数据，所以需要用一个标识加以区分，如 myval1 和 myval2。需要注意的是，如果在此之前已存在 myval1 或 myval2，则再次执行赋值语句将更改原有数据，而不会创建新的 Session 对象。

3. 从 Session 对象中取出数据

当目标页面装入时，从 Session 对象中取出数据的方法如下：

```
protected void Page_Load(object sender,EventArgs e)
{
    Label1.Text=(string)(Session["myval1"]);
    Label2.Text=(string)(Session["myval2"]);
}
```

10.3.5 Application 对象

Application 对象与 Session 对象的作用十分相似,都是用来在服务器保存会话信息的对象,使用方法和常用属性、事件、方法也基本相同。与 Session 对象的不同点在于, Application 对象是一个共有对象,所有用户都可以对某个特定的 Application 对象值进行修改,而 Session 对象保存的数据则是仅由特定的来访者使用的。

例如,在河南省的 A 用户和在河北省的 B 用户同时访问某一服务器,若 A 修改了 Application 对象中存放的信息,B 用户在刷新页面后就会看到修改后的内容;但若 A 修改了 Session 对象中存放的数据,B 用户是感觉不到的,此时只有 A 可以看到和使用这些数据,即 Session 对象中存放的是 A 的专用信息。

1. Application 对象的常用属性、方法和事件

Application 对象的常用属性、方法和事件与前面介绍过的 Session 对象的常用属性、方法和事件基本相同。

由于 Application 对象中存放的信息是共有的,有可能发生在同一时间内多个用户同时操作同一个 Application 对象的情况,为了避免此类问题导致的错误,Application 对象增加了 Lock()方法和 UnLock()两个方法,用于在使用 set 方法更改 Application 对象值时将其锁定,更改完毕再解除锁定。

Application 对象的常用事件有以下两个。

(1) Start 事件:该事件在应用程序启动时被触发。当第一次启动应用程序时发生也会触发 Session_Start 事件,不过 Application_Start 事件在 Session_Start 事件之前发生。该事件在应用程序的整个生命周期中仅发生一次,此后除非 Web 服务器重新启动,否则不会再次触发。

(2) End 事件:Application_End 事件在应用程序结束时被触发,即 Web 服务器关闭或重新启动时被触发。同样,在应用程序结束时也会触发 Session_End 事件,但 Application_End 事件发生在 Session_End 事件之后。在 Application_End 事件中,常放置用于释放应用程序所占资源的代码段。

2. 向 Application 对象写入数据

在向 Application 对象中保存数据时可使用如下所示的语法格式:

```
Application["对象名"]=对象值;
```

或

```
Application.Add("对象名",值);
```

3. 修改 Application 对象中的数据

修改已存在于 Application 对象中的数据,需要使用 Set 方法并配合 Lock()方法和 UnLock()方法使用,示例如下:

```
Application.Look();            //锁定 Application 对象,以防止其他用户对其进行操作
//修改已存在于 Application 对象中的 test 的值为自身+1
Application.Set("test", Application("test") +1);
Application.UnLock();          //解锁 Application 对象
```

4. 读取 Application 对象中的数据

读取 Application 对象中数据的方法如下所示:

```
string user;
user =Application("username") . ToString();
```

注意:Application("对象名")的返回值是一个 Object 类型的数据,操作时应注意数据类型的转换。

【**例 10-5**】 使用 Application 对象和 Session 对象结合全局配置文件 Global. asax 和站点配置文件 Web. config 设计一个能统计当前在线人数的 Web 应用程序,程序运行界面如图 10-14 所示。当有新用户打开网页或有用户退出时,页面中的在线人数能自动更新。

程序设计如下。

(1)编写全局配置文件 Global. asax。网站的全局配置文件 Global. asax 是一个可选文件,创建站点时系统并未自动生成该文件。网站创建后,可在"解决方案资源管理器"中右键单击项

图 10-14 统计在线人数

目名称,在弹出的快捷菜单中执行"添加新项"命令,在"添加新项"对话框中选择"全局应用程序类"模板后单击"添加"按钮。

Global. asax 文件添加后,系统将自动打开其代码窗口,可以看到系统已在该文件中创建了关于 Application、Session 对象的 Start 和 End 空事件过程。在各事件中添加相应的代码:

```
void Application_Start(object sender, EventArgs e)
{
    //在应用程序启动时运行的代码
    Application["online"]=0;              //初始化在线人数变量值
}
void Session_Start(object sender, EventArgs e)
{
    //在新会话启动时运行的代码
    Application.Lock();                   //锁定 Application 对象
```

```
        int iNum=(int)Application["online"] +1;
        Application.Set("online", iNum);              //修改对象的值为自身+1
        Application.UnLock();                         //解除对象的锁定
    }
    void Session_End(object sender, EventArgs e)
    {
        //在会话结束时运行的代码
        //注意：只有在 Web.config 文件中的 sessionstate 模式设置为
        //InProc 时,才会引发 Session_End 事件
        //如果会话模式设置为 StateServer 或 SQLServer,则不会引发该事件
        Application.Lock();
        int iNum=(int)Application["online"] -1;
        Application.Set("online", iNum);
        Application.UnLock();
    }
```

（2）修改网站配置文件 Web.config。在"解决方案资源管理器"窗口中双击打开 Web
.config 文件,在<system.web>标记和</system.web>标记之间添加如下配置语句：

```
<sessionState mode="InProc" timeout="1" cookieless="false"></sessionState>
```

该配置表示设置 Session 的模式为"InProc"（在进程中）,超时时间为 1 分钟,SessionID
值写入客户端 Cookie,而不是 URL 中。

（3）编写 default.aspx 的事件代码。default.aspx 页面装入时执行的事件过程代码
如下：

```
protected void Page_Load(object sender, EventArgs e)
    {
        this.Title="使用 Application 和 Session 对象统计在线人数";    //设置页面标题
        //显示在线人数
        Response.Write("<b>当前在线人数为: " +Application["online"] +"</b>");
        Response.AddHeader("Refresh", "30");              //设置页面每 30s 刷新一次
    }
```

10.3.6 Cookie 对象

用户用浏览器访问一个网站,Web 服务器并不能知道是哪一个用户正在访问。但一些
网站希望能够知道访问者的一些信息,例如是不是第一次访问,访问者上次访问时是否有未
做完的工作,这次是否为其继续工作提供方便等。用浏览器访问一个网站,可以在此网站的
网页之间跳转,当从第一个网页转到第二个网页时,第一个网页中建立的所有变量和对象都
将不存在。有时希望为这些被访问的网页中的数据建立某种联系,例如一个网上商店,访问
者可能从网站不同的网页中选取各类商品,那么用什么办法记录该访问者选取的商品,也就
是一般所说的购物车功能如何实现呢? 用 Cookie 对象可以解决以上问题。

由于 Cookie 与 Web 站点直接关联,因此只要用户发出浏览此 Web 站点中页面的请
求,浏览器就会和服务器交换 Cookie 信息。Cookie 对象不隶属于 Page 对象,而分别隶属于

Request 对象和 Response 对象，每一个 Cookie 变量都被不同的 Cookie 对象所管理。

Cookie 对象完整的类别名称是 HttpCookieCollection。

如果保存一个 Cookie 变量，需要使用 Response 对象的 Cookies 集合，语法如下：

```
Response.Cookies["变量名"].Value="表达式"
```

如果读取一个 Cookie 变量，需要使用 Request 对象的 Cookies 集合，语法如下：

```
username=Request.Cookies["变量名"].Value
```

Cookies 对象最常用的属性有以下几种。

(1) Expires 属性：设定 Cookie 变量的有效时间，默认为 1000min，若设为 0 则可以实时删除 Cookie 变量。

(2) Name 属性：Cookie 变量的名称。

(3) Value 属性：Cookie 变量的值。

【例 10-6】 用 Cookie 对象记录访问者是第几次访问本站，并将次数显示出来。

```csharp
void Page_Load(Object src, EventArgs e)
{
    if(!Page.IsPostBack)
                                        //如果响应事件后重新生成网页,访问次数不加 1
    {
        intNum=1;
        HttpCookie myCookie=Request.Cookies["VistNum"];    //取出 Cookies
        DateTime now=DateTime.Now;       //得到当前时间
        if(myCookie!=null)               //名称为 VistNum 的 Cookies 是否存在
    {
        Num=Convert.ToInt16(myCookie.Value);
        Num++;                           //如果存在,取出 Cookies 存的值,加 1
    }
        Else                             //如果不存在,创建 Cookies
    {
        myCookie=new HttpCookie("VistNum");
    }
        myCookie.Value=Num.ToString();
        myCookie.Expires=now.AddHours(48);    //数据两天后无效,否则退出网页失效
        Response.Cookies.Add(myCookie);       //Cookies 中的值不能修改,只能覆盖
        Label1.Text="您是第"+Num.ToString()+"次访问本站";
    }
}
```

当然浏览器的 Cookies 必须设置为允许使用。本例存在的问题是访问网站的不同网页或单击浏览器的刷新按钮时也加 1，这是不合理的。改进方法是在 Session_OnStart 事件处理函数中取出 Cookie 的值加 1，并显示用户访问本站的次数。

10.4 本章小结

本章主要讲述了 ASP. NET 常用控件和 ASP. NET 内置对象的基础,如 HTML 控件、Web 控件、列表控件、验证控件等,可用来构建复杂的 ASP. NET 页面。还阐述了如何在网页代码里使用 ASP. NET 控件、访问它们的属性、处理服务器端事件,以及如何使用验证控件验证潜在的有问题的用户输入。最后深入分析了 ASP. NET 页面,详细讲解了 Page 类及其常用属性的使用方法。

习 题 10

1. 简述 ASP. NET 中 Web 应用程序与 Windows 应用程序的相同点与不同点。
2. HTML 与 XHTML 有什么异同?
3. HTML 控件与 Web 服务器控件相比,主要的区别是什么?
4. 设计一个可以在程序运行中动态更改文本框中文字的字体、字型和字号的网页,如图 10-15 所示,页面打开后用户可以使用程序提供的单选按钮、复选框和下拉列表更改文字“欢迎访问我的网站”的样式。

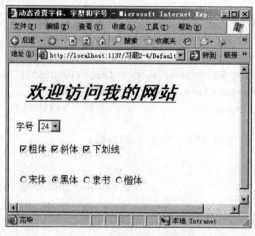

图 10-15 程序运行结果

5. 使用输入验证控件设计一个注册界面,对用户输入数据进行验证(用户名不能为空,密码不能为空,两次密码必须相同,电子邮件地址合法),验证失败时显示出错提示信息,如图 10-16 所示。
6. ASP. NET 中常用的对象有哪些?
7. 简述 Page 对象的 IsPostBack 属性的作用。
8. 简述 Web 页面的生命周期及各阶段执行的具体内容。
9. 简述 Page_Init 和 Page_Load 事件的不同点。
10. Application 对象、Session 对象和 Cookie 对象有什么区别和联系?
11. 设计一个包含两个 Web 页面的 ASP. NET 网站,在默认主页 default. aspx 中包含两个链接按钮,这两个链接的目标 URL 都指向网站中的第二个页面 second. aspx,单击“链

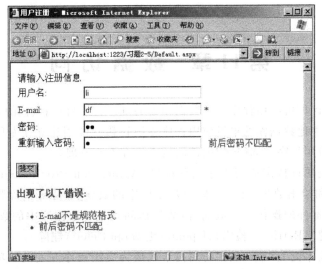

图 10-16　验证失败显示出错提示信息

接"按钮时分别使用 Response 对象的 Redirect 方法和 Server. Transfer 方法实现页面间的跳转。注意浏览器地址栏的 URL 显示,比较这两种跳转方法的不同点。

12. 设计一个工作日志查询程序,可参考图 10-17 做界面设计,功能要求如下。

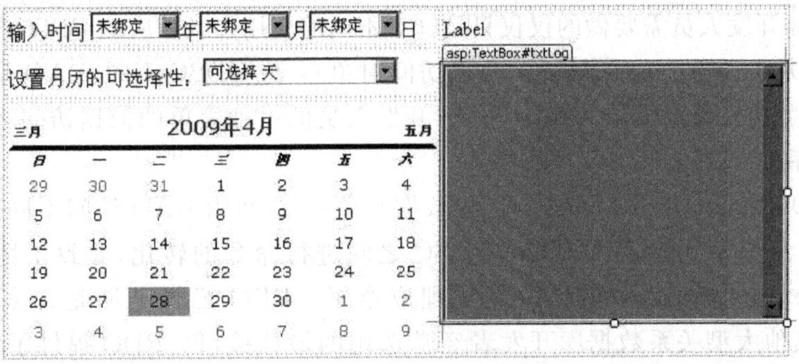

图 10-17　工作日志查询界面

(1) 月历显示后,能按预先设定在节日日期的下方显示节日的名称。

(2) 用户选择的时间中若记录有工作日志,则将其显示出来;否则,显示"今天没有记录工作日志"的提示。

(3) 用户可通过"输入时间"栏中的 3 个下拉列表框或直接单击月历中的日期,设置希望查询的时间。

(4) 改变下拉列表框中的数据,将引起月历控件中的数据自动变化;同样改变月历控件中的时间数据,也将引起下拉列表框中数据的自动变化。

(5) 用户可通过"设置月历的可选择性"下拉列表框改变月历的选择方式。默认只能选择"天",供选项有"只读"(不能选择时间)、"天、周"或"天、周、月"。

提示:可利用一个数组存储一年中的节日;设计一个结构用于存放日志(包括日志的时间和内容),声明一个结构数组存放所有的日志。实际应用中,这些数据应从数据库中读取。

第 11 章 数 据 访 问

目前,大量的计算机应用程序都是数据驱动的,应用程序使用数据的方式一直在不断变化,开发者从使用本地数据库的单机应用程序逐渐转移到使用建立在专用服务器上的集中数据库的分布式应用程序。同时,数据访问技术也在不断发展。

数据访问就是通过特定应用程序编程接口(Application Programming Interface,API)从数据库中获取和检索数据、保存和修改数据库中的数据、删除和清除数据库中的某些数据,以及进行一些额外的操作。一般而言,数据访问就是对数据库中的数据进行 CRUD 操作,即 Create(创建)、Retrieve(检索)、Update(更新)和 Delete(删除)。

自从数据库技术诞生以来,数据访问技术就成为应用程序开发的一项重要技术。随着数据库技术的不断发展,数据访问技术也在不断进步。

主流的数据访问技术根据开发平台的不同主要分为两个体系:微软体系和 Java 体系。

1. 微软体系

(1) ODBC(Open Data Database Connectivity,开放式数据库互连):这是第一个使用 SQL 访问不同关系数据库的数据访问技术。使用 ODBC 应用程序能够通过同样的命令操纵不同类型的数据库,而开发人员需要做的仅仅只是针对不同的应用加入相应的 ODBC 驱动。

(2) DAO(Data Access Objects,数据访问对象):与 ODBC 不同,DAO 是面向 C/C++ 程序员的,是微软公司提供给 Visual Basic 开发人员的一种简单的数据访问方法,用于操作 Access 数据库。

(3) RDO(Remote Data Object,远程数据对象):在使用 DAO 访问不同的关系型数据库的时候,Jet 引擎不得不在 DAO 和 ODBC 之间进行命令的转化,导致了性能的下降,而 RDO(Remote Data Objects)的出现就顺理成章了。RDO 已被证明是许多 SQL Server、Oracle 以及其他大型关系数据库开发者经常选用的最佳接口。RDO 提供了用来访问存储过程和复杂结果集的更多且更复杂的对象、属性及方法。

(4) OLE DB(Object Linking and Embedding Database,对象链接和嵌入数据库):随着越来越多的数据以非关系型格式存储,需要一种新的架构来提供这种应用和数据源之间的无缝连接,基于组件对象模型 COM(Component Object Model)的 OLE DB 应运而生了。

(5) ADO(ActiveX Data Objects,ActiveX 数据对象):用于存取数据源的 COM 组件,提供了编程语言和统一数据访问方式 OLE DB 的一个中间层。ADO 允许开发人员编写访问数据的代码而不用关心数据库是如何实现的,只需要关心到数据库的连接。访问数据库的时候,关于 SQL 的知识不是必要的,但是特定数据库支持的 SQL 命令仍可以通过 ADO 中的命令对象来执行。ADO 被设计来继承微软公司早期的数据访问对象层,包括 RDO 和 DAO。

(6) ADO.NET:Microsoft 公司在.NET 框架中提出的全新的数据访问模型,是一组用于和数据源进行交互的面向对象类库。通常情况下,数据源是数据库,但它同样也可以是文本文件、Excel 表格或者 XML 文件。

(7) LINQ to SQL 和 ADO.NET EF(Entity Framework):微软公司下一代基于

ADO. NET 构建的类似 ORM 技术的高层数据访问技术。借助 LINQ 技术,可以使用一种类似 SQL 的语法来查询任何形式的数据。到目前为止,LINQ 所支持的数据源有 SQL Server、XML 以及内存中的数据集合。开发人员也可以使用其提供的扩展框架添加更多的数据源,例如 MySQL、Amazon 甚至是 Google Desktop。

2. Java 体系

(1) JDBC(Java Database Connectivity,Java 数据库互连):它可分为以下 4 种规范。

Type 1:这类驱动程序将 JDBC API 作为到另一个数据访问 API 的映射来实现,如 ODBC。这类驱动程序通常依赖本机库,这就限制了其可移植性。JDBC-ODBC 驱动程序就是 Type 1 驱动程序的最常见的例子。

Type 2:这类驱动程序部分使用 Java 编程语言编写,部分使用本机代码编写,使用特定于所连接数据源的本机客户端库。同样,由于使用本机代码,所以其可移植性受到限制。

Type 3:这类驱动程序使用纯 Java 客户端,并使用独立于数据库的协议与中间件服务器通信,然后中间件服务器将客户端请求传给数据源。

Type 4:这类驱动程序是用纯 Java 实现的针对特定数据源的网络协议,可在客户端直接连接至数据源。

(2) Hibernate:Hibernate 是一个开源的数据访问 ORM 中间件,是 Java 应用和关系数据库之间的桥梁,它负责 Java 对象和关系数据之间的映射。Hibernate 内部封装了通过 JDBC 访问数据库的操作,向上层应用提供了面向对象的数据访问 API。

(3) JDO(Java Data Object,Java 数据对象):JDO 是一个存储 Java 对象的规范,它已经被 JCP 组织定义成 JSR12 规范,也是一个用于存取某种数据仓库中的对象的标准化 API。JDO 提供了透明的对象存储,因此对开发人员来说,存储数据对象完全不需要额外的代码(如 JDBC API 的使用)。这些烦琐的例行工作已经转移到 JDO 产品提供商身上,使开发人员解脱出来,从而集中时间和精力在业务逻辑上。另外,JDO 很灵活,因为它可以在任何数据底层上运行。JDBC 只是面向关系数据库(RDBMS),而 JDO 更通用,提供到任何数据底层的存储功能,如关系数据库、文件、XML 及对象数据库(ODBMS)等,使应用可移植性更强。

下面,重点比较一下微软体系下的两种重要数据访问技术 ADO 和 ADO. NET。

ADO 以 Recordset 存储,而 ADO. NET 则以 DataSet 表示。Recordset 看起来更像单张数据表,如果让 Recordset 以多表的方式表示就必须在 SQL 中进行多表连接;而 DataSet 可以是多个表的集合。ADO 的运作是一种在线方式,这意味着不论是浏览还是更新数据都必须是实时的;而 ADO. NET 则使用离线方式,ADO. NET 在访问数据的时候会导入并以 XML 格式维护一份数据的副本,ADO. NET 的数据库连接也只有在这段时间需要在线。

此外,由于 ADO 使用 COM 技术,这就要求所使用的数据类型必须符合 COM 规范,而 ADO. NET 基于 XML 格式,数据类型更为丰富并且不需要再做 COM 编排导致的数据类型转换,从而提高了整体性能。

11.1　ADO. NET 基础

Microsoft 在开始设计. NET 框架时,对于数据访问技术没有进一步扩展 ADO,而是设计了一个新的数据访问框架 ADO. NET,只是保留了 ADO 这个缩写词。与 ADO 相比,

ADO. NET 具有如下 3 个方面的优点。

（1）提供了断开的数据访问模型，这对 Web 环境至关重要。ADO. NET 可通过 DateSet 对象在断开连接模式下访问数据库，即用户访问数据库中的数据时，首先要建立与数据库的连接，从数据库中下载需要的数据到本地缓冲区，之后断开与数据库的连接。此时用户对数据库的操作（添加、修改、删除等）都在本地进行，只有需要更新数据库中的数据时，才再次进行数据库连接，在发送修改后的数据到数据库后关闭连接，这样大大减少了因连接过多（访问量较大时）对数据库服务器资源的大量占用。

（2）提供了与 XML 的紧密集成。ADO. NET 传送的数据都是 XML 格式的，因此任何能够读取 XML 格式的应用程序都可以使用 ADO. NET 进行数据处理。事实上，接收数据的组件不一定都是 ADO. NET 组件，它可以是一个基于 Microsoft Visual Studio 的解决方案，也可以是任何运行在其他平台上的任何应用程序。

（3）提供了与.NET 框架的无缝集成。

图 11-1 所示的是 ADO. NET 的构架。

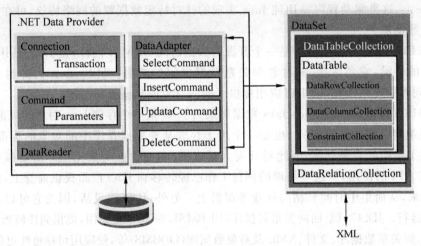

图 11-1　ADO. NET 的构架

由图 11-1 可知，整个 ADO. NET 由两个部分构成。

（1）.NET Data Provider(.NET 数据提供程序)。.NET 数据提供程序是一组用于访问特定数据库、执行 SQL 命令并获取值的 ADO. NET 类，是应用程序与数据源之间的一座桥梁。组成.NET 数据提供程序的类包括以下 4 个。

① Connection，用于连接数据源。

② Command，对数据源执行命令。

③ DataReader，在只读和只写的连接模式下从数据源读取数据。

④ DataAdapter，可以用来执行两项任务：首先，从数据源读取数据填充到数据集（一系列和数据库断开的表和关系的集合）；其次，依照数据集的修改更新数据源。

目前，.NET 平台中包含如下.NET 数据提供程序。

① SQL Server .NET 数据提供程序。

② OLE DB .NET 数据提供程序。

③ ODBC .NET 数据提供程序。

④ Oracle .NET 数据提供程序(需要 Oracle client 的支持)。

⑤ SQLite .NET 数据提供程序(非官方,由 sqlite.phxsoftware.com 提供)。

⑥ PostgreSQL .NET 数据提供程序(非官方,由 pgfoundry.org/projects/npgsql 提供)。

⑦ MySQL .NET 数据提供程序(非官方,由 crlab.com/mysqlnet 提供)。

(2) DataSet(数据集)。数据集是支持 ADO.NET 的断开式、分布式数据方案的核心对象。数据集是数据的内存驻留表示形式,无论数据源是什么,它都会提供一致的关系编程模型。它利用 XML 能够表示多种不同的数据源,并管理数据和应用程序之间的交互过程。数据集代表的是整个数据的集合,包括相关的表、约束和表之间的关系。

11.2 基本 ADO.NET 类与存储过程

ADO.NET 有两种类型的对象:基于连接的和基于内容的。

(1) 基于连接的对象。它们是数据提供对象,如 Connection、Command、DataAdapter 和 DataReader。它们执行 SQL 语句,连接到数据库,或者填充数据集。基于连接的对象是针对具体数据源类型的,并且可以在提供程序指定的命名空间中(例如 SQL Server 提供程序的 System.Data.SqlClient)找到。

(2) 基于内容的对象。这些对象其实是数据的"包",包括数据集、DataColumn、DataRow、DataRelation 等。它们完全和数据源独立,出现在 System.Data 命名空间里。

11.2.1 Connection 类

Connection 类用于和要交互的数据源建立连接。在执行任何操作前(包括读取、删除、新增或者更新数据)必须建立连接。

1. 连接字符串

创建连接对象时,需要提供连接字符串。连接字符串是用分号分隔的一系列名称/值对的选项。选项的顺序并不重要,大小写也不重要。组合后,它们提供了创建连接所需的基本信息。

尽管关系数据库管理系统和提供程序的不同,连接字符串也不同,但几乎总是需要一些基本的信息,如下所示。

(1) 服务器位置。在本书的示例中,数据库服务器总是和 ASP.NET 应用程序位于同一台计算机上,所以使用假名 localhost 而不使用计算机名。

(2) 要使用的数据库名称。

(3) 如何通过数据库验证。使用 Oracle 和 SQL Server 提供程序时,可以选择提供验证身份或者以当前用户登录。后者通常是最佳选择,因为不需要在代码或配置文件中输入密码。

创建 Connection 对象时,可以把连接字符串作为构造函数的参数,也可以手工设置 ConnectionString 属性。只要在打开连接前设置好就可以。

web.config 文件的<connectionStrings>结点便于保存连接字符串。例如:

```
<configuration>
    <connectionStrings>
        <add name="Northwind" connectionString="server=localhost;
database=Northwind;uid=sa; pwd=sa "/>
    </connectionStrings>
    ...
</configuration>
//-------------------------------------------------------
```

接着就可以使用名称(name)从 WebConfigurationManager. ConnectionStrings 集合中读取连接字符串了。假设正在导入 System. Web. Configuration 命名空间,那么可以使用以下代码:

```
string  connectionString=
ConfigurationManager. ConnectionStrings[ "Northwind" ].ConnectionString;
```

2. 测试连接

选定连接字符串后,管理连接就很简单了,只需简单地使用 Open()方法和 Close()方法。可以在 Page_Load 事件处理程序中把连接的状态写到标签上以测试连接。要使用这些代码,必须导入 System. Data. SqlClient 命名空间:

```
string connectionString=
ConfigurationManager .ConnectionStrings[ "Northwind"].ConnectionString;
SqlConnection con=new SqlConnection(connectionString);
try
{
    con.Open();                //打开连接
    lblInfo.Text="<b>Server Version:</b>" +con.ServerVersion;
    lblInfo.Text +="<br /><b>Connection is:</b>" +con.State.Tostring();
}
catch(Exception err)
{
    //显示信息来处理错误
    lblInfo.Text="Error reading the database. " +err.Message;
}
finally
{
    //不论采用哪种方法都要确保正确关闭连接,
    //即使连接没有成功打开,调用 Close()方法也不会产生错误
    con.Close();
    lblInfo.Text +="<br /><b>Now Connection Is:</b>" +con.State.ToString();
}
```

连接是有限的服务器资源。连接要尽量晚打开而且要尽早释放。上面的示例代码使用了异常处理程序,它确保即使有未处理的错误发生,连接也能够在 finally 块中关闭。如果不使用这样的设计而发生了未处理的异常,连接将一直保持直到垃圾回收器释放 SqlConnection 对象。

另一种方法是把代码放入 using 块中。using 语句声明正在短期使用一个可释放的对象。using 语句一旦结束,CLR 会立刻通过调用对象的 Dispose()方法释放相应的对象。另外,调用 Connection 对象的 Dispose()方法和调用 Close()方法等效。也就是说,可以按下面的方式更为简要地重写前面的示例:

```
string connectionString=
ConfigurationManager .ConnectionStrings[ "Northwind"].ConnectionString;
SqlConnection con=new SqlConnection(connectionString);

using(con)
{
    con.Open();
    lblInfo.Text="<b>Server Version:</b>" +con.ServerVersion;
    lblInfo.Text +="<br /><b>Connection Is:</b>" +con.State.Tostring();
}
lblInfo.Text +="<br /><b>Now Connection Is:</b>" +con.State.ToString();
```

这时,不需要编写 finally 块,即使由于未处理的异常而退出该块,using 语句也会释放正在使用的对象。

11.2.2 Command 类和 DataReader 类

1. Command 类

Command 类可以执行所有类型的 SQL 语句,一般被用来执行数据操作任务(如读或更新表中的记录)。Command 对象常用的构造函数包括两个重要的参数,一个是要执行的 SQL 语句,另一个是已建立的 Connection 对象。

例如,当使用 Microsoft SQL Server 编程接口时:

```
SqlCommand cmd=new SqlCommand("SELECT * FROM Employees", con);
```

其中,"SELECT * FROM Employees"表示要执行的 SQL 语句;con 表示之面已创建的连接到数据库的 Connection 对象。

Command 对象提供了 3 个方法来执行命令,如表 11-1 所示。

表 11-1 Command 对象的方法

方法名	描　　述
ExecuteNonQuery()	执行非 SELECT 语句,如插入、删除、更新等 SQL 语句。返回值显示命令影响的行数
ExecuteScalar()	执行 SELECT 查询,并返回命令位于结果记录集第一行第一列的字段
ExecuteReader()	执行 SELECT 语句,并返回一个仅向前的、只读的数据集 DataReader 对象,该对象连接到数据库的结果集上,并允许行检索

2. DataReader 类

DataReader 类允许以仅向前、只读流的方式每次读取一条 SELECT 命令返回的记录,这种方式有时候称为流水游标。使用 DataReader 是获得数据最简单的方式,不过它缺乏非连接的数据集所具有的排序等功能。不过,DataReader 提供了最快捷且毫无拖沓的数据访问。

DataReader 类的核心方法如表 11-2 所示。

表 11-2　DataReader 类的核心方法

方法名	描　述
Read()	将行游标前进到流的下一行。在读取第一行记录前也必须调用这个方法(DataReader 刚创建时,行游标在第一行之前)。当还有其他行时,Reader()方法返回 true,如果已经是最后一行则返回 false
GetValue()	用于指定列的整数索引,从当前行中以固定格式返回 1 个值或多个值
GetValues()	将当前行中的值保存到数组中。保存的栏位数取决于传递的数组的大小。可以使用 DataReader.FieldCount 属性确定行中栏位的个数,依此创建合适大小的数组
GetInt32()、GetChar() 和 GetDateTime()	这些方法返回当前行中指定序号的字段值,返回值的类型和方法名称中的类型一致
NextResult()	如果命令返回的 DataReader 包含不止一个行集,该方法将游标移动到下一个行集
Close()	关闭 Reader,并释放对行集的引用

3. ExecuteReader()方法

下面示例创建一个简单的查询命令,在加载页面时创建命令,并返回 Northwind 数据库中 Employees 表的所有记录集。

```
Protected void Page_Load(object sender,EventArgs e)
{
    //创建命令和连接对象
    string connectionString=
    ConfigurationManager .ConnectionStrings[ "Northwind"].ConnectionString;
    SqlConnection con=new SqlConnection(connectionString);
    string sql="SELECT * FROM Employees";
    SqlCommand cmd=new SqlCommand(sql, con);
    ...
```

打开连接后,命令通过 ExecuteReader()方法执行并返回一个 SqlDataReader,如下所示:

```
    ...
    //打开连接并得到 DataReader
    con.Open();
    SqlDataReader reader=cmd. ExecuteReader();
    ...
```

得到 DataReader 后,就可以在 while 循环语句中调用 Reader()方法遍历记录集。Read()将行游标移动到下一条记录(第一次调用时,移动到第 1 条记录),同时返回一个布尔值显示是否还有更多的行。下面的示例循环直到 Read()返回假。

每笔记录的信息被加入一个大的字符串中。为了让字符操作能够快速执行,代码使用 StringBuilder(在 System. Text 命名空间中)而不是常见的 string 对象。

```
...
//循环遍历各个记录,并构建 HTML 字符串
StringBuilder htmlStr=new StringBuilder(" ");
while(reader.Read())
{
    htmlStr.Append("<li>");
    htmlStr.Append(reader["TitleOfCourtesy "]);
    htmlStr.Append("<b>");
    htmlStr.Append(reader.GetString(1));
    htmlStr.Append("</b>, ");
    htmlStr.Append(reader.GetString(2));
    htmlStr.Append(" - employee from ");
    htmlStr.Append(reader.GetDateTime(6).ToString("d "));
    htmlStr.Append("</li>");
}
...
```

这段代码通过项目索引指定名称读取 TitleOfCourtesy 字段的值。因为 Item 属性是默认索引器,读取字段值可以不显示使用 Item 属性。然后,代码通过 GetString() 方法使用序号(这里是 1 和 2)读取 LastName 和 FirstName 的值。最后,代码用序号 6 通过 GetDateTime() 方法访问 HireDate 字段。这些方法的效果一样,在这里分别使用只是为了演示 DataReader 对不同方法的支持。

最后关闭 reader 和连接,在一个服务器控件上显示生成的文本:

```
...
reader.Close();
con.Close();
Response.Write(htmlStr.ToString());
}
```

4. ExecuteScalar()方法

ExecuteScalar() 方法通过 SELECT 语句返回查询结果中第一行第一列的值。该方法常用于执行仅返回单个字段的查询,如使用 SQL 聚合函数 COUNT() 或 SUM() 计算的结果。

下面演示如何使用 ExecuteScalar() 方法得到 Employees 表的记录数并显示在页面上:

```
SqlConnection con=new SqlConnection(connectionString);
string sql="SELECT COUNT(*) FROM Employees";
SqlCommand cmd=new SqlCommand(sql, con);
//打开连接,得到 COUNT(*)值
con.Open();
int numEmployees=(int)cmd.ExecuteScalar();
```

```
con.Close();
//显示信息
HtmlContent.Text +="<br />Total employees: <b>" +numEmployees.ToString() +"</b>
<br />";
```

代码很简单,但若不把 ExecutcScalar()方法返回值转化为适当的类型就几乎没有任何
意义,因为 ExecuteScalar()方法返回一个对象。

5. ExecuteNonQuery()方法

ExecuteNonQuery() 方法执行不返回结果集的命令,如 INSERT、DELETE 和
UPDATE。ExecuteNonQuery()方法只返回一个信息,即命令影响的行数(如果不是
INSERT、DELETE 和 UPDATE 语句,那么返回-1)。

下面示例通过一条动态创建的 SQL 字符串语句演示使用 DELETE 命令:

```
SqlConnection con=new SqlConnection(connectionString);
String sql="DELETE FROM Employees WHERE ployeeID="
+empID.ToString();
SqlCommand cmd=new SqlCommand(sql, con);
try
{
    con.Open();
    int numAff=cmd.ExecuteNonQuery();
    HtmlContent.Text +=string.Format(
    "<br />Deleted <b>{0}</b>record(s)<br />", numAff);
}
catch(SqlException exc)
{
    HtmlContent.Text +=string.Format(
    "<b>Error:</b>{0}<br /><br />", exc.Message);
}
finally
{
    con.Close();
}
```

这段代码并不能删除记录,因为如果它被链接到其他表的其他记录中的话,外键约束不
允许删除记录。

11.2.3 DataSet 类

到目前为止,前面的示例都使用了 ADO. NET 基于连接的特性。采用这种方式时,只
有数据被读取后,数据才会和数据源断开连接。代码需要负责追踪用户活动、保存信息并确
定何时创建和执行新的命令。

ADO. NET 通过 DataSet 对象强调了另外一种完全不同的理念。连接数据库时,用从
数据库中获得的信息的副本来填充 DataSet。如果修改了 DataSet 中的信息,数据库中相应
表的信息并不会随之改变。如果需要的话,还可以重新连接原来的数据源,通过一个批操作
把 DataSet 中数据的修改应用到表中。

当然,这样并非没有缺点,比如并发性问题。根据应用程序设计的不同,一批更新可以在一起提交。某项错误可能会使整个更新失败,但谨慎的编码可以让应用程序远离这些问题,当然这需要额外的付出。

有些时候,某些场景中 DataSet 比 DataReader 更便于使用,包括下面这些情形。

(1)需要在大量的数据中前后浏览。例如,可以使用 DataSet 支持分页的列表控件每次只显示一部分信息。而 DataReader 只能向一个方向移动,即向前移动。

(2)需要在不同的表间导航。DataSet 可以保存所有表以及它们的关系。因此,使用 DataSet 可以分别创建一个主、从页面而不需要多次到数据库执行查询。

(3)需要通过用户界面控件绑定数据。也可以使用 DataReader 进行绑定,但因为它是唯进的游标,所以它不可以同时绑定到多个控件上。同时,它还不能像 DataSet 一样对数据进行自定义排序或按条件过滤。

(4)需要以 XML 方式操作数据。

(5)需要通过 Web 服务提供批量更新。例如,可以在客户端下载一个包含大量行的 DataTable,客户端做了多个修改后再向服务器提交。在这样的场景中,Web 服务可以通过一次操作就实现所有的更新(假设没有冲突发生)。

一般而言,在插入、删除和更新记录时不使用 DataSet,但是并不能完全避免使用 DataSet,DataSet 可以把一批数据从数据组件带到网页上,它支持绑定,可以在 GridView 之类的高级数据控件上显示信息。由于这些原因,多数 Web 程序使用 DataSet 来检索信息,但使用直接的命令执行更新。

DataSet 还提供了 XML 序列化的功能。比如可以很方便地把 DataSet 序列化到一个文件里,可以通过 Web 服务向其他应用程序传送 DataSet。

DataSet 是非连接数据访问的核心。DataSet 包含两类最重要的元素:零个或多个表的集合(通过 Tables 属性提供)以及零个或多个关系的集合(通过 Relation 属性提供),关系可以把表连接到一起。图 11-2 显示了 DataSet 的基本架构。

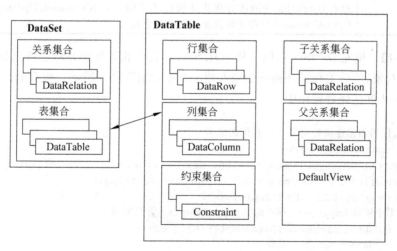

图 11-2　DataSet 的基本架构

由图 11-2 可以看出,DataSet. Tables 集合里的每个项目是一个 DataTable。DataTable

又包含自己的集合——DataColumn 对象的 Columns 集合(描述每个字段的名称和数据类型)和 DataRow 对象的 Rows 集合(包含每条记录的真正数据)。

DataTable 里的每条记录由一个 DataRow 对象表示。每个 DataRow 对象表示由数据源取得的表的一条记录。DataRow 是真正字段值的容器。可以通过字段名称访问它们,如 myRow["FieldName"]。

11.2.4 DataAdapter 类

要在 DataSet 中提取记录并将它们填入表中,需要使用另一个 ADO. NET 对象 DataAdapter。它是提供程序相关的对象,因此每一个提供程序都有一个 DataAdapter 类,如 SqlDataAdapter、OracleDataAdapter 等。

DataAdapter 是 DataSet 中的表和数据源之间的桥梁,它含有查询和更新数据源所需的全部命令。

为了让 DataAdapter 能够编辑、删除或添加行,需要设定 DataAdapter 对象的 InsertCommand、UpdateCommand 和 DeleteCommand 属性。利用 DataAdapter 填充 DataSet,必须设定 SelectCommand。

如表 11-3 所示,DataAdapter 类提供了 3 个主要的方法。

表 11-3 DataAdapter 类的方法

方 法 名	描 述
Fill()	执行 SelectCommand 中的查询后向 DataSet 添加一个 DataTable。如果查询返回多个结果集,该方法将依次添加多个 DataTable 对象。还可以用该方法向现有的 DataTable 添加数据
FillSchema()	执行 SelectCommand 中的查询,但只获取架构信息,它向 DataSet 中添加一个 DataTable。该方法并不向 DataTable 中添加任何数据,相反,它只利用列名、数据类型、主键和唯一约束等信息预配置 DataTable
Update()	检查 DataTable 中的所有变化并执行适当的 InsertCommand、UpdateCommand 和 DeleteCommand 操作为数据源执行批量更新

【例 11-1】 填充 DataSet 示例。从 SQL Server 表中获得数据并用它填充 DataSet 中的 DataTable 对象,然后编程循环遍历记录并逐一显示,如图 11-3 所示。所有的逻辑代码都放在 Page. Load 事件处理程序中。

```
//首先,代码创建连接并定义 SQL 查询的文本
string connectionString=
ConfigurationManager .ConnectionStrings[ "Northwind"].ConnectionString;
SqlConnection con=new SqlConnection(connectionString);
string sql="SELECT * FROM Employees";
//创建用于读取 Employees 列表的 SqlDataAdapter 类的实例
SqlDataAdapter da=new SqlDataAdapter(sql , con);
//创建一个新的空 DataSet 对象
DataSet ds=new DataSet();
```

```
//利用 DataAdapter.Fill()方法执行查询并把结果放到 DataSet 新建的 DataTable 中
//此时可指定表的名称,此处使用和数据库中源表一致的名字来命名表
da.Fill(ds , "Employees");
//显示 DataSet 的内容
//循环遍历 DataTable 的所有 DataRow 对象并在列表中显示每个记录的字段值
StringBuilder htmlStr=new StringBuilder(" ");
foreach(DataRow dr in ds.Tables["Employees"].Rows)
{
    htmlStr.Append("<li>");
    htmlStr.Append(dr["TitleOfCourtesy"]. ToString());
    htmlStr.Append("<b>");
    htmlStr.Append(dr["LastName"]. ToString());
    htmlStr.Append("</b>, ");
    htmlStr.Append(dr["FirstName"]. ToString());
    htmlStr.Append("</li>");
}
Response.Write(htmlStr.ToString());
```

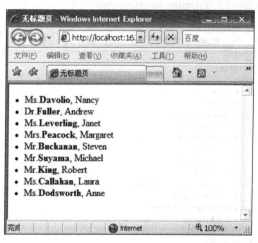

图 11-3　填充 DataSet 示例

【例 11-2】　使用多个表和关系示例。从 Northwind 数据库的 Categories 表和 Products 表中检索数据,在两表间创建关系,从而方便地从类别记录导航到它所属的子产品并创建报表。如图 11-4 所示。所有的逻辑代码都放在 Page. Load 事件处理程序中。

```
//初始化 ADO.NET 对象
string connectionString=
ConfigurationManager .ConnectionStrings[ "Northwind"].ConnectionString;
SqlConnection con=new SqlConnection(connectionString);
//声明两个 SQL 查询(分别读取 Categories 和 Products 表)语句
string sqlCat="SELECT CategoryID , CategoryName FROM Categories";
string sqlProd="SELECT ProductName , CategoryID FROM Products";

SqlDataAdapter da=new SqlDataAdapter(sqlCat, con);
```

```
DataSet ds=new DataSet();
//执行这两个查询,往 DataSet 中添加两个表
try
{
    con.Open();
    //用 Categories 表填充 DataSet
    da.Fill(ds , "Categories");
    //改变命令文本并获取 Products 表,也可以为该任务使用另一个 DataAdapter 对象
    da.SelectCommand.CommandText=sqlProd;
    da.Fill(ds , " Products");
}
finally
{
    con.Close();
}
```

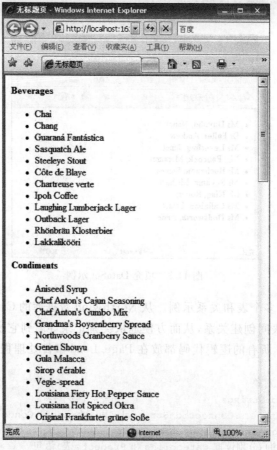

图 11-4　使用多个表和关系示例

在这个示例中,因为不需要重用 DataAdapter 去更新数据源,两个表使用同一个
DataAdapter 完全合理且很有效。不过,如果既要用 DataAdapter 查询数据又要用它提交
更新,就应该避免这样的做法。相反,应该为每个表创建一个独立的 DataAdapter,这样每

个 DataAdapter 都为对应的表提供适当的插入、更新和删除命令。

现在已经得到了一个有两张表的 DataSet。在 Northwind 数据库里，这两张表通过 CategoryID 字段关联。该字段是 Categories 表的主键，同时也是 Products 表的外键。但是，ADO. NET 没有提供任何从数据源中读取关系并自动应用到 DataSet 的方法，此时需要手工创建一个 DataRelation 来表示关系。

关系通过定义一个 DataRelation 对象并把它加入 DataSet. Relations 集合来创建。创建关系时，需要提供构造函数的 3 个参数：关系的名称、父表中作为主键的 DataColumn、子表中作为外键的 DataColumn。例如：

```
//定义 Categories 和 Products 之间的关系
DataRelation relat=new DataRelation("CatProds",
    ds.Tables["Categories"].Columns[" CategoryID"],
    ds.Tables["Products"].Columns[" CategoryID"]);
//将该关系添加到 DataSet
ds.Relations.Add(relat);
```

得到全部数据后，就可以循环遍历 Categories 表的记录并把每个类别的名字添加到 HTML 字符串里，代码如下：

```
StringBuilder htmlStr=new StringBuilder(" ");
foreach(DataRow dr in ds.Tables["Categories"].Rows)
{
    htmlStr.Append("<b>");
    htmlStr.Append(row["CategoryName"]. ToString());
    htmlStr.Append("</b><ul>");
    //为父记录(分类)读取子记录(产品)
    DataRow[] childRows=row.GetChildRows(relat);
    //循环遍历这个类的所有产品
    foreach(DataRow childRow in childRows)
    {
        htmlStr.Append("<li>");
        htmlStr.Append(childRow["ProductName"]. ToString());
        htmlStr.Append("</li>");
    }
    htmlStr.Append("</ul>");
}
//在页面上显示 HTML 字符串的内容
Response.Write(htmlStr.ToString());
```

【例 11-3】 查找特定的行示例。利用 DataTable 的 Select()方法查找所有被标记"继续生产"的产品，如图 11-5 所示。所有的逻辑代码都放在 Page. Load 事件处理程序中。

```
string connectionString=
ConfigurationManager.ConnectionStrings["Northwind"].ConnectionString;
SqlConnection con=new SqlConnection(connectionString);
string sql="SELECT * FROM Products";
SqlDataAdapter da=new SqlDataAdapter(sql, con);
DataSet ds=new DataSet(); //创建一个新的空 DataSet 对象
```

```
da.Fill(ds, "Products");
//为该父记录(分类)获得子记录(产品)
DataRow[] matchRows=ds.Tables["Products"].Select("Discontinued=1");
//循环遍历所有不连续的产品并生成一个条列表
htmlStr.Append("</b><ul>");
foreach(DataRow row in matchRows)
{
    htmlStr.Append("<li>");
    htmlStr.Append(row["ProductName"].ToString());
    htmlStr.Append("</li>");
}
htmlStr.Append("</ul>");
Response.Write(htmlStr.ToString());
```

图 11-5　查找特定的行示例

11.2.5　调用存储过程

在客户-服务器系统中,对数据库的访问几乎成为一个必不可少的操作。前面介绍了如何使用基本 ADO.NET 类进行数据库操作,其中 SQL 语句直接编写在应用程序代码中,如果查询条件发生变化则需要在源代码中修改 SQL 语句并重新编译生成应用程序,这对于开发者来说是非常不方便的。

在实际应用开发中,通常将一些公用的数据操作设计为存储过程,并保存在数据库中,在程序中直接调用存储过程来实现数据的获取。即将系统常用的一些 SQL 语句集写成存储过程,经编译后存储在数据库中,用户通过指定存储过程的名字并给出参数(如果该存储过程带有参数)来执行它。存储过程是数据库的一个重要对象,是一个可重用的代码模块,可以高效率地完成指定的操作,并提高应用程序的设计效率和增强系统的安全性。任何一个设计良好的数据库应用程序都应该用到存储过程,使用存储过程有以下优点。

(1) 执行速度比普通的 SQL 语句快。在运行存储过程前,数据库已对其进行了语法和句法分析,并给出了优化执行方案。这种已经编译好的过程可极大地改善 SQL 语句的性能。由于执行 SQL 语句的大部分工作已经完成,所以存储过程能以极快的速度执行。

（2）便于集中控制。当企业规则变化时，只需要在数据库的服务器中修改相应的存储过程，而不需要逐个在应用程序中修改，应用程序保持不变即可，这样就省去了修改应用程序的工作量。

（3）可以大大降低网络通信量，这也是使用存储过程的重要原因。如果有大量的 SQL 语句逐条通过网络在客户端和服务器之间传送，那么这种传输所耗费的时长令人无法忍受。但是，如果把这些 SQL 语句的命令写成一条较为复杂的存储过程，这时在客户端和服务器之间的网络传输所需时间就会大大减少。

（4）保证数据库的安全性和完整性。通过存储过程不仅可以使没有权限的用户在控制之下间接地存取数据库，保证数据的安全，防止 SQL 嵌入式攻击，而且可以使相关的动作在一起发生，从而维护数据库的完整性。

（5）存储过程允许模块化程序设计，可以在程序中任意调用，这样会带来许多好处，如提高程序设计效率、提供应用程序的可维护性、允许应用程序按照统一的方式访问数据库。

下面从 3 个方面来介绍存储过程的使用。

（1）存储过程的种类。Microsoft SQL Server 2005 系统提供了 3 种基本的存储过程类型，即用户定义的存储过程、扩展存储过程和系统存储过程。

① 用户定义存储过程，是主要的存储过程类型，是封装了可重用代码的模块或例程。

② 扩展存储过程，以 XP_ 开头，使用户能够在编程语言（例如 C 语言）中创建自己的外部例程。但是，后续版本的 Microsoft SQL Server 将删除该功能，因此在新的开发工作中应避免使用该功能，而应使用 CLR 集成。

③ 系统存储过程，以 sp_ 开头，用于进行系统的各项设定，取得信息，完成相关管理工作。

（2）存储过程的创建。在 Microsoft SQL Server 2005 系统中，可以使用 CREATE PROCEDURE 语句创建存储过程。创建存储过程前应考虑以下几点。

① CREATE PROCEDURE 语句不能与其他 SQL 语句在单个批处理中组合使用，如 CREATE DEFALULT、CREATE FUNCTION、CREATE RULE 等。其他数据库对象可以在存储过程中创建，但是要限定对象所有者的名字。

② 创建存储过程必须由系统管理员、数据库所有者或数据定义语言管理员之一，或者是被授予了 CREATE PROCEDURE 权限的人完成。

③ 存储过程可以参照表、视图、用户定义的函数和其他存储过程及临时的表。

④ 如果存储过程创建了一个本地临时表，该临时表只为存储过程存在，而在存储过程执行完毕后消失。

⑤ 根据可使用的内存，存储过程最大的尺寸为 128MB。

创建存储过程时，应指定以下几点。

① 所有输入参数和向调用过程或批处理返回的输出参数。

② 执行数据库操作（包括调用其他过程）的编程语句。

③ 返回至调用过程或批处理以表明成功或失败（以及失败原因）的状态值。

④ 捕获和处理潜在的错误所需的任何错误处理语句。可以在存储过程中指定错误处理函数，如 ERROR_LINE 和 ERROR_PROCEDURE。

CREATE PROCEDURE 语句的基本语法形式如下：

```
CREATE PROCEDURE procedure_name
parameter_name data_type,…
WITH procedure_option
AS
sql_statement
```

在上面的语句中,procedure_name 参数指定新建存储过程的名称,parameter_name 参数和 data_type 参数分别指定该存储过程的参数名称和所属的数据类型。一个存储过程可以包括多个参数,也可以没有参数。WITH procedure_option 子句用于指定存储过程的特殊行为,例如 WITH ENCRYPTION 子句表示加密该存储过程的定义文本,WITH RECOMPILE 子句表示每一次执行该存储过程时都重新进行编译。sql_statement 子句表示该存储过程定义中的编程语句。

图 11-6 所示为创建一个名称为 GetAllItems 的简单存储过程,用于从 T_Item 表中检索所有的数据。

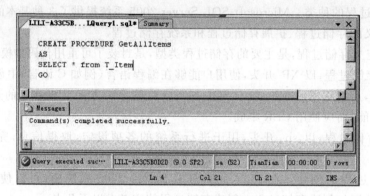

图 11-6　创建一个简单的存储过程

图 11-7 所示为创建一个名称为 GetPhones 的带参数的存储过程,用于从 T_Phone 表中根据手机 ID 号检索表中对应的手机。本例只带有一个参数@p1,用于指定手机的 ID 号。

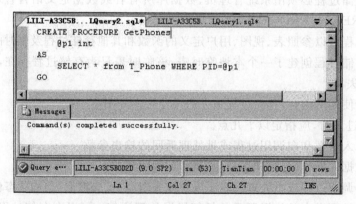

图 11-7　创建一个带参数的存储过程

（3）存储过程的调用。存储过程创建完成后,首先需要测试存储过程的正确性,这可以在 Microsoft SQL Server 2005 系统中完成。下面以带参数的存储过程测试为例。

如果要执行带有参数的存储过程,需要在执行过程中提供存储过程参数的值。在 Microsoft SQL Server 2005 中选择要测试的存储过程,右击后选中"执行存储过程"选项,弹出如图 11-8 的对话框,填写相应的参数取值,单击 OK 按钮,可得如图 11-9 的存储过程测试结果。如果结果正确,就可以在程序中进行调用了。

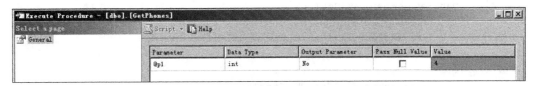

图 11-8　为存储过程提供参数值

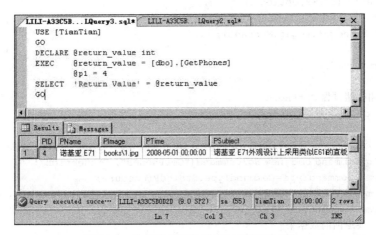

图 11-9　执行带参数的存储过程测试结果

最后在程序中编写一个应用类来调用存储过程,执行实际的数据库操作。以下是调用图 11-9 所示存储过程的详细代码:

```
public class DAItems
{
    private readonly string connection=
"server=CHINA-E9F0DAB69;database=TianTian;uid=sa;pwd=sa";
    private SqlDataAdapter dataAdapter=null;
    private SqlConnection cn=null;
    public SqlConnection Connection
    {
        get
        {
        if (cn==null || cn.State ==ConnectionState.Closed)
            cn=new SqlConnection(connection);
        return cn;
        }
    }
```

```
//调用存储过程 GetAllItems
    public DataSet GetAllItems()
    {
        SqlCommand cmd=new SqlCommand("GetAllItems", Connection);
        cmd.CommandType=CommandType.StoredProcedure;
        //要返回的数据集
        DataSet ds=new DataSet();
        if (dataAdapter==null)
            dataAdapter=new SqlDataAdapter(cmd);
        try
        {
            dataAdapter.Fill(ds, "T_Item");
        }
        catch (SqlException e)
        {
            Logger.Log(e.Message);
        }
        return ds;
    }
    //调用存储过程 GetPhones
    public DataSet GetPhones(string id)
    {
        //string sql=string.Format("select * from T_Phone where PID={0}", id);
        SqlCommand cmd=new SqlCommand("GetPhones", Connection);
        cmd.CommandType=CommandType.StoredProcedure;
        cmd.Parameters.Add(new SqlParameter("@p1", SqlDbType.Int, 4));
        cmd.Parameters["@p1"].Value=id;
        //要返回的数据集
        DataSet ds=new DataSet();
        if (dataAdapter==null)
            dataAdapter=new SqlDataAdapter(cmd);
        try
        {
            dataAdapter.Fill(ds, "T_Phone");
        }
        catch (SqlException e)
        {
            Logger.Log(e.Message);
        }
        return ds;
    }
}
```

11.3 数据绑定

几乎所有的 Web 应用程序都要和数据打交道,读取数据只是需求的一部分,现代的应用程序还需要一个方便灵活且有吸引力的方式把数据显示到网页上。

ASP.NET 提供了一个丰富全能的数据绑定模型。数据绑定允许把获得的数据对象绑定到一个或多个 Web 控件上,接着它们将自动显示数据。数据绑定的关键特征是它是声明性的而不是编程性的,也就是说,在 ASP. NET 中利用数据源控件在页面和数据源间定义一个声明性的连接,一旦配置好数据源控件,就可以在设计时将它们"勾"到 Web 控件上,然后 ASP. NET 将会管理所有的数据绑定细节。

为配合数据绑定模型,ASP. NET 提供了两组数据感知(data-aware)控件:数据绑定控件(data-bound control)和数据源控件(data source control)。

数据绑定控件中包含了可用于显示和编辑的数据绑定控件,如 GridView、Repeater 和新的 ListView 控件。数据源控件用于从数据源(如数据库或 XML 文件)中检索数据,然后将这一数据提供给数据绑定控件。

ASP. NET 中的数据绑定控件可分为单值数据绑定和重复值绑定。

11.3.1 单值绑定

ASP. NET 中的大部分 Web 控件(包括 Textbox、LinkButton、Image 以及其他很多控件)都支持单值数据绑定。支持单值数据绑定的控件允许使用数据绑定表达式绑定它们的部分属性。表达式在页面的. aspx 标记部分输入(不是在后台代码中),并由 <%# 和 %>分隔符包含,语法如下:

```
<%# 数据绑定表达式 %>
```

页面运行时,为了计算这样的数据绑定表达式,必须在代码中调用 Page. DataBind()方法。调用 Page. DataBind()方法时,ASP. NET 检查页面的表达式并用适当的值替换它们:

```
protected void Page_Load(object sender, EventArgs e)
{
    this.DataBind();
}
```

如果没有调用 Page. DataBind()方法,数据绑定表达式不会被填入值,相反,它们将在页面呈现时被 HTML 丢弃。

单值数据绑定的源可以是属性的值、成员变量或函数的返回值(只要属性、成员变量或函数具有受保护的或公有的可见性)。它还可以是其他运行时可计算的表达式,如对其他控件属性的引用、使用操作符和文本的计算或者其他。例如:

```
<%#GetUserName() %>
<%#1 + (2 * 20) %>
<%#"John" + "Smith" %>
<%#Request.Brower.Brower %>
```

数据绑定表达式几乎可以放在页面的任何地方,通常在控件标签中把数据绑定表达式赋给属性。下面是几个使用数据绑定表达式的例子:

```
<body>
<form method="post" runat="server">
    //绑定 Image 的 ImageUrl 属性
```

```
        <asp:Image ID="image1" runat="server" ImageUrl=' <%#FilePath %>' />
    <br />
        //绑定 Label 的 Text 属性
        <asp:Label ID="label1" runat="server" Text=' <%#FilePath %>' /><br />
        //绑定 TextBox 的 Text 属性
        <asp: TextBox ID="textBox1" runat="server" Text=' <%#GetFilePath() %>' />
    <br />
        //绑定 HyperLink 的 NavigateUrl 属性
        <asp: HyperLink ID="hyperLink1" runat="server"
NavigateUrl=' <%#LogoPath.Value %>' Font-Bold="True"
Text="Show logo" />
    <br />
//也可以直接将数据绑定表达式放到页面,不绑定到任何属性或特性
<b><%#FilePath %></b><br />
//绑定静态 HTML 的<img>标记的 src 特性
<img src="<%#GetFilePath() %>">
    </form>
    </body>
    </html>
```

上面的例子中,表达式引用了 FilePath 属性、GetFilePath()函数,因此还要在脚本块或代码隐藏类中定义这些项目:

```
protected string GetFilePath()
{
    return "apress.gif ";
}
protected string FilePath
{
    get {  return "apress.gif "; }
}
```

11.3.2 重复值绑定

重复值绑定可以一次性把一整个列表的信息绑定到控件上。ASP.NET 带有几个支持重复值绑定的基本列表控件。

(1) 所有用<select>标记呈现的控件,包括 HtmlSelect、ListBox 和 DropDownList 控件。

(2) CheckBoxList 和 RadioButtonList 控件,它们的每个子项呈现为独立的复选框或单选按钮。

(3) BulletedList 控件,它创建一系列列表或编号。

所有这些列表控件同一时刻只能显示来自每个数据项属性的单值字段,且它们都提供了表 11-4 所示的属性。

【例 11-4】 用 Northwind 数据库的 Employees 表中的所有员工的名字填充列表框。在用户选择列表项后,单击 GetSelection 按钮,列出被选定的项,如图 11-10 所示。

表 11-4　列表控件的数据属性

属　　性	描　　述
DataSource	包含要显示的数据对象
DataSourceID	通过该属性链接列表控件和数据源控件,数据源控件将自动产生所需的数据对象。注意,不可以同时设置 DataSource 及 DataSourceID 两个属性,否则会产生 Exception 异常错误。在 ASP. NET 2.0 中,数据绑定应优先使用此属性
DataTextField	指定要包含显示在页面上的值的字段(绑定到行时)或属性(绑定到对象时)
DataTextFormatString	定义一个可选的字符串,控件显示前使用该字符串格式化 DataTextValue 的值
DataValueField	与 DataTextField 类似,但从数据项获得的值不会显示在页面上,而是保存到底层 HTML 标签的 Value 特性上,允许以后在代码中读取这个值。此属性常用于保存一个唯一值或者字段的主键,这样当用户选择一个特定项目后可以通过它获得更多数据

图 11-10　填充列表框示例

页面中,数据绑定列表框的声明如下:

```
<asp:ListBox runat="server" ID="FirstName" Row="10" SelectionMode="Multiple"
    DataTextField="FullName" DataValueField="EmployeeID" />
页面中显示选择的 GetSelection 按钮声明如下
<asp:Button ID="cmdGetSelection" runat="server" Text="Button"
    onclick="cmdGetSelection_Click" />
```

加载页面时,从数据库读取记录并绑定到列表控件上,使用 DataReader 做数据源:

```
{
    if (!Page.IsPostBack)
    {
        //创建命令和连接
```

```
            string connectionString=
        ConfigurationManager. ConnectionStrings[ "Northwind" ].ConnectionString;
            string sql="SELECT EmployeeID, TitleOfCourtesy +' ' +" +
            "FirstName +' ' +LastName As FullName FROM Employees";

            SqlConnection con=new SqlConnection(connectionString);
            SqlCommand cmd=new SqlCommand(sql , con);

            try
            {
                //打开连接,得到 DataReader
                con.Open();
                SqlDataReader reader=cmd.ExecuteReader();

                //将 DataReader 绑定到列表
                FirstName.DataSource=reader;
                FirstName.DataBind();
                reader.Close();
            }
            finally
            {
                con.Close();
            }
        }
    }
```

响应 GetSelection 按钮,判断选定的项目:

```
protected void cmdGetSelection_Click(object sender, EventArgs e)
{
    Response.Write("<b>Selected employees: </b>");
    foreach (ListItem li in FirstName.Items)
    {
        if (li.Selected)
        Response.Write ( String. Format ( "< li > ({0}) {1} </li >", li. Value,
        li.Text));
    }
}
```

　　除了简单的列表控件外,ASP. NET 还支持重复值绑定的富数据控件。富数据控件拥有同时显示数据项若干属性或字段的能力,一般基于表或用户定义的模板来布局,而且还支持一些更高层次的功能。

　　富数据控件包括以下几个。

　　(1) GridView。GridView 是显示大型表数据的全能网络,支持选择、编辑、排序和分页。GridView 是重型的 ASP. NET 控件,也是 ASP. NET 1. x 中 DataGrid 的替代品。

　　(2) DetailsView。DetailsView 是每次显示一条记录的理想控件,它显示为一个表,每行对应一个字段。DetailsView 支持编辑和可选的排序,允许在一系列记录间浏览。

（3）FormView。和 DetailsView 类似，每次显示一条记录，支持编辑和在一系列记录间移动的分页控制。与 DetailsView 的差别在于，FormView 是基于模板的，这样它允许在更为灵活的布局中合并字段而不必依赖表格。

（4）ListView。基于模板的灵活控件，最好地组合了 GridView、DataList 和 Repeater。与 GridView 类似，ListView 支持数据编辑、删除和分页。像 DataList 那样，支持多列和多行布局，而且像 Repeater 那样允许完全控制控件生成的标记。ListView 是 ASP. NET 3.5 新增的。

富数据控件的具体应用将在后续章节详细讨论。

11.3.3 数据源控件

通过前面的学习，已经了解了如何直接连接数据库、执行查询、循环结果集中的记录并把它们显示到页面上。现在介绍另一个方便的选择——数据源控件。ASP. NET 2.0 在 ADO. NET 数据模型的基础上进行了进一步的封装和抽象，提出了一个新概念"数据源控件"。数据源控件没有可视的外观，它们充当用户界面和数据库之间的桥梁，有大量不同的数据源控件，提供了对不同数据存储的访问。

数据源控件中隐含了大量常用的数据库操作基层代码，使用数据源控件配合数据绑定控件可以方便地实现对数据库的常规操作，而且几乎不需要编写任何代码。在程序运行时，数据源控件不会被显示到屏幕上，但它却能在后台完成许多重要的工作。数据源控件的类型主要有以下几种。

（1）SqlDataSource：可以连接到任意拥有 ADO. NET 数据提供程序的数据源，包括 SQL Server、Oracle、OLE DB 或者 ODBC 数据源。

（2）ObjectDataSource：可以连接到自定义的数据访问对象。大型专业 Web 应用程序倾向使用此数据源控件。

（3）AccessDataSource：可以连接到 Access 数据库文件（. mdb）。Access 数据库并没有专用的服务器引擎（如 SQL Server）来协调多人的行为并保证数据不会丢失或被破坏，因此，Access 数据库最好应用于小型网站。

（4）XmlDataSource：可以连接到 XML 文件。将一个 XML 文件绑定到一个用于显示层次结构的 TreeView 控件上，使用户可以方便、明了地访问 XML 文件中的数据。

（5）SiteMapDataSource：可以连接到描述站点导航信息的 web. sitemap 文件。专门用于显示导航数据，它不支持排序、筛选、分页、缓存、更新、插入、删除等操作。

数据源控件可以完成两类任务：第一类，可以从数据源中读取数据并为关联的控件提供数据；第二类，在关联的控件编辑数据后更新数据源。

11.3.4 联合使用数据源和数据绑定控件

1. 用 GridView 显示和编辑数据

GridView 控件用于配合数据源控件实现对数据库进行浏览、编辑、删除等操作，但不支持插入记录。DetailsView 和 FormView 支持插入记录，基本过程与 GridView 相同。

【例 11-5】 创建一个能操作 SQL Server 数据库的 ASP. NET 应用程序，利用数据源控件 SqlDataSource 配合 GridView 控件实现数据浏览、编辑、删除操作。

程序运行后,浏览器中显示当前数据源中的所有记录如图 11-11 所示。单击某列标题
(字段名),可使数据按此列进行排序。

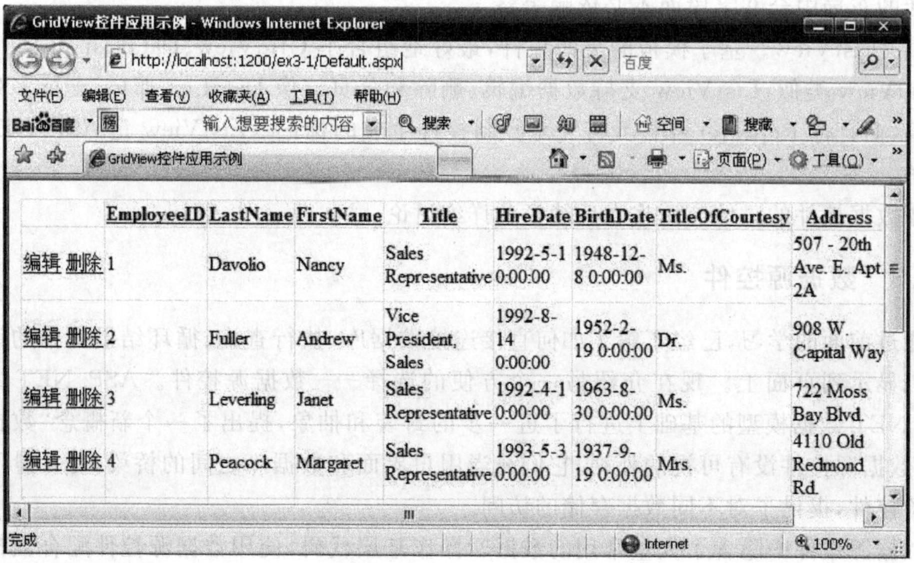

图 11-11　浏览数据库

如果用户单击页面中的"删除"超链接,则所在行的数据记录将直接从数据库中删除。

如果用户单击页面中的"编辑"超链接,则页面切换到如图 11-12 所示的编辑模式;用户
在修改了数据后可单击"更新"超链接将现有数据保存到数据库中,单击"取消"超链接则放
弃对数据的修改。

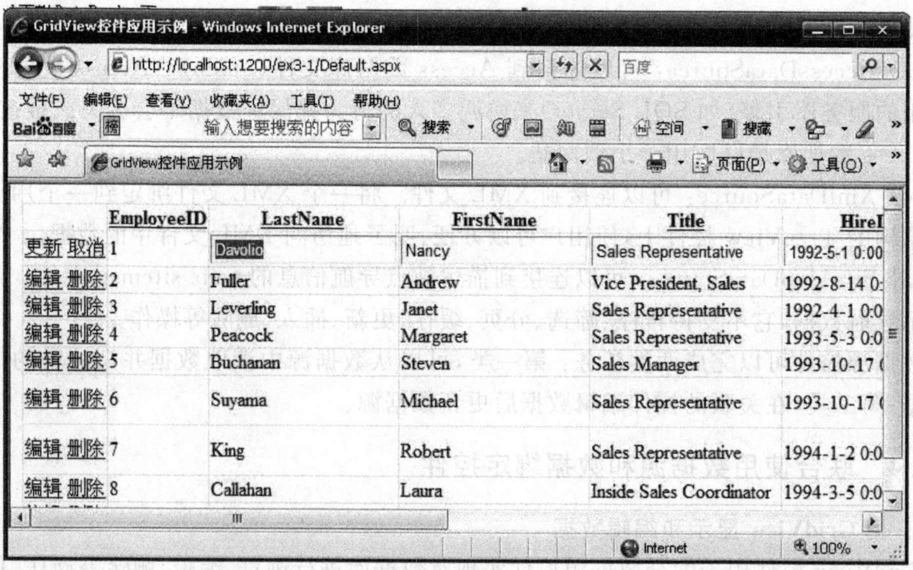

图 11-12　编辑模式

（1）添加数据源控件。在 Visual Studio 2008 中创建了一个 ASP. NET 网站后,在"解
决方案资源管理器"中可以看到由系统自动创建的用于存放数据库文件的文件夹 App_

Data,右击 App_Data 文件夹,在弹出的快捷菜单中选中"添加现有项"选项,在打开的对话框中选择事先创建好的 SQL 数据库文件(例如 northwnd.mdf)后单击"添加"按钮。此时在"解决方案资源管理器"中可以看到添加进来的数据库文件,如图 11-13 所示。

数据源控件用于建立与数据库的连接,负责向数据绑定控件(如 GridView)提供数据绑定。

双击工具箱"数据"选项卡中的 SqlDataSource 控件图标将其添加到 Web 窗体上,由于该控件在程序运行时是不可见的,故可以放置在页面的任何位置。

如图 11-14 所示,单击"SqlDataSource 任务"栏中的"配置数据源"超链接,在打开的"配置数据源"对话框中选择应用程序使用的数据连接,如图 11-15 所示。

图 11-13　添加数据库到项目中

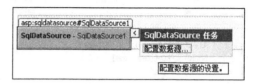

图 11-14　添加到"页面设计"视图中的数据源控件

图 11-15　为数据源选择数据库

单击"下一步"按钮,选中"是",将连接字符串保存到应用程序配置文件中。再单击"下一步"按钮,打开"配置 Select 语句"对话框。用户在此选择或自行书写适当的 Select 语句,以指定从数据库中返回哪些数据。本例中,指定来自表 Employees,选择" * "表示返回数据库中 Employees 表所有记录的所有字段,如图 11-16 所示。

单击对话框中的 WHERE 按钮可设置返回记录的条件,单击 ORDER BY 按钮可设置返回记录排序的方法。

若单击对话框中的"高级"按钮,用户可选择是否自动生成用于添加记录、更新数据和删除记录的 SQL 语句,同时也可选择是否使用"开放式并发",设置完毕后单击"确定"按钮。

返回到"配置 Select 语句"对话框后单击"下一步"按钮,在图 11-17 所示的对话框中单击"测试查询"按钮,在数据区内能显示出正确的返回结果。测试完毕后单击"完成"按钮结束"数据源配置"向导。

(2) 添加 GridView 控件。选择工具箱"数据"选项卡中的 GridView 控件图标将其添加

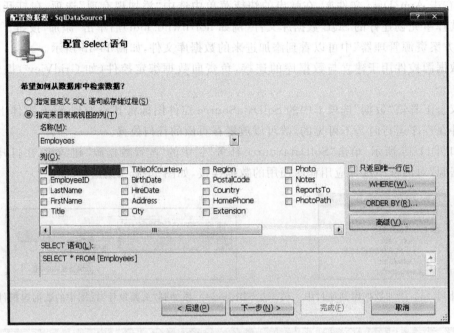

图 11-16　配置 Select 语句

图 11-17　测试生成的 Select 查询

到页面中,在图 11-18 所示的 GridView 任务菜单中选中"选择数据源"下拉列表框,并选择刚才创建的数据源 SqlDataSource1,将数据源绑定到 GridView 控件。

如图 11-19 所示,选择了数据源之后,GridView 任务菜单中将多出若干选项。若希望程序具有"分页""排序""编辑""删除"等数据库操作功能可选择相应的复选框。

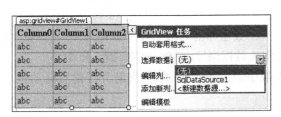

图 11-18　将数据源绑定到 GridView 控件　　　　　　　图 11-19　选择程序功能

（3）设置 GridView 控件的属性。单击 GridView 任务菜单中的"编辑列"，打开如图 11-20 所示的对话框。在"选定的字段"列表中选择 CommandField（命令字段），设置 ItemStyle（行样式）属性集 Font（字体）子集中的 Size（大小）属性为 Smaller（较小），Wrap（是否允许换行）为 False。

图 11-20　设置列属性

依次选中 EmployeeID、LastName、FirstName、Title 等字段，设置 HeaderStyle（标题样式）属性集 Font 子集中的 Size 属性为 Smaller，将 HorzontalAlign（水平对齐）属性设置为 Center（居中），Wrap 属性设置为 False。

依次选中 EmployeeID、LastName、FirstName、Title 等字段，设置 ItemStyle（行样式）属性集 Font 子集中的 Size 属性为 Smaller，将 HorzontalAlign（水平对齐）属性设置为 Center，Wrap 属性设置为 False。

在设计视图中选择 GridView 控件,在属性窗口中设置其 Caption 属性为"员工基本情况表",为数据表添加标题。

2. DetailsView 控件

DetailsView 控件被设计用于每次显示一个记录,它将每个信息段(一个字段或属性)放入一个表的单独行中。DetailsView 控件有 3 种模式,分别为只读、编辑和插入,支持删除、插入以及编辑操作。

【例 11-6】 创建一个能操作 SQL Server 数据库的 ASP. NET 应用程序,利用数据源控件 SqlDataSource 配合 DetailsView 控件实现数据浏览、编辑、删除、插入操作。

程序运行后,浏览器中显示当前数据源中的一条记录,并可借助分页前后移动记录,如图 11-21 所示。

图 11-21 带有分页的 DetailsView

如果用户单击页面中的"删除"超链接,则所在行的数据记录将直接从数据库中删除。

如果用户单击页面中的"编辑"超链接,则页面切换到编辑模式;用户在修改了数据后可单击"更新"超链接将现有数据保存到数据库中,单击"取消"超链接则放弃对数据的修改。

如果用户单击页面中的"新建"超链接,则页面切换到如图 11-22 所示的插入模式,用户在添加了新记录后可单击"插入"超链接将新加数据保存到数据库中,单击"取消"超链接则放弃对数据的插入。

(1) 添加数据源控件。按照例 11-5 中的方法创建数据源 SqlDataSource1。

(2) 添加 DetailsView 控件。在工具箱的"数据"选项卡中选中 DetailsView 控件图标,将其添加到页面中,在 DetailsView 任务菜单中选中"选择数据源"下拉列表框,并选择刚才创建的数据源 SqlDataSource1,将数据源绑定到 DetailsView 控件。

如图 11-23 所示,选择了数据源后,DetailsView 任务菜单中将多出若干选项。若希望程序具有"分页""插入""编辑""删除"等数据库操作功能可选择相应的复选框。

图 11-22　DetailsView 的插入　　　　　　　　图 11-23　选择程序功能

DetailsView 属性设置类似 GridView 控件。

3. FormView 控件

FormView 控件与 DetailsView 控件一样,一次显示一条记录。两者的不同之处在于,FormView 控件可为每个字段指定任意的显示控件,DetailsView 采用表格布局,FormView可自定义布局。

【**例 11-7**】　创建一个能操作 SQL Server 数据库的 ASP.NET 应用程序,利用数据源控件 SqlDataSource 配合 FormView 控件实现数据浏览、编辑、删除、插入操作。

(1) 添加数据源控件。按照例 11-5 中的方法创建数据源 SqlDataSource1。

(2) 添加 FormView 控件。选择工具箱"数据"选项卡中的 FormView 控件图标将其添加到页面中,在 FormView 任务菜单中单击"选择数据源"下拉列表框,并选择刚才创建的数据源 SqlDataSource1,将数据源绑定到 FormView 控件。

如图 11-24 所示,选择了数据源后,在 FormView 任务菜单中选中"启用分页"。FormView 默认的样式可能不适合用户的需求,若要修改其样式可单击 FormView 任务菜单中的"编辑模板"。

在如图 11-25 所示的模板编辑器中,可通过"显示"下拉列表框分别对 ItemTemplate(浏览模板)、EditItemTemplate(编辑模板)和 InsertItemTemplate(插入模板)进行修改。

图 11-24　FormView 任务菜单

图 11-25　模板编辑器

本例选择 EditItemTemplate(编辑模板)项,删除显示 City 字段的文本框,在其中放置控件 DropDownList,下拉列表中增加数据库中对应的城市名称,控件属性 SelectedValue 绑定到 Employees 表的 City 字段。这样在编辑状态下,可用 DropDownList 控件选择城市。

(3) 运行。单击"编辑"按钮后,City 字段后的编辑控件变为下拉列表,可以从下拉列表中选择城市,单击"更新"将所做修改保存到数据库。

11.4 LINQ 数据获取

11.4.1 LINQ 查询数据库概述

LINQ(Language Integrated Query,语言集成查询)是一组用于 C♯ 和 Visual Basic 语言的扩展,它允许编写 C♯ 或者 Visual Basic 代码以查询数据库相同的方式操作内存数据。也就是说,通过 LINQ,可以使用相同的 API 操作不同的数据源。

在 .NET 3.5 中,通过 LINQ 可以轻松地实现对数据库的操作,数据库中的各种对象,包括表、存储过程、关联关系等,都可以被映射到类,之后便可以调用对象方法,实现数据库的各种操作。

11.4.2 使用 LINQ 连接数据库

Visual Studio 集成开发环境提供了 LINQ to SQL 的功能。为了完成 LINQ 操作数据库,首先,需要创建一个数据库实例,这个实例既可以在本地,也可以在通过网络访问的其他主机上。

通过 LINQ to SQL 连接数据库的流程如下。

(1) 打开 Visual Studio,创建网站或者应用程序项目。在 App_Code 下面添加 LINQ to SQL Class,并命名。

(2) 打开该类,设置 Name 属性(如 TestLinqDB)和 Connection 属性。

(3) 服务器资源管理器内添加数据库连接。

(4) 将数据库内需要操作的表拖入 LINQ to SQL 类的设计视图,并保存。

(5) 新建数据绑定控件,例如 ListView1。

(6) 后台 Page_Load 编写代码:

```
var DB =new MyLinqDB();
var query =from t in DB.T_Users select new {t.ID, t.UserName, t.Password};
ListView1.DataSource =query.Where(t =>t.ID >0).Skip(3 * 20).Take(20);
ListView1.DataBind();
```

11.4.3 使用 LINQ 进行数据操作

基于 LINQ 进行数据操作,在方式上与 ADO. NET 有很大的不同。下面着重讲解常用的 4 种数据操作的 LINQ 实现,包括 Select、Insert、Delete 和 Update。

1. Select

执行查询时,需要定义的一个数据类型是 IQueryable<LINQtest> 的 query,用于描述

一个可查询的实例,通过这个 query 可以做很多种查询。下面是一个条件查询的例子:

```
using (var writer=new StreamWriter(@"C:\projects\Test\LINQ2SQL\linq.sql",
false, Encoding.UTF8))
//上面的路径用来保存对应的 SQL 语句
{
    using (DbAppDataContext db=new DbAppDataContext())
    {
        //设置 Log 属性,将生成的 SQL 语句保存到文件中
        db.Log=writer;
        var query=from s in db. LINQtest
                select s;
        //打印年龄小于 18 岁的人员名单
        foreach (var item in query.Where(s=>s.Field3<18))
        {
            Console.WriteLine(item.Field1, item.Field2,item.Field3);
        }
    }
}
```

上述代码执行,对应的 SQL 语句如下:

```
SELECT [LINQtest].[Field1], [LINQtest].[Field2], [LINQtest].[Field3]
FROM [dbo].[ LINQtest]
WHERE[LINQtest].[Field3]<18
```

2. Insert

要完成插入数据的操作,需要使用 Table 类的 InsertAllOnSubmit()方法和InsertOnSubmit()方法。InsertOnSubmit()方法用于将单条记录插入 Table 类的实例中;InsertAllOnSubmit()方法用于将多条记录的集合插入 Table 类的实例中。这两个方法的原型如下:

```
public void InsertOnSubmit(TEntity entity);
public void InsertAllOnSubmit(IEnumerable entities);
```

其中,entity 参数表示单条记录实体,entities 参数表示记录实体集合。

下面给出使用 InsertOnSubmit 插入记录的代码。添加 Add 方法,在方法中创建LINQtest 类对象,并为成员赋值。代码中,使用 DbAppDataContext 的 InsertOnSubmit 方法插入一条记录。下面的示例代码用于完成插入一条记录。

```
static void Add()
{
    //添加一个 LINQtest 对象
    LINQtest newobj=new LINQtest
    {
        Field1="Tom",
        Field2="Male"
```

```
        Field3="18"
    };
    using(DbAppDataContext db=new DbAppDataContext())
    {
        db. LINQtest.InsertOnSubmit(newobj);
        db.SubmitChanges();
    }
}
```

上述代码执行,对应的 SQL 语句如下:

```
Insert into [dbo].[ LINQtest]([Field1],[Field2],[Field3])
values("TOM","Male","18");
```

3. Delete

添加 Delete 方法,在方法中创建 DbAppDataContext 类对象,并根据条件取出需要删除的记录,之后调用 DeleteOnSubmit 方法执行删除操作。示例代码如下:

```
static void Delete(int name1)
{
    using(DbAppDataContext db=new DbAppDataContext())
    {
        //取出 LINQtest
        var DeleteObj=db. LINQtest.SingleOrDefault< LINQtest >(s =>s.Field1==
        name1);

        if (DeleteObj !=null)
        {
            db. LINQtest.DeleteOnSubmit(DeleteObj);
          db.SubmitChanges();
        }
        else
            Return;
    }
}
```

上述代码执行,对应的 SQL 语句如下:

```
DELETE FROM [dbo].[ LINQtest] WHERE ([Field1]="name1");
```

4. Update

添加 Edit 方法,在方法中创建 DbAppDataContext 类对象,并根据条件取出需要删除的记录,之后为对象赋予新的值,执行 db. SubmitChanges 提交更新操作。示例代码如下:

```
{
    using(DbAppDataContext db=new DbAppDataContext())
    {
    //取出记录
```

```
    var Updateobj = db. LINQtest. SingleOrDefault < LINQtest > (s = > s. Field1 = =
    name1);

    if (Updateobj!=null)
    {
        //修改 student 的属性
        Updateobj.Field1="Alice";
        Updateobj.Field2="Female";
        Updateobj.Field3="17";
        //执行更新操作
    db.SubmitChanges();
    }
else
return;
}
```

上述代码执行,对应的 SQL 语句如下:

```
UPDATE [dbo].[ LINQtest]
SET [Field1]="Alice", [Field2]="Female", [Field3]="17"
WHERE ([Field1] ="name1")
```

11.5 本章小结

本章首先回顾了微软体系和 Java 体系的主流的数据访问技术,着重对比了微软体系下的两种重要数据访问技术 ADO 和 ADO. NET。然后详细介绍了基本 ADO. NET 类,包括用于和要交互的数据源建立连接的 Connection 类用于执行所有类型的 SQL 语句的 Command 类,允许以仅向前、只读流的方式每次读取一条 SELECT 命令返回记录的 DataReader 类,使用非连接数据访问的核心 DataSet 类和 DataSet 中的表和数据源间的桥梁 DataAdapter 类。读取数据只是 Web 应用程序需求的一部分,还需要一个方便、灵活且有吸引力的方式把数据显示到网页上。ASP. NET 提供了一个功能丰富的数据绑定模型,首先介绍了单值绑定和重复值绑定,以及对应的数据绑定控件;然后介绍了与数据绑定控件联合使用的数据源控件,包括 SqlDataSource、ObjectDataSource、AccessDataSource、XmlDataSource 和 SiteMapDataSource;最后以 GridView、DetailsView 和 FormView 控件为例介绍了数据源控件与数据绑定控件的联合使用方法。本章最后介绍了使用 LINQ 进行数据获取的方法,并给出了 4 种典型的操作代码。

习 题 11

1. 试比较微软公司的数据访问技术 ADO 和 ADO. NET。
2. 画图示意 ADO. NET 的结构。
3. 简述数据集 DataSet 和数据提供程序 Provider 的作用,以及两者之间的关系。
4. DataSet 对象是用什么描述的? 如何将数据填到 DataSet 对象中?

5. 简述数据绑定控件和数据源控件的作用，以及两者之间的关系。

6. 设计一个查询程序，界面设计可参考图 11-26 所示。先设计一张 Employee 表，字段包括编号、姓名、性别、年龄、部门、职务等。在表中添加若干条记录。程序功能要求：用户在文本框中输入要查询记录的"姓名"或"部门"（可只输入部分包含文字，即支持模糊查询），并通过单选按钮指定查询方式后单击"提交"按钮，在 GridView 控件中显示查询结果；单击"显示全部"按钮将显示所有记录；若用户未输入查询关键字就单击了"提交"按钮，将提示错误信息；若没有找到任何匹配的记录，将提示错误信息。

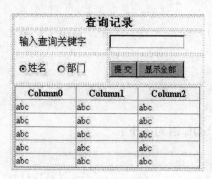

图 11-26 设计查询界面

7. 编写程序，分别利用 DataView 控件、DetailsView 控件和 FormView 控件实现数据库表的动态显示和编辑。

8. 如何使用 LINQ 实现在数据库表中插入记录？对比 LINQ 方法与直接使用 SQL 方式的优势。

第12章 网络购物商城案例

网络购物系统的分析和设计是一项复杂、渐进的过程,本章给出了网络购物商城案例的需求分析、软件设计和功能实现,在功能实现部分给出具有代表性的页面功能实现代码。

12.1 需求分析

12.1.1 背景介绍

通过网络购物的方式已经被越来越多的人接受。大部分人都有过网上购物的经历,有的甚至已将网上购物作为自己日常的消费方式。

目前,网上购物已经显示出较强的发展势头,它在推动国家经济增长方面可以说发挥了巨大的作用。在CNNIC发布的《2009年中国网络购物市场研究报告》中指出,截至2009年6月,全国网购用户为8788万,年增幅达38.9%,各大城市中,北京、上海和广州地区网络购物市场发展较好,网购渗透率分别达到51.3%、52.6%和35.2%。预计全年网购总金额将达到2500亿元左右。从用户首选的购物网站来看,C2C类购物网站占首选用户市场份额的85%,淘宝网用户市场份额达76.5%,其次是拍拍网,占6.1%。当当、卓越、京东商城这3个主要B2C网站分别以5.8%、2.2%和2.2%名列其后。这些数据表明我国网上购物市场有巨大的潜力。

对于消费者来说,网上购物可以不受时间、空间的限制,由于网上商品减少了中间流通环节,总体来说其价格较一般商场的同类商品更便宜。对于商家来说,由于网上销售没有库存压力、经营成本低、经营规模不受场地限制等,将来会有更多的企业选择网上销售,通过互联网对市场信息的及时反馈适时调整经营战略,以此提高企业的经济效益和参与国际竞争的能力。

综上可以看出,网上购物突破了传统商务的障碍,无论对消费者、企业还是市场都有着巨大的吸引力和影响力,在新经济时期无疑是达到"多赢"效果的理想模式。

12.1.2 需求定义

网上购物系统不仅需要有漂亮的网页,更要有严谨的设计,每一个细小的环节都很重要,这样才能避免在电子交易过程中发生不必要的错误。本章网络购物商城案例是一个简化版本的在线购物系统,参照淘宝网等知名在线购物网站,实现了网上购物的基本功能。

网络购物商城的工作流程如下:开始时,用户无须注册即可直接进入网站,进入网站后可完成注册账户、浏览商品、查找商品以及登录等功能。用户在浏览商品时确定了需要购买的商品时,可单击"购买"按钮购买该商品,此时该商品会加入购物车中,购物车的状态显示在页面的右上角。用户可以在浏览商品时随时查看购物车中的内容,完成商品选购后,已登录的用户可从购物车页面进入账单结算中心,在这里可以生成订单、预览订单和提交订单。未登录的用户在提交订单时,系统将提示用户登录后才能提交订单,并跳转到用户登录页面。订单提交后,用户可以返回商品导购主页面进行浏览,继续选购其他商品。

系统包括 5 个功能模块,包括导购模块、用户管理模块、商品详细信息显示模块、购物车模块及结算中心模块。这五个模块详细功能描述如下。

1. 导购模块

导购模块主要包括网络购物商城的主页面,主页面包括商品的分类列表,每个商品的分类列表都可以链接到一个子导购页面。主页面主要显示一些最新的商品信息以及特价商品、尾货出清等信息。此外,主页面还包括顶层菜单,顶层菜单包括用户登录、新用户注册、购物车、帮助中心等系统功能菜单。主页面还能提供商品搜索功能,为用户查找特定商品提供便利。

2. 用户管理模块

用户在浏览商品时可以先不登录,当选中商品提交订单时,必须进行用户的验证,即必须登录后才能发送订单。用户管理包括新用户注册、用户登录、用户信息修改等功能。

3. 商品详细信息显示模块

用户在导购页面选择一个商品后,将跳转到详细信息页面,显示所选择商品的详细信息。例如用户选择了豆浆机,那么在详细信息页面将显示该豆浆机的型号、品牌、材质、产地、尺寸、规格、保质期、颜色等信息,此外还可以显示商品说明、品牌说明、特别说明等附加信息,以及以"评论"的方式向用户显示以往该商品售出后的反馈信息等。

4. 购物车模块

购物车主要用于显示用户当前已选择将购买商品的列表,用户在浏览商品的任何时候都可以查看购物车里面的内容,当用户结束购买时,进入"生成订单"页面,此时购物车中的内容才会被提交。

5. 结算中心模块

结算中心用于生成订单,主要包括用户购买商品的预览功能和结算功能。当用户确定要购买商品时进入订单生成向导,在订单生成向导中要确认收货人的姓名、详细地址、邮编、联系方式、商品配送方式、包装方式、支付方式等信息,最后进入生成订单页面。生成订单页面用于显示用户在向导中所设置的订单相关信息,单击该页面的生成订单按钮会向商城提交订单,此后商店将按照用户的订单要求送货。

12.1.3 开发环境

网络购物商城案例的开发环境为 Windows Server 2003 中文版并安装. NET Framework 3.5、Visual Studio 2008 和 SQL Server 2005。

12.2 软件设计

软件设计分为两个级别:一个是高级设计,也称为概要设计或者总体设计;另一个是低级设计,也称为详细设计。概要设计从需求出发,描述总体上系统架构应该包含的组成要素和各模块之间的关联。详细设计主要描述实现各个模块的算法和数据结构已经用特定计算机语言实现的初步描述。本节主要介绍网络购物商城系统的概要设计,包括架构设计、数据设计、界面设计。

12.2.1 架构设计

网络购物商城系统采用三层架构来完成,如图 12-1 所示,包括 Web 界面表示层、业务逻辑层和数据访问层。

Web 界面表示层主要包括导购、详细信息、购物车等页面的实现,主要用于接收用户的请求和数据的返回,为客户提供应用程序的访问。Web 界面表示层由 ASP. NET Web 页面和代码隐藏文件组成。Web 页面用 HTML 提供用户操作,代码隐藏文件实现各种控件的事件处理。

业务层逻辑屏蔽了界面表示层和数据库的直接联系,主要负责对数据层的操作,为 Web 界面表示层提供处理账号、商品浏览和定购等页面所需的数据。业务逻辑层针对具体的问题进行操作,包含各种业务规则和逻辑的实现,如处理客户账户和商品订单的验证等任务。

数据访问层主要是对原始数据(数据库或者文本文件等存放数据的形式)进行操作的层,而不是指原始数据。也就是说,数据访问层是对数据进行操作,而不是对数据库进行操作,具体为业务逻辑层或 Web 界面表示层提供数据服务。

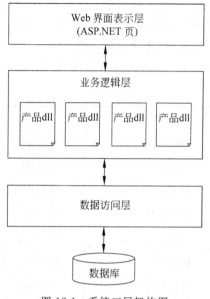

图 12-1 系统三层架构图

12.2.2 数据设计

数据库设计是数据设计的核心,采用了面向数据的方法。为了提高系统的运行速度,增加代码的重用性,在数据库服务器上,将一些数据操作设计为存储过程。

1. 数据表设计

本实例使用 SQL Server 2005 来保存数据,数据包括用户信息、商品分类信息、商品详细信息、订单信息等。经过分析,初步设定系统包括 6 张数据表,分别是用户表、项目表、手机商品表、电视商品表、订单表和类别表。针对商品详细信息,此处仅设计了手机类商品和电视类商品的数据表,其他类型商品可以此为例添加相应的数据表。

各表格所包含字段的详细说明及其定义方式如表 12-1 所示。

表 12-1 数据表字段

字段名称	含　义	类　型	说　明
UID	用户 ID	整数	自动,主键
UName	用户名	字符(最长 10 位)	不为空
UPwd	口令	字符(最长 20 位)	不为空
UEmail	邮件	字符(最长 20 位)	可为空

(1) 用户表(T_User)。用户表用于保存注册用户信息,用户注册后可通过用户名和口令登录网站,也可以通过用户电子邮件和口令来登录网站。通常的网站在注册时要求填写的信息更加详细,可专门提供一个表来保存用户的详细信息,这里使用最简单的方案,就不设计用户的详细信息表了。

(2) 项目表(T_Item)。如表12-2所示,项目表中保存的是所有种类商品的基本信息,包括单价、商品的基本介绍等。用户浏览商品时看到的信息就在这个表中存放,如果用户对该商品感兴趣继续查看其详细信息,商品的详细信息保存在该类商品的表中。显示商品详细信息时,先通过项目的ICTypeId字段识别商品属于哪一类,然后通过IItemID对应该类商品表中的ID,就可以找到对应商品的详细信息。

表 12-2　项目表

字 段 名 称	含　　义	类　　型	说　　明
IID	项目 ID	整数	自动,主键
IItemID	商品 ID	整数	不为空
IName	项目名称	字符(最长 50 位)	不为空
ICTypeId	类型 ID	字符(最长 10 位)	不为空
IImageFileSpec	图片省略图路径	字符(最长 20 位)	不为空
IUnitCost	打折后价格	货币型	不为空
IUnitPrice	商品定价	货币型	不为空
IDescription	商品说明	字符(最长 50 位)	可为空

(3) 手机商品表(T_Phone)。每一类商品的特征信息是不同的,所以采用不同的表存放。手机商品表的每一条记录都是一款手机详细信息的描述。其中 PImage 字段存放的是手机相关大图的路径,与项目表中的 IImageFileSpec 字段不同,IImageFileSpec 存放的是商品的省略图。实际上,手机商品的特征属性较为丰富,表12-3 仅简单列出了手机商品的部分规格和参数。

表 12-3　手机商品表

字 段 名 称	含　　义	类　　型	说　　明
PID	商品 ID	整数	自动,主键
PName	手机名称	字符(最长 20 位)	不为空
PImage	手机图片	字符(最长 50 位)	可为空
PTime	手机上市时间	日期型	可为空
PSubject	商品概述	字符(最长 500 位)	可为空
PSize	手机屏幕尺寸	字符(最长 10 位)	可为空
Issmart	是否为智能手机	整数	可为空
NetworkType	网络类型	字符(最长 10 位)	可为空

字 段 名 称	含 义	类 型	说 明
PStyle	手机类型	字符（最长 10 位）	可为空
PScreen	屏幕尺寸	字符（最长 10 位）	可为空
PStore	手机存储卡	字符（最长 10 位）	可为空
POs	手机操作系统	字符（最长 10 位）	可为空
PSxt	手机摄像头	字符（最长 10 位）	可为空
PLs	手机铃声	字符（最长 10 位）	可为空

（4）电视商品表（T_Tv）。电视商品表用于保存电视类商品的详细信息，如表 12-4 所示。

表 12-4　电视商品表

字 段 名 称	含 义	类 型	说 明
TID	商品 ID	整数	自动，主键
TModel	型号	字符（最长 20 位）	不为空
TName	商品名称	字符（最长 20 位）	不为空
TCommany	品牌	字符（最长 20 位）	不为空
TType	商品类别	字符（最长 10 位）	可为空
TImage	商品图片	字符（最长 50 位）	可为空
TScreen	屏幕尺寸	字符（最长 10 位）	可为空
TSubject	商品概述	字符（最长 500 位）	可为空

（5）订单表（T_Order）。如表 12-5 所示，订单表中保存订单的详细信息，包括收货人姓名、详细地址、身份证号等。一旦用户提交订单，商城的业务人员会查看订单的信息，然后进行适当的包装、发货操作。此订单表也是采取最简单的方案，实际的订单表远比这个复杂，可能还会包含配送方式、支付方式、发票信息和订单备注信息等相关字段。

表 12-5　订单表

字 段 名 称	含 义	类 型	说 明
OID	订单 ID	整数	自动，主键
OCustomerId	用户 ID	字符（最长 10 位）	不为空
OTelephone	用户联系电话	字符（最长 20 位）	不为空
OShipToName	收货人姓名	字符（最长 20 位）	不为空
OShipToAddress	详细地址	字符（最长 50 位）	不为空
OShipToCardID	收货人身份证号	字符（最长 18 位）	不为空

（6）类别表（T_Category）。如表 12-6 所示，类别表用于存放所有商品的类别信息，实

际上是一个类别 ID 和类别名称的对照表,因为类别 ID 在项目表中有大量重复,所以在项目表中用保存类别 ID 而不是类别名称来表示类别,这样既节省存储空间又方便操作。

表 12-6 类别表

字 段 名 称	含 义	类 型	说 明
CID	ID	整数	自动,主键
CtypeId	类别 ID	字符(最长 10 位)	不为空
CName	类别名称	字符(最长 20 位)	不为空
CDescription	描述	字符(最长 20 位)	可为空

2. 存储过程设计

本实例设计了两个存储过程 GetAllItems 和 GetPhones,其中,存储过程 GetAllItems 用于从 T_Item 表中检索所有的商品数据;带参数的存储过程 GetPhones 用于从 T_Phone 表中根据手机商品的 ID 检索表中对应的手机。具体实现代码参考 11.2.5 节。其他的数据库操作在设计为存储过程时,可参照这两个例子。

12.2.3 界面设计

用户界面设计是为人和计算机创建一个有效的沟通媒介。Mandel 总结了界面设计的 3 个"黄金"原则:控制用户的想法、尽可能减少用户记忆量、界面最好有连续性。

这些原则形成了用户界面设计的基础,应遵循以下原则进行界面设计。

网络购物商城的界面设计过程如下。

1. 设计主页面

主页面主要包括以下内容:

(1) 会员登录入口;

(2) 免费注册入口;

(3) 帮助中心入口;

(4) 查看购物车入口;

(5) 当前购物车状态;

(6) 网站的宗旨和介绍;

(7) 分类浏览入口;

(8) 信息、导购入口;

(9) 快速站内搜索;

(10) 热门商品,促销信息;

(11) 商品列表。

2. 设计注册页

注册页主要包括以下内容:

(1) 用户注册须知条款;

(2) 用户注册需要递交的个人信息;

(3) 用户提交表格。

3．设计错误信息页

错误信息页主要包括以下内容：

（1）出错的原因；

（2）返回注册页修改入口。

4．设计注册成功页

注册成功页主要包括以下内容：

（1）用户注册信息；

（2）成功注册信息。

5．设计会员登录页

会员登录页主要包括以下内容：

（1）用户名和口令；

（2）提交信息。

6．设计帮助页

帮助页主要包括以下内容：

（1）服务规则；

（2）网站导航；

（3）成员 FAQ。

7．设计购物车页

购物车页主要包括以下内容：

（1）已挑选的商品信息：名称、数量、单价、小计；

（2）删除商品操作、清空购物车；

（3）继续购物入口；

（4）结算中心入口。

8．设计商品分类浏览页

商品分类浏览页主要包括以下内容：

（1）商品分类；

（2）商品列表。

9．设计生成订单页

生成订单页主要包括以下内容：

（1）收货人信息：姓名、地址、电话；

（2）提交信息。

10．设计订单确认和提交页

订单确认和提交页主要包括以下内容：

（1）选购商品信息；

（2）收货人信息；

（3）提交信息。

网站主页面的设计是一个网站成功与否的关键，人们往往看到网站主页面就已经对站点有一个整体感觉。是不是能够促使浏览者继续单击进入，是否能够吸引浏览者留在站点上，网站主页面的设计起到关键作用。而且网站主页面的设计是否合理还直接影响程序模块之间的关系。网络购物商城主页面的框架设计如图 12-2 所示。

Logo 和菜单		
分类信息	最新商品信息	搜索工具、促销信息
网站提示信息		

图 12-2　网络购物商城主页面的框架设计

用 ASP.NET 来实现这个布局,如图 12-3 所示。

图 12-3　主界面设计

　　Web 程序的界面设计涉及很多知识,除了 ASP.NET 自身的控件和组件外,通常还使用 CSS 技术来定位和修饰页面中的元素。因为前面的章节未介绍 CSS 的相关知识,因此在本例中只对页面的整体布局使用了少量的 CSS 定义,仅用于修饰页面中的元素,并不影响整体的页面布局和程序功能。

12.3　功 能 实 现

　　本节将详细介绍主页面、登录页面、注册页面、详细信息页面及购物车、提交订单等页面的设计及实现。首先为网站建立一个母版页。

12.3.1　MasterPages 母版页的实现

网页的通透性对网站很重要,每一页的架构变化不宜太多,适当就好,主次内容信息的位置保持一致性,不然用户每浏览到下一页都需要重新去解读架构,思考该从哪里开始阅读,这样会消耗用户的耐性。所以网站总体架构应清晰、明了,保持较好的通透性,减少用户的浏览成本,此时可使用母版来完成这个任务。母版起到了决定网站布局和风格的作用,可以为应用程序中所有页面定义所需的外观和标准行为。一旦母版页建立后,就可以将母版页应用到新页面上,这个过程叫作母版的套用。一个普通网页套用了母版,那么这个网页显示时将会显示母版内容及其本身的内容。

本例中,直接通过"添加新项"|"母版页"命令添加母版页,母版页的后缀是.master,名称可以自定义,默认为 MasterPage,如图 12-4 所示。

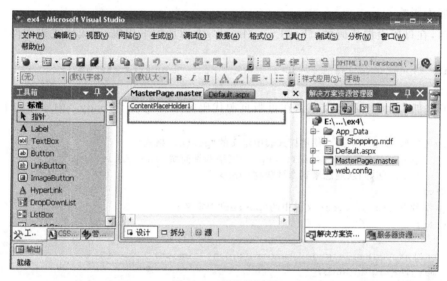

图 12-4　创建母版页

如图 12-4 所示,设计窗口中的 ContentPlaceHolder 控件是盛放内容页的内容控件。当某个普通页面套用了母版页后,那么该页面只有 ContentPlaceHolder 控件的区域是可以编辑的。母版页中可以有多个 ContentPlaceHolder 控件。刚才新建的母版页源代码如下,包含一个@Master 指令和普通页的所有基本 HTML 元素:

```
<%@ Master Language="C#" AutoEventWireup="true" CodeFile="MasterPage.master.
cs" Inherits="MasterPage" %>
<html>
<head runat="server">
    <title>无标题页</title>
</head>
<body>
    <form id="form1" runat="server">
    <div>
```

```
        <asp:ContentPlaceHolder id="ContentPlaceHolder1" runat="server">
        </asp:ContentPlaceHolder>
    </div>
    </form>
</body>
</html>
```

（1）按照本例的设计，母版页分为 3 个部分：上面部分是固定的，用来显示菜单和 Logo 图片；中间部分是内容窗口，放置一个 ContentPlaceHolder 控件；最下面也是固定的，用来显示提示信息等。

（2）添加样式表文件 clubsite.css。本例中，直接通过"添加新项"|"样式表"命令添加一个样式表文件。clubsite.css 文件中仅包含对页面元素的修饰定义，对整体的页面布局和程序功能无影响。

同时，在母版页源代码的<head></head>中添加如下代码，引入样式表文件：

```
<link type="text/css" rel="Stylesheet" href="clubsite.css" />
```

（3）添加 Logo 图片和文字。在母版页源代码的<body></body>中添加如下代码：

```
<div id="poster">        '使用样式表中定义的"poster"格式
        <h1><a href="default.aspx">网络购物商城</a></h1>
        <h2>您好!欢迎您来到商城购物</h2>
</div>
Logo 图片在 clubsite.css 文件中的"poster"中定义:
#poster
{
    background: url(images/header.jpg) no-repeat;
    margin-right: auto;
    margin-left: auto;
    width: 1000px;
    height: 175px;
    margin-top: 1px;
}
```

（4）添加导航菜单。

（5）放置 ContentPlaceHolder 控件，此项工作在生成母版页时已自动完成。

（6）添加页面下部的提示信息。

母版页源代码如下：

```
<%@ Master Language="C#" AutoEventWireup="true" CodeFile="MasterPage.master.
cs" Inherits="MasterPage" %>
    <!DOCTYPE html PUBLIC "-//W3C//DTD XHTML 1.0 Transitional//EN" "http://www.
w3.org/TR/xhtml1/DTD/xhtml1-transitional.dtd">

<html xmlns="http://www.w3.org/1999/xhtml">
```

```
<head id="Head1" runat="server">
    <title>网络购物商城</title>
    <link type="text/css" rel="Stylesheet" href="clubsite.css" />
</head>
<body>
    <div style="width:1000px;background:url(images/topnavbg.gif) repeat-x 0 0;
margin-left:auto; margin-right:auto" >
<div style="float:left; width:70%;">
    <ul class="topnav">
        <li><a href="Login.aspx" title="Home" class="active"><span style="font
        -size: 10pt;color: #990000">登录</span></a></li>
        <li><a href="#" title="Products"><span style="font-size: 10pt; color:
        #ffffff">免费注册</span></a></li>
        <li><a href="#" title="Services" ><span style="font-size: 10pt;color:
        #ffffff">帮助中心</span></a></li>
        <li><a href="ShopCart.aspx" title="My Account"><span style="font-size:
        10pt;color: #ffffff"><span>我的购物车</span> </span></a></li>
    </ul>
</div>
<div class="shopingcartpadding" >
<p class="shopingtxt"><a href="#" title="Shoping Cart"><span style="font-
size: 9pt">购物车内有:
<span><asp:Label ID="Label1" runat="server" Text="0"></asp:Label></span>件产
品</span></a></p>
<div id ="poster" >
    <h1><a href="default.aspx">网络购物商城</a></h1>
    <h2>您好!欢迎您来到商城购物</h2>
</div>
<form id="form1" runat="server">
    <div style="width:1000px; margin-left:auto; margin-right:auto;">
        <asp:ContentPlaceHolder id="ContentPlaceHolder1" runat="server">
        </asp:ContentPlaceHolder>
    </div>
    </form>
    <div id="navbottom"> </div>
        <div id="footer">
            <p><span style="font-size: 9pt">网络购物商城<br />
                &copy; 用户只有登录了才能进行交易,你可以在浏览商品时先不登录。账户管
                理包括账户注册、找回密码、账户登录、账户信息修改等功能。<br />但当你选
                中某个商品要购买时,必须进行账户的验证,此时你必须登录后才能发送订单</
                span></p>
</div>

</body>
</html>
```

设计完成后的母版页如图 12-5 所示。

图 12-5 设计完成后的母版页

12.3.2 主页面的实现

本例中,所有的页面都套用了母版页,这样每一个页面都会拥有相同的顶部菜单和徽标(Logo)标题。主页面中除了母版提供的顶部菜单外,还有左侧的商品分类等信息、中间的商品信息、右侧的搜索工具和促销信息等,如图 12-6 所示。

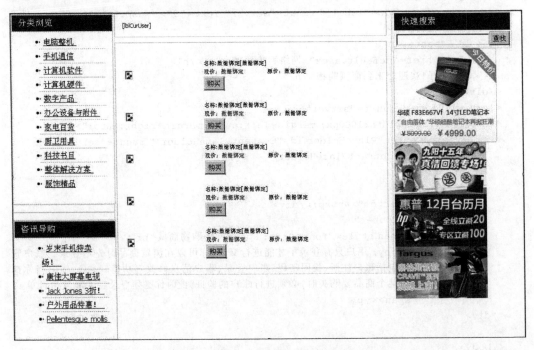

图 12-6 主页面设计

页面左侧的商品分类等信息都位于 DIV 容器("工具箱"|HTML|"DIV 控件")内,实现起来比较简单,直接使用表格和列表组合完成。

页面右侧的内容包括两部分,每一部分都是一个 DIV 容器。快速搜索使用一个TextBox 控件和 Button 控件组合完成。促销信息使用 Image 控件链接到对应的页面。

页面中间的商品信息窗口中，上面使用了一个标签控件，用于显示当前登录用户；下面用于显示商品列表，使用 DataList 控件，该控件的"项模板"设计如图 12-7 所示。

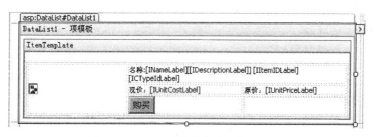

图 12-7　DataList 控件的"项模板"设计

该模板中包括 1 个图片按钮（注意不是图片框）、6 个标签控件和 1 个按钮控件。DataList 控件用于显示 T_Item 表中的内容，但表中的 IItemID 和 ICTypeId 是不能显示给用户的，所以这两个控件设置为不可见。DataList 控件完成后对应的 HTML 代码如下：

```
<div class="rightblock" style="left: 0px; top: 0px">
    <asp:DataList ID="DataList1" runat="server" Width="502px"
onitemcommand="DataList1_ItemCommand" >
    <ItemTemplate> <br />
        <table style="width: 495px">
            <tr>
            <td rowspan="3" style="width: 151px">
                <asp:ImageButton ID="HyperImage" runat="server"
CommandName="ShowDetail" ImageUrl='<%#Eval("IImageFileSpec") %>' />
</td>
            <td colspan="2" style="height: 16px">
                名称:<asp:Label ID="INameLabel" runat="server"
Text='<%#Eval("IName") %>'></asp:Label>
[<asp:Label ID="IDescriptionLabel" runat="server"
Text='<%#Eval("IDescription") %>'></asp:Label>]
                <asp:Label ID="IItemIDLabel" runat="server"
  Text='<%#Eval("IItemID") %>' Visible="false"></asp:Label>
                <asp:Label ID="ICTypeIdLabel" runat="server"
Text='<%#Eval("ICTypeId") %>' Visible="false"></asp:Label></td>
            </tr>
            <tr>
            <td style="width: 119px">
                现价:<asp:Label ID="IUnitCostLabel" runat="server"
Text='<%#Eval("IUnitCost") %>' ForeColor="Red"></asp:Label></td>
            <td>原价:
<asp:Label ID="IUnitPriceLabel" runat="server"
Text='<%#Eval("IUnitPrice") %>'></asp:Label></td>
            </tr>
            <tr>
```

```
                    <td style="width: 119px">
                        <asp:Button ID="btnBuy" CommandName="AddToCart" runat=
                        "server"
Text="购买" /></td>
                    <td></td>
                </tr>
            </table>
        </ItemTemplate>
    </asp:DataList>
</div>
```

注意：DataList 控件代码中，图片按钮和购买按钮都添加了 CommandName 命令参数，这是因为需要使用 DataList 控件的 ItemCommand 事件来处理项目的单击动作。例如，当单击"购买"按钮时，系统会把单击的商品添加到购物车；当单击图片按钮时，系统会跳转到详细信息页面。

主页面对应的 C♯代码如下：

```
public partial class _Default : System.Web.UI.Page
{
    protected void Page_Load(object sender, EventArgs e)
    {
        if (this.Session["Login"] !=null)    //当前登录用户存放在 Session["Login"]中
        {
            this.login.VisibleWhenLoggedIn=false;    //若已经登录则隐藏登录框
                //将已经登录用户名显示在页面上
            this.lblCurUser.Text="当前用户是:" +this.Session["Login"].ToString();
        }
        if (!this.IsPostBack)                   //如果是首次加载页面
        {    //装载 T_Item 表记录的数据集
            DataSet dsItems=new BLLItems().getAllItems();
            //将数据保存到客户端
            ViewState.Add("ItemsDS", dsItems);
            this.dataList.DataSource=dsItems.Tables[0].DefaultView;
            this.dataList.DataBind();
        }
    }
    //响应 DataList 控件的项目单击事件
    protected void DataList1_ItemCommand(object source, DataListCommandEventArgs e)
    {
        if (e.CommandName=="AddToCart")    //假如单击了"购买"按钮,则加入购物车
        {    //用 FindControl 来获得控件的数据
            string name = ((Label)e.Item.FindControl("INameLabel")).Text;
            string cost = ((Label)e.Item.FindControl("IUnitCostLabel")).Text;
```

```csharp
            string price = ((Label)e.Item.FindControl("IUnitPriceLabel")).Text;
            string description= ((Label)e.Item.FindControl("IDescriptionLabel"))
            .Text;

                //将购物车中的内容存放在 Session 中的一个 DataTable 里面
            DataTable dt=new DataTable();
            if (this.Session["ShopCart"]==null)
            {
                dt.Columns.Add(new DataColumn("数量", typeof(int)));
                dt.Columns.Add(new DataColumn("名称", typeof(string)));
                dt.Columns.Add(new DataColumn("实际价格", typeof(double)));
                dt.Columns.Add(new DataColumn("定价", typeof(double)));
                dt.Columns.Add(new DataColumn("说明", typeof(string)));
            }
            else
            {
                dt=this.Session["ShopCart"] as DataTable;
            }
            DataRow dr=dt.NewRow();
            dr["数量"]=1;
            dr["名称"]=name;
            dr["实际价格"]=cost;
            dr["定价"]=price;
            dr["说明"]=description;
            dt.Rows.Add(dr);

            this.Session["ShopCart"]=dt;
            this.Response.Redirect("ShopCart.aspx");        //页面重定向到购物车页面
        }

        if (e.CommandName=="ShowDetail")                //假如单击了图片按钮则显示详细信息
        {
            string sid = ((Label)e.Item.FindControl("IItemIDLabel")).Text;
            string stype = ((Label)e.Item.FindControl("ICTypeIdLabel")).Text;
                //页面转向详细信息页面,并向该页传递参数

            string qstring=string.Format("ItemDetail.aspx?id={0}&type={1}",
            sid, stype);
            this.Response.Redirect(qstring);
        }
    }
    //查找按钮相关代码
protected void btnFind_Click(object sender, EventArgs e)
    {
        DataSet dsItems=(DataSet)ViewState["ItemsDS"];
        DataView dv=dsItems.Tables[0].DefaultView;
        dv.RowFilter=string.Format("IName LIKE '*{0}*'", this.txtFind.Text);
        this.dataList.DataSource=dv;
```

```
        this.dataList.DataBind();
    }
}
```

注意：编写 Web 程序时，Web 页面或者 Web 窗口是无状态的。Web 程序在服务器运行，Web 窗体在客户端显示，一旦 Web 窗体响应事件，就会导致 Web 窗体的重新加载，重新加载后的 Web 窗体将是一个全新的对象，历史数据和状态将不再保存（当然使用页面的 ViewState 对象在客户端强行保留一些数据的情况除外）。

另外，还需要注意 Web 页面之间的传值方式。在上面的代码中，使用了传统的 Redirect 方法来打开新页面。特别是单击商品列表（DataList 项目）中的图片时，页面将跳转到该商品的详细信息页面。详细信息页面将显示该商品的详细信息，数据从 T_Phone 或 T_Tv 表中读取。因此需要从主页面向该页面传递商品的项目 ID 和类型 ID，详细信息页面才能显示。这里使用了带参数的 URL 来完成这个任务，详细信息页面通过 URL 参数获得项目 ID 和类型 ID，进而加载该商品的详细信息。

12.3.3 购物车的实现

当用户浏览商品时单击了购买按钮，那么此商品将会被加入购物车，用户在浏览任何页面时都可以随时查看购物车中的内容。可以使用会话对象来实现这个功能，会话对象在用户访问网站时会一直存在，直到用户退出此网站的所有页面，会话才会结束。购物车是会话对象使用的最典型的例子。

本例中，购物车页面中也使用了母版页，然后在数据列表部分使用了一个 GridView 控件。当用户单击"去结算中心"按钮时，系统将进入结算中心模块并生成订单。购物车页面设计如图 12-8 所示。

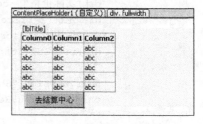

图 12-8　购物车页面设计

购物车页面对应的 C#代码如下：

```csharp
public partial class ShopCart : System.Web.UI.Page
{
    protected void Page_Load(object sender, EventArgs e)
    {
        if (!IsPostBack)
        {
            if (this.Session["ShopCart"] !=null)
            {
                //获得会话对象中的 DataTable 并绑定到 GridView
                DataTable dt=this.Session["ShopCart"] as DataTable;
                this.gridView.Width=600;
                this.gridView.CellPadding=10;
                this.gridView.AutoGenerateColumns=true;
                this.gridView.DataSource=dt;
                this.gridView.DataBind();
```

```
                   this.lblTitle.Text="你购买的项目：";
              }
         else
              {
                   this.lblTitle.Text="购物车中没有东西！";
                   this.lblTitle.Font.Size=20;
              }
         }
    }
    protected void btnShopcart_Click(object sender, EventArgs e)
    {
         this.Response.Redirect("Order.aspx");           //转到订单生成页面
    }
}
```

12.3.4　详细信息的实现

　　用户在主页面单击了商品的图片后将进入该商品的详细信息页面。在本例中只支持两类商品，分别是手机和电视，这两类商品的详细信息都在详细信息页面中显示。下面是显示手机商品详细信息时的页面，如图 12-9 所示。

图 12-9　手机商品详细信息页面

手机商品的详细信息有主屏尺寸、外观样式、操作系统、屏幕颜色、摄像头、上市时间等，电视商品的详细信息与手机类商品的不一样，如果要在同一个页面也显示电视的详细信息，需要使用组件技术。因此本例中定义了两个 Web 用户控件，分别是 PhoneDetail. ascx 和 TvDetail. ascx。可通过添加新项菜单添加"Web 用户控件"，然后向里面拖入控件即可创建该组件，只是在使用时需要使用 Register 命令导入该组件，下面是 ItemDetail. aspx 文件的代码：

```
<%@ Page Language="C#" MasterPageFile="MasterPage.master" AutoEventWireup=
"true"
        CodeFile="ItemDetail.aspx.cs" Inherits="ItemDetail" %>

<%@Register TagPrefix="uc" TagName=" PhoneDetail " Src=" PhoneDetail.ascx" %>
<%@Register TagPrefix="uc" TagName="TvDetail" Src="TvDetail.ascx" %>
<asp:Content ID="Content1" runat="server"
ContentPlaceHolderID="ContentPlaceHolder1">
    <div id="Item" class="fullwidth">
        <uc:PhoneDetail ID="phonedetail" runat="server" />
        <uc:TvDetail ID="tvdetail" runat="server" />
    </div>
</asp:Content>
```

在 ItemDetail. aspx 中使用了 Register 命令导入了两个用户组件。在使用用户组件时没有使用本地控件那么方便，还需要使用 FindControl 来获得组件中的具体控件来操作。下面是商品详细信息页面对应的隐藏代码：

```
public partial class ItemDetail : System.Web.UI.Page
{
    protected void Page_Load(object sender, EventArgs e)
    {   //获得从上一页(主页面)传递过来的参数
        string sid=this.Request.Params["id"];
        string stype=this.Request.Params["type"];
        //如果单击的是手机类商品,则加载手机显示组件
        if (stype==ItemType.PHONE.ToString())
        {
            this.Phone.Visible=true;
            this.Tv.Visible=false;
                //按照 ID 去 T_Phone 表里找相应的详细数据
            DataSet ds=new BLLItems().getPhones(sid);
            DataTable dt=ds.Tables[0];
            if (dt.Rows.Count >0)
            {   //将详细信息数据显示到组件中对应的控件里
        ((Label) Phone.FindControl ("Label1")). Text = dt. Rows[0]["PSubject"]
        .ToString();
        ((Label) Phone.FindControl ("Label2")). Text = dt. Rows[0]["PSize"]
        .ToString();
        ((Label) Phone.FindControl ("Label3")). Text = dt. Rows[0]["Issmart"]
        .ToString();
```

```
((Label)Phone.FindControl("Label4")).Text=dt.Rows[0]["PTime"].ToString();
((Label)Phone.FindControl("Label5")).Text=dt.Rows[0]["Pstyle"].ToString();
((Label)Phone.FindControl("Label6")).Text=dt.Rows[0]["PScreen"].ToString();
((Label)Phone.FindControl("Label7")).Text=dt.Rows[0]["PStore"].ToString();
((Label)Phone.FindControl("Label8")).Text=dt.Rows[0]["POs"].ToString();
((Label)Phone.FindControl("Label9")).Text=dt.Rows[0]["PSxt"].ToString();
((Label)Phone.FindControl("Label10")).Text=dt.Rows[0]["PLs"].ToString();
((Label)Phone.FindControl("Label11")).Text = sid;

((Image)Phone.FindControl("Image1")).ImageUrl=dt.Rows[0]["PImage"].ToString();
            }
        }
    //如果单击的是电视商品,则加载电视类显示组件
    if (stype==ItemType.TV.ToString())
    {
        this.Phone1.Visible=false;
        this.Tv.Visible=true;
            //按照 ID 去 T_Tv 表里找相应的详细数据
        DataSet ds=new BLLItems().getTv(sid);
        DataTable dt=ds.Tables[0];
        if (dt.Rows.Count>0)
        {
                ((Label)Tv.FindControl("lblName")).Text = dt.Rows[0]["TName"]
                .ToString();
                ((Label)Tv.FindControl("lblModel")).Text = dt.Rows[0]["TModel"]
                .ToString();
                ((Label)Tv.FindControl("lblCompany")).Text = dt.Rows[0]["TCompany"]
                .ToString();
                ((Label)Tv.FindControl("lblSubject")).Text = dt.Rows[0]["TSubject"]
                .ToString();
                ((Label)Tv.FindControl("lblSubject")).Text=dt.Rows[0]["TType"]
                .ToString();
                ((Label)Tv.FindControl("lblSubject")).Text=dt.Rows[0]["TScreen"]
                .ToString();
                ((Image)Tv.FindControl("imgTitle")).ImageUrl=dt.Rows[0]["TImage"]
                .ToString();
                ((Label)Tv.FindControl("lblItemID")).Text=sid;
            }
        }
    }
  }
}
```

一般情况下,在详细信息页面中也应该有一个购买按钮,单击这个按钮也可以进行购买。这个按钮在本例中直接加在各个商品组件的.cs 文件中,以手机控件 Phone 为例,相关"购买"功能的代码如下:

```
protected void linkBuy_Click(object sender, EventArgs e)
{
    DataSet ds=new BLLItems().getItemsByItemId(lblItemID.Text);
    string name=ds.Tables[0].Rows[0]["IName"].ToString();
    string cost=ds.Tables[0].Rows[0]["IUnitCost"].ToString();
    string price=ds.Tables[0].Rows[0]["IUnitPrice"].ToString();
    string desc=ds.Tables[0].Rows[0]["IDescription"].ToString();
    DataTable dt=new DataTable();
    if (this.Session["ShopCart"]==null)
    {
        dt.Columns.Add(new DataColumn("数量", typeof(int)));
        dt.Columns.Add(new DataColumn("名称", typeof(string)));
        dt.Columns.Add(new DataColumn("实际价格", typeof(double)));
        dt.Columns.Add(new DataColumn("定价", typeof(double)));
        dt.Columns.Add(new DataColumn("说明", typeof(string)));
    }
    else
    {
        dt=this.Session["ShopCart"] as DataTable;
    }
    DataRow dr=dt.NewRow();
    dr["数量"]=1;
    dr["名称"]=name;
    dr["实际价格"]=cost;
    dr["定价"]=price;
    dr["说明"]=desc;
    dt.Rows.Add(dr);
    this.Session["ShopCart"]=dt;
    this.Response.Redirect("ShopCart.aspx");
}
```

12.3.5　结算中心的实现

结算中心模块包括两个页面:一个是用户校验页面(Oder. aspx),由用户在此页面中填写详细信息,包括收货人姓名、收货人身份证、收货地点等。在用户校验页面单击"下一步"按钮将进入订单确认与提交页面(ShipOder. aspx),在订单确认页面中单击"提交订单",系统会将订单的信息提交到数据库 T_Oder 表中。订单确认与提交页面的数据来自两个方面:购物车和上一个页面的用户校验信息。

用户校验页面设计如图 12-10 所示。

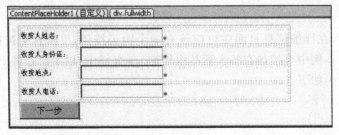

图 12-10　用户校验页面设计

用户校验页面对应的 C# 代码如下：

```
public partial class Order : System.Web.UI.Page
{
    public string Name
    {
        get { return this.txtName.Text; }
    }
    public string CardID
    {
        get { return this.txtCardID.Text; }
    }
    public string Address
    {
        get { return this.txtAddress.Text; }
    }
    public string Tel
    {
        get { return this.txtTel.Text; }
    }
}
```

上面的隐藏代码中没有对"下一步"按钮的响应事件，那是因为这里使用了另一种页面传值技术，通过设置按钮的 PostBackUrl 属性来进行页面跳转。将按钮的 PostBackUrl 属性设置为单击按钮时要发送到的网页的 URL 时，当用户单击按钮控件时，该页面对象连带其数据将全部发送到 PostBackUrl 指定的目标页。在目标页可以使用 Page.PreviousPage 属性访问使用 PostBackUrl 传值从其他页发送过来的数据。

用户校验页面（Oder.aspx）中设计"下一步"按钮的代码如下，其中设置了 PostBackUrl 属性值为～/ShipOrder.aspx，即订单确认与提交页面：

```
    <asp:Button ID="btnOK" runat="server" PostBackUrl="~/ShipOrder.aspx" Text=
"下一步" Width="95px" />
```

订单确认与提交页面的隐藏类代码中将分别获取购物车和用户校验页面的信息，代码如下：

```
protected void Page_Load(object sender, EventArgs e)
{
    if (!IsPostBack)
    {
        if (this.Session["ShopCart"] !=null)
        {    //获得购物车里面的数据
            DataTable dt=this.Session["ShopCart"] as DataTable;
            this.gridOrder.AutoGenerateColumns=true;
            this.gridOrder.Width=600;
            this.gridOrder.CellPadding=10;
            this.gridOrder.AutoGenerateColumns=true;
            this.gridOrder.DataSource=new DataView(dt);
```

```
            this.gridOrder.DataBind();
                //获得上一页传送过来的数据
            if (this.PreviousPage!=null)
            {
                this.lblName.Text=this.PreviousPage.Name;
                this.lblCardID.Text=this.PreviousPage.CardID;
                this.lblAddress.Text=this.PreviousPage.Address;
                this.lblTel.Text=this.PreviousPage.Tel;
            }
        }
    }
}
```

订单确认与提交页面的隐藏类代码中提交订单的代码如下:

```
protected void btnOK_Click(object sender, EventArgs e)
{
    string items=string.Empty;
    DataTable dt=this.Session["ShopCart"] as DataTable;
    foreach (DataRow dr in dt.Rows)
    {
        items +=dr["名称"].ToString() +",";
    }
    if (this.Session["Login"] ==null)
    {
        this.Confirm("请先登录!", "Login.aspx");
        return;
    }
    //插入到订单数据表
    new BLLOrders().InsertOrder(this.Session["Login"].ToString(),
        this.lblTel.Text,
        this.lblName.Text,
        this.lblAddress.Text,
        this.lblCardID.Text,
        items
    );
    //清空购物车,跳转到主页面
    this.Session["ShopCart"] =null;
    this.Response.Redirect("Default.aspx");
}
public void Confirm(string message, string descURL)
{
    this.ClientScript.RegisterStartupScript(Page.GetType(), "",
        "<script>if (confirm('" +message +"')==true) { window.location.href='"
        +descURL +"';}</script>"
    );
}
```

上面的代码首先组装了要插入订单表的数据,然后验证用户是否已经登录,如果登录则将订单插入订单表。如果用户没有登录，可以使用 RegisterStartupScript 方法来注册和执行客户端脚本，以弹出提示对话框并跳转到登录页面让用户登录。RegisterStartupScript 方法包括 3 个参数，分别是脚本类型、键和 JavaScript 脚本文本。脚本由它的键和类型唯一标识。

12.4　本章小结

本例是一个简化版的网络购物商城，包含了网络购物商城提供的最基本的功能。本章从需求分析开始一步步建立了网络购物商城，使读者了解目前流行的动态商务网站的构成和运作原理，掌握使用 ASP.NET 构造网络购物商城的相关知识和技术原理，从中可以看出 ASP.NET 项目的开发步骤和一些需要注意的问题。

习　题　12

1. 设计图书管理系统的数据库。
2. 设计图书管理系统的母版页。
3. 参照本章的网络购物商城案例，设计一个完整的图书管理系统。

第 13 章　使用 SingalR 进行 WebSocket 编程

13.1　WebSocket 和 SingalR

13.1.1　WebSocket 概述和产品比较

WebSocket 是 HTML 5 提供的一种在单个 TCP 连接上进行全双工通信的协议,目前 Chrome、Firefox、Opera、Safari 等浏览器的主流版本均支持该协议,Internet Explorer 从 10 版本开始支持。另外,因为 WebSocket 提供浏览器一个原生的 Socket 实现,所以直接解决了 Comet 架构很容易出错的问题,而在整个架构的复杂度上也比传统的实现简单得多。

即时通信的传统实现方式是轮询(Polling),即在特定的时间间隔(如每秒),由浏览器对服务器发出 HTTP request,然后由服务器返回最新的数据给客户端的浏览器。这种传统的 HTTP request 模式的缺点主要是浏览器需要不断地向服务器发出请求,而 HTTP request 的 header 又非常长,里面包含的有用数据占比很少,因此消耗了很多的带宽。WebSocket 与传统即时通信方式的对比如表 13-1 所示。

表 13-1　WebSocket 与传统即时通信方式的对比

技　　术	描　　述	优　点	缺　点
轮询	控制客户端以一定时间间隔向服务器发送 Ajax 查询请求,适合并发量小,实时性要求低的应用模型	实现最为简单,配置简单,出错概率小	每次都是一次完整的 HTTP 请求,易延迟,有效请求命中率低,并发较大时,服务器资源损耗大
长轮询	是对轮询的改进,客户端通过请求连接到服务器,并保持一段时间的连接状态,直到消息更新或超时才返回 Response 并中止连接,可以有效减少无效请求的次数。属于 Comet 实现	有效减少无效连接,实时性较高	客户端和服务器保持连接造成资源浪费,服务器端信息更新频繁时,性能比轮询更糟糕
WebSocket	是 HTML5 提供的一种在单个 TCP 连接上进行全双工通信的协议,解决了 Comet 架构很容易出错的问题,而在整个架构的复杂度上也比传统的实现简单得多	服务器与客户端之间交换的数据包档头很小,节约带宽。全双工通信,服务器可以主动传送数据给客户端	旧版浏览器不支持

在 WebSocket API,浏览器和服务器只需要做一个握手的动作,浏览器和服务器之间就形成了一条快速通道,两者就可以直接进行数据传送,而且,通信的 Header 很小,约为 2B。另外,服务器不再被动地接收到浏览器的 request 之后才返回数据,而是在有新数据时就主动推送给浏览器。

目前，支持 WebSocket 的浏览器及版本如表 13-2 所示。

表 13-2　支持 WebSocket 的浏览器及版本表

浏　览　器	版　　本
Chrome	Supported in version 4 及更高版本
Firefox	Supported in version 4 及更高版本
Opera	Supported in version 10 及更高版本
Safari	Supported in version 5 及更高版本
IE(Internet Explorer)	Supported in version 10 及更高版本

13.1.2　SingalR 概述和支持平台

ASP.NET SignalR 是为 ASP.NET 开发人员提供的一个库，可以简化开发人员将实时 Web 功能添加到应用程序的过程。实时 Web 功能是指当所连接的客户端变得可用时，服务器代码可以立即向其推送内容，而不是让服务器等待客户端请求新的数据。

SignalR 和 Ajax 类似，都是基于现有技术的一个复合体，比如，SignalR 可以使用 JavaScript 的长轮询实现客户端和服务器通信，SignalR 也支持 WebSockets 通信。SignalR 使用了服务器端的任务并行处理技术以提高服务器的扩展性。它的目标是整个.NET Framework 平台，而且还是跨平台的开源项目，支持 Mono 2.10 及更高版本。它在服务器处理联机的功能上比 ASP.NET MVC 的 Web API 更强大，而且还可以在 Web Form 上使用。

13.2　SingalR API

13.2.1　通信方式、连接和集线器

基于 SignalR API 用于客户端和服务器的通信，可以使用两种通信模型：持久连接模型和集线器模型

1. 持久连接模型

持久性连接模型主要用来提供长时间连接的能力，在.NET 代码中以 PersistentConnection 呈现，使开发人员便捷地使用 SignalR 暴露的底层通信协议，还可以由客户端主动向服务器要求数据。服务器端无须关注太多细节，只需要处理 PersistentConnection 所提供的 5 个事件 OnConnected、OnReconnected、OnReceived、OnError 和 OnDisconnect 即可。

如果习惯使用类似 WCF，会对持久性连接模型比较熟悉。

2. 集线器模型

集线器模型是一个建立在连接 API 之上的高级管道，用来解决实时信息交换的问题，服务器可以利用 URL 来注册一个或多个集线器。当连接到集线器，便能与所有的客户端共享发送到服务器上的信息，同时服务器也可以调用客户端的脚本。

SignalR 将交换信息的行为做了很好的封装，客户端和服务器全部使用 JSON 来通信，在服务器声明的所有集线器的信息，会生成 JavaScript 输出到客户端。.NET 则是依赖

Proxy 生成代理对象,Proxy 的内部将 JSON 转换成对象,以便让客户端可以看到对象。

13.2.2 ASP. NET SignalR Hubs API——服务器程序

本小节主要介绍如何编写 SignalR Hubs API 服务器程序。SignalR Hubs API 提供了远程过程调用的一种实现方式,支持从服务器调用客户端,当然也支持反向的调用,如图 13-1 和图 13-2 所示。在服务器上,可以定义好方法并提供给客户端去调用;反之,也可以由 SignalR 负责所有通信的细节,上层用户无须关心。SignalR 还包括管理连接(例如连接和断开事件)及连接分组。

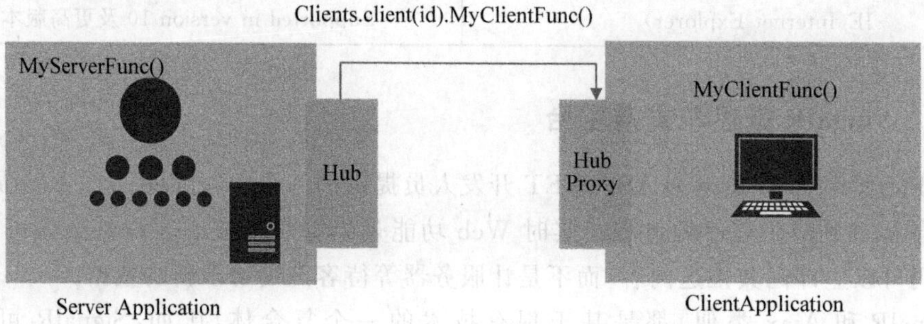

图 13-1 服务器调用客户端的方法 MyClientFunc()

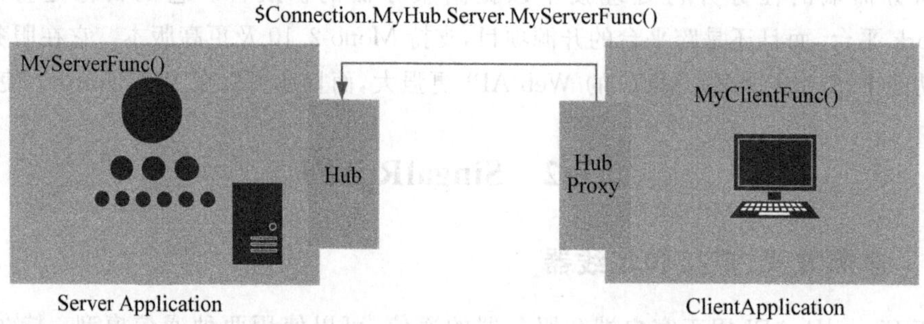

图 13-2 客户端调用服务器的方法 MyServertFunc()

SignalR 可以自动对连接进行管理,并允许发送广播消息到所有已连接的客户端上,就像一个聊天室一样。除了群发消息外,也可以发送消息到特定的客户端。客户端和服务器的连接是持久的,这与传统的每次通信都需要重新建立连接的 HTTP 协议有很大的不同。

SignalR 支持服务器推送功能,即服务器代码可以通过使用远程过程调用来调用浏览器中的客户端代码,而不是当前在 Web 上常用的请求相应处理模型。SignalR 的应用可以使用服务总线、SQL Server 或者 Redis 扩展到数以千计的客户端上。SignalR 是开源的,可以通过 GitHub 访问。

1. 注册 SignalR Hubs

可以使用如下的代码完成 SignalR Hubs 的注册:

```
using Microsoft.Owin;
using Owin;
[assembly: OwinStartup(typeof(MyApplication.Startup))]
```

```
namespace MyApplication
{
    public class Startup
    {
        public void Configuration(IAppBuilder app)
        {
            app.MapSignalR();
        }
    }
}
```

上面代码中,MapSignalR 是来自 OwinExtensions 类的扩展方法。

2. signalr URL

默认情况下,客户端将会使用"/signalr"来连接 SignalR Hub。这里也支持在服务器指定 URL,例如:

```
RouteTable.Routes.MapHubs("/signalr", new HubConfiguration());
```

另外,可以使用 Java Script 客户端指定 URL,用来生成代理,例如:

```
$.connection.hub.url="/signalr"
$.connection.hub.start().done(init);
```

下面的代码用于 Java Script 客户端指定的 URL 禁止生成代理:

```
var connection=$.hubConnection("/signalr", { useDefaultPath: false });
```

下面的代码用于.NET 客户端指定 URL:

```
var hubConnection= new HubConnection ("http://abc.com/signalr", useDefaultUrl:
false);
```

3. 配置 SignalR 选项

重载的 MapHubs 方法可以用于指定一个自定义的 URL、一个自定义的依赖解析器,以及以下选项。

(1)来自浏览器的基于 CORS 或者 JASONP 的跨域调用。

(2)是否开启错误消息详情。

(3)是否自动产生 JavaScript 代理文件。

通常情况下,如果在浏览器加载页面一个 URL,例如 http://www.hello.com,SignalR 会连接在同一个域中,即 http://www.hello.com/signalr。

如果页面从 http://www.hello.com 连接到 http://good.com/signalr 则属于跨域连接。出于安全原因的考虑,在默认情况下,SignalR 跨域连接是被禁用的。

下面的代码描述了如何指定 SignalR 连接的 URL,这些选项调用的是 MapHubs 方法。当错误发生时,SignalR 的默认的操作是向客户发送通知消息,但并不发送信息详情。在实际生产环境中,不建议给客户提供并发送详细的错误信息,主要原因是恶意用户可能利用这些信息攻击应用程序。在进行故障排除时,可以使用该选项,启用并获取更详尽的信息错误报告。

```
var hubConfiguration=new HubConfiguration();
hubConfiguration.EnableDetailedErrors=true;
hubConfiguration.EnableJavaScriptProxies=false;
app.MapSignalR("/signalı", hubConfiguration);
```

13.2.3　ASP. NET SignalR Hubs API——. NET 客户程序

1. 建立连接并配置连接

首先需要确保客户程序的 SignalR 与服务器程序的 SignalR 版本保持一致,否则有可能在调试的时候遇到如下的出错信息:

```
You are using a version of the client that isn't compatible with the server. Client
version X.X, server version X.X
```

为了建立客户端与服务器的连接,首先需要创建一个 HubConnection 的对象,并创建一个代理。之后,调用 HubConnection 对象的 Start 方法用以建立连接,代码如下:

```
var hubConnection=new HubConnection("http://www.abc.com/");
IHubProxy stockTickerHubProxy=hubConnection.CreateHubProxy("StockTickerHub");
stockTickerHubProxy.On<Stock> ("UpdateStockPrice", stock =>Console.WriteLine("
Stock update for {0} new price {1}", stock.Symbol, stock.Price));
await hubConnection.Start();
```

上面代码中,使用了默认的"/signalr"作为 SignalR 服务器的 URL。上一节中提到过,也可以指定特定的服务器 URL。Start 方法是异步执行的,为了实现同步的效果,也就是要确保后续的操作在连接建立之后才运行,这里使用了 ASP. NET 4.5 中提供的 await 方法来保证同步。

其实在建立连接之前,可以通过指定一些选项对连接进行配置。可以指定的连接选项包括 Concurrent connections limit、Query string parameters、The transport method、HTTP headers、Client certificates。

Concurrent connections limit 指的是并发连接数上限。例如,WPF 客户端默认的并发连接数是 2,下面的代码可以将其值修改为 10:

```
var hubConnection=new HubConnection("http://www.abc.com/");
IHubProxy stockTickerHubProxy=hubConnection.CreateHubProxy("StockTickerHub");
stockTickerHubProxy.On<Stock> ("UpdateStockPrice", stock=>Console.WriteLine("
Stock update for {0} new price {1}", stock.Symbol, stock.Price));
ServicePointManager.DefaultConnectionLimit=10;
await hubConnection.Start();
```

Query string parameters 指的是查询字符串参数。例如,可以向连接对象内添加查询

串参数,实现在连接时向服务器传输数据:

```
var querystringData=new Dictionary<string, string>();
querystringData.Add("contosochatversion", "1.0");
var connection=new HubConnection("http://abc.com/", querystringData);
```

下面的代码给出了如何从服务器读到这些数据:

```
public class StockTickerHub : Hub
{
    public override Task OnConnected()
    {
        var version=Context.QueryString["contosochatversion"];
        if (version !="1.0")
        {
            Clients.Caller.notifyWrongVersion();
        }
        return base.OnConnected();
    }
}
```

The transport method 指的是传输方法。客户端可以与服务器协商,使用两者都支持的传输方法。在确定之后,可以在 Start 方法中指定传输方法对象,代码如下:

```
var hubConnection=new HubConnection("http://www.abc.com/");
IHubProxy stockTickerHubProxy=hubConnection.CreateHubProxy("StockTickerHub");
stockTickerHubProxy.On<Stock>("UpdateStockPrice", stock=>Console.WriteLine("
Stock update for {0} new price {1}", stock.Symbol, stock.Price));
await hubConnection.Start(new LongPollingTransport());
```

在 Microsoft. AspNet. SignalR. Client. Transports 命名空间中,可以使用的传输方法如下:

(1) LongPollingTransport。

(2) ServerSentEventsTransport。

(3) WebSocketTransport(仅当客户端和服务器都是. NET 4.5 时可用)。

(4) AutoTransport。

HTTP headers 指的是 HTTP 头。使用连接对象的 Headers 属性指定 HTTP 头。以下代码用于实现添加一个 HTTP 头:

```
hubConnection=new hubConnection("http://www.abc.com/");
connection.Headers.Add("headername", "headervalue");
IHubProxy stockTickerHubProxy=hubConnection.CreateHubProxy("StockTickerHub");
stockTickerHubProxy.On<Stock>("UpdateStockPrice", stock=>Console.WriteLine("
Stock update for {0} new price {1}", stock.Symbol, stock.Price));
await connection.Start();
```

Client certificates 是指客户端证书。可以使用连接对象的 AddClientCertificate 方法添

加一个客户端证书,代码如下:

```
hubConnection=new hubConnection("http://www.abc.com/");
hubConnection. AddClientCertificate ( X509Certificate. CreateFromCertFile ( "
MyCert.cer"));
IHubProxy stockTickerHubProxy=hubConnection.CreateHubProxy("StockTickerHub");
stockTickerHubProxy.On<Stock> ("UpdateStockPrice", stock=>Console.WriteLine("
Stock update for {0} new price {1}", stock.Symbol, stock.Price));
await connection.Start();
```

2. 创建 Hub 代理

在客户端创建 Hub 代理,目的是让服务器的 Hub 能够调用客户端的方法,同时,也能让客户端调用服务器 Hub 的方法。

可以使用连接对象中的 CreateHubProxy 方法创建一个 Hub 代理。需要为 CreateHubProxy 方法传入 Hub 类的名称。

```
var hubConnection=new HubConnection("http://www.abc.com/");
IHubProxy stockTickerHubProxy=hubConnection.CreateHubProxy("StockTickerHub");
stockTickerHubProxy.On<Stock> ("UpdateStockPrice", stock=>Console.WriteLine("
Stock update for {0} new price {1}", stock.Symbol, stock.Price));
await hubConnection.Start();
```

上面代码中,服务器 Hub 类的名称是 StockTickerHub。

3. 创建并定义用于服务器调用的客户端方法

创建用于服务器调用的客户端方法,需要使用代理的 on 方法注册一个事件句柄。方法名称不区分大小写。下面给出一个无参数方法的例子:

```
var hubConnection=new HubConnection("http://www.abc.com/");
IHubProxy stockTickerHubProxy=hubConnection.CreateHubProxy("StockTickerHub");
stockTickerHub.On("notify", () =>
    // Context is a reference to SynchronizationContext.Current
    Context.Post(delegate
    {
        textBox.Text +="Notified!\n";
    }, null)
);
await hubConnection.Start();
```

服务器调用上面方法的程序如下:

```
public class StockTickerHub : Hub
{
    public void NotifyAllClients()
    {
        Clients.All.Notify();
    }
}
```

如果调用的客户端方法需要传递参数,需要定义参数的类别,并在 on 方法中指定参数类别。例如,传递的参数的类型用 Stock 类来定义:

```
{     public string Symbol { get; set; }
      public decimal Price { get; set; }
}
```

这个类别需要传递给 On 方法,代码如下:

```
stockTickerHubProxy.On<Stock>("UpdateStockPrice", stock =>
    //Context is a reference to SynchronizationContext.Current
    Context.Post(delegate
    {
        textBox.Text += string.Format("Stock update for {0} new price {1}\n",
stock.Symbol, stock.Price);
    }, null)
);
```

同样,服务器在调用的时候,也需要传递这个类型的参数。

```
public void BroadcastStockPrice(Stock stock)
{     context.Clients.Others.UpdateStockPrice(stock);
}
```

当不再使用一个方法时,可以使用 Dispose 方法删除事件句柄,其客户端删除代码如下:

```
updateStockPriceHandler.Dispose();
```

4. 从客户端调用服务器的方法

现在方向反过来,需要从客户端调用服务器的方法,那么就需要使用 Hub 代理提供的 invoke 方法。如果调用的服务器方法没有返回值,则客户端直接使用不带泛型参数的 invoke 方法,服务器和客户端的代码如下:

```
public class StockTickerHub : Hub
{     public void JoinGroup(string groupName)
      {
            Groups.Add(Context.ConnectionId, groupName);
      }
}
stockTickerHubProxy.Invoke("JoinGroup", "SignalRChatRoom");
```

如果调用的服务器方法有返回值,则需要使用泛型指定返回类型,并对返回类型进行定义:

```
public IEnumerable<Stock>AddStock(Stock stock)
{
    _stockTicker.AddStock(stock);
    return _stockTicker.GetAllStocks();
}
```

对返回类型的定义如下：

```
{   public string Symbol { get; set; }
    public decimal Price { get; set; }
}
```

在客户端对服务器方法进行异步调用的代码如下：

```
var stocks = await stockTickerHub.Invoke<IEnumerable<Stock>>("AddStock", new
Stock() { Symbol ="MSFT" });
foreach (Stock stock in stocks)
{
    textBox.Text += string.Format ("Symbol: {0} price: {1}\n", stock.Symbol,
stock.Price);
}
```

同步调用的代码如下：

```
var stocks=stockTickerHub.Invoke<IEnumerable<Stock>>("AddStock", new Stock() {
Symbol="MSFT" }).Result;
foreach (Stock stock in stocks)
{
    textBox.Text += string.Format ("Symbol: {0} price: {1}\n", stock.Symbol,
stock.Price);
}
```

5. 连接事件处理

SignalR 提供了对连接从建立到关闭过程中事件的处理方法，能够处理的事件包括
Received、ConnectionSlow、Reconnecting、Reconnected、StateChanged 和 Closed。事件的含
义如表 13-3 所示。

表 13-3 事件含义表

事　件	含　义
Received	当在该连接上有数据到达时触发该事件
ConnectionSlow	当客户端检查到慢连接或者是一个频繁掉线的连接时触发
Reconnecting	当重新建立连接时触发
Reconnected	当重新建立连接完成时触发
StateChanged	当连接状态改变时触发，同时提供新、旧状态值
Closed	当连接关闭时触发

13.3 使用 SingalR 构建一个 Web 聊天室

本节使用 SingalR 构建一个在线的 Web 聊天室。这个实例将实现群聊的功能,需要按照以下步骤实现。

(1) 在 Visual Studio 中创建一个 ASP. NET MVC5 的项目,取名为 SignalRChatRoom,并单击 OK 按钮。

(2) 安装 SignalR。使用 NuGet 程序包管理器执行 SignalR 的安装。选中"工具"|"NuGet 程序包管理器"|"程序包管理控制台"菜单选项,如图 13-3 所示。

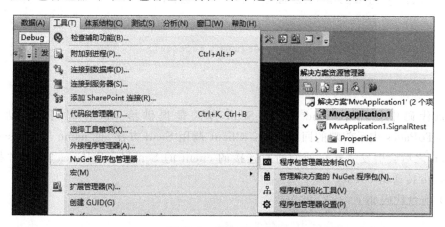

图 13-3　安装 SignalR

在程序包管理控制台中输入图 13-4 所示命令进行 SignalR 的安装。

```
PM>install-package Microsoft.AspNet.SignalR
```

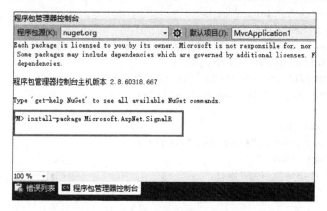

图 13-4　执行安装命令

(3) 创建应用程序配置类:

```
public class Startup
{
```

```
public void Configuration(IAppBuilder app)
{
    app.MapSignalR();
}
}
```

（4）在解决方案下新建一个文件夹取名 Hubs，并添加一个类 ChatHubs，代码如下：

```
public class ChatHubs : Microsoft.AspNet.SignalR.Hub
{
    public void Send(string name, string message)
    {
        //向所有的页面发送消息
        Clients.All.SentMsgToPages(name, message);
    }
}
```

上面代码中使用了 Send 方法。Send 方法是提供给 Client 调用的。动态方法 SentMsgToPages 表示前端的回调方法。Client 调用 Send 方法，把 name 与 message 传递给 server，之后会引发 server 回调所有连接的 client 的 SentMsgToPages 方法，并把 name 与 message 传递给 client。

（5）前台代码如下：

```
@{
    ViewBag.Title="Index";
}
<script src="~/Scripts/jquery.signalR-1.1.2.js"></script>
<script src="~/signalr/hubs"></script>

<script type="text/javascript">
    var chat=$.connection.chatHub;
    chat.client.SentMsgToPages=function (name, message) {
        // Add the message to the page.
        $('#msgUl').append('<li><strong>' +name
        +'</strong>: ' +message +'</li>');
    };
    function sendMsg() {
        var userName=$("#userName").val();
        if (!userName) {
            $(".alert").show();
            return;
        }
        var msg=$('#messageBox').val();
        if (msg) {
            chat.server.send(userName, msg);
            $('#messageBox').val('').focus();
```

```
                }

            }
        $.connection.hub.start().done(
            function() {
                    //设置按钮事件
                    $("#btnSent").click(
                        sendMsg
                    );
                    $("#userName").focus(
                        function() {
                            $(".alert").hide();
                        }
                    );
                }
            );
        $(document).ready(
            function() {
                    //设置高度
                    var msgListH=window.innerHeight -150;
                    $(".messageList").height(msgListH);
                    $('#messageBox').keypress(
                        function(e) {
                            var key=e.keyCode;
                            if (key==13) {
                                sendMsg();
                            }
                        }
                    );
                }
            );
    );
</script>
<h2>SignalR Chat Room</h2>
<div style="width: 99%;margin: 4px" id="outBoard" >
    <div class="messageList" >
        <ul id="msgUl" class="unstyled">

        </ul>
    </div>
    <div class="form-inline">
        <input type="text" id="userName" placeholder="昵称" class="input-mini" />
        <input type="text" id="messageBox" class="input-xxlarge"/>
        <input type="submit" value="发送" class="btn btn-info" id="btnSent" />

    </div>
        <div class="alert" style="display: none; width: 100px">
            请输入昵称。
        </div>
    </div>
</div>
```

上面代码中，$.connection.chatHub 用于客户端与服务器建立连接。chat.client.
SentMsgToPages = function(name，message)是服务器回调客户端的方法，这个方法用于
返回值的处理，这里，function 把 message 信息添加到聊天记录列表中。chat.server.send
(userName，msg)的含义是客户端通过 chat 对象调用服务器的 send 方法，把数据回传至服
务器。

13.4 本章小结

本章主要介绍了使用 SinalR 进行 WebSocket 编程的基本知识，阐述了 WebSocket 和
SignalR 之间的关系，介绍了 SignalR 的支持平台。从服务器和客户端两方面重点介绍了
SignalR 的 API。最后给出了一个使用 SignalR 构建 Web 聊天室的例子。

习 题 13

1. 简要描述 ASP.NET SignalR 的主要作用。
2. 什么是实时通信的 Web?
3. 从服务器和客户端两方面描述 SignalR API 的功能。

参 考 文 献

［1］ 鲁斌. 网络程序设计与开发[M]. 北京：清华大学出版社，2010.

［2］ 杨秋黎. Windows 网络编程[M]. 北京：人民邮电出版社，2016.

［3］ 尹圣雨. TCP/IP 网络编程[M]. 北京：人民邮电出版社，2014.

［4］ 段利国. 网络编程实用教程[M]. 北京：人民邮电出版社，2016.

［5］ 邵良杉. ASP. NET(C♯)实践教程[M]. 北京：清华大学出版社，2016.

［6］ 翁健红. ASP. NET 程序设计案例教程[M]. 北京：中国铁道出版社，2018.

［7］ 吴志祥. 高级 Web 程序设计：ASP. NET 网站开发[M]. 北京：科学出版社，2018.

图书资源支持

感谢您一直以来对清华版图书的支持和爱护。为了配合本书的使用，本书提供配套的资源，有需求的读者请扫描下方的"书圈"微信公众号二维码，在图书专区下载，也可以拨打电话或发送电子邮件咨询。

如果您在使用本书的过程中遇到了什么问题，或者有相关图书出版计划，也请您发邮件告诉我们，以便我们更好地为您服务。

我们的联系方式：

地　　址：北京市海淀区双清路学研大厦 A 座 701

邮　　编：100084

电　　话：010-83470236　010-83470237

资源下载：http://www.tup.com.cn

客服邮箱：tupjsj@vip.163.com

QQ：2301891038（请写明您的单位和姓名）

资源下载、样书申请

书 圈

扫一扫，获取最新目录

课 程 直 播

用微信扫一扫右边的二维码，即可关注清华大学出版社公众号"书圈"。